EMPIRISCHE THEORIE DER UNTERNEHMUNG

herausgegeben von

Eberhard Witte

Band 14

Der praktische Nutzen
empirischer Forschung

herausgegeben

von

Eberhard Witte

1981

J.C.B. MOHR (PAUL SIEBECK) TÜBINGEN

CIP-Kurztitelaufnahme der Deutschen Bibliothek

Der praktische Nutzen empirischer Forschung /
hrsg. von Eberhard Witte. – Tübingen: Mohr 1981.
  (Empirische Theorie der Unternehmung; Bd. 14)
  ISBN 3-16-344392-3
  ISSN 0340-6814
  NE: Witte, Eberhard [Hrsg.]; GT

© J.C.B. Mohr (Paul Siebeck) Tübingen 1981.
Alle Rechte vorbehalten. Ohne ausdrückliche Genehmigung des Verlags ist es auch nicht gestattet, das Buch oder Teile daraus auf photomechanischem Wege (Photokopie, Mikrokopie) zu vervielfältigen.
Printed in Germany. Satz und Druck: Gulde-Druck GmbH, Tübingen. Einband: Heinrich Koch, Großbuchbinderei, Tübingen.

Vorwort

Die vorliegende Schrift stellt eine gemeinsame Arbeit der am Förderungsschwerpunkt „Empirische Entscheidungstheorie" der Deutschen Forschungsgemeinschaft beteiligten Projektleiter dar. Nach Abschluß einer fünfjährigen Förderungsperiode fragten wir uns, ob die durchgeführten empirischen Projekte über ihre wissenschaftlichen Ambitionen hinaus auch einen praktischen Nutzen zu stiften vermögen. In einer temperamentvollen Diskussion zeigte sich, daß die Betriebswirtschaftslehre auch in ihrer speziellen Ausprägung als Empirische Betriebswirtschaftliche Forschung noch kein selbstverständliches Verhältnis zum Nutzungsanspruch ihrer wissenschaftlichen Produkte gewonnen hat. Deshalb bot es sich an, die zunächst nur im internen Kreis vorgetragenen Nutzungsziele, Nutzungsprobleme und Nutzungsergebnisse öffentlich zur Diskussion zu stellen. Dabei wurde bewußt darauf verzichtet, in eine Rechtfertigungshaltung zu verfallen oder eine intakte Situation der reibungslosen Übernahme wissenschaftlicher Ergebnisse in die Praxis zu behaupten. Vielmehr haben wir in selbstkritischer Pointierung die Barrieren, die einer Nutzung empirischer Forschungsergebnisse entgegenstehen, deutlich herausgearbeitet. Überhaupt sollte der Workshopcharakter der Diskussion auch in der schriftlichen Fassung so lebendig wie möglich erhalten werden.

Es ist kein Zufall, daß ein derart gemeinschaftliches, eine Vielfalt von Aspekten zusammenfassendes Werk aus einem Förderungsschwerpunkt der Deutschen Forschungsgemeinschaft hervorgeht. Denn hier sind Fachvertreter aus verschiedenen Universitäten zu überregionaler und interdisziplinärer Forschung zusammengefaßt. Ein besonderes Kennzeichen des Schwerpunktes „Empirische Entscheidungstheorie" liegt in der bewußt herbeigeführten Gemeinsamkeit von Fachkollegen der empirisch-theoretischen und der modelltheoretischen Arbeitsweise. In mehrjähriger gemeinsamer Arbeit haben sich Empiriker und Modelltheoretiker derart selbstverständlich und unkompliziert aufeinander zubewegt, daß es heute bereits schwerfällt, die Kollegen der einen oder anderen Gruppe eindeutig zuzuordnen.

Das Buch hat nicht den Ehrgeiz, sich in die Reihe der wissenschaftstheoretischen Grundlagenwerke einzuordnen. Der Anspruch ist viel pragmatischer: Es soll dem wechselseitigen Verständnis zwischen Wissenschaft und Praxis gedient werden. Deshalb richtet sich die Veröffentlichung sowohl an den praktisch interessierten Wissenschaftler als auch an den wissenschaftlich interessierten

Praktiker. Die Diskussion soll mit der vorgelegten Schrift nicht zusammengefaßt oder gar abgeschlossen, sondern ausdrücklich angeregt werden.

EBERHARD WITTE

Inhalt

Vorwort des Herausgebers V

Teil A

FORSCHUNGSZIELE UND FORSCHUNGSERGEBNISSE

Zur praktischen Nutzung von Forschungsergebnissen
OTTO H. POENSGEN 3

Nutzungsanspruch und Nutzungsvielfalt
EBERHARD WITTE 13

Zur Verknüpfung von empirischer Forschung und Hochschulausbildung in der Betriebswirtschaftslehre
HARTMUT KREIKEBAUM 41

Teil B

WISSEN, TECHNOLOGIE UND AKTION

Entscheidungsforschung und Entscheidungstechnologie
KLAUS BROCKHOFF 61

Wege zur praxisorientierten Erfassung der formalen Organisationsstruktur
HERBERT KUBICEK, MICHAEL WOLLNIK und ALFRED KIESER 79

Einsatzbedingungen von Planungs- und Entscheidungstechniken
RICHARD KÖHLER und HERBERT UEBELE 115

Zur technologischen Orientierung der empirischen Forschung
NORBERT SZYPERSKI und DETLEF MÜLLER-BÖLING 159

Über den Sinn der empirischen Forschung in der angewandten Betriebswirtschaftslehre
WERNER KIRSCH 189

Teil C

MODELL UND EMPIRIE

Operations Research und verhaltenswissenschaftliche Erkenntnisse
REINHART SCHMIDT 233

Der Bedarf des Operations Research an empirischer Forschung
HEINER MÜLLER-MERBACH und HANS-JOACHIM GOLLING 243

Zum Nutzen empirischer Untersuchungen für normative Modelle
HANS-JÜRGEN ZIMMERMANN 271

„Ziel-Klarheit" oder „kontrollierte Ziel-Unklarheit" in
Entscheidungen?
JÜRGEN HAUSCHILDT 305

Autorenverzeichnis 323

Teil A
FORSCHUNGSZIELE UND FORSCHUNGSERGEBNISSE

Zur praktischen Nutzung von Forschungsergebnissen

OTTO H. POENSGEN

1. L'art pour l'art
2. Le bénéfice viendra ensuite
3. Der mittelalterliche Mönch
4. Mund-zu-Mund-Propaganda
5. Unternehmensberatung
6. Der Change Agent
7. Der Unternehmer

Die Anwendung der Erkenntnis von Ordnung und Zusammenhang ist so alt wie die Menschheitsgeschichte – 100 000 Jahre. Das Problem der Wissenschaftsanwendung ist so alt wie die Wissenschaft – es besteht seit der Renaissance. Sie werden von mir daher hier und heute keine neuen Anwendungsverfahren erwarten. Was Sie stattdessen erhalten, ist eine Aufzählung möglicher Standpunkte zur praktischen Verwertung von Wissenschaftsergebnissen, die zugegebenermaßen persönlich gefärbt sind.[1]

1. L'art pour l'art

Zunächst einmal kann der Forscher sich auf den Standpunkt stellen, daß er überhaupt nicht verpflichtet ist, auf die praktische Nutzung hinzuwirken, ja überhaupt ihre spätere Verwertbarkeit im Auge zu haben. Welchen Nutzen versprechen sich diejenigen von ihrer Wissenschaft, die Assyriologie betreiben, oder selbst Ethnologie? Fragte man beispielsweise Assyriologen oder Byzantinisten, warum sie Kultur und Geschichte von Assur oder Byzanz erforschen, so würden sie vermutlich so antworten wie der Erstbesteiger des Mount Everest auf eine ähnliche Frage: ,,Because its there". Es macht ihnen einfach Freude, so wie jemand anderem die Komposition eines Musikstückes Freude machen kann. Dies ist nur eine Umschreibung dafür, daß der Assyriologe und der Komponist mit seiner Tätigkeit einem seiner Bedürfnisse entspricht. Letztlich läßt sich jede Tätigkeit auf eine solche Bedürfnisbefriedigung

---

[1] Vortrag auf dem Kolloquium des Schwerpunktes ,,Empirische Entscheidungstheorie" vom 12.–14. 10. 1978 in Schlangenbad.

zurückführen. Derjenige, der sich in ein Kino setzt oder der eine gute Mahlzeit verzehrt, tut etwas ähnliches, und es ist nicht einzusehen, warum eine Tätigkeit in höherem Maße gerechtfertigt sein soll, nur weil der Weg zur Bedürfnisbefriedigung lang ist. Wenn jemand beispielsweise Betriebswirte ausbildet, die ihrerseits in Firmen arbeiten und Güter herstellen, die in wieder anderen Firmen zu Gütern verarbeitet werden, die schließlich zum privaten Ge- oder Verbrauch von natürlichen Personen – Konsumenten – dienen, so ist der Zusammenhang zwischen Tätigkeit und Bedürfnisbefriedigung indirekter, aber a priori ist nicht zu sagen, warum die Ausbildung von Betriebswirten oder die Herstellung von Gütern weniger der Rechtfertigung bedarf als das Betreiben von Assyriologie. Daß wir es gerne tun, können wir also als erste Begründung unserer Forschung nennen.

Dem kann entgegengehalten werden, daß derjenige, der Betriebswirte ausbildet, forscht oder Güter erzeugt, zwar seine Tätigkeit mit Freude an der Sache ausüben mag, er dafür aber einen Lohn verlangt und erhält, mit dem er dann seine übrigen Bedürfnisse befriedigen kann. Auf diesen Lohn von dritter Seite kann er nur dann rechnen, wenn er damit auch die Bedürfnisse Dritter befriedigt. Wie sieht es hier mit der Assyriologie, der Musik, dem Sport oder anderen Tätigkeiten aus, die denen Freude machen, die sie ausüben? Eine tatsächlich vorkommende Möglichkeit ist, daß es genügend Kunden gibt, denen die Produkte des Komponisten oder die Leistungen des Sportlers Spaß machen und dafür bereit sind zu zahlen.

Der Forscher, der Komponist und selbst der Schauspieler werden im allgemeinen nicht davon leben können. Sie werden vom Staat bezuschußt oder völlig finanziert. Aber warum? Erstens kann man argumentieren – und hierfür eignet sich vielleicht das Beispiel des Komponisten sogenannter ernster Musik – daß die Beiträge der Lebenden aufgrund des von ihnen erhaltenen Nutzens nicht ausreichen würden, den Komponisten am Leben zu erhalten, daß der Komponist aber zwar nur beschränkte Zeit lebt und arbeitet, sein Werk aber auch von zukünftigen Generationen genossen wird, die nur nicht in der Lage sind, das Nutzenäquivalent an den Komponisten zu zahlen, das sie zu zahlen bereit wären. Es gibt über die Zeit erstreckte Social Benefits, und der Staat oder selbst der Mäzen tritt als Stellvertreter zukünftiger Generationen auf. Hier läßt sich eine Parallele zu materiellen Investitionen ziehen, die auch zukünftigen Generationen zugute kommen, und die auf Kosten des Lebensstandards der gegenwärtigen gehen. Die zweite Begründung ist, daß zwar die Kosten der Schaffung des Forschungsergebnisses oder der Komposition privat sind, der Nutzen (die benefits) jedoch so allgemein verteilt sind, daß sie kaum meßbar sind, oder daß die Einzugskosten höher als die Erträge wären. Wir sehen etwas ähnliches bei der Verwertungsgesellschaft ‚Wort oder Wissenschaft', wo die Abgabe für Xerox-Kopien einzeln zu berechnen, abzuführen und anschließend an die Autoren zu verteilen sich nicht lohnen würde. Nicht alle ‚social benefits' lassen sich privatisieren. Bei dem Komponisten weiß man nicht, wer alles seine Sendungen hört. Bei den Ergebnissen des Assyriologen weiß man nicht, welche in Schul- oder andere Sekundärliteratur umgesetzt werden und Jugendliche wie Erwachsene einmal interessieren und zu einer nicht gelangweilten Stunde verhelfen werden.

Bei dem Schauspieler wie bei dem betriebswirtschaftlich Forschenden haben wir allerdings mit diesen Erklärungen gewisse Schwierigkeiten. Der Schauspieler hat im Gegensatz zu dem gerade gebrachten Beispiel ein klar definiertes Publikum, und zwar heute – „die Nachwelt flicht dem Mimen keine Kränze", bemerkte schon Schiller. Es läßt sich nicht leugnen, daß der Staat jedem Theaterbesucher bei jedem Besuch DM 50,- oder DM 100,- schenkt, die meisten Theaterbesucher jedoch nicht bereit wären, ihren Anteil voll zu tragen – der Staat zahlt über den Nutzen des einzelnen hinaus. Hier kann man eigentlich nur argumentieren, daß ein Theater zu einer Kultur, wie wir sie heute verstehen, dazugehört und daß bei Streichen aller Theaterzuschüsse dadurch eine Verarmung eintritt, daß die vom Theaterbesuch Befruchteten ihre eigene Kultur in diesem Punkte nicht an andere weitergeben könnten. Aber diese Begründung ist schwach. Die Lektüre zum alten Assur mag einem Stunden des Lesegenusses verschaffen – wie der Absatz manches Bestsellers der archäologischen Sekundärliteratur zeigt. Aber von den Forschungsergebnissen der Betriebswirtschaft, beispielsweise von der Organisationsforschung, kann dies schwerlich behauptet werden. Völlig von der Hand zu weisen ist es jedenfalls nicht. Die Lektüre von Max Weber bereitet sicher auch vielen ein Vergnügen, die keine Soziologen sind, keine Organisationsforscher oder auch nur Betriebswirtschaftler, einfach weil sie einem Bedürfnis entspricht, in das Gewirr der Erscheinungen Ordnung und Kausalität zu bringen. Und wenn nicht jeder von uns ein Max Weber ist, so läßt sich nicht von vornherein sagen, daß es keinen solchen mehr geben wird und deshalb die Disziplin nicht unterstützt werden sollte. Trotzdem ist es wohl kaum so, daß die Lehrstühle der Organisation finanziert werden, um Laien einen Lesegenuß zu verschaffen.

Es gehört einfach seit der Renaissance zu unserer Kultur, alles Erforschliche zu erforschen – und alles Unerforschliche als nur zunächst unerforschlich zu akzeptieren, um das Wort von Goethe abzuwandeln. Ich glaube, daß diese Werte denjenigen, die an einer Universität gewesen sind, einschließlich der meisten Politiker, so tief eingegraben sind, daß hierzu ein bescheidener Anteil des Bruttosozialproduktes abgezweigt wird, selbst wenn kein Nutzen ersichtlich ist. Ein solcher Wert sitzt bei Wissenschaftlern noch tiefer als bei Politikern, wenn auch nicht ganz so tief, wie der, daß man nicht seine alte Mutter umbringt, wenn man keinen Nutzen mehr von ihr erwarten kann und keine Entdeckung droht.

2. Le bénéfice viendra ensuite

Würde man nun die Politiker ansprechen, so würden sie sich, vermutlich beeinflußt von der gängigen Münze der „relevanten Wissenschaft" nicht zur Wissenschaft als Wert an sich bekennen, sondern darauf hinweisen, daß es zahllose Aufklärungen und Entdeckungen gibt, zu deren Entstehungszeit man nicht die geringste Ahnung hatte, daß sie sich später einmal als nützlich erweisen würden. Als Benjamin Franklin gefragt wurde, wozu seine physikalischen Experimente dienten, antwortete er säuerlich „what use is a newborn baby?" Als der englische König geruhte, Faraday in seinem Labor einen Besuch abzustatten und angesichts der zuckenden Froschschenkel fragte, wozu dies nütze sei, erwiderte dieser: „Sire, one day you will draw taxes from it" – eine Hoffnung, die sich weiß Gott erfüllt hat. Bei der Assyriologie, der Ethnologie u. ä. mag als Nebenwirkung eintreten, daß die detaillierte Kenntnis der Formen des menschlichen Zusammenlebens, die sich in 10 000 oder 100 000 Jahren realisiert haben, zur Immunisierung gegen Utopien beitragen, d. h. daß sie das von einem Ideologen in seiner Utopie unterstellte Verhalten von Individuen oder von ihm messianisch propagierte Möglichkeiten der Art des Zusammenlebens schlicht unglaubwürdig machen. Dies haben gerade die »kritischen Wissenschaftler« begriffen, die ja, soweit sie nicht einfach einen modischen Ausdruck übernehmen, meist Menschen sind, die auf eine bestimmt Ideologie fixiert sind. Sie plädieren deswegen völlig richtig dafür, beispielsweise Geschichte als Lehrfach abzuschaffen und stattdessen einzelne Stücke der Geschichte als Versatzstücke heranzuziehen, die gerade das und nur das zu illustrieren scheinen, was sie selbst als möglich oder wünschenswert hinstellen wollen. Der Betrachter der Religions- oder Ideologiegeschichte könnte sonst leicht darauf kommen, daß gerade dort, wo die Forderungen an den Menschen am größten waren, Blutvergießen und Unterdrückung am größten waren. Auch die Organisationsforschung mit ihren Querschnitts- und Längsschnittanalysen kann zeigen helfen, was sich als gangbare Organisation erwiesen hat und was nicht.

Doch zurück zu dem verzögerten Effekt. Zu dem Zeitpunkt, da die Fakultät der Züricher ETH Einstein's spezielle Relativitätstheorie als unzureichend für eine Habilitationsschrift zurückwies, konnte niemand sagen, welche praktischen Konsequenzen daraus gezogen werden könnten. Heute kann dies der Mann auf der Straße besser als Einstein selbst. Als Pauli seine Unschärfe-Relation fand, konnte man nicht voraussehen, daß darauf bauend nur 20 Jahre später die Nobelpreisträger Shackley, Bardeen und Brattain den Transistor entwickelten, der nun wirklich praktisch nutzbar war. Als Röntgen zufällig an den Effekten bei einem Experiment das Vorhandensein von Gammastrahlen entdeckte, hat er dagegen sofort begriffen, daß hier etwas Neues vorlag, das auch von eminentem Nutzen sein kann, und er hat in den nächsten Wochen Tag und Nacht daran gearbeitet, seine Entdeckung in ein nutzbares Stadium zu bringen. Mit einem Wort ,,relevante Wissenschaft" gleich ,,kurzsichtige Wissenschaft", und auf mittlere Frist gesehen gleich ,,Ende" oder ,,starke" Reduktion des Fortschrittes.

Auch wir können uns darauf berufen, daß die Chance, daß sich bei uns einmal aus unseren Erkenntnissen ein Nutzen ergeben wird, zumindest genauso wie bei anderen Wissenschaften gegeben ist und daß man nicht zu mehr verpflichtet sein soll. Wenn man uns entgegenhält, daß dies bei der vorerwähnten Werthaltung allenfalls dazu führen werde, daß man einige Mittel zur Förderung der Organisationsforschung auswerfen werde, sie aber sicher nicht zu einem Schwerpunkt machen werde, so läßt sich auch hierauf antworten. Die am meisten versprechenden Forschungsgegenstände sind nicht diejenigen, die am praxisnahesten sind, oder wie die Krebsforschung vom Problem her am drängendsten sind, sondern diejenigen, wo die relative Entwicklung des Faches, beurteilt von denen, die einen gewissen Überblick haben, am rapidesten ist. Bei allen Nörgeleien und Beckmessereien um Details lassen sich doch Vergleiche zwischen den Fächern ziehen. Die Physik erlebte in den 20er Jahren einen immensen Fortschritt, und dies war auch allen klar, die daran arbeiteten, und keineswegs nur ihnen. Biologie und Biochemie sind heute, aber nicht vor 30 Jahren, in einem solchen Stadium. Die Kostenrechnung ist es gewiß nicht, die Entwicklung der volkswirtschaftlichen Theorie seit ca. 15 Jahren nicht mehr, wohl aber in den Jahren zuvor; die externe Rechnungslegung scheint sich in jüngster Zeit wiederzubeleben. Die Organisationsforschung ist eines der lebendigeren Gebiete und sollte deshalb unterstützt werden. Die Chancen sind, daß der Nutzen einige Jahre später kommen wird, genauso wie er bei der Physik gekommen ist. Wir könnten uns also legitimerweise darauf zurückziehen, daß wir demonstrieren, daß unser Fach ein lebendiges Gebiet ist und im übrigen mit Francois Quesnay, einem prominenten Vertreter unseres Fachs, sagen ,,laisser faire, laisser passer, le bénéfice viendra ensuite". Die Gefahr ist natürlich vorhanden, daß man uns nicht glauben wird. Es gibt keinen zwangsläufigen Mechanismus, der sicherstellt, daß das Lohnende auch finanziert wird. Das Bild vom verarmten Entdecker ist nur deshalb zum Klischee geworden, weil es die Wirklichkeit nicht schlecht trifft.

3. Der mittelalterliche Mönch

Als ich mich zur Zeit der Studentenunruhen mit einem älteren Kollegen des Staatsrechts darüber unterhielt, wie auf Vorlesungsstörungen zu reagieren sei, lautete seine Antwort, er sehe sich als Professor in der Nachfolge des mittelalterlichen Mönches, der predigt vor denen, die hören wollen, und wenn man ihn am Reden hindert, könne er nur still weggehen. Wenn man dies weiterspinnen darf: Der mittelalterliche Mönch pflegte seine Botschaft sehr klar darauf auszurichten, was als nächstes von den Menschen zu erwarten sei und was er tun könne, um das ewige Leben zu erlangen. Auf unser Problem übertragen heißt es, daß es eine weitere legitime Haltung ist, nicht nur zu forschen, sondern auch klar zu verkünden, was die Ergebnisse sind und wie man sie nutzen kann, wenn auch nicht zur Erlangung des ewigen, sondern zur Verbesserung des irdischen Lebens. Dies würde bedeuten, daß dem Imponiergehabe mittels Fachjargon nicht in allen Veröffentlichungen freier Raum gelassen wird, sondern wenigstens in einigen Veröffentlichungen eine Sprache geschrieben wird, die den möglichen Anwendern klar ist. Es heißt weiter, daß das Medium, d.h. die Zeitschrift oder die Konferenz so ausgewählt wird, daß potentielle Anwender erreicht werden. Weiterhin ist die Materie so kurz zu halten, daß eine Lektüre erwartet werden kann. Dafür mögen Dinge gestrichen werden wie ausführliche Stichproben- oder Methodenbeschreibung, die den Anwender vermutlich weniger interessieren. Schließlich sollte sich im Rahmen dieses Punktes der Forscher Gedanken machen, was seine Ergebnisse für die Praxis bedeuten könnten oder sollten, d. h. ob die Organisation oder die Beziehungen zu Kunden und Lieferanten umgestaltet werden sollten, wie Mitarbeiter zu behandeln sind usw. Das hat den Vorteil, daß der Praktiker auf etwas stößt, das er zwar als für ihn ungeeignet verwerfen mag, mit dem er sich aber auseinandersetzt. Einiges wird angenommen werden, in anderen Fällen mag es zur Rückkopplung mit dem Forscher kommen, die seine weitere Arbeit beeinflußt und der Anwendbarkeit seiner Ergebnisse nützlich ist.

4. Mund-zu-Mund-Propaganda

Wir wissen seit einigen Jahren, daß im Verhältnis zu unseren früheren Vorstellungen recht wenige Erkenntnisse aufgrund der Lektüre zu praktischem Handeln führen, weit mehr dagegen der persönliche Kontakt. Dasjenige Unternehmen hat dies erfaßt, welches zur Einarbeitung in ein neues Gebiet eine Firma kauft, deren Angehörige schon das gewünschte Know-How haben. Das gleiche gilt für Firmen, die – weniger radikal – von der Konkurrenz Personen mit Know-How abwerben oder den Hochschulabsolventen nach der Kenntnis bestimmter Gebiete auswählen. Für den Professor hieße das, weniger das Gewicht auf die Diskussion möglicher Anwendungen seiner Forschungsergebnisse in Praktikerzeitungen zu legen und mehr darauf, daß er diese Anwendungen schon in seinen Vorlesungen mit den Studenten diskutiert. Immerhin muß er dann damit rechnen, daß es etwa 15 Jahre dauert, bis seine Studenten in Stellungen aufgerückt sind, wo sie genug Kenntnis der Firma und genügend Einfluß haben, um die Umsetzung des Gelernten durchzuführen. Bis dahin wird manches vergessen sein. Dies legt einen anderen Weg nahe, der vor allem vor 10 Jahren, heute etwas weniger, populär war oder ist: der Vortrag eigener und fremder Erkenntnisse samt Anwendungsmöglichkeiten auf Veranstaltungen, die von der Industrie zum Zwecke der Weiterbildung aufgezogen oder beschickt werden.

5. Unternehmensberatung

Bei solchen Veranstaltungen wird man gelegentlich von den Praktikern am Westenknopf gefaßt und eingeladen, die neuen Ideen auf eine spezifische Unternehmenssituation zuzuschneiden und in die Praxis zu übertragen. Damit wären wir bei der nächsten Form der praktischen Nutzanwendung, nämlich der des Consulting, der Unternehmensberatung. Während die deutschen Kultusbürokraten hierin die Geldgier des ebensogut wie sie selbst und damit viel zu hoch bezahlten Professors sehen, wird von amerikanischen Business Schools das Consulting geradezu gewünscht. Es wird nicht nur ermutigt, sondern manche Business Schools selbst gehen Beratungsverträge mit Firmen ein, zu denen sie ihre eigenen Professoren heranziehen; zum Teil besteht sogar eine Verpflichtung der Professoren, ihre Zeit in gewissem Umfang hierfür zur Verfügung zu stellen. Die Vorstellung der Dekane ist dabei vielleicht weniger ein Altruismus gegenüber der Industrie in dem Sinne, daß sie an schneller Umsetzung der Forschungsergebnisse interessiert sind, sondern ihre Gedanken sind etwas verschlungener. Der Professor, der Unternehmensberatung betreibt, wird bessere Kenntnis von der Wirklichkeit haben, wird sich mit Problemen befassen, die näher an der Wirklichkeit liegen (die Vorstellung, daß Forscher an der praktischen Verwendbarkeit nicht interessiert sind, hat sich zumindest im Bereich der F&E-Abteilungen der Unternehmen als Mythos erwiesen). Der praxiskundigere Professor wird praxisnäher vortragen. Die von ihm ausgebildeten Studenten werden besser in der Praxis unterkommen; die Studenten, die dies beobachten, werden zu dieser Business School und nicht zu einer Konkurrenz gehen, mit der Folge, daß bei dem für gute Business Schools immer gegebenen Numerus Clausus die Business Schools klügere Studenten selektieren, die Studiengebühren höher setzen, bessere Professoren heuern können und der Dekan dieser Business Schools höheres Prestige und höheres Gehalt haben wird. Die Motivation mag leicht selbstsüchtig sein, aber das Ergebnis ist trotzdem wie bei manch anderer Institution des Kapitalismus für die Gesellschaft gut.

Natürlich gibt es eine Obergrenze bei dem Beraten. Der Professor, der so viel zu tun hat, daß ihm keine Zeit zur Vorbereitung seiner Lehrveranstaltung übrig bleibt, wird auch keinen guten Unterricht abhalten, sondern zu stark an Episodischem haften bleiben, unvorbereitet sein und damit die skizzierte Kausalkette brechen. Deshalb die vertragliche Beschränkung auf 1 oder 2 Tage pro Woche. Nun, in Deutschland betreibt ein recht geringer Teil der Professoren Unternehmensberatung. Diejenigen, die es tun, können es nicht als Full-Time-Job tun mit der Folge, daß sehr häufig der Abschlußbericht in der Schublade verschwindet. Denn die Schwierigkeit besteht häufig nicht darin, zündende neue Ideen zu haben, sondern darin, sie nun an die Gegebenheiten anzupassen und das erste oder zweite Mal umzusetzen. Für uns in der Organisationsforschung besteht im Vergleich zu Spezialisten in der Kosten- oder

Investitionsrechnung oft noch die zusätzliche Schwierigkeit, daß wir selbst noch Mühe haben, operational zu formulieren, wie nun eine Erkenntnis in die Praxis umgesetzt werden soll. Was folgt beispielsweise aus den Kenntnissen der Dimensionen, die die Aston-Gruppe mit Hilfe ihrer Befragungen und Faktoranalysen herauskristallisiert hat, für die Beantwortung der Fragen, welchen spezifischen organisatorischen Wandel eine Unternehmung einleiten soll? ‚Nichts' als Antwort ist sicher falsch, aber die richtige Antwort liegt nicht klar für alle auf der Hand.

6. Der Change Agent

Ein Teil von uns – im Sinne der Angehörigen der gesamten Disziplin – ist von solchen Selbstzweifeln frei. Diejenigen beispielsweise, die Organization Development betreiben, glauben jeweils, in der konkreten Situation recht gut zu wissen, was der Organisation frommt. Im großen und ganzen ist dies auch kontextfrei, auf Deutsch: immer dasselbe – mehr Partizipation, mehr Delegation von Entscheidungen nach unten, mehr Entscheidungsvorbereitung und Beschlüsse in Gruppen statt durch Individuen, möglichst umfangreiche Arbeitsabläufe in einer Gruppe, Verringerung der Spezialisierung, Ermutigung zur Kreativität, sich einstellen auf das andere Individuum statt seiner Behandlung als mit Sachaufgaben bedachtem Rollenträger, Berücksichtigung bisher vernachlässigter oder vernachlässigt geglaubter Publika, wie Beziehung zur Standortgemeinde usw. Jemand, der Organization Development betreibt, hat nicht losen Kontakt mit einer Reihe von Unternehmen, sondern intensiven Kontakt mit einigen wenigen, berät sie nicht nur wie ein medizinischer Konsiliar seinen Kollegen, sondern wird für einige Zeit einer der Handelnden selbst. Er motiviert, versucht zu überzeugen, setzt sich immer wieder mit Individuen und mit Teilproblemen auseinander, anstatt einmal Diagnose und Therapievorschlag abzugeben.

Wer so handelt, kann nicht emotionsfrei handeln. Niemand, möchte ich behaupten, ist in der Lage, intensiv daran zu arbeiten, das Bestehende zu ändern, ohne sich emotionell mit dieser Änderung, den dazu nötigen Methoden zu identifizieren, Helfenden Sympathie, Hindernden Antipathie entgegenzubringen. Niemand erlebt gerne Fehlschläge und fast niemand wird deshalb seinen eigenen Ergebnissen unparteiisch gegenüberstehen. ,,Mit dem besten Vorsatz zur blauäugigen Treuherzigkeit kann niemand über sich selbst die Wahrheit sagen" – ,,oder seine eigenen Handlungen objektiv beurteilen" – möchte man diesem Zitat hinzufügen. Wenn schon, wie aus dem lauten Sprechen des Glaubensbekenntnisses oder den öffentlichen Bekenntnissen zur Parteilinie oder öffentlichen Schuldbekenntnissen bekannt, allein das Sprechen eines Sachverhaltes das Vertrauen in die Richtigkeit desselben bestärkt, wie wird es erst sein, wenn jemand durch intensives Handeln samt Überwindung von hartnäckigen Widerständen sich mit einer These identifiziert hat? Mit anderen Worten, Organizational Development, das Arbeiten als Change Agent im Unternehmen, mag gut sein. Ob es den Unternehmen, in denen Wissenschaftler als Change Agents gearbeitet haben, im Durchschnitt besser geht als ohne diese, wissen wir einfach nicht. Und erst recht wissen wir nicht, welche Nachteile für ganze Studentengenerationen dadurch entstehen, daß der Professor sich durch eine Erfahrung in einer Organisation emotionell auf eine bestimmte Theorie oder Ideologie fixiert hat. Aber wenigstens die erste Frage sollte vielleicht einmal ein Außenseiter – in den USA, wo es viele solcher Fälle mittlerweile gibt – zu klären versuchen. Vielleicht sollten wir auch vom ‚Change Agent‘, der seine Erfahrung als wissenschaftliche Erkenntnis verallgemeinern will, fordern, daß er einen anderen Wissenschaftler als einen zweiten, nicht an der Handlung teilnehmenden Beobachter heranzieht, so wie der in die Selbstanalyse einsteigende zukünftige Psychoanalytiker jeweils einen die Selbstanalyse begleitenden älteren Kollegen zuziehen muß.

Bisher können wir nur sagen, es ist gut, daß auch eine Reihe von Personen diese Art der praktischen Nutzung ausprobieren. Gefährlich würde es erst, wenn alle unter uns es versuchten; gefährlich nicht für die Industrie – sie könnte dies schon verkraften – sondern für uns wenige, die auf dem Gebiet der Organisationsforschung arbeiten. Es wäre genauso gefährlich wie für eine Spezies, die ein sehr einheitliches Ergbut hat. Bei einer kleinen Veränderung der Umwelt wird sie nicht überleben können, wo eine andere Spezies mit mehr divergierendem Erbgut einige Individuen hätte, die in ihr weiterexistieren könnten.

Abschließend sei noch das Extrem genannt: Die Umkrempelung der gesamten Organisation nach der eigenen Lehre. Mir ist nur ein solcher ganz unverbürgter Fall bekannt: Einem sehr bekannten System-Dynamics-Mann gelang es, eine größere amerikanische Gesellschaft der Elektrotechnik zu überreden, sein Systen in Bausch und Bogen für die Steuerung der gesamten Firma zu übernehmen. Innerhalb kurzer Zeit ging es mit dem Unternehmen bergab, und das System wurde über Bord geworfen.

7. Der Unternehmer

Es liegt nahe, die Linie, die von der Beratung zur Mitwirkung an der Umorganisation führt, zu verlängern: Wenn sich keine Firma zur Erprobung, Anwendung und Verwertung der eigenen Ideen findet, so gründe man hierzu eine Firma. Beispiele gibt es zu Hunderten. Memorial Drive in Cambridge, Mass., der MIT und Harvard verbindet, heißt ‚Research Row‘ nach all den Firmen, die entlang dieser Straße von Professoren aufgemacht wurden. Die Bundesstraße 128, die einen Dreiviertelkreis um Boston samt Vororten zieht, nennt sich stolz ‚Space Row‘ – nach zahllosen kleinen Firmen, die zum großen Teil Ausgründungen von Professoren oder von Forschungsteams vom MIT und seinen angeschlossenen Laboratorien waren.

Während es keine besondere Überraschung auslöst, daß Professoren der Naturwissenschaften oder der Technik Firmengründer werden, überrascht es schon und ist ein seltener Fall, daß eine bestehende Firma auch nur erheblich umgestaltet wird. Woran liegt dies? Vielleicht daran – und das sollte uns bescheiden stimmen –, daß Organisation zu Naturwissenschaft und Technik im Verhältnis wie Form zu Substanz steht. Eine zündende Marketingidee, wie diejenige, die zur Gründung von Avon geführt hat, mag noch zur Firmengründung ausreichen. Es ist allerdings nicht bekannt, daß schon einmal einem Professor des Marketing eine solche gekommen ist, und ich möchte auch bezweifeln, daß die Idee eines Organisationswissenschaftlers so schlagkräftig wie die eines Technikers oder Naturwissenschaftlers ist, so daß sie als Basis für das Leben eines ganzen Unternehmens mit beliebigem Güter- oder Dienstleistungsprogramm dienen kann – außer natürlich dem einer Beratungsorganisation.

Wo stehen wir nach all diesem? In der bürgerlich-westlichen Wissenschaft kann bekanntlich keine Idee für sich beanspruchen, die ausschließliche Wahrheit darzustellen. Es ist immer Raum für andere Ideen, immer die Möglichkeit zur Falsifizierung, immer die Aussicht auf Verbesserung. So müssen auch wir uns mehreren Wegen offenhalten und damit rechnen, daß auch welche gefunden werden, die hier nicht aufgezählt sind. Meine eigene Neigung oder mein Vorurteil (wenn Sie mir nicht zustimmen) geht dahin, die mittleren Möglichkeiten zu favorisieren. So wenig der feuereifrige System-Dynamics-Mann oder Change Agent in mir den Glauben an die Richtigkeit gerade seines Weges hervorruft, so wenig überzeugend ist mir auch Organisationsforschung oder Betriebswirtschaftslehre, die für den ästhetischen Genuß anderer oder sogar hauptsächlich zukünftiger Generationen betrieben wird. Auch empfinde ich es als legitim, daß die menschliche Gesellschaft oder auch die von uns Befragten nach der Anwendbarkeit des Gefundenen fragen und ihre weitere Mitwirkung als Diskussionspartner, Informationslieferant oder Geldgeber von einer befriedigenden Antwort abhängig macht.

Nutzungsanspruch und Nutzungsvielfalt

Eberhard Witte

1. Forschungsstrategien zwischen Anspruch und Wirklichkeit
   1.1. Maximalforderungen an die empirische Forschung
   1.2. Entwicklungsstand der Empirischen Betriebswirtschaftlichen Forschung
   1.3. Resignation oder Realismus
2. Forschungsschritte und ihr nutzbares Ergebnis
   2.1. Empirisches Feld
   2.2. Operationalisierung
   2.3. Problemtransparenz
   2.4. Variablenausprägung
   2.5. Variablenzusammenhang
       2.5.1. Bivariater Zusammenhang
       2.5.2. Multivariater Zusammenhang
3. Nutzungsschritte
   3.1. Übernahme
   3.2. Kognition
   3.3. Anwendung
   3.4. Engineering

Der folgende Beitrag widmet sich dem Nutzungsaspekt der Empirischen Betriebswirtschaftlichen Forschung. Die Bearbeitung der Nutzbarkeit und der tatsächlichen Nutzung von Forschungsaussagen und Forschungsmethoden bezieht hier bewußt nicht die Frage ein, ob Wissenschaft überhaupt einem utilitaristischen Anspruch gewidmet ist oder ausschließlich der Erkenntnis als Selbstzweck dient. Die Verpflichtung der empirisch-betriebswirtschaftlichen Forschung, in der Unternehmenspraxis einen Nutzen zu stiften, wird hier ohne weitere Begründungen und Rechtfertigungen vorausgesetzt. Andererseits kann weder die Betriebswirtschaftslehre als Ganzes noch das Teilgebiet der Empirischen Betriebswirtschaftlichen Forschung in ihrem praktischen Anwendungsbezug bisher als gesichert und anerkannt gelten. Allzu oft wird der Vorwurf erhoben, die wissenschaftliche Disziplin, die sich doch im Lippenbekenntnis als eine angewandte oder anzuwendende Wissenschaft bezeichnet, habe sich von den praktischen Problemen abgekoppelt, strebe eher nach Anerkennung durch andere Wissenschaften und andere Wissenschaftler als nach praktischer Nützlichkeit der Arbeitsergebnisse.

Nun soll wiederum nicht bestritten werden, daß eine wissenschaftliche Disziplin auch ihre Verpflichtung gegenüber theoretischen Ansprüchen ernst zu nehmen hat und ihre Aussagen mit denen anderer Wissenschaftsbereiche zu verknüpfen hat. Aber diese Aufgabe soll eben in dem hier vorliegenden Beitrag nicht diskutiert werden. Es geht vielmehr darum, möglichst konkret aufzuzeigen, wie empirische Forschung – trotz aller ihrer gegenwärtigen Unzulänglichkeiten – praktische Nutzungschancen bietet. Diese Fage ist zwar für jedes Teilgebiet der Betriebswirtschaftslehre von Interesse; sie ist jedoch von besonderem Reiz für die empirisch-theoretische Forschung, denn diese folgt ausdrücklich der Verpflichtung, ihre Behauptungen (Hypothesen, theoretische Bezugsrahmen, Theorien) an der Realität zu prüfen. Wenn damit das empirische Feld, also die Realität zum Prüfstein der Theorie wird und als falsch erwiesene Hypothesen ausgemerzt werden, so ist damit doch noch nicht zwangsläufig sichergestellt, daß die der Prüfung standhaltenden Hypothesen, die nun also als bewährt gelten können, in der Realität auch einen Nutzen zu stiften vermögen. Empirische Forschung ist unter diesem Aspekt nicht von vornherein praxisnahe Forschung, die ihre Nützlichkeit nicht erst nachzuweisen braucht. Damit wird ein Eignungskriterium für Forschungsergebnisse angesprochen, das über die ,,Bewährung" einer Hypothese im empirischen Test hinausgeht. Unter dem Nutzungsaspekt hat sich ein Forschungsergebnis in einem viel weitergehenden Sinne zu bewähren, indem es nicht nur richtig (im Sinne von nicht falsifiziert), sondern auch praktisch verwendbar ist (vgl. dazu auch WITTE 1974, S. 188).

Um zu dieser pragmatischen, die Nutzungsvielfalt aufdeckenden Analyse zu gelangen, bedarf es zunächst einer kritischen Betrachtung der wissenschaftstheoretischen Barrieren, die über die notwendige Funktion der Sicherung wissenschaftlicher Qualität hinaus oftmals eine unvoreingenommene und unverzögerte Nutzung vertretbarer – wenn auch nicht perfekter – wissenschaftlicher Ergebnisse verhindern.

1. Forschungsstrategien zwischen Anspruch und Wirklichkeit

Für das ,,Anspruchsniveau", dem sich Forschungsprojekte verpflichtet fühlen, ist es nicht unwichtig festzustellen, woher der die Forschung anregende Impuls kommt.

Die betriebswirtschaftliche Marketing-Forschung, die im deutschsprachigen Raum im Vergleich zu anderen Teilen des Faches bereits über eine längere Tradition verfügt, ist aus einem engen Kontakt mit den praktischen Erfordernissen und Prognosebedürfnissen entstanden. Der Nutzungsaspekt ist – wenn auch mit unterschiedlichem Erfolg – stets im Auge behalten worden. Als Gegenbeispiel ist die Produktions- und Kostentheorie zu nennen, die eher vom modelltheoretischen Ansatz geprägt wurde und erst relativ spät in empirisch prüfbare Sätze umformuliert (und tatsächlich geprüft) wurde (s. ALBACH 1971,

S. 141 ff.). Damit soll nicht in Frage gestellt werden, daß modelltheoretische Wissenschaftsbeiträge praktisch nutzbar sind (mehrere Beiträge in diesem Band widmen sich ausdrücklich der Frage, wie modelltheoretische und realtheoretische Ansätze gemeinsamen Nutzen zu stiften vermögen). Gemeint ist lediglich, daß es die Forschung besonders leicht hat, den Nutzungsaspekt im Auge zu behalten, wenn sie durch eine Anregung aus der Realität selbst entstanden ist und insoweit nutzungsbezogen herausgefordert wurde.

Der Impuls zur empirischen Entscheidungs- und Organisationsforschung wurde im wesentlichen durch die empirische Sozialwissenschaft ausgelöst und war von vornherein realwissenschaftlich orientiert. Die wissenschaftstheoretische Aufforderung, Hypothesen mit empirischem Behauptungsgehalt zu formulieren und mit der Realität zu konfrontieren, wurde am deutlichsten von Popper und den deutschsprachigen Vertretern des kritischen Rationalismus formuliert. Um den Aufforderungsimpuls und die in ihm liegenden methodologischen Ansprüche einschätzen zu können, ist es wichtig hervorzuheben, daß Poppers Überlegungen vor allem vom Forschungsgeschehen innerhalb der Naturwissenschaften ausgingen (vgl. dazu etwa POPPER 1972b). Vor diesem Hintergrund wird verständlich, daß er ein in mancher Hinsicht maximales wissenschaftstheoretisches Anspruchsniveau vertritt.

1.1. Maximalforderungen an die empirische Forschung

Sowohl der Wissenschaftler als auch der Praktiker sind daran interessiert, das reale Geschehen zu erklären, indem gesetzmäßige Zusammenhänge zwischen identifizierbaren Ereignissen aufgedeckt, bewußt gemacht und damit für Prognosen verwendbar werden. Das Wissenschaftsziel und das Praxisziel sind also nicht von vornherein gegensätzliche Zweckwidmungen des Forschungsgeschehens. Das Bild wird jedoch differenzierter, wenn man einzelne wissenschaftstheoretische Postulate daraufhin untersucht, ob sie lediglich dem Erkenntniszweck oder auch (möglicherweise sogar in erster Linie) dem Nutzungszweck dienen.

Hierzu ist an erster Stelle die wissenschaftstheoretische Forderung nach nomologischen Aussagesätzen zu nennen (POPPER 1972a, S. 31, 34; ALBERT 1976, Sp. 4678; ALBERT 1972b, S. 22). Die wissenschaftliche Aussage soll eine Gesetzmäßigkeit ohne räumliche oder zeitliche Einschränkung enthalten. Für das Wissenschaftsziel ist es notwendig und sinnvoll, uneingeschränkte, also nomologische Aussagen anzustreben. Das Ziel bescheidener anzusetzen, hieße, bewußt ein geringeres Anspruchsniveau zu formulieren, als es dem Streben nach möglichst weitgehender Erkenntnis entspricht.

Auch der Praktiker ist durchaus daran interessiert, wissenschaftliche Aussagen kennenzulernen, die an jedem Ort (in jedem Land) und zu jeder Zeit gültig sind. Gerade weil er zukünftige Ereignisse prognostizieren will, ist es für ihn bedeutsam, über zeitlich möglichst unbeschränkte Gesetzmäßigkeiten zu verfügen. Albert sagt hierzu: „Die Leistung dieser (empirischen) Wissenschaften besteht ja darin, immer tiefer in die Beschaffenheit der Realität einzudringen durch Versuche der Erklärung auf theoretischer Grundlage, das heißt: durch die Erfindung, Entwicklung, Anwendung und Beurteilung erklärungskräftiger und damit gehaltvoller Theorien. Je größer deren Erklärungskraft, desto vielseitiger werden im allgemeinen die Möglichkeiten ihrer technologischen Verwertung und damit auch ihrer politischen Anwendung sein." (ALBERT 1972b, S. 22). An diesem Zitat ist besonders wichtig, daß von einer größeren oder kleineren, also gerade einer abgestuften Erklärungskraft die Rede ist, so daß unter dem Aspekt der Forderung nach Nomologie auch nicht ein Entweder-Oder zu verstehen ist, sondern unterschiedliche Grade der raum-zeitlichen Bedingtheit festzustellen sind. Der „Konsument" wissenschaftlicher Aussagen wird es begrüßen, zum Beispiel die Aussagen von Berle und Means über den Zusammenhang zwischen Eigentümereinfluß und Unternehmenserfolg in Amerika aus dem Jahre 1932 (BERLE/MEANS 1967) für die deutschen Verhältnisse im Jahre 1980 übernehmen zu können. Er wird jedoch – wenn er kein Purist ist – kaum daran interessiert sein, grenzenlos und zeitlos Erklärungen aus der „Beobachtung" jahrhundertelang zurückliegender Ereignisse fremder Kontinente zu übernehmen. Er wird nichts dagegen einzuwenden haben, wenn ihm wirklich nomologische Sätze präsentiert werden, wird sie jedoch unter seinem pragmatischen Nutzungsaspekt nicht verlangen, sondern lediglich eine hinreichende Gültigkeit der Aussagen zur Lösung seiner gegenwärtigen und nur sehr begrenzt in die Zukunft reichenden Probleme verlangen.

Ein zweites Postulat der Wissenschaftstheorie richtet sich auf die axiomatische Verknüpfung der Aussagen (POPPER 1971, S. 41; BUNGE 1967, S. 391; WEINBERG 1976, Sp. 364f.). Die einzelnen Sätze werden aus Axiomen, die gleichsam an die Spitze des theoretischen Systems gestellt werden, deduziert, so daß sich eine Hierarchie (Pyramide) mehrstufiger Ableitungen ergibt. Dadurch werden die zu prüfenden Einzelhypothesen über ihren hierarchischen Ableitungsbaum zu einem Gesamtsystem verflochten. Durch die Prüfung dieser einzelnen Hypothesen wird gleichzeitig über die Bewährung des Gesamtsystems (und damit auch der Axiome) befunden.

Zu diesem Postulat der Wissenschaftstheorie ist zu fragen, ob es der wissenschaftlichen Ästhetik und dem grundsätzlichen Anspruch auf möglichst weitgehende Erkenntnis gewidmet oder darüber hinaus auch von praktischem Interesse ist. Hierzu ist zunächst festzustellen, daß der praktische Nutzer wissenschaftlicher Forschungsergebnisse durchaus an einem in sich geschlossenen System von Aussagen interessiert sein könnte, weil er damit den Problemzusammenhang von Teilerscheinungen besser zu durchschauen vermag. Dieses Argument betrifft allerdings nicht den Inhalt der (empirischen) Forschungsergebnisse, sondern ihre Formalstruktur. Für den Aussageninhalt ist die Systemverflechtung des einzelnen Forschungsergebnisses wichtig, weil der Anwender von der Wissenschaft nicht immer unmittelbare Problemlösungen angeboten bekommt, sondern oftmals aus einem übernommenen Satz weitere deduktive Ableitungen und (wissenschaftlich nicht gerechtfertigte) Analogieschlüsse zu ziehen genötigt ist. Er verlängert dann gleichsam das theoretische System bis hin zu seinem technologischen Anwendungsfall.

Auch hier zeigt sich also wieder, daß der Anwender von Forschungsergebnissen die wissenschaftstheoretische Forderung durchaus bejaht, ihr jedenfalls nicht widerspricht. Jedoch bedeutet dies nicht, daß der Praktiker mit einzelnen Aussagesätzen, die nicht theoretisch verknüpft sind, nichts anzufangen wüßte, wenn sie nur richtig und für sein praktisches Problem relevant sind. Ob es in der theoretischen Nachbarschaft dieses Satzes noch weitere Aussagen gibt, die er jedoch nicht benötigt, ist für den Fall einer speziellen Nutzung unerheblich.

Ein drittes Postulat der Wissenschaftstheorie verlangt die Erarbeitung deterministischer Gesetzesaussagen. Ein singuläres Ereignis (Explanandum) wird nach dem Hempel-Oppenheim-Schema aus einer generellen Aussage (Explanans) erklärt (STEGMÜLLER 1969, S. 83; ALBERT 1976, Sp. 4679; POPPER 1972b, S. 50). Die wissenschaftliche Wenn-Dann-Aussage gilt dabei ohne Ausnahme. Von diesen deterministischen Gesetzen sind die stochastischen, statistischen Gesetze zu unterscheiden, bei denen der Eintritt der Dann-Komponente nur mit einer (angebbaren) Wahrscheinlichkeit mit dem Eintritt der Wenn-Komponente verbunden ist. Popper zeigt, daß stochastische Gesetzesaussagen für Zwecke der wissenschaftlichen Erklärung eines singulären Ereignisses ungeeignet sind (POPPER 1971, S. 158ff.). Unter dem Nutzungsaspekt muß ein weiteres Mal festgestellt werden, daß der Anwender durchaus das wissenschaftstheoretische Ideal teilt. Auch er ist daran interessiert, lückenlos gültige Zusammenhänge zu erfahren und in seinen Handlungen darauf zu vertrauen. Dennoch sind stochastische Gesetzesaussagen für ihn nicht wertlos. Er wird wiederum nicht zwischen zwei prinzipiell entgegengesetzten Fällen unterscheiden, sondern sich dafür interessieren, wie groß die Wahrscheinlichkeit des stochastischen Gesetzes ist. Auch wird es von der Struktur und der „Gefährlichkeit" seines Problems abhängen, ob er sich mit nachgewiesenen Zusammenhängen geringerer Wahrscheinlichkeit zufrieden geben kann.

Im Forderungskatalog der wissenschaftlichen Ansprüche ist schließlich die empirische Bewährung theoretischer Sätze zu nennen. Solange eine Hypothese noch nicht hinreichend streng oder hinreichend oft geprüft wurde, kann sie noch nicht – jedenfalls nicht annähernd abschließend – daraufhin beurteilt werden, ob sie falsch ist oder nicht.

In diesem Punkt treffen sich Wissenschaftler und Praktiker ohne Einschränkung. Ein theoretisches Gedankengebäude mag so intelligent und ideenreich sein wie es nur kann, wissenschaftlich und praktisch akzeptabel wird es erst durch die Bewährung im empirischen Test und schließlich in der praktischen Anwendung.

1.2. Entwicklungsstand der Empirischen Betriebswirtschaftlichen Forschung

Im vorliegenden Beitrag ist es nicht möglich, den Forschungsstand zu allen betriebswirtschaftlichen Probleminhalten umfassend darzustellen. Dazu hat die empirische Forschung auch in unserem Fach inzwischen einen zu großen Umfang angenommen. Jedoch kann allgemein festgestellt werden, daß mit der empirisch orientierten Denk- und Vorgehensweise manche früher übliche „Schulmeinung", viele Behauptungen über „praktische Erfahrungen" und „wissenschaftliche Empfehlungen" für Problemlösungen nicht mehr so unbekümmert geäußert werden. Allein die Tatsache, daß der Autor in Gefahr gerät, beim Wort genommen und geprüft zu werden, ist ein wirksamer Schutz gegen Rechthaberei, wobei sofort zugegeben werden soll, daß auch unter Empirikern diese Untugend nicht völlig fehlt.

Eine spezielle Wirkung auf die Entwicklung der Betriebswirtschaftslehre spielte sich wechselseitig zwischen dem Operations Research und der empirischen Forschung ab. Die Empiriker konnten manches von der Technik, Problemstrukturen wahrzunehmen und systematisch darzustellen, lernen. Andererseits ist nicht zu übersehen, daß die Modelltheoretiker von der empirischen Forschung angeregt wurden, realitätstreue Prämissen zu setzen und die Relevanz der in einem Modell einzufügenden Variablen zu berücksichtigen. Schließlich erwies sich die praktische Anwendbarkeit von Modellen des Operations Research als ein empirisches Problem.

Fragt man sich, welchen Entwicklungsstand die Empirische Betriebswirtschaftliche Forschung selbst inzwischen erreicht hat und spiegelt man das Erreichte an den wissenschaftstheoretischen Anforderungen, so zeigt sich allerdings ein zur Bescheidenheit veranlassendes Bild.

Zur Forderung nach nomologischen Aussagen ist festzustellen, daß Gesetzmäßigkeiten mit raum-zeitlich uneingeschränkter Gültigkeit in unserem Fach weder vorliegen noch zu erwarten sind. Damit allerdings befinden wir uns in Schicksalsgemeinschaft mit allen Zweigen der Wirtschafts- und Sozialwissenschaften (NAGEL 1972, S. 82). Man weiß heute, daß die historisch und geographisch eingeschränkten Quasigesetze (ALBERT 1971a, S. 131ff.) bereits ein beachtliches Forschungsergebnis darstellen und – wie in diesem Beitrag noch im einzelnen zu belegen ist – einen umfassenden Nutzen zu stiften vermögen. Man sollte das Herabsetzende und nur aus dem Vergleich mit naturwissenschaftlichen Gesetzen verstehbare Wort „Quasigesetz" überhaupt vermeiden und unter wirtschafts- und sozialwissenschaftlichen Gesetzen nichts anderes verstehen. (Bezüglich der Nutzung erhebt dabei die Wissenschaftstheorie keinen Widerspruch; vgl. ALBERT 1972a, S. 106f.)

Zur Forderung nach Axiomatisierung der theoretischen (Teil-)Aussagen ist festzustellen, daß von hierarchisch miteinander verflochtenen Hypothesen und Ableitungszusammenhängen noch keine Rede sein kann. Die zu prüfenden Aussagen und die daraufhin vorliegenden Befunde tragen durchweg Inselcharakter, können vielfach nicht einmal in ihrer Bodennähe (SCHANZ 1975, S. 327) bzw. höheren Abstraktionsebene lokalisiert und in ihrem Systemzusammenhang eingeordnet werden. Wahrscheinlich können empirisch gehaltvolle Aussagesysteme erst dann entwickelt werden, wenn eine viel größere Anzahl von miteinander verflechtbaren Einzelaussagen in einem Fach erarbeitet worden sind. Dies darf natürlich nicht bedeuten, in den Bemühungen um theoretische Systeme nachzulassen; nur ist eine Position des Alles oder Nichts hier nicht zweckmäßig. Im übrigen darf man sich die Axiomatisierung nicht als einen rein theoretischen oder gar unempirischen Vorgang vorstellen. Obgleich die logische Verknüpfung einzelner Theoriebestandteile keiner empirischen Prüfung bedarf, wird die Entscheidung des Wissenschaftlers, mit welchen anderen Theorieelementen das von ihm jeweils betrachtete Teilproblem verknüpft werden soll, auch vom empirischen Forschungsprozeß selbst angeregt. Ein Beispiel aus der eigenen Werkstatt habe ich den Kollegen Kirsch und Gemünden zu verdanken. Das von mir entwickelte Promotoren-Modell (WITTE 1973) wurde von Kirsch unter Heranziehung derselben empirischen Daten geradezu umgekehrt interpretiert, indem der Innovationsprozeß als ein interaktiver Beratungsprozeß zwischen Hersteller und Verwender des Innovationsgutes begriffen wurde (KIRSCH/KUTSCHKER 1978; s. auch KIRSCH 1981, S. 211). Die sachlich hochinteressante Kontroverse konnte von Gemünden unter Vornahme eines weiteren Verknüpfungsschrittes aufgelöst werden, indem er die Herstelleraktivitäten und die Verwenderaktivitäten im einzelnen belegte und mit Effizienzmaßstäben korrelierte (GEMÜNDEN 1979). Zwar sind wir auf diesem Teilgebiet einer umfassenden Innovations- und Verhandlungstheorie noch weit von einer Axiomatisierung entfernt; es zeigen sich jedoch bereits Teilstrukturen ineinandergreifender und sich aufeinander beziehender Einzelaussagen. Zur Kennzeichnung des Forschungsstandes einer Wissenschaft scheint mir nicht nur die Frage bedeutsam zu sein, wie reif (oder unreif) die Ergebnisse bereits sind, sondern es scheint mir von ausschlaggebendem Interesse zu sein, ob sich Hinweise auf einen weiteren Reifeprozeß belegen lassen. In diesem Falle befindet sich eine Wissenschaft auf dem richtigen Wege.

Bezüglich der Forderung nach deterministischen Aussagen ist ebenfalls und naturgemäß eine Nichterfüllung durch die betriebswirtschaftliche Forschung festzustellen. Es ist geradezu ein Wesenszug wirtschafts- und sozialwissenschaftlicher Zusammenhänge, daß sie stochastischer Natur sind. Aber es gibt graduelle Unterschiede der Treffgenauigkeit der Aussage. Hierzu kann ein deutlicher Fortschritt festgestellt werden. Nicht nur in der betriebswirtschaftlichen Marketing-Forschung, die bereits seit mehreren Jahrzehnten gesicherte Zusammenhänge erarbeitete, sondern auch in der Organisations- und Entscheidungsforschung, in produktions- und kostenwirtschaftlichen Untersuchungen sowie in Arbeiten aus der Personalwirtschaft sind mit Hilfe nachprüfbarer, jedenfalls deutlich belegter Daten und mit höherwertigen Testverfahren die Zusammenhänge zwischen den problemrelevanten Variablen mit fortschreitender Sicherheit nachgewiesen worden.

Hinsichtlich der Verfahren zur Erfassung, Verarbeitung und Interpretation empirischer Daten hat sich in den vergangenen Jahrzehnten ein deutlicher Fortschritt in der Professionalität vollzogen. Während ursprünglich die Sozialpsychologie und die Soziologie eindeutig einen handwerklichen Vorsprung gewonnen hatten, darf heute wohl festgestellt werden, daß der methodische Standard nicht nur interdisziplinär, sondern auch international als Anspruch und als Forschungspraxis gesichert ist. Die Betriebswirtschaftslehre hat einige Forschungstechniken sogar selbständig zu einem vergleichsweise hohen Rang entwickelt. Denn unsere Betrachtungsobjekte (Unternehmen und andere Institutionen) verfügen über vielfältige eigene Aufschreibungen und zwar nicht nur im Rechnungswesen und nicht nur in der allen zugänglichen Publizität. Im Vergleich zu den soziologischen Untersuchungen, die sich weitgehend auf die Privatsphäre des Menschen konzentrieren und dort kaum auf schriftliche Belege stoßen, hat sich die Dokumentenanalyse in unserem Fache als ein besonders geeignetes Verfahren erwiesen und wurde folgerichtig über den vorgefundenen instrumentalen Stand hinaus entwickelt.

Durch die Verwendung der modernen empirischen Forschungsmethoden ist der Sinn für theoretische Zusammenhänge nicht verloren gegangen. Eher umgekehrt kann festgestellt werden, daß die theoretische Erarbeitung von Zusammenhängen auch dadurch angeregt wurde, daß man sich bewußt machte, den behaupteten Zusammenhang schließlich auch prüfen zu können.

1.3 Resignation oder Realismus

Angesichts des wissenschaftstheoretischen Anforderungskataloges mußte die Kennzeichnung des Entwicklungsstandes der Empirischen Betriebswirtschaftlichen Forschung als Inventur der Mängel erscheinen. Der Betriebswirt weiß jedoch, daß die Analyse eines Soll-Ist-Vergleiches sowohl die kritische Würdigung der Istgrößen als auch der Sollgrößen umschließt. Wer die Anforderungen der Nomologie, der Axiomatisierung, des Determinismus und der Bewährung als absolute, nicht graduell anstrebbare Normen betrachtet und seine Kritik lediglich auf das Ist richtet, der wird leicht von der Hoffnungslosigkeit seiner Anstrengungen als empirischer Forscher überzeugt werden. Er wird dann, falls er nicht die wissenschaftliche Bearbeitbarkeit betriebswirtschaftlicher Probleme vollkommen verneint und zu einem anderen Fach überwechselt, sich innerhalb des Faches anderen Forschungsmethoden zuwenden. Vielleicht kehrt er zur traditionellen, begriffsorientierten Betriebswirtschaftslehre zurück und beschränkt sich auf reine Möglichkeitsanalysen ohne realwissenschaftlichen Behauptungsgehalt. Er kann sich auch der modelltheoretischen Arbeit zuwenden. In diesem Fall hat er sich jedoch von der Empirischen Betriebswirtschaftlichen Forschung nicht wirklich entfernt. Denn die modelltheoretische

Arbeitsweise tritt in immer näheren inhaltlichen und methodischen Bezug zur empirischen Forschung und setzt diese geradezu voraus. Damit ist über einen Umweg die Frage nur erneut aufgeworfen, ob die Empirische Betriebswirtschaftliche Forschung angesichts der Nichterfüllung wissenschaftstheoretischer Postulate Grund zur Resignation hat.

Der kritische Ansatz kann auch auf die Sollgrößen gerichtet werden: Die Anforderungen der Nomologie, der Axiomatisierung, des Determinismus und der Bewährung sollten nicht die forschungsstrategisch unheilvolle Wirkung einer Resignation in jungen Teildisziplinen der Wirtschafts- und Sozialwissenschaften auslösen. Wenn Wissenschaftstheorie zur Vermeidung (praktisch nützlicher) Forschungsarbeiten führt, dann hat sie ihren Sinn verfehlt. Es sollte auch vermieden werden, dem wissenschaftlichen Nachwuchs, der sich entscheiden muß, welcher Forschungsrichtung er seine Kräfte widmet, durch überzogene Ansprüche geradezu den Vorwand nahezulegen, die Kärrnerarbeit der empirischen Forschung zu umgehen.

Eine ermutigende und die weitere wissenschaftliche Entwicklung positiv beeinflussende Situation zeigt sich, wenn man die Anforderungen – bei grundsätzlicher Beibehaltung als Fernziele – der graduellen Erfüllbarkeit zugänglich macht. Dann öffnet sich die Möglichkeit, den noch jungen Entwicklungsstand des Faches auf die gewünschten Endergebnisse hin auszurichten und jeden Entwicklungsfortschritt im Belohnungssystem der Wissenschaft als Leistung positiv zu bewerten. Eine solche Position des bescheidenen Realismus sorgt dafür, daß immer präzisere raum-zeitlich differenzierte Aussagen in wachsender Verflechtung untereinander, mit immer größerer Aussagesicherheit und steigendem Bewährungsgrad erarbeitet werden. Von Resignation kann keine Rede mehr sein, wenn man begreift, daß es nicht nur Nachteile hat, im wissenschaftlichen Neuland zu arbeiten. Allerdings wird einige Geduld aufgewendet werden müssen, um die notwendige Kontinuität einer auf diese Weise langfristigen Zielen gewidmeten Forschung zu garantieren.

Die langfristig orientierten, von Realismus getragenen kleinen Fortschritte sind auch unabhängig von ihrer positiven Einschätzung als wissenschaftliche Leistungen nicht vergeblich unternommen, wenn bereits die Zwischen- und Nebenergebnisse sowie das angewendete und weiterentwickelte Forschungsinstrumentarium einen praktischen Nutzen zu stiften vermögen.

2. Forschungsschritte und ihr nutzbares Ergebnis

Um gegenüber dem Nutzungsaspekt der Empirischen Betriebswirtschaftlichen Forschung die notwendige und mögliche Offenheit zu bewahren, ist es unzweckmäßig, von *der* Nutzung eines Forschungsergebnisses zu sprechen. Diese Formulierung suggeriert nämlich, daß es – wie im Anforderungskatalog gegenüber einer Theorie – eine Reihe von Normen der Nutzbarkeit zu erfüllen gilt, um eine Forschungsaussage mit dem Prädikat der Nützlichkeit auszustatten. Da man gern die Analogie zur Naturwissenschaft bemüht, läge es nahe zu fordern, daß aus der gewonnenen Erkenntnis im Wege eines ingenieurwissenschaftlichen Transformationsprozesses erst anwendbare (und tatsächlich angewendete) Technologien entwickelt werden müssen, um dem Nutzungsanspruch voll Genüge zu tun. Eine solche, ebenfalls auf Perfektion gerichtete Nutzungsnorm würde alle Zwischen- und Nebenergebnisse ungenügend und unreif nennen müssen, so daß erst durch die Rücknahme der Maximalforderung wiederum Resignation zu vermeiden und eine realistische Position zu begründen wäre.

Dem in der Forschungspraxis Stehenden ist ein solcher Argumentationsumweg jedoch fremd. Wer im Vollzug der empirischen Vorgehensweise täglich erlebt, daß auch Vor- und Zwischenergebnisse, insbesondere aber auch die verwendete Methodik – oft sogar zunächst unbeabsichtigt – nützlich sind, der verbaut sich nicht den Blick für die Nutzungsvielfalt aller Einsichten und Ergebnisse, die im Verlaufe des Forschungsprozesses anfallen. In den folgenden Abschnitten wird – den einzelnen Forschungsschritten folgend – gefragt, inwieweit im Verlauf der Konzipierung und Durchführung empirischer Untersuchungen Nutzungsansätze zutage treten. Um die notwendige Anschaulichkeit zu gewinnen, konzentrieren sich die herangezogenen Beispiele auf bereits abgeschlossene und noch laufende eigene Forschungsprojekte. Selbstverständlich geben auch die Forschungsergebnisse anderer Institute im hier dargelegten Sinne Nutzungsimpulse ab, nur kennt man die eigenen Arbeiten und ihren Nutzungsweg am besten, so daß sie sich als exemplarische Belege anbieten. Im übrigen erkennt man bei den eigenen Arbeiten auch am ehesten die unter dem Nutzungsaspekt bestehenden Mängel und Begrenzungen.

2.1. Empirisches Feld

Vor Beginn jeglicher empirischer Datenerhebung ist nicht nur die Frage nach der Auswahl, sondern vor allem die Frage nach der Begrenzung des zu untersuchenden Ausschnittes der Realität zu beantworten. Erst dadurch wird das wissenschaftliche Problem in seinem Objektbezug festgelegt. Die Summe aller damit eingefangenen einzelnen Tatbestände (Probanden, Elemente) wird Grundgesamtheit genannt. Diese kann anschließend einer Totalerhebung unterzogen oder durch Stichprobenuntersuchung partiell bearbeitet werden.

Anläßlich der Untersuchungen zur Unternehmensverfassung mußte der Kreis der zu betrachtenden Unternehmungen durch Merkmale festgelegt, also gegenüber den nicht zu untersuchenden Unternehmungen abgegrenzt werden (WITTE 1980a, S. 8f.). Da sich die Mitbestimmung insbesondere in den (arbeitsintensiven) Industrieunternehmen entwickelt hat, wurden in einem ersten Schritt alle nicht dem „verarbeitenden Gewerbe" gewidmeten Unternehmungen ausgeschlossen. Durch die Regelungen des Mitbestimmungsgesetzes von 1976 blieben außerdem alle Unternehmungen ausgeklammert, die weniger als 2000 Beschäftigte aufweisen. Weiterhin sollte sich die Erhebung auf Unternehmungen beschränken, die ihren Sitz in der Bundesrepublik Deutschland haben. Im Interesse der Gewinnung möglichst reichhaltiger und vollständiger Sekundärdaten empfahl sich die Beschränkung auf die Rechtsform der Aktiengesellschaft. Und schließlich war es im Interesse der Ausschaltung von Konzernbesonderheiten sinnvoll, nur konzernunabhängige, also in diesem Sinne selbständige Unternehmen einzubeziehen.

Als Ergebnis dieser schrittweisen Einengung der Grundgesamtheit ergab sich die Aussage, daß in der Bundesrepublik Deutschland lediglich 82 selbständige Industrieaktiengesellschaften mit mehr als 2000 Beschäftigten existieren. Für den Forscher selbst ist diese Feststellung der Grundgesamtheit lediglich ein handwerklicher Schritt der Forschungsvorbereitung. Als jedoch die Grundgesamtheit – geradezu beiläufig– einem Kreis von Unternehmensvorständen, den für Unternehmensrecht zuständigen Ministerialbeamten und Vertretern der Sozialpartner vorgestellt wurde, zeigte sich ein vitales Interesse an der Größe und Zusammensetzung der Grundgesamtheit. Die Präzisierung des Wissens über das Streitobjekt, dem die Diskussion zur Unternehmensverfassung gewidmet ist, wurde als nutzbare Information gewertet. Es stellte sich unmittelbar eine fordernde Nachfrage nach derartigen Einblicken in das bisher von Vorurteilen und Schlagwörtern beherrschte empirische Schlachtfeld ein. Mit diesem Hinweis wird auch deutlich, daß nicht jede Kennzeichnung einer Grundgesamtheit auf das gleiche praktische Nutzungsinteresse stößt.

2.2 Operationalisierung

Das Betriebsverfassungsgesetz von 1972 schuf im §5 Abs. 3 eine ,,neue" Personengruppe, die in der Unternehmensverfassung eine besondere Rolle zugewiesen erhält: die Leitenden Angestellten. Jedoch blieb unklar, wie das Attribut, ein Leitender Angestellter zu sein, in der Praxis eindeutig bestimmt werden soll. Das im Gesetz genannte Kriterium ,,zur selbständigen Einstellung und Entlassung von im Betrieb oder in der Betriebsabteilung beschäftigten Arbeitnehmern berechtigt" zu sein, erwies sich als an der Wirklichkeit vorbeigehend, denn in der heutigen Praxis der Personalwirtschaft ist sowohl die Einstellung als auch die Entlassung ein arbeitsteiliger Vorgang, und nicht mehr – wie es das Erinnerungsbild an eine frühere Realität aufzeigte – die Autorität eines einzelnen. Auch die ,,Generalvollmacht" und die ,,Prokura" führten nicht zu klaren Abgrenzungsmerkmalen. Damit verblieb aus dem Gesetzestext lediglich die unscharfe Beschreibung der Leitenden Angestellten, die ,,im wesentlichen eigenverantwortlich Aufgaben wahrnehmen, die ihnen regelmäßig wegen der Bedeutung für den Bestand und die Entwicklung des Betriebes im Hinblick auf besondere Erfahrungen und Kenntnisse übertragen werden." Eine Anhäufung operationalisierungsbedürftiger Wörter wie ,,wesentlich", ,,eigenverantwortlich", ,,Bedeutung für den Bestand und die Entwicklung des

Betriebes", „besondere Erfahrungen und Kenntnisse" kann lediglich als Beleg für die Abgrenzungsbedürftigkeit des Tatbestandes herangezogen werden.

Um einen Einblick in die Praxis der Abgrenzung Leitender Angestellter von anderen Angestellten zu gewinnen, wurden 116 Unternehmen untersucht, und es wurde dabei festgestellt, durch welche Merkmale die zu Leitenden Angestellten erklärten Personen gekennzeichnet sind. Es wurde deutlich, daß das Vertretungsrecht für die Unternehmung nach außen, die Zugehörigkeit zu einer bestimmten Leitungsebene, ein Jahresmindesteinkommen, eine bestimmte Personalverantwortung und Sachverantwortung (gemessen an den Gesamtkosten bzw. dem Gesamtumsatz des Unternehmens) als harte Indizien für die Position des Leitenden Angestellten herangezogen werden können. Ohne auf die Einzelheiten des Untersuchungsergebnisses eingehen zu wollen (s. dazu WITTE/BRONNER 1974, insb. S. 120ff.), kann festgestellt werden, daß die Meßergebnisse sowohl für die Unternehmungen als auch für die Gewerkschaften und vor allem für die Gerichte als Orientierungshilfen herangezogen wurden. Selbst wenn der ermittelte Wert, z.B. eine Sachverantwortung von 5% des Umsatzes, von einer der streitenden Parteien oder vom Gericht nicht akzeptiert und ein anderer Prozentwert präferiert wurde, so blieb doch die Orientierung an der Sachverantwortung im Sinne der Untersuchung ein nutzbares und auch tatsächlich genutztes Forschungsergebnis. Die durch den empirischen Forschungsprozeß erreichte Operationalisierung des Begriffs „Leitender Angestellter" und seiner ihn kennzeichnenden Merkmale führte zur Versachlichung und Klärung des Abgrenzungsstreits. Die zunächst unklaren theoretischen und gesetzgeberischen Begriffe wurden kontrollierbar. Die Klärung des Personenkreises der Leitenden Angestellten erhielt nachträglich mit dem Erlaß des Mitbestimmungsgesetzes von 1976 ein zusätzliches Gewicht.

Unter dem Anforderungskatalog der Wissenschaftstheorie kann eine Operationalisierungsstudie, die sich auf die Merkmale eines einzigen Begriffes konzentriert, also weder Zusammenhänge noch Abhängigkeiten und erst recht nicht komplexe, miteinander verflochtene Problemfelder umschließt, den Rang einer „Theorie" nicht beanspruchen. Und dennoch ist diese bescheidene Studie ein von den deutschen Gerichten viel zitiertes betriebswirtschaftliches Forschungsergebnis geworden. Im übrigen läßt sich auf einem eindeutig operationalisierten und von der Praxis angenommenen Meßinstrument für weitere empirisch-theoretische Arbeiten aufbauen.

2.3 Problemtransparenz

Um ein zu erforschendes Problem in seinen einzelnen Bestandteilen, Variablen und Zusammenhängen zu erkennen und für den eigentlichen Forschungsprozeß aufzubereiten, beginnen empirische Forschungsprojekte mit Pilotstudien. Es handelt sich um Einzelfalluntersuchungen, die willkürlich, d.h. ohne systematische oder zufallsbedingte Stichprobenauswahl, oft sogar als vermutete Extremfälle herausgegriffen werden, um die erwünschte Problemeinsicht zu gewinnen. Die ersten Einblicke in die Realität, z. B. durch Leitfadeninterviews oder Dokumentenanalysen in einzelnen Unternehmen, werden häufig durch sogenannte Explorationen, d. h. Expertenhearings und Delphi-Befragungen begleitet (oder vorbereitet). Das Explorieren wird damit als Forschungsvorbereitung gekennzeichnet und mit diesem Begriffsinhalt von den kommerziellen Forschungsinstituten der Markt- und Meinungsforschung verwendet.

Mit dem Abschluß der Pilotstudien sollte der Forscher sein Problem hinreichend kennen, also die notwendige Einsicht in die relevanten Parameter, ihre Untersuchbarkeit und ihren Problemzusammenhang deutlich vor Augen haben. Es liegen nun gleichsam die Elemente der Problemgrundgesamtheit vor, wobei gleichzeitig festzulegen ist, welche ebenfalls gesehenen Probleme bewußt nicht untersucht werden sollen. Jedenfalls weiß der Forscher nach Abschluß der Einzelfallstudien der Pilotphase mehr, als er vorher aus den Literaturstudien lernen konnte.

Nach Gewinnung der Problemtransparenz aus den Pilotstudien zur Einführung der elektronischen Datenverarbeitung in der Bundesrepublik Deutschland (WITTE 1968, S. 24ff.) konnten in den damals häufig stattfindenden Diskussionen und Seminaren von Führungskräften die Organisationsprobleme von Entscheidungsprozessen deutlich vor Augen geführt werden. Dabei stellte sich bei dem Praktiker eine wache Nachfrage nach Forschungsergebnissen ein. Es wurde unmittelbar ersichtlich, daß die Wissenschaft von der Unternehmung eine forschende Disziplin sein kann, und daß die zu bearbeitenden Fragestellungen von praktischer Bedeutung sind. Im übrigen muß ein gewisser Nutzen bereits in der Tatsache gesehen werden, daß die Problemerkenntnis durch den Wissenschaftler zu einer Problemerkenntnis des Praktikers transformiert wird. Die Tatsache, daß ein Entscheidungsprozeß aus einer Fülle von Vor- und Teilentschlüssen besteht, so daß der förmliche Finalentschluß, der sich auf den Kauf- oder Mietvertrag eines Computers bezieht, lediglich die Ratifikation einer Kette von nicht mehr umstoßbaren Vor- und Teilentschlüssen bedeutet, führt zu der Feststellung, daß ein Entscheidungsprozeß von der Position des „letzten Wortes" nicht beherrscht, sondern allenfalls durch ein Nein aufgehoben werden kann (WITTE 1969, S. 493f.). Als Konsequenz schließt sich die Frage an, welche Steuerungsmöglichkeiten in hochkomplexen Entscheidungsprozessen statt dessen bestehen.

Den problemaufdeckenden Pilotstudien folgt üblicherweise ein Pretest (Voruntersuchung). Hier soll das Forschungsinstrumentarium entwickelt und auf seine Brauchbarkeit hin getestet werden. Dazu werden mehr Fälle als in den Pilotstudien herangezogen, denn das Erhebungsinstrumentarium soll sich in allen Elementen der Stichprobe (bzw. der Grundgesamtheit) als brauchbar erweisen. Man spricht hinsichtlich der Anzahl der zu untersuchenden Elemente im Pretest zweckmäßigerweise von der „Kleinzahligkeit", um deutlich zu machen, daß die Großzahligkeit der Hauptuntersuchung aus Gründen der Forschungsökonomie bewußt nicht angestrebt wird.

Der praktische Nutzen des Pretests besteht im Angebot eines bewährten Datenerhebungsverfahrens. Da in der Praxis immer häufiger ein Bedürfnis nach exakten empirischen Belegen entsteht, hat sich eine gewisse Nachfrage nach den von der Empirischen Betriebswirtschaftlichen Forschung erarbeiteten Verfahren herausgebildet. Beispiele hierfür sind Kodierungssysteme zur Erfassung des Inhaltes von Dokumenten (s. etwa GRÜN/HAMEL/WITTE 1972, S. 136ff.) und die Verwendung von Fragebogen für unternehmensinterne Untersuchungen. (Der in der Studie WITTE/KALLMANN/SACHS, 1981, erarbeitete Fragebogen wurde in mehreren derartigen Untersuchungen angewendet.)

Hinsichtlich der inhaltlichen Ergebnisse des Pretests ist allerdings Vorsicht geboten. Kleinzahlige Untersuchungen oder gar Einzelfallstudien liefern lediglich exemplarische Hinweise auf die Problemstruktur. Aus der eigenen Forschungspraxis läßt sich berichten, daß nach Abschluß des Pretests über die Einführung der Datenverarbeitung die Vermutung begründet schien, es bestünden in der Praxis zwei Typen von Entscheidungsprozessen: ein Typ A, der aus extrem wenigen geistigen Arbeitsschritten, und ein Typ B, der aus extrem vielen Überlegungen, Untersuchungen und Teilentscheidungen besteht. Eine solche Aussage hätte für die Entscheidungstheorie einen neuen wesentlichen Impuls bedeutet. In der Hauptuntersuchung, die 233 Unternehmungen umschloß, zeigte sich jedoch schließlich, daß der Pretest ein Irrlicht ausgestrahlt hatte und bei Einbeziehung der großzahligen Stichprobe eine linksschiefe Verteilung und eben nicht eine zweisattelige, die beiden Typen begründende Verteilung vorlag (GRÜN/HAMEL/WITTE 1972, S. 135). Es führt kein Weg an der Feststellung vorbei: Kleinzahlige Untersuchungen dienen der Problemtransparenz und stellen deshalb lediglich eine Vorstufe zur eigentlichen großzahligen empirischen Untersuchung dar. Sie enthalten ein Forschungsversprechen, ein Akzept, das auf die spätere Lieferung exakter empirischer Belege gezogen ist. Wenn man sich auf den Austausch solcher Akzepte beschränkt und die anschließende Untersuchung unterläßt, so liegt wissenschaftliche Wechselreiterei vor.

2.4 Variablenausprägung

Sobald Großzahligkeit der untersuchten Fälle erreicht wird, liegen für jede Variable Datenmengen vor, für die aussagefähige deskriptiv-statistische Maße errechenbar sind. Es ergibt sich ein Einblick in die Realität, der zeigt, ob die betrachtete Erscheinung eine Konstante oder eine (viele unterschiedliche Werte ausweisende) Variable darstellt. Sofort richtet sich das Interesse dann auf die Gestalt der Variablen. Es wird nicht nur nach dem Mittelwert und dem Median, sondern auch nach der Varianz bzw. Standardabweichung und insgesamt nach der graphischen Form (Normalverteilung, mehrsattelige Verteilung, schiefe Verteilung) der Variablen gefragt. Auch die in der Großzahl untergehenden Ausbrecher und Exoten sind von Interesse, denn sie kündigen oft eine Veränderungstendenz in der Realität an und geben Veranlassung zu einer komparativ-statischen oder im Zeitablauf dynamischen Untersuchung. Mit diesem Hinweis wird auch deutlich, daß der oft erhobene Vorwurf, die empirische Forschung konstatiere stets nur das Gestrige und sei nicht in der Lage, zukunftsweisende Entwicklungen einzufangen, objektiv nicht zutrifft. Bei der Untersuchung der Unternehmensverfassung deutscher Industrieaktiengesellschaften ergab sich der überraschende Einblick, daß ein nennenswerter Teil der Unternehmen den Arbeitnehmern Mitbestimmungsrechte zugestand, die über die gesetzlichen Bestimmungen hinausgreifen. Ähnlich wie bei der übertariflichen Lohnzahlung wurde eine übergesetzliche Mitbestimmung praktiziert (WITTE 1980a, S. 13). Angesichts der ideologiebefrachteten Behauptungen über die Realität, wie sie in der politischen Diskussion geäußert werden, bietet ein solcher Befund die Chance für eine Versachlichung der Auseinandersetzung.

Ein anderes Beispiel bezieht sich auf die Frage, inwieweit Betriebsräte auch als Arbeitnehmervertreter im Aufsichtsrat mitwirken. Im empirischen Befund stellte sich heraus, daß die Arbeitnehmervertreter in beiden Gremien weitgehend identisch sind, eine vom Gesetzgeber intendierte Trennung zwischen Betriebsverfassung und Unternehmensverfassung also in der Realität nicht verwirklicht wird (WITTE 1980a, S. 16).

Wenn derartige, lediglich abbildende und darstellende Befunde bereits auf ein beachtliches Interesse seitens der Wirtschaftspraxis stoßen, häufig zitiert und zum Ausgangspunkt eigener Handlungen gewählt werden, so ist doch darauf hinzuweisen, daß es sich noch um relativ schlichte wissenschaftliche Konstrukte handelt. Hier wird noch kein Zusammenhang erklärt, kein System von Variablen geknüpft, sondern jeder einzelne Tatbestand in seinen Ausprägungen dargeboten. Man kann hierfür durchaus den abwertenden Begriff des „Fliegenbeinzählens" verwenden, wobei sofort klar wird, daß die Abwertung nicht auf das Zählen, sondern auf die Fliegenbeine, also auf die Relevanz der gezählten Objekte zielt.

2.5 Variablenzusammenhang

Wenn mindestens zwei Variablen in eine theoretische Beziehung zueinander gesetzt und diese empirisch getestet wird, dann überschreitet das Ergebnis des realwissenschaftlichen Forschungsprozesses die Schwelle von der Beschreibung zur Erklärung. Die unmittelbare Nutzung eines solchen Wissens erfolgt durch Prognose eines Tatbestandes aufgrund der Feststellung des Vorhandenseins eines anderen Tatbestandes, weil eben zwischen diesen beiden Erscheinungen ein wissenschaftlicher Zusammenhang nachgewiesen wurde.

Derselbe Zusammenhang kann aktiv durch Eingriff in die Realität genutzt werden, indem der eine Tatbestand herbeigeführt wird, um – im Vertrauen auf die Richtigkeit der wissenschaftlichen Aussage – den anderen Tatbestand zu bewirken. Wenn jedoch durch den empirischen Test die Wirkungsrichtung nicht ermittelt werden kann, sondern dafür lediglich eine theoretische Begründung maßgeblich ist, „bewährt" sich eine Theorie nicht bereits im empirischen Test, sondern erst in der praktischen Nutzung. Damit wird die praktische Nutzung zum wissenschaftlichen Feldexperiment.

Die aus einer empirischen Felduntersuchung gewonnene Aussage, daß eine organisatorische Verknüpfung von Machtpromotor und Fachpromotor einen Innovationsprozeß fördert und zu einer hohen Problemlösungsumsicht führt (WITTE 1973, S. 55), war ursprünglich lediglich der Beschreibung und Erklärung des Phänomens der Innovation gewidmet. Die Wirkungsrichtung ließ sich durch den statistischen Befund nicht festlegen. Es war sowohl die Lesart denkbar, daß sich in innovativen Situationen ein Machthaber und ein Experte zusammenfinden, als auch umgekehrt die Lesart, daß bei einem Zusammenschluß von Machthaber und Experte eine Innovation bewirkt wird. Erst der praktische Versuch, das Promotorengespann bewußt einzusetzen, um einen notleidenden Innovationsvorgang zu fördern, war in der Lage, das Promotorenmodell in seinem vollen Behauptungsgehalt zu testen.

2.5.1 Bivariater Zusammenhang

Der einfachste und gleichzeitig häufigste Fall der Empirischen Betriebswirtschaftlichen Forschung ist der Nachweis eines bivariaten Zusammenhangs zwischen nur einer Wenn-Komponente und nur einer Dann-Komponente.

Ein Beispiel für den Zusammenhang innerhalb eines Variablenpaares ist die aufgedeckte Beziehung zwischen der Informationsnachfrage und dem Innovationsgrad der erarbeiteten Entscheidung (WITTE 1972, S. 44ff.). Während die Wirtschaftspraxis vorher angenommen hatte, man müsse die Unvollkommenheit der Information abbauen, also den Entscheidungsträger mit einem erhöhten Informationsversorgungsgrad versehen und hierfür Managementinformationssysteme aufbauen, führte der empirische Forschungsbeleg zu einer Ernüchterung der Datenbankeuphorie. Obgleich sich die Untersuchungen zum Informations- und Entscheidungsprozeß ausdrücklich nicht auf computergestützte Prozesse bezogen (denn die Erstbeschaffung des Computers war Gegenstand des Forschungsprojektes), im übrigen nicht die Informationen selbst, sondern die Informationsoperationen gemessen wurden und schließlich als Effizienzmaß lediglich der Innovationsgrad herangezogen werden konnte, löste die empirische Aussage die praktische Reaktion aus, die Produktivität der Informationsnachfrage auch gegenüber automatisierten Informationssystemen zu vermuten (oder gar zu glauben). Jedenfalls wurde in einer Reihe von Unternehmungen das bereits vorgesehene Budget von Informationsversorgungssystemen zurückgestellt, um schließlich – nach der Erhärtung der von der empirischen Forschung aufgestellten Behauptung – Fehlinvestitionen in Millionenhöhe zu vermeiden. Hier ist der seltene Fall gegeben, daß sich der – im Vergleich zur naturwissenschaftlichen Forschung – bescheidene betriebswirtschaftliche Forschungsaufwand in barer Münze gelohnt hat.

Nachdem die Effizienz der Informationsnachfrage und die Ineffizienz einer ungefragten Informationsversorgung im empirischen Feld belegt worden waren, konnte im Laborexperiment festgestellt werden, daß die Informationsnachfrage durch einen Informationsprospekt angeregt (vitalisiert) werden kann (WITTE 1972, S. 74ff.; BRONNER/WITTE/WOSSIDLO 1972, S. 186ff.). Damit war über die Nutzung einer Forschungsaussage für die (passive) Prognose hinaus die Nutzungsform der (aktiven) Gestaltung der Realität nahegelegt. Man konnte nun die Entscheidungseffizienz dadurch steigern, daß man die Informationsnachfrage anregte und – im Vertrauen auf den engen Zusammenhang zwischen Informationsnachfrage und Entscheidungseffizienz – den gewünschten Effekt herbeiführte. Die in den letzten Jahren entwickelten Telekommunikationssysteme sind im Gegensatz zu älteren Systemen sämtlich auf Individualisierung und Nachfragebezug ausgerichtet. Hier hat die Forschung – sicherlich neben anderen Gegenwartsimpulsen – zu einer Korrektur der praktischen Entwicklungsrichtung geführt. Methodisch gesehen liegt ein zwar bivariater, aber zweistufiger Variablenzusammenhang, nämlich der Zusammenhang zwischen Vitalisierungsimpuls und Informationsnachfrage sowie zwischen Informationsnachfrage und Entscheidungseffizienz zugrunde. Die beiden (jeweils bivariaten) Zusammenhänge wurden aus getrennten Forschungsprojekten, nämlich einer Felduntersuchung und einem Laborexperiment, gewonnen.

Ein Beispiel für mehrstufige, bivariate Zusammenhänge, die aus einem einzigen Forschungsprojekt entstanden sind und das von vorneherein als „Zweisprung" zwischen zwei bivariaten Zusammenhängen angelegt war, lieferte die Untersuchung zu den Führungskräften der Wirtschaft (WITTE/KALLMANN/SACHS 1981). Es wurde das Ausmaß der Zielkommunikation zwischen den hierarchischen Instanzen, die daraufhin erreichte Zielklarheit und schließlich die Zufriedenheit der Führungskräfte mit dem Verhalten der Geschäftsleitung gemessen. Im empirischen Beleg wurde deutlich, daß mit steigender Zielkommunikation mehr Zielklarheit und damit wiederum eine höhere Zufriedenheit erreicht wird. Wer also diese Zufriedenheit positiv zu beeinflussen sucht, kann die Steigerung der Zielkommunikation als ein Instrument zur Erhöhung der Zielklarheit einsetzen.

Ein Variablenzusammenhang höherer Komplexität ergibt sich dadurch, daß in der Wenn-Komponente nicht lediglich eine Variable, sondern eine Schar von Variablen daraufhin untersucht wird, ob und wie stark sie mit der in der Dann-Komponente stehenden Variablen zusammenhängt: In der Untersuchung zur Unternehmensverfassung wurde der Einfluß der Arbeitnehmer auf die Unternehmenspolitik als eine Variable der Dann-Komponente gemessen und daraufhin gefragt, von welchen Tatbeständen der Einflußmöglichkeit (Einflußpotential) dieser tatsächlich realisierte Einfluß abhängt. Als Potentialvariablen wurden die gesetzlichen und vertraglichen Ansprüche, die in den Organen des Unternehmens (z. B. im Aufsichtsrat) besetzten Positionen, der Rückhalt bei der Belegschaft, die verfügbaren personellen und sachlichen Ressourcen, die Qualifikation der Arbeitnehmervertreter und die Außenverstärkung durch die Gewerkschaften herangezogen. Da jede einzelne dieser Dimensionen des Einflußpotentials (und innerhalb der Dimensionen noch einzelner Variablen) jeweils isoliert in eine bivariate Beziehung zum Einfluß auf die Unternehmenspolitik (Dann-Komponente) gestellt werden konnte, zeigte sich schließlich, welche Potentialvariable mit dem tatsächlich realisierten Einfluß in engstem Zusammenhang steht (WITTE 1980b, S. 553).

Der empirische Befund bietet sich zur praktischen Nutzung unmittelbar an, und zwar gegenläufig, wenn er von Arbeitgeber- oder Arbeitnehmerseite herangezogen wird. Die einflußbegehrende Arbeitnehmerseite wird bemüht sein, diejenige Potentialvariable zu stärken, die sich als wirksam im Sinne einer Steigerung des Einflusses bewährt hat, während die einflußabwehrende Position eher bereit sein wird, Zugeständnisse bei den Potentialvariablen zu machen, die sich als weniger wirksam erwiesen haben. Jedenfalls gilt die Gegenläufigkeit der Bestrebungen dann, wenn die Zielsetzungen der Konfliktpartner wirklich kontrovers sind; im Falle partieller Zielähnlichkeit können aus dem empirischen Befund auch einvernehmliche Aktionen abgeleitet werden.

Zur Abrundung des Bildes sei auf komplexe (immer noch bivariate) Variablenzusammenhänge hingewiesen, die eine einzige Wenn-Komponente mit mehreren Dann-Komponenten (z. B. unterschiedlichen Effizienzmaßen (etwa WITTE 1980b, S. 555ff.)) umfassen. Der Fall bivariater Zusammenhangsanalysen zwischen Variablenscharen sowohl in der Wenn-Komponente als auch in der Dann-Komponente führt zu komplexen empirischen Befunden (z. B. Korrelationsmatrizen (WITTE 1980b, S. 558)), die von dem nutzenbegehrenden Praktiker allerdings bereits einige Fähigkeiten in der Übernahme von Forschungsergebnissen verlangen.

2.5.2 Multivariater Zusammenhang

Während in den vorangegangenen Darstellungsschritten die zunehmende Komplexität des empirischen Befundes durch quantitative Vermehrung der in die bivariate Analyse einbezogenen Variablen erreicht wurde, stellt sich ein multivariater Zusammenhang von vorneherein qualitativ komplexer dar. Denn es handelt sich stets um mindestens drei Variablen, die einer gemeinsamen – also nicht mehrstufig bivariaten – Zusammenhangsanalyse unterworfen werden. So liegt ein trivariater Befund vor, wenn eine bivariate Beziehung, z. B. der Einfluß der Arbeitnehmer auf die Unternehmenspolitik und die materiellen Leistungen an die Arbeitnehmer unter der Kontextvariable „Wirtschaftliche Lage des Unternehmens" partiell korreliert werden (WITTE 1980c, S. 52). Damit wird geprüft, ob die materiellen Leistungen, die das Unternehmen seinen Arbeitnehmern anbietet, tatsächlich von dem Einfluß der Arbeitnehmer bewirkt und nicht von der (guten) wirtschaftlichen Lage provoziert werden. Andere (multivariate) Kontextkontrollen beziehen sich auf den Wirtschaftszweig und auf die Unternehmensgröße (vgl. etwa WITTE 1980c, S. 50). Hier liegt der Nutzeffekt im wesentlichen darin, daß der Praktiker erkennen kann, ob die ihm dargebotene wissenschaftliche Aussage auch für „seinen" Wirtschaftszweig und „seine" Unternehmensgröße Gültigkeit beansprucht. Allzu leicht wird nämlich von einem gegenüber der Wissenschaft skeptisch eingestellten Praktiker eingewendet, die Aussagen gelten für bestimmte Wirtschaftszweige und bestimmte Unternehmensgrößen nicht. Multivariate Analysen dieses Typs erhöhen also die Nutzungsfähigkeit durch Herabsetzung des Nutzungswiderstandes. Andererseits werden unangemessene Nutzungen vermieden, wenn sich die Kontextvariable als wirksam erweist, so daß der Forscher selbst kein unangemessenes Nutzungsangebot unterbreitet.

Multivariate Zusammenhangsanalysen sind aber auch in der Lage, Forschungskomplexität abzubauen. So werden z.B. durch das Verfahren der Faktorenanalyse Variablen, die sehr Ähnliches messen und deshalb auf denselben (statistisch zu ermittelnden) Faktor laden, dadurch zusammengefaßt, daß man mit dem Faktor als Kunstvariable weiterrechnet und auf diese Weise zu einem theoretisch und empirisch einfacher zu durchschauenden Forschungskonstrukt gelangt. Allerdings ist hier Vorsicht geboten, denn der Faktor stellt keine originär gemessenen Daten mehr dar, sondern muß vom Wissenschaftler als Repräsentant mehrerer echter Variablen „getauft" und damit inhaltlich interpretiert werden. Allzu leicht wird dabei ein höherer Theorieanspruch oder ein unangemessen hoher Nutzungswert deklariert. Wenn z.B. bei der Untersuchung des Einflußpotentials der Arbeitnehmer die Dauer der Zugehörigkeit von Arbeitnehmervertretern zum Unternehmen, die Dauer ihrer Zugehörigkeit zu einem mitbestimmten Organ, etc. zu einem Faktor verdichtet werden, der den Namen „Erfahrung der Arbeitnehmervertreter im (eigenen) Unternehmen" erhält (WITTE 1980a, S. 21), so kann leicht übersehen werden, daß sich diese Erfahrung auch durch andere als die gemessenen Variablen erreichen ließe. Noch bedenklicher wäre es, wenn man diese Erfahrungsvariable mit dem umfassenden Namen „Qualifikation der Arbeitnehmervertreter" belegen würde. Durch den Anspruch bzw. die Bescheidenheit der Sprache eines Forschungsergebnisses können Verständnis und Mißverständnis bei dem nutzenden Praktiker hervorgerufen werden. Im übrigen wird der Praktiker fragen müssen, wie er den Zusammenhang zwischen einem Faktor und einer Effizienzvariablen nutzen soll, da er doch nur konkrete, in der Praxis vorkommende Variablen, nicht jedoch einen Faktor als Kunstvariable gestalten kann. Er müßte im einzelnen über die Faktorladungen der dahinterstehenden realen

Variablen informiert sein, um – unter Umgehung des Faktors – überhaupt handeln zu können.

Von wissenschaftlichem und praktischem Wert ist es, mit Hilfe theoretischer Ableitungen und multivariater empirischer Untersuchungen ganze Variablenkomplexe als Problemfelder zu erfassen. Dann wird eben nicht mehr nur jeweils eine Variable mit einer anderen in Beziehung gebracht, ohne daß ein geschlossenes Bild entsteht, sondern es werden vielfältige Beziehungen zwischen einer größeren Anzahl unterschiedlicher Variablen aufgedeckt. Wenn z. B. die Frage nach der Unternehmensverfassung nicht auf die Mitbestimmung eingeengt wird, sondern auch die Tatbestände der Anteilseigner und der Geschäftsleitung, möglichst darüber hinaus auch innerbetriebliche Tatbestände berücksichtigt werden, dann läßt sich ein einzelner, auch schlichter Befund in einen größeren Problemzusammenhang einordnen. Hintergrundeinflüsse, die bei einfacherem Forschungsdesign lediglich als Störvariablen identifiziert werden, erhalten jetzt den ihnen gebührenden Platz im Aussagensystem. Die Komplexität des Variablenzusammenhanges entspricht also der in der Realität herrschenden Komplexität, die der Praktiker täglich erlebt und die ihm oft als Argument dient, vereinfachenden wissenschaftlichen Aussagen seine Skepsis entgegenzuhalten.

Wenn damit die Komplexität des Variablenzusammenhanges im Interesse des Nutzungsaspektes als positiv zu bezeichnen ist, darf andererseits nicht übersehen werden, welche Ansprüche komplexe Aussagesysteme an die Fähigkeiten des Praktikers zum Verstehen, Übersetzen und Anwenden des Forschungsergebnisses stellen. Dieser Frage wird im folgenden Abschnitt im einzelnen nachzugehen sein.

3. Nutzungsschritte

Nachdem die Forschungsschritte und ihr nutzbares Ergebnis in dem Sinne dargestellt wurden, daß die Wissenschaft der Praxis ein Nutzungsangebot unterbreitet, sollen die Möglichkeiten der Nutzung nun von der Nutzungsseite her betrachtet werden.

3.1 Übernahme

Das zur Nutzung in Frage kommende Wissenschaftsprodukt hat nur eine Chance, in den Nutzungsprozeß einzugehen, wenn es vom potentiellen Nutzer, also vom Praktiker, tatsächlich entgegengenommen wird. Dies ist nicht selbstverständlich. Eine Fülle wissenschaftlicher Forschungsergebnisse bleibt im Informationsbereich der Wissenschaftler, ohne daß ein Außenstehender davon Kenntnis erhält.

Als Interessenten kommen alle in der betriebswirtschaftlichen Praxis tätigen

Personen in Frage, und zwar nicht nur in privaten und öffentlichen Unternehmungen, sondern auch in der öffentlichen Verwaltung. Der Kreis der Nachfrage wird sich allerdings insofern enger darstellen, als insbesondere diejenigen Personen für den Übernahmevorgang geeignet und auch subjektiv interessiert sind, die bereits mit Wissenschaft umzugehen gelernt haben. Vorwiegend werden es also akademisch ausgebildete Praktiker, nicht nur der Wirtschafts- und Sozialwissenschaften, sondern auch der angrenzenden Rechtswissenschaft und der Ingenieurwissenschaften sein, die zu empirischen Forschungsergebnissen greifen. Geradezu prädestiniert für diese Rolle sind Inhaber von Stabspositionen, aufsteigende Führungskräfte, aber auch Berater und natürlich die Studenten, die erst Praktiker werden wollen. Für die letzteren ist allerdings ein erheblicher Time lag zwischen der Übernahme und der faktischen Nutzung zu konstatieren.

Ein besonderes Problem stellt sich bei der Übernahme von Forschungsergebnissen aus anderen Sprachbereichen. Zwar hat sich die deutschsprachige Praxis daran gewöhnt, ausländische, insbesondere amerikanische Forschungsergebnisse zu übernehmen, jedoch haben es in deutscher Sprache formulierte Forschungsergebnisse – im Gegensatz zu der Zeit vor den beiden Weltkriegen – heute schwer, von der ausländischen Praxis zur Kenntnis genommen zu werden. Der Zerfall der deutschen Universität, der fast ausschließlich als ausbildungspolitisches Problem gesehen wird, hat eine nicht zu übersehende negative Wirkung hinsichtlich der Nutzung von hier im Lande erarbeiteten Forschungsprodukten. Studenten aus westlichen Industrieländern sieht man in unseren Seminarräumen kaum. Die Veröffentlichungssprache für deutsche Forschungsergebnisse wird zunehmend das Englische.

Das Sprachproblem bei Übergabe und Übernahme wissenschaftlicher Erzeugnisse hat noch eine andere Facette: Der Wissenschaftler denkt und spricht anders als der Praktiker. Man braucht nur an die Auflagenhöhe der Monographien und Fachzeitschriften zu denken, um zu erkennen, daß hier im Sinne der Kenntnisnahme durch den Praktiker eher eine ,,Verheimlichung" als eine ,,Veröffentlichung" vorliegt. Aber auch wenn der Praktiker im Einzelfall zu einem Zeitschriftenheft oder einer Monographie greift und sich der Mühe des Lesens unterzieht, kann von einer Übernahme des Forschungsergebnisses noch nicht ohne weiteres die Rede sein. Nicht nur das bloße sprachliche und intellektuelle Verstehen ist notwendig, sondern darüber hinaus die Einordnung des Gelesenen in die eigene Problemstruktur. Da sich viele Forschungsergebnisse – soweit sie überhaupt eingeordnet sind – als systematischer Bestandteil eines Theoriegebäudes darstellen, verlangt der Übernahmevorgang eine Änderung der Einordnungsstruktur des Ausgesagten. In diesem Sinne kann man in der Sprache der Wissenschaftstheorie neben dem Entdeckungszusammenhang und dem Begründungszusammenhang durchaus von einem Nutzungszusammenhang sprechen. Der letztere ist nur aus der Struktur des praktischen Bedarfs nach Forschungsergebnissen zu erklären.

Das Problem vereinfacht sich naturgemäß, wenn der Forschungsvorgang in der Praxis selbst von Praktikern unternommen wurde. Was für die naturwissenschaftlich-technische Forschung seit jeher üblich war, gewinnt auch in der betriebswirtschaftlichen Praxis an Boden: Es werden konkrete Forschungsprojekte, deren Ergebnisse zur Lösung unmittelbar drängender praktischer Fragen benötigt werden, in einzelnen Unternehmungen durchgeführt. Dabei ist die Problemformulierung, die Einordnung in die umgebende Problemstruktur und die Forschungssprache von vorneherein von der Praxis gesteuert, so daß sich für die Übernahme keine Barrieren aufrichten. Jedenfalls gilt dies, solange die Forscher in der betreffenden Unternehmung nicht ihrerseits eine Außenseiterrollen spielen und ein internes Wolkenkuckucksheim errichten. Aber auch wenn dies nicht der Fall ist, bleibt die Nutzung zunächst im Rahmen der Unternehmung, in dem der Forschungsprozeß abgelaufen ist. Die spezifische Betriebssprache, die in einzelnen Unternehmungen herrscht, und außerdem die hochspezielle Zuschneidung des Projektes auf das Problem einer einzigen Unternehmung verhindern häufig die Nutzung in anderen Unternehmungen, die durchaus auch an dem betreffenden Forschungsprojekt interessiert sind, allerdings von der forschenden Unternehmung nicht immer gern mit der neuen Erkenntnis versorgt werden. Unter diesem Aspekt ist die Forschung an Universitäten und anderen unabhängigen Forschungsinstitutionen durchaus positiv zu bewerten, denn sie stellt von vorneherein darauf ab, ihre Ergebnisse zu veröffentlichen und jedem potentiellen Nutzer darzubieten, wenn dies auch aus den genannten sprachlichen Gründen nicht immer gelingt.

Die Übernahme wird erleichtert, wenn das wissenschaftliche Ergebnis nicht im Monolog und schon gar nicht im schriftlichen Monolog kommuniziert, sondern im Dialog übergeben und übernommen wird. Damit sind auch Rückfragen, Fehlerkorrekturen, Ergänzungen und Anregungen möglich, die bei der reinen Buch- oder Zeitschriftenveröffentlichung nur schwerblütig erfolgen können. Durch die Vermittlung von wissenschaftlichen Aussagen im Seminarstil ist der Erfolg der vielfältigen Veranstaltungen zur Fortbildung von Managern nach dem Zweiten Weltkrieg zu erklären. Das Diskussionsobjekt zeigt sich hier ganz bewußt nicht im wissenschaftlichen Kleide, sondern wird als Bringschuld des veranstaltenden Wissenschaftlers verstanden. Die Einordnung in die Problemstruktur der Praxis erfolgt dann in der anschließenden Diskussion. Oft genug gewinnt der Wissenschaftler durch den ihm dabei bewußt werdenden Nutzungszusammenhang Impulse für neue wissenschaftliche Bemühungen, die sich dann um so leichter als nutzungsfähig erweisen.

Aus diesen Erfahrungen sind auch manche Impulse zur Formulierung einer praxisorientierten Wissenschaftsliteratur erwachsen. Die großen Wirtschaftsmagazine, Wirtschaftszeitungen und ihnen verwandte Buchveröffentlichungen werden von Wissenschaftsjournalisten gestaltet, die eine kaum zu überschätzende Arbeit zur Förderung der Übernahme wissenschaftlicher Forschungsergebnisse leisten.

3.2 Kognition

Kognition im hier gemeinten Sinne ist ein Wissen, das aus einem Forschungsprozeß hervorgegangen und auf dem Wege der Übernahme durch einen Praktiker in dessen Bewußtsein eingeht (ALBERT, 1971b, S. 191, spricht in diesem Zusammenhang von reiner Information). Der Wissenszuwachs braucht nicht unmittelbar zu einer Verhaltensänderung oder einer aktiven Nutzungshandlung zu führen. Vielmehr kann der Praktiker durchaus eine Fülle unterschiedlicher Kognitionen aufnehmen, ohne jede einzelne getrennt zu nutzen. Die Veränderung des Gesamtbildes, das der potentielle Nutzer von seinem Problemfeld und der für ihn relevanten Tatsachenwelt gewinnt, befähigt ihn, wissenschaftlich fundierte Entscheidungen zu treffen, zumindest seine eigenen Probleme strukturierter wahrzunehmen. Der Einzug von Akademikern in die Spitzenpositionen der Wirtschaft belegt diesen Prozeß. Es werden nicht nur Entscheidungen anders ausfallen, als sie ohne Übernahme wissenschaftlicher Kognitionen ausgefallen wären. Vielmehr führt die Einsicht in neuartige Forschungsergebnisse auch zur Generierung bisher nicht gesehener Fragestellungen und Entscheidungsmöglichkeiten (s. auch ALBERT 1972b, S. 27). Jedoch läßt sich eine Einzelzurechnung zwischen einer bestimmten Kognition und einer bestimmten Handlung häufig nicht finden. Die nutzende Wirkung ist über einen Bildungszuwachs, eine gestiegene Erkenntnisfähigkeit und eine geförderte Kreativität gleichsam als Nutzungspotential vorhanden.

Wenn der wissenschaftlich gebildete Praktiker über die inhaltliche Kognition hinaus noch Kenntnisse über die Forschungsmethodik übernimmt, dann ist er nicht nur fähig, eigene Forschung zu veranlassen, zu betreiben und zu kontrollieren, sondern darüber hinaus auch Forschungsergebnisse, die ihn von außen erreichen, zu bewerten und kritisch zu verarbeiten.

3.3 Anwendung

Unter Anwendung von Forschungsergebnissen wird eine aktive Nutzungshandlung verstanden, die durch das übernommene Forschungsergebnis bewirkt wird. Im Gegensatz zu der bloßen Kognition ist eine Zurechnung zwischen dem Wissenschaftsprodukt und dem praktischen Geschehen erkennbar. Dieser engere Fall ist zumeist gemeint, wenn man von einer Nutzung von Forschungsergebnissen spricht. Er betrifft auch die in Kapitel 2 referierten Beispiele zur Anwendung von Vor- und Endprodukten der empirischen Forschung. Charakteristisch für die unmittelbare Nutzung ist, daß der Praktiker das Forschungsergebnis nicht noch weiterverarbeiten, umwandeln oder aus ihm eine Technologie ableiten muß. Das wissenschaftliche Angebot ist nicht nur anwendungsfähig, sondern auch anwendungsfertig.

Im Anwendungsakt erweist sich, ob ein Forschungsergebnis für den Praktiker relevant ist. Sofern ein nachgewiesener Zusammenhang zwischen zwei oder mehr Variablen in der Realität des Nutzungsbegehrenden vorkommt und von Interesse ist, kann der Praktiker aus einer ihm bekannten Variable auf eine oder mehrere andere Variablen schließen, d.h. ihre Ausprägung prognostizieren.

Wenn z.B. die empirische Theorie der Führung einen zweistufigen Zusammenhang zwischen der Art zu erfüllender Aufgaben, dem Führungsstil und der Effizienz nachweist (FIEDLER 1967), so kann der Praktiker bei gegebener Aufgabenart den geeigneten Führungsstil wählen.

Eine Anwendung besonderer Art liegt vor, wenn der nutzende Praktiker durch die wissenschaftliche Aussage auf eine ihm bisher nicht als relevant bekannte Variable aufmerksam gemacht wird. Das markante Beispiel hierzu sind die Hawthorne-Experimente (ROETHLISBERGER/DICKSON 1939). Sie ergaben bekanntlich, daß die Arbeitsproduktivität nicht nur durch die Arbeitsbedingungen, sondern vor allem durch die neuentdeckte Humankomponente bestimmt wird. Das Experimentalziel richtete sich ursprünglich auf einen mechanistischen Zusammenhang zwischen Arbeitsbedingung und Arbeitsproduktivität. Die Entdeckung der Relevanz des Humanfaktors war, gemessen an der Forschungsabsicht, ein Mißerfolg. Dieser hat jedoch die wohl tiefgreifendste Wandlung in der Praxis bewirkt, die je ein wirtschafts- und sozialwissenschaftliches Forschungsergebnis ausgelöst hat. Die damit angestoßene Humanrelations-Bewegung hat über mehrere Jahrzehnte hinweg nicht nur das Bewußtsein der Führenden (also die Kognition), sondern auch ihre unmittelbaren und gezielten Handlungen beeinflußt.

Bezüglich der Konsequenzen der Anwendung ist eine wichtige Unterscheidung einzuführen: Die aus der großzahligen empirischen Forschung hervorgegangene realwissenschaftliche Aussage kann den einzelnen Praktiker in zweierlei Weise betreffen:

a) Die Unternehmung des nutzenden Praktikers kann ein einzelnes Element des erforschten empirischen Feldes darstellen. In diesem Falle interessiert sich der Nutzer vor allem dafür, welchen Platz der individuelle empirische Wert seines Unternehmens in der Variablenausprägung des empirischen Feldes einnimmt, also z.B. in der Masse der um den Mittelwert gebündelten Elemente liegt oder einen Extremwert repräsentiert. Sich einzuordnen in die Unterschiedlichkeit der Realität kann sowohl durch das Interesse an der Anpassung als auch durch das Interesse am Ausbrechen begründet sein. Eine solche Mikrobetrachtung empirisch-großzahliger Aussagen unterliegt hinsichtlich eines nachgewiesenen Variablenzusammenhangs einer wichtigen Einschränkung: Zwar ist im Forschungsergebnis angegeben, mit welcher statistischen Wahrscheinlichkeit der Zusammenhang zwischen den betrachteten Variablen gilt. Nimmt diese nicht den Wert 1 an, so kann für das einzelne Element (also die betrachtete Unternehmung des nutzungsinteressierten Praktikers) nicht ausgeschlossen werden, daß gerade hier der Zusammenhang nicht gegeben ist. Dennoch befindet sich der Praktiker in einer besseren Situation, als wenn er von der wissenschaftlichen Aussage überhaupt keine Kenntnis erlangt hätte, denn der Zusammenhang besteht auch für ihn in der angegebenen Wahrscheinlichkeit. Inwieweit er das Risiko des Nichtzutreffens zu übernehmen bereit ist, hängt unter anderem von dem Schadenspotential der zu treffenden Entscheidung ab, wird aber nicht zuletzt auch davon beeinflußt, inwieweit der Praktiker bereits Erfahrung mit der Übernahme wissenschaftlicher Kognitionen gesammelt hat.

b) Die Unternehmung des nutzenden Praktikers ist kein Element des erforschten empirischen Feldes. Der Nutzende betrachtet sich also nicht selbst im Forschungsbefund, sondern dieser Befund interessiert ihn als eine Erkenntnis über andere. Der günstigste Fall liegt vor, wenn das empirische Feld mit seinem Interessenfeld identisch ist, was z. B. bei Aussagen der Marktforschung der Fall sein kann. Hier handelt es sich um eine Makrobetrachtung empirischer Forschungsergebnisse. Der Nutzer interessiert sich für die Gesamtausprägung der Variablen und deren Zusammenhang. Die Einschränkungen hinsichtlich der Nutzung von Wahrscheinlichkeitsaussagen gelten nicht, denn das Interesse richtet sich nicht auf ein einzelnes Element der Grundgesamtheit, sondern auf das Gesamtfeld.

3.4. Engineering

Es ist bezeichnend, daß auf der Suche nach dem geeigneten Wort für die Erkenntnis der lateinische Begriff Kognition und für die Umformung wissenschaftlicher Erkenntnis in praktisch anwendbare Instrumente der angloamerikanische Begriff Engineering verwendet wird. Es handelt sich um die Arbeit des Ingenieurs, der eine naturwissenschaftlich-theoretische Aussage übernimmt und daraus ein konkretes Gerät oder ein nützliches Verfahren konstruiert (vgl. CHMIELEWICZ 1979, S. 169). Für die Aussagen der Empirischen Betriebswirtschaftlichen Forschung fehlt eine vergleichbare Ingenieurleistung noch weitgehend (vgl. auch SZYPERSKI 1971, S. 266ff.; KÖHLER 1976, S. 304f.). Zwar verfügt die Betriebswirtschaftslehre über eine Fülle von Techniken, etwa im Bereich des Rechnungswesens oder der Finanzierung, jedoch mangelt es hierzu am theoretischen Oberbau. Andererseits sind in den letzten Jahrzehnten, z. B. im Bereich der Organisations- und Führungstheorie international Forschungsergebnisse entstanden, für die eine Transformation in anwendbare Technologie noch weitgehend aussteht. Während also die traditionellen Bestandteile der Betriebswirtschaftslehre nach theoretischem Bezug rufen, ist für die von der Theorieseite her bearbeiteten Aussagenfelder eher der Technologiebezug herzustellen.

Bahnbrechende Arbeiten hierzu sind in den letzten Jahren von Unternehmensberatern geleistet worden. Sie übernahmen die von der Wissenschaft entwickelten Denkmodelle und inhaltlichen Aussagen, transformierten die Sprache, indem sie gestelzte akademische Ausdrücke durch werbende Begriffe ersetzten, und boten der Praxis Handlungsempfehlungen an bzw. handelten in ihrem Beratungsverhalten theoriekonform. Markante Anwendungsfälle sind in der Überführung sozialpsychologischer Aussagen der Gruppendynamik, der Konflikttheorie und des Kooperationsverhaltens zu Führungsstilen, Kreativitätstrainingsmethoden, Informationsmärkten und Konferenztechniken zu sehen. Auch die sogenannten Managementprinzipien, wie z.B. Management by delegation, Management by exception, Management by objectives und Organisationsformen wie die Divisionalisierung, die Matrix- und Tensororganisation, die Task forces, das Projektmanagement und die Portfolio-Analyse sind geradezu Markenartikel des Engineering geworden. Schließlich ist aus dem betriebswirtschaftlichen Aussagenfundus ein so nützliches Instrument (der Veranschaulichung, der Schulung und der Problemlösung) wie das Unternehmensspiel erwachsen. Hier sind allerdings strenggenommen nicht Ergebnisse der Empirischen Betriebswirtschaftlichen Forschung verwendet worden, denn das Spielmodell beruht auf Annahmen über die Gestalt der Variablen. Da jedoch diese Annahmen – zumindest aufgrund empirischer Impressionen – so realitätstreu wie möglich gestaltet wurden, liegt ein Grenzfall zwischen Modelltheorie und Realtheorie vor. Dagegen ist das Engineering von modernen Management- und Organisationsformen sehr deutlich aus empirischen Untersuchungen abgeleitet worden. Nur muß dabei im Auge behalten werden, daß der Berater in vielen Fällen eine mutige Hand brauchte, um aus den zunächst unvollkommenen und lückenhaften Forschungsergebnissen ein vollständiges Handlungsinstrumentarium abzuleiten. Aber hier befindet er sich in guter Gesellschaft mit dem naturwissenschaftlich orientierten Ingenieur. Auch dieser ist fast immer gezwungen, die Erkenntnislücken des theoretischen Systems durch handwerkliche Ergänzungen auszufüllen, so daß es stets eine Stunde der Wahrheit bedeutet, wenn das aus dem Engineering hervorgehende Instrument tatsächlich funktioniert.

Die Betriebswirtschaftslehre ist überall dort erfolgreich gewesen, wo sie dem Praktiker handfeste Instrumente zur Lösung seiner Probleme in die Hand gab. Es hieße, eine Chance zu vertun, wenn der Wissenschaftsprozeß abgebrochen wird, bevor die Forschungsaussage bis zu ihrer nutzenstiftenden Instrumentalisierung vorangetrieben ist. Es bleibt nur zu fragen, ob diesen Schlußakt der praktisch orientierte Wissenschaftler oder der wissenschaftlich orientierte Praktiker vornimmt. Ich meine, eine Kooperation wird unvermeidbar sein.

Verzeichnis der verwendeten Literatur

ALBACH, H. (1971): Ansätze zu einer empirischen Theorie der Unternehmung. In: Kortzfleisch, G. v. (Hrsg.): *Wissenschaftsprogramm und Ausbildungsziele der Betriebswirtschaftslehre*. Bericht von der wissenschaftlichen Tagung in St. Gallen vom 2.–5. Juni 1971. Berlin 1971, S. 133–156

ALBERT, H. (1971a): Theorie und Prognose in den Sozialwissenschaften. In: Topitsch, E. (Hrsg.): *Logik der Sozialwissenschaften*. 7. Aufl., Köln, Berlin 1971, S. 126–143

–, (1971b): Wertfreiheit als methodisches Prinzip. Zur Frage der Notwendigkeit einer normativen Sozialwissenschaft. In: Topitsch, E. (Hrsg.): *Logik der Sozialwissenschaften*. 7. Aufl., Köln, Berlin 1971, S. 181–210
–, (1972a): *Konstruktion und Kritik*. Aufsätze zur Philosophie des kritischen Rationalismus. Hamburg 1972
–, (1972b): Aufklärung und Steuerung. Gesellschaft, Wissenschaft und Politik in der Perspektive des kritischen Rationalismus. In: *Hamburger Jahrbuch für Wirtschafts- und Gesellschaftspolitik*, 17. Jg. (1972), S. 11–30
–, (1976): Wissenschaftstheorie. In: Grochla, E.; Wittmann, W. (Hrsg.): *Handwörterbuch der Betriebswirtschaft*. 4. Aufl., Stuttgart 1976, Sp. 4674–4692
BERLE, A. A.; MEANS, G. C. (1967): *The Modern Corporation and Private Property*. Rev. ed., New York 1967
BRONNER, R.; WITTE, E.; WOSSIDLO, P. R. (1972): Betriebswirtschaftliche Experimente zum Informations-Verhalten in Entscheidungs-Prozessen. In: Witte, E.: *Das Informationsverhalten in Entscheidungsprozessen*. Tübingen 1972, S. 165–203
BUNGE, M. (1967): *Scientific Research I. The Search for System*. Berlin u.a. 1967
CHMIELEWICZ, K. (1979): *Forschungskonzeptionen der Wirtschaftswissenschaft*. 2. Aufl., Stuttgart 1979
FIEDLER, F. E. (1967): *A Theory of Leadership Effectiveness*. New York u.a. 1967
GEMÜNDEN, H. G. (1979): *Innovationsmarketing*. Eine theoretische und empirische Analyse der Transaktion innovativer Investitionsgüter. Diss. Kiel 1979; in Veröffentlichung befindlich, Tübingen 1981
GRÜN, O.; HAMEL, W.; WITTE, E. (1972): Felduntersuchungen zur Struktur von Informations- und Entscheidungs-Prozessen. In: Witte, E.: *Das Informationsverhalten in Entscheidungsprozessen*. Tübingen 1972, S. 110–164
KIRSCH, W. (1981): Über den Sinn der empirischen Forschung in der angewandten Betriebswirtschaftslehre. In diesem Band, S. 189
–, KUTSCHKER, M. (1978): *Das Marketing von Investitionsgütern*. Theoretische und empirische Perspektiven eines Interaktionsansatzes. Wiesbaden 1978
KÖHLER, R. (1976): Theoretische und technologische Foschung in der Betriebswirtschaftslehre. In: *Zeitschrift für betriebswirtschaftliche Forschung*, 28. Jg. (1976), S. 302–318
NAGEL, E. (1972): Probleme der Begriffs- und Theoriebildung in den Sozialwissenschaften. In: Albert, H. (Hrsg.): *Theorie und Realität*. 2. Aufl., Tübingen 1972, S. 67–85
POPPER, K. R. (1971): *Logik der Forschung*. 4. Aufl., Tübingen 1971
–, (1972a): Die Zielsetzung der Erfahrungswissenschaft. In: Albert, H. (Hrsg.): *Theorie und Realität*. 2. Aufl., Tübingen 1972, S. 29–41
–, (1972b): Naturgesetze und theoretische Systeme. In: Albert, H. (Hrsg.): *Theorie und Realität*. 2. Aufl., Tübingen 1972, S. 43–58
ROETHLISBERGER, F. J.; DICKSON, W. J. (1939): *Management and the Worker*. Cambridge/Mass. 1939
SCHANZ, G. (1975): Zwei Arten des Empirismus. In: *Zeitschrift für betriebswirtschaftliche Forschung*, 27. Jg. (1975), S. 307–331
STEGMÜLLER, W. (1969): Probleme und Resultate der Wissenschaftstheorie und Analytischen Philosophie, Bd. 1. *Wissenschaftliche Erklärung und Begründung*. Berlin u.a. 1969
SZYPERSKI, N. (1971): Zur wissenschaftsprogrammatischen und forschungsstrategischen Orientierung der Betriebswirtschaftslehre. In: *Zeitschrift für betriebswirtschaftliche Forschung*, 23. Jg. (1971), S. 261–282
WEINBERG, P. (1976): Axiomatisierung in der Betriebswirtschaftslehre. In: Grochla, E.; Wittmann, W. (Hrsg.): *Handwörterbuch der Betriebswirtschaft*. 4. Aufl., Stuttgart 1976, Sp. 363–370

WITTE, E. (1968): *Die Organisation komplexer Entscheidungsverläufe*. Materialien zum Forschungsbericht. Mannheim 1968
–, (1969): Mikroskopie einer unternehmerischen Entscheidung. Bericht aus der empirischen Forschung. In: *IBM-Nachrichten,* 19. Jg. (1969), Heft 193, S. 490–495
–, (1972): *Das Informationsverhalten in Entscheidungsprozessen*. Tübingen 1972
–, (1973): *Organisation für Innovationsentscheidungen*. Das Promotoren-Modell. Göttingen 1973
–,– (1974): Zu einer empirischen Theorie der Führung. In: Wild, J. (Hrsg.): *Unternehmensführung*. Festschrift für Erich Kosiol zu seinem 75. Geburtstag. Berlin 1974, S. 181–219
–, (1980a): Das Einflußpotential der Arbeitnehmer als Grundlage der Mitbestimmung. Eine empirische Untersuchung. In: *Die Betriebswirtschaft,* 40. Jg. (1980), S. 3–26
–, (1980b): Der Einfluß der Arbeitnehmer auf die Unternehmenspolitik. Eine empirische Untersuchung. In: *Die Betriebswirtschaft,* 40. Jg. (1980), S. 541–559
–, (1980c): Der Einfluß der Arbeitnehmer auf die Unternehmenspolitik. Eine empirische Untersuchung. Zugänglich über: DBW-Depot. In: *Die Betriebswirtschaft,* 40. Jg. (1980), Nr. 80-4-9
–, BRONNER, R. (1974): *Die Leitenden Angestellten*. Eine empirische Untersuchung. Bd. 1, München 1974
–, KALLMANN, A.; SACHS, G. (1981): *Führungskräfte der Wirtschaft*. Stuttgart 1981

Zur Verknüpfung von empirischer Forschung und Hochschulausbildung in der Betriebswirtschaftslehre

HARTMUT KREIKEBAUM

1. Ausgangssituation und Problemstellung
2. Beiträge der empirischen Forschung zur Schließung der Lücke zwischen Forschung und Lehre
   2.1. Überblick über Struktur und Methoden der empirischen Forschung
   2.2. Die Aktionsforschung als Beispiel einer aktiven Forschungsmethode
      2.2.1. Darstellungsaspekte
      2.2.2. Mitwirkungsaspekte
   2.3. Die Fallstudie als Beispiel einer passiven Forschungsmethode
      2.3.1. Darstellungsaspekte
      2.3.2. Mitwirkungsaspekte
         2.3.2.1. Erhebungsphase
         2.3.2.2. Auswertungsphase
3. Zusammenfassung der Ergebnisse und Ausblick

1. Ausgangssituation und Problemstellung

In der Praxis wird immer wieder Klage geführt über mangelnde Praxisnähe der jungen Absolventen von wirtschaftswissenschaftlichen Ausbildungsstätten. Gleichzeitig postuliert man eine anwendungsorientierte Ausbildung der künftigen Volks- und Betriebswirte. (In bezug auf das spezielle Wahlfach Marketing beispielsweise kommen weitere Motive zum Tragen, die einen Transfer theoretischer Erkenntnisse behindern können: DICHTL/ENGELHARDT 1977, S. 132–134).

Das Anliegen, das in dieser Forderung zum Ausdruck kommt, wird von der Mehrzahl der Hochschullehrer geteilt, wenn auch unterschiedliche Beweggründe dabei eine Rolle spielen können.

Auch die kürzlich durchgeführte Projektstudie von Hörschgen (1000 Unternehmen im Großraum Stuttgart) hat wiederum gezeigt: In der Einschätzung der betrieblichen Praxis gelten die künftigen Diplomkaufleute häufig als „praxisfremd ausgebildet" (54% der Antworten; Kurzbericht in der FAZ vom 17. 4. 1979).

Unter denjenigen Gründen, welche von der Hochschule und damit von jedem Hochschullehrer selbst zu vertreten sind, spielt – so wird hier vermutet – die mangelnde Verknüpfung von Forschung und Lehre eine wichtige Rolle. Das insbesondere in der deutschen Hochschule angestrebte Ziel einer engen Verbindung von Forschung und Lehre stellt lediglich eine Idealvorstellung dar. Es erscheint in dreifacher Hinsicht nicht realisiert:
(1) Die Träger der Forschung decken sich nicht oder nur teilweise mit den Trägern der Ausbildung;
(2) Die Ziele der theoretischen Forschung decken sich nicht oder nur geringfügig mit den Zielen der Ausbildung. Es handelt sich um unterschiedliche Zielsetzungen und Zielinhalte;
(3) Die Methoden der Forschung decken sich nicht oder nur unvollständig mit den Methoden der Ausbildung.
Dazu einige Erläuterungen.

Ad (1):
Betriebswirtschaftliche Forschung in Gestalt der praxisorientierten Anwendungsforschung wird vielfach in Instituten außerhalb der Hochschule betrieben. Insbesondere die Hochschulforschung zur Betriebswirtschaftslehre konzentrierte sich in der Vergangenheit stärker auf die Grundlagenforschung, bedingt durch den gegebenen Erkenntnisstand der Disziplin. Verstärkt wurde diese Tendenz durch eine starke Einbindung der Forschenden in Lehr- und Verwaltungsaufgaben. Bei allen anderen Trägern der Forschung, die ihre Aufgabe in einigen Forschungsinstituten und hochschulexternen Einrichtungen wahrnehmen, entfiel häufig der Bezug zur Hochschulausbildung. Das gleiche galt für denjenigen Teil der betriebswirtschaftlichen Forschung, der in Beratungsunternehmen vorgenommen wird. Erst in jüngerer Zeit hat eine empirisch ausgerichtete Forschung stärker Eingang in die Hochschule gefunden.

Ad (2):
Die Lernziele der Hochschulausbildung bestimmen den Inhalt der Lehre (das Curriculum). Die Hochschulausbildung soll die Hochschulabsolventen zu systematisch-analytischem Denken befähigen, ihnen ein Rüstzeug zur Bewältigung von zumeist schlecht strukturierten Entscheidungsprozessen bieten und „praxisnah" erfolgen. Die künftigen Diplomkaufleute sollen z. B. dazu befähigt werden, ihre theoretischen Kenntnisse im späteren beruflichen Alltag auf die Lösung von derzeit meist noch unbekannten betrieblichen Entscheidungsprozessen anzuwenden.

In der Forschung wird dagegen das Ziel verfolgt, neues bzw. besseres Wissen zu gewinnen, entweder in Form der Grundlagenforschung oder aber unmittelbar bezogen auf die Gewinnung neuer Verfahren, Methoden und Problemlösungen (angewandte Forschung). Bei der angewandten Forschung steht der unmittelbare Praxisbezug im Vordergrund. Insgesamt gesehen ist die Forschung stärker auf Erkenntnisziele ausgerichtet, im Gegensatz zur ausbildungsorientierten Lehre.

Ad (3):
Auch die Methoden von Forschung und Hochschullehre unterscheiden sich grundlegend voneinander. Die Auswahl der Forschungsmethoden ergibt sich aus dem Ziel der Gewinnung neuer Erkenntnisse oder verbesserten Wissens. Soweit es sich um eine produktbezogene oder eine verfahrensbezogene Forschung handelt, stehen technische und naturwissenschaftliche Forschungsmethoden im Vordergrund (z.B. Laborexperimente). Die Methoden der Hochschulausbildung orientieren sich dagegen vorwiegend an didaktisch-pädagogischen Anforderungen. Sie sind bezogen auf den Transfer von Wissen und geistigen Fertigkeiten an die Absolventen der Ausbildungsstätten.

Die im Rahmen dieses Beitrags untersuchte Problemstellung lautet: Auf welche Weise kann die aufgezeigte Lücke zwischen Forschung und Lehre im Sinne einer stärkeren Praxisorientierung der Hochschulabsolventen geschlossen werden? Speziell: Ist dieses Ziel durch intensivere Einbeziehung der empirischen Forschung in die Hochschulausbildung zu erreichen?

Aufgrund bestimmter Anzeichen kann vermutet werden, daß sich Forschung und Lehre unter dem Einfluß der empirischen Forschung stärker als bisher aufeinander zubewegen (GÜNTHER/LASSMANN 1979, S. 2–7). Erste Ansätze einer Integrierung der Aktionsforschung in den Hochschulunterricht durch einige deutsche Kollegen, der Einsatz von Fallstudien sowie die Durchführung von Feldstudien im amerikanischen Hochschulunterricht sowie eigene Erfahrungen des Verfassers mit der Einbeziehung von Fallstudien in die Lehre lassen vermuten, daß eine stärkere Integration empirisch orientierter Forschung unter bestimmten Bedingungen zu einer Überbrückung des oben dargestellten Spannungsbogens führen kann. Weitere Impulse in dieser Richtung kommen in jüngster Zeit aus dem Forschungsbereich selbst: Die Betonung des pragmatischen Wissenschaftsziels beinhaltet in Verbindung mit einer praxeologischen Orientierung eine tendenzielle Zuwendung zu Methoden einer empirisch orientierten Forschung. Da vielfach unklar geworden ist, was als „wissenschaftlich gesichert" anzusehen ist, wird gerade im Bereich der Wirtschafts- und Sozialwissenschaften eine an der Praxis orientierte empirische Forschung für wünschenswert gehalten[1].

Im folgenden soll entsprechend den obigen Kriterien (Träger/Institutionen, Ziele, Methoden) untersucht werden, unter welchen Voraussetzungen der Spannungsbogen zwischen Forschung und Lehre überbrückt werden kann.

---

[1] Vgl. dazu die im Rahmen einer Förderung des sogenannten autonomen Arbeitsschutzes („Humanisierung der Arbeit") ausgesprochene Forderung in § 90 BetrVG 1972.

2. Beiträge der empirischen Forschung zur Schließung der Lücke zwischen Forschung und Lehre

2.1. Überblick über Struktur und Methoden der empirischen Forschung

Wild hat darauf hingewiesen, daß sich die Betriebswirtschaftslehre zur Zeit noch im Vorfeld einer realwissenschaftlichen Theoriebildung bewegt, da sie sich vorwiegend auf Probleme der Begriffsbildung und der Konstruktion von Entscheidungsmodellen sowie auf idealtheoretische Aussagensysteme konzentriert (WILD 1976, Sp. 3892). Dieses Defizit versucht die empirische Forschung (CHMIELEWICZ 1979, S. 142 spricht von empirisch-theoretischer bzw. realtheoretischer Forschung) dadurch auszugleichen, daß Wissen mit einem möglichst hohen Informationsgehalt erworben wird. Empirische Forschung auf dem Gebiet der Betriebswirtschaftslehre beschäftigt sich mit der Realität des betrieblichen Geschehens. Bekanntlich ist diese für viele Nachbarwissenschaften schon seit langem charakteristische Forschungsrichtung erst in jüngerer Zeit auch auf wirtschaftswissenschaftliche Fragestellungen angewandt worden. Empirische Forschung beinhaltet dabei eine Vielfalt unterschiedlicher Methoden, die von der Großzahlforschung bis hin zur Einzelfalluntersuchung reichen kann. Empirische Forschung hat heute insbesondere im Zusammenhang mit dem Begründungszusammenhang von Theorien einen weithin akzeptierten Rang in der Bewertung durch die Gemeinschaft der Forscher eingenommen.

Um die konkreten Probleme eines möglichen Transfers von empirischer Forschung auf die akademische Ausbildung erfassen zu können, erscheint es zweckmäßig, im folgenden auf einige Forschungsdesigns der empirischen Forschung einzugehen. Als wichtigstes Kriterium einer Unterteilung in einzelne Verfahren bietet sich nach Kubicek das Ausmaß an Eingriffsmöglichkeiten durch den Forscher an. Im Hinblick auf die unterschiedlichen Eingriffsmöglichkeiten des Forschers in den jeweils untersuchten Objektbereich differenziert Kubicek zwischen aktiven Vorgehensweisen und passiven Vorgehensweisen. Als aktive Vorgehensweisen werden Laborexperimente, Feldexperimente sowie die Aktionsforschung bezeichnet. Fallstudien und vergleichende Feldstudien zählen demgegenüber zu den passiven Vorgehensweisen (KUBICEK 1975, S. 57ff.).

Die Schließung der Lücke zwischen Forschung und Lehre durch Heranziehung von Ergebnissen der empirischen Forschung kann grundsätzlich auf drei verschiedenen Wegen geschehen:
(1) Durch Vermittlung von methodischem Wissen und Erkenntnissen der empirischen Forschung an die auszubildenden Hochschulabsolventen;
(2) durch aktive Einbeziehung der auszubildenden Hochschulabsolventen in die eigene empirische Forschung;
(3) durch Kombination von (1) und (2), da (1) als eine sinnvolle Voraussetzung für (2) anzusehen ist.

Bei (1) geht es also vorwiegend um den Darstellungsaspekt, bei (2) um den Mitwirkungsaspekt.

Hinsichtlich der Darstellung bzw. didaktischen Vermittlung der Erkenntnisse der empirischen Forschung lassen sich folgende Unterscheidungen treffen.

a) Nach dem Sachgegenstand/Objektbereich der Ausbildung ist zu differenzieren zwischen
- der Vermittlung inhaltlicher Ergebnisse und
- der Vermittlung methodischer Erkenntnisse.

Letztere setzen inhaltliche Entscheidungen immer schon voraus.

b) Nach der Art/Form der Darbietung des Ausbildungsgegenstands kann unterschieden werden zwischen
- einer mündlichen Darstellung/Erläuterung von Ergebnissen der empirischen Forschung (in Form von Vorlesungsveranstaltungen, Arbeitsgemeinschaften, Übungen usw.) und zwischen
- einer schriftlichen Darstellung der Erkenntnisse (in Form von Lehrbüchern, Unterrichtsmaterialien, Zeitschriftenaufsätzen usw.).

Eine Kurz-Umfrage des Verfassers zur Überführung empirischer Forschungsergebnisse in die Lehrveranstaltungen der am Schwerpunktprogramm „Empirische Entscheidungstheorie" beteiligten Kollegen ergab folgendes Bild.

Auf die schriftliche Anfrage antworten insgesamt 21 Kollegen (= 100% der Angeschriebenen). Als hervorstechendes Ergebnis ist festzuhalten, daß 76% der Befragten die Ergebnisse aus eigener empirischer Forschung teilweise und 24% vollständig in ihren Lehrveranstaltungen verwertet haben. Dabei fällt auf, daß die Darstellung von Forschungsergebnissen zwar vorwiegend in Vorlesungen erfolgte, der zeitliche Anteil der Darbietung von eigenen Forschungsergebnissen in Übungen, Arbeitsgemeinschaften und auch Seminaren jedoch wesentlich höher war als in den Vorlesungen[2].

c) Nach den Zielgruppen/Adressaten der Ausbildung ist schließlich zu unterscheiden zwischen
- Mitarbeitern von Lehrstuhlinhabern/Professoren (Assistenten, wissenschaftlichen Hilfskräften mit und ohne Diplomexamen) und
- Studenten im Grund- und Hauptstudium.

Damit haben wir ein vorläufiges Raster gewonnen, das nun auf je ein Beispiel aus dem Bereich der aktiven und der passiven Forschungsdesigns angewendet werden soll. Als Beispiele dienen die Aktionsforschung einerseits und die Fallstudienmethode andererseits.

---

[2] Die Ergebnisse der Kurz-Umfrage sowie der Fragebogen selbst sind im Anhang wiedergegeben. Für die Mithilfe bei der Auswertung des Fragebogens danke ich herzlich meinem Mitarbeiter Herrn Dipl.-Hdl. Ulrich Haase.

2.2. Die Aktionsforschung als Beispiel einer aktiven Forschungsmethode

2.2.1. Darstellungsaspekte

Geht man von einem pragmatischen Wissenschaftsziel aus und überträgt dieses auf die akademische Lehre, so ergibt sich bei einer didaktischen Beurteilung der verschiedenen Formen der Aktionsforschung[3] ein interessanter Verstärkereffekt. Dieser läßt sich wie folgt begründen. Ein pragmatisch orientierter Hochschulunterricht, der auf die Vermittlung von Kenntnissen und Fähigkeiten für die spätere Bewältigung betrieblicher Entscheidungsprobleme abzielt, muß zwangsläufig von einer mehr oder minder langen zeitlichen Distanz zwischen der Vermittlung von Informationen und deren Umsetzung in praktischen Entscheidungssituationen ausgehen. Die Einwirktiefe der Beeinflussung des praktischen Geschehens ist also relativ gering. Sie wird beeinflußt durch Form und Inhalt der Informationsvermittlung, die didaktischen Fähigkeiten der Ausbildungsträger und das Lernvermögen der Hochschulabsolventen.

Die Transformierung von Wissen, das aus der Aktionsforschung stammt, kann nun zu einer Vergrößerung der Einwirktiefe führen. Denn bei der Aktionsforschung als extremster Form der angewandten Forschung (KIRSCH o. J., S. 56) wird unter anderem ein außerordentlich aktuelles und praxisbezogenes Wissen gewonnen.

Die Vermittlung von Erkenntnissen aus der Aktionsforschung an den künftigen Diplomkaufmann bedeutet gleichzeitig, daß die Ausbildungseffizienz unter praxeologischen Gesichtspunkten gesehen verstärkt wird, denn in der Aktionsforschung ist der teilhabende Forscher geradezu gezwungen, sein Forschungswissen aufgrund der vorgefundenen Praxissituation zu überdenken und eventuell zu verändern.

Gegenüber diesem als positiv zu wertenden Verstärkereffekt ist aber auch auf zwei Probleme hinzuweisen, die sich bei der Übertragung der Erkenntnisse aus der Aktionsforschung in die akademische Lehre ergeben. Es handelt sich dabei um die didaktische Aufbereitung der Aktionsforschung einerseits und um die methodische Gesichertheit der Erkenntnisse aus der Aktionsforschung andererseits.

Ein Wissenschaftler, der Aktionsforschung betreibt, übt damit auch eine Beratungsfunktion aus. Es kann deshalb durchaus sein, daß er ebenso wie kommerzielle Berater von dem beratenen Unternehmen zur Geheimhaltung verpflichtet wird. In diesem Falle entfällt eine didaktische Aufbereitung des aus der Aktionsforschung zu gewinnenden Materials. Nicht jede Aktionsfor-

---

[3] Siehe dazu und zur begrifflichen Kennzeichnung der Aktionsforschung SCHREINER (1976), S. 10ff. Ein kritisch-emanzipatorisches Verständnis der Aktionsforschung findet sich bei HRON/KOMPE/OTTO/WÄCHTER (1979).

schung ist jedoch mit dieser Geheimhaltungsverpflichtung verknüpft. (Beispiel für ein publiziertes Projekt: GOETZEN/KIRSCH 1979, S. 162–194 sowie TRUX/ KIRSCH 1979, S. 215–235; sowie auch NIEDER 1979).

Hinzu tritt ein zweites Problem. Jede Beratung steht im „Spannungsfeld von Erkenntnisfortschritt und Handlungsfähigkeit" (KIRSCH/ESSER/GABELE 1979, S. 286ff.). Wie Kirsch, Esser und Gabele dargestellt haben, kann die Gewinnung neuer Erkenntnisse durchaus dem Ziel einer Vergrößerung der Handlungsfähigkeit innerhalb des beratenen Unternehmens untergeordnet werden. Wenn dies aber so ist – und viele Beobachtungen sprechen für die Richtigkeit dieser Vermutung – entfällt damit zugleich auch deren offene didaktische Bearbeitung bzw. Auswertung.

Aktionsforschung vollzieht sich in aller Regel in einem einzelnen Unternehmen (KUBICEK 1975, S. 70). Damit stellt sich gleichzeitig die Frage nach der Verallgemeinerungsfähigkeit der gewonnenen Erkenntnisse. Von ganz speziellen Ausnahmen abgesehen wird diese in der Regel nicht gegeben sein. Die Erkenntnisse aus der Aktionsforschung können deshalb im allgemeinen nicht als Bestandteil eines verallgemeinerungsfähigen Wissens bezeichnet werden. Diese methodische Begrenzung limitiert gleichzeitig die didaktische Verwertbarkeit der Aktionsforschung.

2.2.2. Mitwirkungsaspekte

Bei der Aktionsforschung sollen Lernprozesse der Entwicklung von Systemen nicht nur transparent gemacht, sondern auch beeinflußt werden (KIRSCH/ GABELE 1976, Sp. 9–30; SIEVERS 1978, S. 212ff.). Dies ist das erklärte Ziel der Aktionsforschung. Die Einbeziehung jüngerer Hochschulabsolventen während ihrer Studienzeit in Projekte der Aktionsforschung muß im Sinne einer Verknüpfung von Theorie und Praxis zunächst positiv beurteilt werden. Lehrstuhlmitarbeiter und Studenten werden in einen Prozeß einbezogen, der ein dreifaches Einwirken auf die Praxis umschließt:

(1) im Sinne einer Übermittlung der Methodik des wissenschaftlichen Arbeitens,
(2) im Sinne der Anwendung neuerer betriebswirtschaftlicher Erkenntnisse in relativer Distanz zum Geschehen und ohne Sanktionsandrohungen,
(3) als Teilnahme an der Konzipierung und Implementierung einer Reorganisation und Wahrnehmung einer „politischen Funktion" durch Überzeugen der Praktiker.

Den jüngeren Teilnehmern an der Aktionsforschung werden damit über den oben erwähnten Verstärkereffekt hinaus Chancen geboten, die ihnen in dieser Form während ihrer späteren praktischen Tätigkeit, der aber der Experimentiercharakter abgeht, nicht mehr offen stehen.

Diesen positiven Auswirkungen gegenüber ergeben sich jedoch auch einige Probleme. Zunächst ist grundsätzlich darauf hinzuweisen, daß bei jedem

Aktionsforschungsprojekt spezielle anwendungsorientierte Ziele angestrebt werden, die dem üblicherweise bei der akademischen Lehre verfolgten Ziel der Vermittlung eines allgemeinen Erkenntnisfortschritts konträr entgegenstehen können.

Ein offenes Problem ist ferner die Verantwortungsabgrenzung zwischen den beteiligten Praktikern und den Forschern. Das Prestige des Forschers kann zusammen mit den stets bestehenden Zeitzwängen dafür sorgen, daß die dogmatische Akzeptanz wissenschaftlicher Werturteile an die Stelle einer wirkungsbezogenen Akzeptanz von Werturteilen tritt (CHMIELEWICZ 1979, S. 265ff.). Doch selbst dann, wenn eine umfassende Wirkungsanalyse und die Abgabe wohl begründeter Empfehlungen seitens der Forscher möglich ist, bleibt die Frage offen, ,,ob der Wissenschaftler bei solchen Aussagen als Wissenschaftler nicht überfordert ist, da er sich hier zweifellos in einem schwächeren Begründungszusammenhang bewegt als im Bereich empirischer Aussagen" (RAFFÉE 1974, S. 63).

Eine Einschränkung im Hinblick auf den Einsatz von Studenten bei Aktionsforschungsprojekten ergibt sich aus den wissenschaftlichen bzw. theoretischen Anforderungen an den beteiligten Forscher. Von diesem erwartet die Praxis nämlich nicht nur ein gesichertes Wissen über bestehende Gesetzmäßigkeiten, vorhandene Methoden und mögliche Systemkonzeptionen, sondern auch die Fähigkeit, den geplanten Wandel überzeugend zu begründen und durchzusetzen. Die erforderlichen Kenntnisse und Fähigkeiten werden allenfalls bei Studenten in höheren Semestern anzutreffen sein. Das Einüben von Durchsetzungsaktivitäten ist dagegen an keine altersmäßige Begrenzung gebunden.

2.3. Die Fallstudie als Beispiel einer passiven Forschungsmethode

2.3.1. Darstellungsaspekte

Bei den Fallstudien fällt die mögliche Verknüpfung zwischen Forschung und Lehre unmittelbar ins Auge. Dies hat seinen Grund darin, daß Fallstudien ursprünglich (und weitgehend auch heute noch) vorrangig didaktische Zwecke erfüllen. Als Forschungsmethode der empirischen Forschung ist die Fallstudie erst in jüngerer Zeit eingesetzt worden. Von den unterschiedlichen Zielsetzungen gehen selbstverständlich auch Auswirkungen auf Erhebungstechnik und Struktur der Fallstudie aus. Dennoch sind die Grenzen zwischen einer didaktischen und einer empirischen Fallstudie fließend. Empirische Fallstudien können ebenso für didaktische Zwecke verwendet werden, wie es sich anbietet, das in didaktischen Fallstudien erhobene Datenmaterial für Zwecke der empirischen Forschung einzusetzen. Dies trifft vor allem für die klassische Harvard-Fallmethode (,,case-study-method") zu. Daneben werden im Rahmen didaktischer Fallstudien der sogenannte Problemfindungsfall (,,case-problem-method"), die Vorfallmethode bzw. Ereignisstudie (,,incident-method") und die Postkorbmethode („in-basket-exercise") unterschieden (PERLITZ/VASSEN 1976, S. 2ff.).

Berührungspunkte zwischen der didaktischen und der empirischen Verwendung von Fallstudien ergeben sich insbesondere bei dem sogenannten „live-case", bei dem ein aktuelles betriebliches Entscheidungsproblem als Fall behandelt wird (PERLITZ/VASSEN 1976, S. 5; siehe auch das Beispiel bei RICHTER/PFEIFFER/STAUDT 1978). Da diese Variante der Fallstudienmethode jedoch nahe an die Aktionsforschung herantritt, soll sie hier aus der Behandlung ausgeklammert werden.

Die Diskussion von Fallstudien im Hochschulunterricht dient in erster Linie der Vermittlung inhaltlicher Kenntnisse über konkrete Entscheidungssituationen. Die Darstellung erfolgt hauptsächlich in mündlicher Form. Bewährt hat sich eine Kombination von Einzelstudium, Gruppenarbeit und Plenardiskussion im Ablauf von Fallstudienseminaren (PERLITZ/VASSEN 1976, S. 44ff.). Perlitz und Vassen kommen bei der Bewertung verschiedener lernpsychologischer Hypothesen zu dem zusammengefaßten Ergebnis, daß die Lerneffizienz des Lernenden und seine Motivation durch die Fallstudienmethode stärker gefördert werden als durch die traditionellen Lehrmethoden (PERLITZ/VASSEN 1976, S. 37; dazu auch die Ergebnisse einer empirischen Befragung bei STEINMANN/KUMAR/BLEIER 1972, S. 18, sowie die Erfahrungen von GROCHLA und THOM 1975, S. 77ff.; ferner SCHWEIZER/ v. EIFF 1977, S. 16ff.).

Eigene Erfahrungen lassen erkennen, daß diese speziell für didaktische Fallstudien geltenden Aussagen nach entsprechender Aufbereitung auch auf empirische Fallstudien übertragen werden können.

2.3.2. Mitwirkungsaspekte

Über die didaktische Verstärkungsfunktion hinaus, die aus konkreten Entscheidungssituationen der Praxis erwächst, bietet die Fallstudie auch die Chance einer besseren Kooperation von Hochschule und Praxis. Insbesondere leisten Fallstudien einen Beitrag zur Forschung im Rahmen des Entdeckungszusammenhanges, d.h. sie dienen der Hypothesenfindung (BACKHAUS/PLINKE 1977, S. 617f.; zur Bedeutung der Fallstudie für die Hypothesenfindung über Erklärungszusammenhänge auch: ENGELHARDT 1977, S. 2.). Nach Witte sollte auch der mit Einzelfallstudien verknüpfte heuristische Impuls „nicht von vornherein zu skeptisch beurteilt werden, denn eine wissenschaftliche Anregung kann auch durch den zufälligen, singulären Fall – insbesondere bei erstmaliger Untersuchung eines Problemfeldes – ausgelöst werden" (WITTE 1977, S. 278).

Wenn ein wichtiges Ziel des wissenschaftlichen Arbeitens im Aufzeigen von Beziehungszusammenhängen und in der Ermittlung von Bedingungsrelationen gesehen wird, so kann dies durch eine mehrere Einzelfallstudien umfassende vergleichende Feldstudie unter Umständen besser erreicht werden als durch

Großzahligkeitsuntersuchungen. Letztere sind allein schon aus forschungsökonomischen Gründen normalerweise auf Methoden angewiesen, die weniger in die Beziehungszusammenhänge eindringen können, als dies in Form von Fallstudien möglich ist, denn Fallstudien besitzen ein ausgesprochenes „exploratives Potential" (KUBICEK 1975, S. 58).

Um den besonderen Wert der Fallstudienmethode für die akademische Lehre darzustellen, empfiehlt es sich, zwischen der Erhebung des Datenmaterials einerseits und dessen Auswertung andererseits zu unterscheiden.

2.3.2.1. Erhebungsphase

Üblicherweise sind in der Erhebungsphase neben dem Projektleiter (Hochschullehrer) insbesondere die für Forschungsaufgaben verfügbaren Mitarbeiter des Projektleiters eingesetzt. Ob darüber hinaus auch Studenten an der Erhebung des Datenmaterials beteiligt werden können, muß von Fall zu Fall geprüft werden. Ausgeschlossen erscheint dies jedoch nicht. Es ist z. B. denkbar, bereits bei den vorbereitenden Tätigkeiten Studenten im Rahmen von Seminararbeiten mit der kritischen Sichtung der vorhandenen Literatur zu betrauen oder sie an der Erarbeitung von Checklisten sowie von formalisierten und standardisierten Erhebungsinstrumenten zu beteiligen.

In diesem Zusammenhang ist auf eine weitere Einsatzmöglichkeit für Studenten aufmerksam zu machen. Amerikanische Kollegen pflegen vielfach Forschungsprojekte in Form sogenannter „field-studies" von den Absolventen ihrer Kurse erarbeiten zu lassen. Die Verantwortlichkeit für die Fallstudienerhebung und Koordination mit der Praxis obliegt dabei dem Hochschullehrer. In diesem Rahmen erarbeitet die Gruppe der Studenten das gestellte Thema weitgehend selbständig und legt auch die Arbeitsteilung innerhalb der Gruppe von sich aus fest. Die beteiligten Studenten erlernen ein sauberes Protokollieren der aufzunehmenden Tatbestände und die Grundregeln der Interviewtechnik gewissermaßen ‚vor Ort', dabei selbstverständlich nach entsprechender Vorbereitung durch den zuständigen Hochschullehrer[4]. Im Anschluß an die Erhebung des Datenmaterials und dessen Auswertung kann die Gruppe auch bestimmte Empfehlungen für die weitere Behandlung des Problems durch das Unternehmen erarbeiten. In diesem Falle übernimmt die Gruppe eine Art Katalysatorwirkung. Eine solche Verknüpfung von Fallstudie und Aktionsforschung ist jedoch nicht zwangsläufig.

---

[4] Daß ein gesichertes Methodenwissen für die erfolgreiche Durchführung eines Studienprojekts in der Praxis unentbehrlich ist, zeigte sich auch bei einem an der Hochschule der Bundeswehr München mit Studenten des Wahlpflichtfachs „Arbeitswissenschaft" durchgeführten Projekt. Siehe dazu REICHWALD/BODEN/FISCHER 1977, S. 8f. u. S. 32f.

2.3.2.2. Auswertungsphase

Auch die Auswertung des gewonnenen Datenmaterials dient in erster Linie dazu, Beiträge zur Erarbeitung des Entdeckungszusammenhanges von Hypothesen zu gewinnen. Wer empirische Arbeit anhand von Fallstudien betreibt, tut dies auch in der Erwartung, aus der Beschäftigung mit der betrieblichen Praxis Anregungen für die weitere gedankliche Beschäftigung mit dem zu behandelnden Problem zu gewinnen. Im Zusammenhang mit der Niederschrift der Fallstudie ergeben sich folglich weitere Einsatzmöglichkeiten für Projektmitarbeiter und auch für Studenten[5]. Den Studenten soll die Möglichkeit geboten werden, das im Rahmen einer vergleichenden Feldstudie erarbeitete Material in Form von einzelnen Fallstudien unter Anleitung der Projektmitarbeiter zu erarbeiten. Geliefert werden ihnen neben umfangreichen Informationen in Form von Tonbandprotokollen, Geschäftsberichten und sonstigem Datenmaterial eine Kriterienliste für die Erstellung einer Fallstudie. Ein solches standardisiertes Erhebungsinstrument empfiehlt sich insbesondere dann, wenn die Einzelfallstudie im Kontext einer vergleichenden Felduntersuchung erfolgt, die sich auf mehrere Fälle zu einem Zeitpunkt bzw. innerhalb eines Zeitraums erstreckt. (Vgl. dazu auch die Forderung bei PRICE 1968, S. 123ff.).

3. Zusammenfassung der Ergebnisse und Ausblick

Die Verbindung zwischen empirischer Forschung und akademischer Lehre muß unter einer doppelten Fragestellung betrachtet werden:
(1) Welche Erkenntnisse trägt die empirische Forschung zur akademischen Lehre bei?
(2) Welche Anregungen bietet die akademische Lehre der empirischen Forschung im Sinne einer Rückkopplung über Ziele, Aufgaben und Methoden der Erkenntnisgewinnung?
Unser Beitrag beschäftigte sich hauptsächlich mit der ersten Fragestellung. Er sollte Möglichkeiten zur Schließung einer vermuteten Lücke zwischen der akademischen Lehre und der empirischen Forschung aufzeigen. Die Ergebnisse unserer Untersuchung sollen unter drei Obergesichtspunkten zusammengefaßt dargestellt werden.
(1) Welche Möglichkeiten und Chancen bieten sich im Sinne der Ausgangsfrage durch eine stärkere Heranziehung empirischer Forschung, um die angegebene Lücke zu schließen?
(2) Welche Einschränkungen ergeben sich in diesem Zusammenhang?

---
[5] Im Rahmen des eigenen Forschungsprojekts ,,Voraussetzungen und Prozeßverlauf der Einführung einer strategischen Unternehmensplanung" ist der Einsatz von Studenten im Hauptstudium vorgesehen.

(3) Welche Forderungen resultieren aus einer Bewertung der Chancen und Einschränkungen?

Ad (1):

Im Sinne eines aufgeklärten Empirismus in der Betriebswirtschaftslehre ist es zweifellos erwünscht und notwendig, die Ergebnisse und Erkenntnisse aus der empirischen Forschung mittelbar oder unmittelbar in die akademische Lehre umzusetzen[6]. Ein Beitrag zur empirischen Forschung kann in diesem Zusammenhang insbesondere in der Sammlung von Material für die Formulierung testbarer Hypothesen gesehen werden (WOLLNIK 1977, S. 32; KUBICEK 1976, S. 11ff.). Das Ausbildungsziel der Hochschule besteht unter anderem darin, die Studierenden zu systematisch-analytischem Denken zu befähigen und ihnen ein besseres Rüstzeug zur Bewältigung von zumeist schlecht strukturierten Entscheidungsprozessen zu liefern, als es ohne diese Ausbildung möglich wäre. Beide Ziele können durch eine Beteiligung der künftigen Hochschulabsolventen an der empirischen Forschung zumindest teilweise erfüllt werden. Welche Chancen sich dazu im einzelnen bieten, wurde anhand der Aktionsforschung und der Fallstudie beispielhaft demonstriert.

Bei einem Vergleich dieser unterschiedlichen empirischen Methoden fällt auf, daß der Grad der Beeinflußbarkeit des Forschungsdesigns bei Fallstudien höher ist als bei Projekten der Aktionsforschung. Während der Forscher im Rahmen einer Aktionsforschung stark auf die Zielsetzungen der Praxis verwiesen ist, ergeben sich im Rahmen einer vergleichenden Feldstudie größere Spielräume für die Entscheidung über Umfang und Eindringtiefe der empirischen Arbeit. Aus der unterschiedlichen Zielsetzung resultieren gleichzeitig unterschiedliche Gestaltungsmöglichkeiten für didaktische Zwecke.

Bei einer weiten Interpretation der didaktischen Aufgabe richtet sich die Hochschullehre nicht nur an die Studierenden, sondern umfaßt auch die Mitarbeiter des Projektleiters bzw. Hochschullehrers. Ihre Beteiligung an der empirischen Forschung vermittelt ihnen Chancen zu eigener pädagogischer Betätigung innerhalb und außerhalb der Hochschule. Die damit verbundene Personal- bzw. Ausbildungsinvestition sollte auch dann langfristig genutzt werden, wenn sich die wissenschaftlichen Mitarbeiter nicht dazu entschließen, im Rahmen einer späteren eigenen Hochschullehrer- oder Forschungstätigkeit die gewonnenen Erkenntnisse zu tradieren. Die verantwortlichen Projektleiter sollten diese Überlegungen auch bei der Beratung ihrer wissenschaftlichen

---

[6] Die Auswertung der durchgeführten Kurz-Umfrage ergab, daß 47% der Kollegen, die sich an der Untersuchung beteiligten, zukünftig eine (noch) stärkere Berücksichtigung ihrer Forschungsergebnisse im Rahmen von Lehrveranstaltungen vorsehen. 35% der Befragten planen keine stärkere empirische Ausrichtung ihrer Lehrveranstaltungen. Eine genauere Analyse ergab jedoch, daß der überwiegende Teil dieser Gruppe empirische Forschungsergebnisse auch bisher nur in geringem Umfang in die Lehrveranstaltungen einbezog (vgl. die Ergebnisse zu Frage 3 im Anhang).

Mitarbeiter im Hinblick auf deren Laufbahnplanung berücksichtigen, denn diese können den aufgebauten Vorbereitungsgrad durchaus auch später in alternativen Tätigkeitsfeldern nutzen.

Ad (2):
Mit den vorstehenden Ausführungen sollte nicht der Eindruck erweckt werden, als ob die Aktionsforschung und die Fallstudie als einzige oder gar wichtigste Methoden der empirischen Forschung anzusehen sind. An dieser Stelle ist deshalb auf die Einschränkungen zu verweisen, die sich in theoretischer, in methodischer sowie in didaktischer Hinsicht aus der gewählten Beschränkung auf die genannten Beispiele ergeben.

In theoretischer Hinsicht ist zunächst darauf zu verweisen, daß die sozialwissenschaftliche Forschung generell mehr Fragen aufwirft, als sie beantworten kann[7].

Im Kontext der Bildung empirischer Theorien dienen die herangezogenen Beispiele insbesondere der Formulierung brauchbarer Hypothesen. Ihre Verwendung im Begründungszusammenhang dieser Hypothesen ist praktisch ausgeschlossen (PHILLIPS 1970, S. 69ff.). Der eigentliche Beitrag zur Theorienprüfung ist relativ gering, da im allgemeinen keine Testung der Theorien im empirischen Feld möglich ist.

In methodischer Hinsicht muß beachtet werden, daß die bei der Aktionsforschung und im Rahmen von Fallstudienmethoden gewonnenen Erkenntnisse keine abschließende Beurteilung einer Frage ermöglichen und deshalb im allgemeinen auch nur einen verhältnismäßig geringen Beitrag zur akademischen Lehre zu liefern vermögen. Betrachtet wird jeweils nur ein singulärer Fall, die Betrachtungsweise selbst ist im allgemeinen statisch oder allenfalls statisch-komparativer Natur. Die Durchführung von Wirkungsanalysen ist im Normalfall ausgeschlossen.

Die aufgezeigten methodischen Einschränkungen limitieren gleichzeitig die Verfolgung didaktischer Zwecke. Didaktische Beschränkungen ergeben sich sowohl in quantitativer wie auch in qualitativer Hinsicht. Mit den dargestellten Beispielen empirischer Forschungsmethoden ist nämlich einmal eine zahlenmäßige Beschränkung des personellen Einsatzes von Mitarbeitern und Studenten verknüpft. In inhaltlich-qualitativer Hinsicht ergeben sich Einschränkungen aus den unterschiedlichen Zielsetzungen von empirischer Forschung und akademischer Lehre. Die Mitarbeiter und studentischen Teilnehmer sollten deshalb von Anfang an nachdrücklich darauf hingewiesen werden, daß der Ausbildungseffekt weniger in der Vermittlung von gesichertem Theoriewissen liegt, sondern stattdessen in der Aneignung einer unmittelbar anwendungsbe-

---

[7] Ein Beleg für diese These läßt sich auch in den Diskussionen während der Kooperationssitzungen der Mitglieder des Schwerpunktprogramms „Empirische Entscheidungstheorie" selbst finden.

zogenen empirischen Arbeitsweise und Methodik des Vorgehens. Im Zusammenhang mit einer Beteiligung an Projekten der Aktionsforschung wird allen Beteiligten deutlich, wie mühevoll und zeitraubend die Umsetzung allgemeiner theoretischer Erkenntnisse in konkrete Situationen sein kann. Auch die Gefahr einer partiellen Überforderung in wissensmäßiger Hinsicht muß als Einschränkung angeführt werden.

Ad (3):

Die sich aus den ersten beiden Punkten ergebenden Schlußfolgerungen liegen auf der Hand: Sie liegen in einer Verstärkung der positiven Möglichkeiten einerseits und in der Aufhebung der angeführten Beschränkungen andererseits.

Die angeführten Beispiele empirischer Forschung konnten verständlicherweise nur in exemplarischer Form aufzeigen, wie die vermutete Lücke geschlossen werden kann. Sie müssen ergänzt werden durch andere Methoden der empirischen Forschung selbst sowie durch neue und durch bewährte Formen der Kooperation zwischen Hochschule und betrieblicher Praxis (Praktika von Studenten in Unternehmen, Anfertigung von Diplomarbeiten mit Unterstützung der Praxis, Besuche von Praktikern in Hochschulseminaren, Betriebsbesuche, Exkursionen usw.). An die Adresse der empirischen Forschung gewandt ist zu fordern, daß eine möglichst große Zahl von Einzelfällen mit unterschiedlicher Struktur bearbeitet und in Form einer strukturierten vergleichenden Feldstudie erhoben werden. Auf diese Weise können auch die in der Beschränkung des Teilnehmerkreises liegenden Grenzen am ehesten überwunden werden.

Der im Rahmen der Ausbildung angestrebte Lerneffekt verstärkt sich, wenn die empirische Forschung in Form einer Längsschnittanalyse durchgeführt wird. Empirische Fallstudien sollten ferner in stärkerem Umfang als bisher für didaktische Zwecke eingesetzt werden. Sie sind nach Möglichkeit zu ergänzen bzw. zu verknüpfen mit Projekten der Großzahlforschung, um die aufgezeigten Theoriebeschränkungen zu überwinden.

Anhang

KURZ-FRAGEBOGEN

„Überführung empirischer Forschungsergebnisse in die akademische Lehre"

1. In meinen bisherigen Lehrveranstaltungen sind die Ergebnisse aus meiner empirischen Forschungstätigkeit wie folgt berücksichtigt worden:

Zur Verknüpfung von empirischer Forschung und Hochschulausbildung 55

1.1. ☐ überhaupt nicht
1.2. ☐ teilweise
1.3. ☐ vollständig

Falls 1.2. oder 1.3. zutreffen:
2. Dies geschah in Form von

Geschätzter Zeitanteil (in %)
< 30   30–60   > 60

2.1. ☐ Vorlesungen   ☐   ☐   ☐
2.2. ☐ Übungen   ☐   ☐   ☐
2.3. ☐ Arbeitsgemeinschaften   ☐   ☐   ☐
2.4. ☐ ─────────────   ☐   ☐   ☐

Falls 1.1 oder 1.2. zutreffen:
3. Ist in Zukunft eine (noch) stärkere Berücksichtigung vorgesehen?
   ☐ ja   ☐ nein
4. Wurden die Ergebnisse/Methoden Ihrer eigenen empirischen Forschung bereits in Lehrbüchern oder in anderen, für Ausbildungs- und Lehrzwecke bestimmten Veröffentlichungen/Lehrunterlagen berücksichtigt?
4.1. ☐ ja   ☐ nein
Falls ja:
4.2. Welchen Anteil beansprucht dabei die Darstellung *Ihrer* empirischen Forschungsergebnisse?
     < 30% ☐   30–60% ☐   > 60% ☐
5. Planen Sie eine (weitere) literarische Auswertung Ihrer Forschungsergebnisse für didaktische Zwecke?
5.1. ☐ ja   ☐ nein
5.2. Falls ja, in welcher Form ist dies vorgesehen? ─────────────

Auswertungsergebnisse des Kurz-Fragebogens
„Überführung empirischer Forschungsergebnisse in die akademische Lehre"

Verschickte Exemplare   = 21
Rücklauf   = 21 ≙ 100%

Eine Rückantwort erfolgte lediglich in Form eines Schreibens.

Zu Frage 1:

In den bisherigen Lehrveranstaltungen sind die Ergebnisse der eigenen empirischen Forschungstätigkeit wie folgt berücksichtigt worden:

	absolut	relativ
1.1. überhaupt nicht	–	–
1.2. teilweise	16	76,2%
1.3. vollständig	5	23,8%
Summe:	21	100,0%

Zu Frage 2:

Dies geschah in Form von:

2.1. Vorlesungen (absolut = 18 ≙ 85,7%)

Geschätzter Zeitanteil in %:	absolut	relativ
a) weniger als 30%	15	83,3%
b) 30%–60%	2	11,1%
c) mehr als 60%	–	–
d) keine Quantifizierung möglich	1	5,6%
Summe:	18	100,0%

2.2. Übungen (absolut = 11 ≙ 52,4%)

Geschätzter Zeitanteil in %:	absolut	relativ
a) weniger als 30%	7	63,6%
b) 30%–60%	3	27,3%
c) mehr als 60%	–	–
d) keine Quantifizierung möglich	1	9,1%
Summe:	11	100,0%

2.3. Arbeitsgemeinschaften (absolut = 8 ≙ 38,1%)

Geschätzter Zeitanteil in %:	absolut	relativ
a) weniger als 30%	2	25,0%
b) 30%–60%	2	25,0%
c) mehr als 60%	3	37,5%
d) keine Quantifizierung möglich	1	12,5%
Summe:	8	100,0%

2.4. Seminaren (absolut = 7 ≙ 33,3%)

Geschätzter Anteil in %:	absolut	relativ
a) weniger als 30%	3	42,8%
b) 30%–60%	2	28,6%
c) mehr als 60%	1	14,3%
d) keine Quantifizierung möglich	1	14,3%
Summe:	7	100,0%

Zu Frage 3:

In Zukunft ist eine (noch) stärkere Berücksichtigung vorgesehen:

	absolut	relativ
Ja	9	42,9%
Nein	9	42,9%
Noch nicht abzusehen bzw. keine Angabe	3	14,2%
Summe:	21	100,0%

Zu Frage 4.1.:

Berücksichtigung der empirischen Forschungsergebnisse bzw. Methoden in Form von Lehrbüchern oder sonstigen, für Ausbildungs- und Lernzwecke bestimmten Veröffentlichungen/Lehrunterlagen:

	absolut	relativ
Ja	14	66,7%
Nein	7	33,3%
Summe:	21	100,0%

Zu Frage 4.2.:
Anteil der Darstellung der empirischen Forschungsergebnisse der Befragten in %:

	absolut	relativ
a) weniger als 30%	9	64,3%
b) 30%–60%	1	7,1%
c) mehr als 60%	1	7,1%
d) Quantifizierung nicht möglich	3	21,5%
Summe:	14	100,0%

Zu Frage 5.1:
(Weitere) geplante literarische Auswertung der Forschungsergebnisse für didaktische Zwecke:

	absolut	relativ
Ja	10	47,6%
Nein	10	47,6%
Noch nicht abzusehen	1	4,8%
Summe:	21	100,0%

Zu Frage 5.2.:
Die Veröffentlichung ist in folgender Form vorgesehen (teilweise Mehrfachveröffentlichungen):

	Zahl der Fälle
Handbuch	1
Lehrbuch	6
Skripten für Lehrveranstaltungen/ Arbeitspapiere für Studenten	3
Aufsatz	2
Noch nicht abzusehen	1
Summe:	13

Verzeichnis der verwendeten Literatur

BACKHAUS, K.; PLINKE, W. (1977): Die Fallstudie im Kooperationsfeld von Hochschule und Praxis. In: *Die Betriebswirtschaft,* 37. Jg. (1977), S. 615–619

CHMIELEWICZ, K. (1979): *Forschungskonzeptionen der Wirtschaftswissenschaft.* 2. Aufl., Stuttgart 1979

DICHTL, E.; ENGELHARDT, W. (1977): Marketingstudium: Echo aus der Uni. In: *Deutsche Universitäts-Zeitung,* 1977. Heft 5, S. 132–134

ENGELHARDT, W. H. (1977): Die Fallstudienmethode als Ausbildungsinstrument. In: Backhaus, K.: *Fallstudien zum Investitionsgüter-Marketing.* München 1977, S. 1–6

GÖTZEN, G.; KIRSCH, W. (1979): Problemfelder und Entwicklungstendenzen der Planungspraxis. In: *Zeitschrift für betriebswirtschaftliche Forschung,* 31. Jg. (1979), S. 162–194

GROCHLA, E.; THOM, N. (1975): Erfahrungen bei Entwicklung und Einsatz von Fallstudien in der betriebswirtschaftlichen Ausbildung, insbesondere im Fach Betriebswirtschaftliche Organisationslehre. *Seminar für Allgemeine Betriebswirtschaftslehre und Organisationslehre der Universität zu Köln, Arbeitspapier Nr. 7,* Köln, Mai 1977

GÜNTHER, M.; LASSMANN, G. (1979): Neue Formen der Kooperation zwischen Unternehmen und Hochschulen im Bereich der Betriebswirtschaft. In: *Zeitschrift für betriebswirtschaftliche Forschung*, 31. Jg. (1979), S. 2–7
HRON, A.; KOMPE, H.; OTTO, K.-P.; WAECHTER, H. (1979): *Aktionsforschung in der Ökonomie*. Frankfurt a. M./New York 1979
KIRSCH, W. (o.J.): *Aktionsforschung – Eine Lösung für die Probleme der Planungswissenschaften?* Unveröffentlichtes Manuskript, München o.J.
KIRSCH, W.; ESSER, W.-M.; GABELE, E. (1979): *Das Management des geplanten Wandels von Organisationen*. Stuttgart 1979
–, GABELE, E. (1976): Aktionsforschung und Echtzeitwissenschaft. In: Bierfelder, W. (Hrsg.): *Handwörterbuch des öffentlichen Dienstes. Das Personalwesen*. Berlin 1976, Sp. 9–30
KUBICEK, H. (1975): *Empirische Organisationsforschung*. Stuttgart 1975
–, (1976): Heuristische Bezugsrahmen und heuristisch angelegte Forschungsdesigns als Elemente einer Konstruktionsstrategie empirischer Forschung. *Arbeitspapier Nr. 16/76 des Instituts für Unternehmensführung im Fachbereich Wirtschaftswissenschaft*, Berlin 1976
NIEDER, P. (1979): *Aktionsforschung: Anspruch und (Versuch der) Realisierung in einem Projekt zur Verbesserung von Arbeitsbedingungen und Reduzierung von Fehlzeiten*. Wuppertal 1979
PERLITZ, M.; VASSEN, P. J. (1976): *Grundlagen der Fallstudiendidaktik*. Köln 1976
PHILLIPS, B. S. (1970): *Empirische Sozialforschung. Strategie und Taktik*. Wien/New York 1970
PRICE, J. L. (1968): Design of Proof in Organizational Research. In: *Administrative Science Quarterly*, Vol. 12 (1968), S. 121–134
RAFFÉE, H. (1974): *Grundprobleme der Betriebswirtschaftslehre*. Göttingen 1974
REICHWALD, R.; BODEM, H.; FISCHER, J. (1977): *Ermittlung von Planzeitwerten für Büroarbeiten im Verwaltungsbereich*. München 1977
RICHTER, K.; PFEIFFER, W.; STAUDT, E. (Hrsg.; 1978): *Einführung neuer Formen der Arbeitsorganisation in Industriebetrieben*. Göttingen 1978
SCHREINER, G. (1976): *Analyse der Einsatzmöglichkeiten von Action Research im planungswissenschaftlichen Kontext*. Köln 1976 (Diss.)
SCHWEITZER, M.; v. EIFF, W. (1977): *Entscheidungen in Industrieunternehmungen. Führungstraining durch Entscheidungsfälle aus der Wirtschaftspraxis*. München 1977
SIEVERS, B. (1978): Organisationsentwicklung als Aktionsforschung. In: *Zeitschrift für Organisation*, 47. Jg. (1978), S. 209–218
STEINMANN, H.; KUMAR, B.; BLEIER, E. (1972): Die Fallmethode in der universitären Führungsausbildung. *Arbeitspapiere des Betriebswirtschaftlichen Instituts der Friedrich-Alexander-Universität Erlangen–Nürnberg*, Heft 2, Nürnberg, August 1972
TRUX, W.; KIRSCH, W. (1979): Strategisches Management oder: Die Möglichkeit einer „wissenschaftlichen" Unternehmensführung. In: *Die Betriebswirtschaft*, 39. Jg. (1979), S. 215–235
WILD, J. (1976): Theorienbildung, betriebswirtschaftliche. In: Grochla, E.; Wittmann, W. (Hrsg.): *Handwörterbuch der Betriebswirtschaft*. 3. Band. 4. Aufl., Stuttgart 1976, Sp. 3889–3910
WITTE, E. (1977): Lehrgeld für empirische Forschung. In: Köhler, R. (Hrsg.): *Empirische und handlungstheoretische Forschungskonzeptionen in der Betriebswirtschaftslehre*. Stuttgart 1977, S. 269–281
WOLLNIK, M. (1977): Die explorative Verwendung systematischen Erfassungswissens. In: Köhler, R. (Hrsg.): *Empirische und handlungstheoretische Forschungskonzeptionen in der Betriebswirtschaftslehre*. Stuttgart 1977, S. 37–64

Teil B
WISSEN, TECHNOLOGIE UND AKTION

Entscheidungsforschung und Entscheidungstechnologie

KLAUS BROCKHOFF

1. Vorbemerkung
2. Technologien und Techniken
3. Technologieänderungen
4. Technologieumwelten
5. Zeitliche Transformation zwischen Theorie und Technik
6. Systematik der Transformationen
7. Beiträge empirischer Forschung

1. Vorbemerkung

Als eines der Ziele empirischer Entscheidungsforschung gilt, das Entscheidungshandeln zu verbessern. Die Auffassungen darüber, wie dieses Ziel zu erreichen sei, welche Forschungskonzeption die Richtung bestimmen sollte und welche Schritte zu nehmen seien, gehen auseinander: teilweise gehen sie so weit auseinander, daß der empirischen Entscheidungsforschung überhaupt der Charakter eines Instruments zur Erreichung des Zieles bestritten wird.

In den täglich beobachtbaren Entscheidungsprozessen werden bestimmte Techniken eingesetzt, die Entscheidungstechniken. Um in einem Entscheidungsgremium die Auswahl zwischen mehreren Handlungsalternativen zur Erreichung eines gemeinsamen Zieles zu ermöglichen, werde eine geheime, alternative Abstimmung durchgeführt. Dies ist eine Entscheidungstechnik. Die Menge der daneben potentiell anwendbaren anderen Verfahren zur Alternativenauswahl, seien sie schon andernorts im praktischen Gebrauch oder nicht, bezeichnen wir zunächst als Technologie. Offenbar stellt die Entscheidungsforschung eine (im mathematischen Sinne) sehr mächtige Technologie bereit, deren Mächtigkeit auch noch zunimmt. In diesem Zusammenhang taucht zunächst die Frage auf, was Technologien als Aussagensysteme über mögliche Entscheidungstechniken auszeichnet und warum eine fortgesetzte Forschung immer wieder neue Entscheidungstechniken bereitstellt, ohne daß die Praxis die bisher dargebotenen Techniken vollständig überflüssig werden läßt, sie also aus dem Gebrauch nimmt.

Bei der folgenden Frage nach dem Entstehen der Aussagensysteme über Entscheidungstechniken interessiert in Anbetracht einer auch empirischen

Ausrichtung der Entscheidungsforschung besonders, ob auch Entscheidungstechniken selbst zur Entwicklung dieser Systeme beitragen können. Die weitergehende Frage nach der Bedeutung der Entscheidungstechniken für die Entscheidungstheorie wird hier nicht behandelt. Das bedeutet nicht, die Position zu teilen, daß die Betriebswirtschaftslehre „sinnvollerweise nur als ‚Kunstlehre‘, als Technologie betrieben werden (kann)" (GERICH, zit. nach Jehle 1973, S. 109f.). Mit dem folgenden Versuch, beide Fragen zu beantworten, wird kaum Neuland betreten. Die Diskussion dieses Versuchs[1] ermuntert gleichwohl dazu, das Forum zu erweitern.

2. Technologien und Techniken

Technologien umfassen eine Menge potentieller, nicht notwendig auch realisierter Techniken. Wir nehmen also an, daß eine Technologie nicht notwendig nur *eine* Technik umfaßt. Techniken sind die angewandten Elemente einer Technologie. SCHMALENBACH (1911/12; 1970, S. 492) spricht statt von Technologien ganz entsprechend von Verfahrensregeln und technischen Anleitungen (im übrigen wird Schmalenbachs Position hier nicht voll übernommen); SCHANZ (1975, S. 97ff.) muß in jüngster Zeit dagegen darauf aufmerksam machen, daß Technologie weder mit Theorie noch – umgangssprachlich – mit Technik identisch ist: tatsächlich handele es sich um ein Aussagensystem.

Technologien nennen für ein bestimmtes Feld oder einen Anwendungsbereich definierte und auf ein Ziel (zur Spezifizierung des „Ziels" siehe W. STAEHLIN 1973, S. 133, 138f., und den Kommentar durch R. KOEHLER 1976a, S. 311) gerichtete Handlungsmöglichkeiten (Mittel). In diesem Sinne spricht SCHWEITZER 1967, S. 280 von den instrumentalen Aussagen in den Sätzen der angewandten Wissenschaft der Wirtschaftseinheiten. Szyperski und Müller-Böling machen in diesem Band darauf aufmerksam, daß die Technologien sich von der Beratung im Einzelfall durch ihre Nicht-Singularität unterscheiden. Damit wird auch der Begriff einer Lehre vom zielerreichenden Gestalten verständlich (POPPER 1969, S. 36ff.). Die Abgrenzung des Handlungsbereichs in sachlicher, räumlicher und zeitlicher Hinsicht erfolgt durch Konventionen, wie sie auch bei der Abgrenzung von System und Systemumwelt in der Systemtheorie verwendet werden (HALL/FAGEN 1956; 1974). So können aus dem Gesamtbereich der Technologien die Entscheidungstechnologien abgegrenzt werden, diese können wieder – je nach den Gliederungskriterien für Entscheidungen – aufgespalten werden, z. B. in Technologien für Routineentscheidungen und Technologien für innovative Entscheidungen.

---

[1] Die Diskussion erfolgte während eines Kolloquiums des Schwerpunkts „Empirische Entscheidungstheorie" am 13. 10. 1978. Den Herren Kollegen Hauschildt, Köhler und Witte danke ich besonders für die Durchsicht des Manuskripts, den Teilnehmern des Kolloquiums für ihre Beiträge.

Der Anwendungsbereich kann auch als die *Technologieumwelt* bezeichnet werden. Mit der Einführung dieses Begriffs wird deutlich, daß die Technologieentwicklung unmittelbar einen kontingenztheoretischen Ansatz impliziert.

Die Zielrichtung der Handlungsmöglichkeiten kommt darin zum Ausdruck, daß Technologien Daten und Regeln umfassen, durch die ein als real perzipierter Ausgangszustand in einen definierten, nicht beliebigen, real perzipierten Endzustand transformiert werden soll. Die Anwendung der Technologien soll also grundsätzlich auf Realphänomene, nicht auf Idealphänomene erfolgen. Auf die Berücksichtigung der Perzeption von Realzuständen wird aus zwei Gründen Wert gelegt: einmal werden die Realzustände subjektiv erkannt und damit möglicherweise verzerrt, zum anderen werden Technologien z.B. auch im Rahmen von Unternehmensspielen erprobt, die allenfalls als modellmäßige Ausschnitte eines Bezugsrahmens anzusehen sind, keineswegs aber als direkte Abbildungen der Realität.

Die beschriebene Auffassung von den Technologien legt ihre Formulierung als „Wenn-Dann-Sätze" unter expliziter Angabe von Entscheidungszielen nahe.

Von der Theorie zur Technologie kann man sich den Übergang durch Transformationsregeln erklären (STAEHLIN 1973). Im allgemeinen wird gefordert, daß die Theorie in sachlicher Hinsicht und bezüglich des zeitlichen Ablaufs der Entwicklung den Unterbau der Technologie zu liefern habe. Besonders auf die zeitlichen Beziehungen wird noch zurückzukommen sein (vgl. auch CHMIELEWICZ 1979, S. 182ff.). Zwischen Technologie und Technik steht ein anderer Transformations- und Implementationsprozeß, für dessen Vollzug sich verschiedene Alternativen empfehlen, der aber hier nicht weiter erläutert wird. Er hat ebenfalls sachliche und zeitliche Dimensionen.

Der Implementationsprozeß ist bei vollständiger Beschreibung der Technologieumwelt und der Technologie deterministisch. Deterministische Technologien nenne ich *Rezepte*. Damit weiche ich von Schmalenbachs Sprachgebrauch ab, der Rezepte nicht auf deterministische Transformationsprozesse einschränkt und als Gegenposition die Regelanwendung „ohne Einsicht in das Wesen der Sache" ansieht (SCHMALENBACH 1911/12; 1970, S. 495). Tatsächlich muß aber, aus der notwendig unvollständigen Beschreibung der Technologieumwelt oder der Technologie resultierend, ein stochastischer Transformationsprozeß angenommen werden.

Die Entscheidungsforschung kann keine Rezepte ableiten. Selbst wenn die Bereitstellung von Rezepten gelingt, würde dies nicht zu einer deterministischen Entscheidungstechnik führen. Es ist nämlich nicht sichergestellt, daß die Auswahl einer Technik aus einer Technologie „objektiv zielrational" erfolgen kann, da der Auswahlprozeß auf den von kognitiven Grenzen beengten, subjektiven Wahrnehmungen eines Entscheidungsträgers beruht. Objektiv zielrationale Wahl setzt Erkenntnisse über die Technologieumwelt und die

Menge der Elemente der Technologie sowie ihre fehlerfreie Bewertung voraus: Vorgänge, die nicht voll determiniert sind.

3. Technologieänderungen

Die Anwendung einer gegebenen Technologie auf eine veränderte Technologieumwelt ist Technologieübertragung. Dafür sind Effektivitätsgesichtspunkte, z. B. der Zielentsprechung, zu prüfen. Die Technologieübertragung ist aber keine *Technologieänderung*. Diese vollzieht sich bei gegebener Technologieumwelt. Hier wird die Auffassung vertreten: Technologieänderungen bedeuten in der Regel eine Erweiterung des Satzes von Daten und Regeln, der die Anzahl der Elemente einer Technologie näher bezeichnet.

„In der Regel" steht hier im stark einschränkenden Sinne. Würde eine Technologie allein Rezepte enthalten, so könnte auf eine Erweiterung der Technologien verzichtet werden, weil für die Rezepte strenge Dominanz hinsichtlich ihrer Eignung zur Zielerfüllung in allen Verwendungsfällen festgestellt werden könnte. Damit würden überlegene und unterlegene Rezepte *eindeutig* bestimmbar und die überlegenen Rezepte müßten die unterlegenen Rezepte vollständig verdrängen. Enthält eine Technologie aber keine Rezepte, so kann allenfalls stochastische Dominanz der Elemente einer Technologie untereinander festgestellt werden. Damit gibt es zunächst keine absolute Rechtfertigung für das Ausscheiden von Technologieelementen aus einer Technologie. Es entfällt somit die Begründung für ein vollständiges oder endgültiges Ausscheiden eines Technologieelements aus einer Technologie.

Selbst bei identisch erkannten Technologieumwelten und Zielen in verschiedenen Betrieben können jeweils unterschiedliche Techniken zur Behandlung eines Entscheidungsproblems eingesetzt werden. Der Grund hierfür kann in unterschiedlichen Kosten der Handhabung einer Technik liegen, also Effizienzgesichtspunkte widerspiegeln. Das verdeutlichen Entscheidungstechniken zur Unterstützung von Lagerdispositionen.

Nehmen wir an, daß nach einer Subsumtionsregel die Entscheidungsmodelle für Lagerdispositionen über einzelne Güter in eine aufsteigende Rangreihe zunehmender Kompliziertheit, im Sinne vollständigerer Erfassung einer eindeutig festgestellten Technologieumwelt, gebracht seien. Zum Beispiel mag die Rangreihe mit der bekannten Harris-Andlerschen Lagerformel beginnen, dann den Fall des Mindest-Lagerbestands behandeln, den Fall der mit Strafkosten belegten Unterschreitung von Mindestbeständen, die zeitabhängige Auffüllung des Lagers, des stochastischen Lagerab- und Lageraufbaus bis hin zu den mit anderen Planungsgegenständen abgestimmten Modellen. Es kann erwartet werden, daß die Kosten der Fehldisposition aus der Anwendung der Techniken mit ansteigender Rangziffer abnehmen. Andererseits ist zu erwarten, daß die Kosten der Handhabung mit der Rangreihe ansteigen werden. Je nach der Stärke dieses Anstiegs könnten verschiedene Techniken im Sinne eines Minimums aus beiden Kostenarten als optimal ausgewählt werden. Je flacher der Anstieg der Handhabungskosten, desto komplizierter, hier im Sinne von: der Technologieumwelt angepaßter, kann die ausgewählte Technik sein.

Eine an der Übernahme in die Praxis interessierte Theorie kann deshalb neben der Demonstration verbesserter, höherer Zielangepaßtheit der durch sie ermöglichten Entscheidungen auch die Reduktion der Handhabungskosten anstreben. Die Diskussion um die Lösung von Problemen der Ablaufplanung oder der Produktionsprogrammplanung mit möglichst wenigen ganzzahligen Variablen bieten für dieses Vorgehen gute Beispiele (SEELBACH 1975, S. 70ff.; KNOLMAYER 1978): In beiden Fällen soll durch Verringerung der Anzahl von Variablen in Entscheidungsmodellen deren Rechenbarkeit gesichert und damit ihre Anwendungschance erhöht werden.

Fortgesetzte und im Sinne der Bereitstellung von Technologien erfolgreiche Forschung führt deshalb zunächst zu einer Erweiterung der Technologiemenge, genauer: zur Erhöhung ihrer Mächtigkeit. ,,Sobald eine zuverlässig getestete empirisch-theoretische Aussage vorliegt, wächst sie dem Erkenntnisstand einer wissenschaftlichen Disziplin zu und bietet sich gleichzeitig zur praxeologischen Nutzung an" (WITTE 1974, Sp. 1274f.). Das erklärt häufig geäußertes Unbehagen derjenigen Praktiker, die sich durch Erweiterung der Technologien und in Ermangelung von Rezepten in der Auswahl von Techniken verunsichert fühlen, zumal sie nicht ausschließen können, daß ihr möglicher Erfolg oder Mißerfolg bei der Zielerreichung im Nachhinein häufig an einer dann im Sinne ausgeprägter stochastischer Dominanz erkennbaren ,,best practice technology" gemessen wird.

Die Begründungen der Parallelexistenz von Techniken haben allerdings wohl nur Gültigkeit im Rahmen des als ,,normal science" bezeichneten Prozesses oder zu Zeiten der Konkurrenz von Paradigmen (KUHN 1962). Sobald ein Paradigmawechsel und eine Paradigmakonzentration vollzogen werden, könnte dies ein Anlaß sein, eine ganze Technologie aufzugeben und eine neue Technologie auf der Grundlage des neuen Paradigmas aufzubauen: Ein Paradigmawechsel wird als ,,shift of professional commitments" angesehen (KUHN 1962, S. 6), der den Zusammenbruch der Fähigkeit, Rätsel (puzzles) auf der Grundlage des alten Paradigmas zu lösen, überwindet. Die vorsichtige Formulierung der Bedingung für die Aufgabe einer Technologie, wie sie hier gewählt wird, stützt sich auf die Überlegung, daß auch überholte Theorien als Approximationen gelten können und aus Effizienzüberlegungen beibehalten werden (SCHANZ 1975, S. 100f.): entsprechend kann für Technologien argumentiert werden. Mit diesen Überlegungen wird die Bedeutung der empirisch feststellbaren Variablen ,,demonstrierte Überlegenheit einer Technik" oder ,,demonstrierbare Überlegenheit einer Technologie" im Implementierungsprozeß deutlich: sie beeinflußt die Parameter der stochastischen Dominanzfunktion. Sie erlaubt damit zugleich die Beurteilung der relativen Häufigkeit der Überlegenheit von Techniken untereinander und wirkt damit in Forschung und Praxis urteilsbildend.

Immerhin könnte die durch Demonstration begründete stochastische Dominanz eines Elements einer Entscheidungstechnologie über andere Elemente solche Werte annehmen, daß aus Effizienzgesichtspunkten die dominierten Technologieelemente nicht mehr angewendet werden, in Vergessenheit geraten und auf diese Weise verdrängt werden. Die Chance hierfür nimmt zu, je schärfer die Technologieumwelt definiert ist und je eindeutiger die Technologie beschrieben ist. Mit dem Forschungsprozeß ist diese Beobachtung dadurch verbunden, daß dieser um so breiter und um so großzahliger angelegt sein muß, je weniger scharf Technologieumwelt und Technologie abgrenzbar erscheinen.

4. Technologieumwelten

Technologieumwelten werden durch Elemente und zwischen diesen bestehenden Beziehungen beschrieben. Unternehmer und andere Entscheidungsträger wenden beeindruckende Batterien von Informationstechniken an, um die für ihr Handeln relevanten Technologieumwelten zu erkennen. Problematisch scheint dabei zu sein, daß die Anzahl der zur Beschreibung der Technologieumwelt verfügbaren Elemente unendlich ist. Das heißt: die Technologieumwelten sind grundsätzlich offen. Das hat zur Folge, daß aus der positiven Aufzählung einzelner Elemente der Technologieumwelt nicht geschlossen werden kann, welche Technologien grundsätzlich einsetzbar oder anwendbar sind. Wohl aber können einzelne Elemente der Technologieumwelt die Anwendbarkeit bestimmter Technologien ausschließen. Dies kann auf Verbote oder auf Einsicht in die Wirkung der Elemente zurückgehen.

Für den ersten Fall sei beispielhaft die Absatzpolitik eines Unternehmens in einer Umwelt betrachtet, die Werbung als absatzpolitisches Instrument zuläßt, aber z. B. vergleichende Werbung, Zugaben bestimmten Wertes, Werbung für Tabakwaren im Fernsehen usw. ausschließt. Zum zweiten Fall betrachte man ein Modellunternehmen in einem vollkommenen Markt, das über mehrere Perioden überleben soll. Zwar ist dann jede Zielbildung für das Unternehmen möglich und grundsätzlich auch zulässig, Einsicht in die Theorie dieses Marktes beschränkt aber die Technologie der Zielbildung auf ein einziges Ergebnis, die Gewinnmaximierung. Entsprechend kann für weniger modellhafte Situationen argumentiert werden.

Die Technologieumwelt kann also die Technologie beeinflussen. Die umgekehrte Wirkungsrichtung erscheint dann nicht als zusätzlich zu berücksichtigender Fall, wenn man ihn durch geeignete gegenseitige Abgrenzung von Technologie und Technologieumwelt in der Technologie erfaßt. Immerhin ist aber festzuhalten, daß eine Aufzählung von Elementen der Technologieumwelt in der Praxis nicht so weit getrieben werden kann, daß daraus einsetzbare Techniken zu erkennen sind.

Allerdings ist denkbar, daß die Abgrenzung der Technologieumwelten dadurch erleichtert wird, daß es Elemente dieser Technologieumwelten gibt, die die Technologieauswahl merklich beeinflussen, während andere Elemente diese Auswahl nicht merklich beeinflussen. Es kommt zur Bildung von ,,typischen" Wahlsituationen und ,,typischen" Wertsystemen, auf die hin Technologien enwickelt werden (STAEHLIN 1973, S. 98f.). Nicht zuletzt muß sich Entscheidungsforschung als Technologieentwicklung auch mit der Beschreibung von Technologieumwelten beschäftigen und mit Vorstellungen über das Entstehen von ,,Entscheidungssituationen". DREYFUS (1978) unterstellt, daß dies durch Ähnlichkeitslernen erfolgt. Die so entstehenden ,,proto"-typischen Entscheidungssituationen (bei ihm ebenfalls, aber in anderer Bedeutung als Paradigma bezeichnet) lösen angemessene Entscheidungen aus. Als Dimensionen der Entscheidungssituationen werden ,,aspect, extent, salience" genannt: eine Liste, die kaum erschöpfend sein dürfte und die deshalb zu weiterer Suche anregt.

5. Zeitliche Transformationen zwischen Theorie und Technik

Der zeitliche Ablauf einer Transformation zwischen Entscheidungstheorie, Entscheidungstechnologie und Entscheidungstechniken kann in einem Spannungsverhältnis zur ,,sachgerechten" Transformation stehen. Dies wird zunächst in historischer Perspektive skizziert. Die heute, insbesondere von den Naturwissenschaften her geprägte und übliche Denkweise, daß *vor* der Entwicklung von Technologien die Theorieentwicklung durch wissenschaftliche Grundlagenforschung zu stehen habe, ist eine Erscheinung neueren Datums. Es fehlt auch nicht an Versuchen, für den Übergang von der einen zur anderen Situation in verschiedenen Wissensgebieten Datierungen zu finden. (STAUDINGER/BEHLER 1976, S. 56ff.) Im klassischen Altertum sind Techniken zu Technologien zusammengestellt worden, deren theoretische Erklärung durch entsprechende Grundlagenforschung nicht vorlag. Diese Beobachtung gilt grundsätzlich weiter. Aufschlußreich ist in diesem Zusammenhang die Bemerkung: ,,Eine wissenschaftliche *Technologie* entstand (in spätmittelalterlichen Werkstätten und Handelshäusern, Anm. d. Verf.). Die sie konstituierenden Beiträge stammten fast ausschließlich aus der Feder praxiserfahrener höherer Fachhandwerker, Kaufleute und Gelehrter" (JEHLE 1973, S. 7). Diese Sichtweise kehrt dort bei der Bildung von Phasen der ,,vorparadigmatischen Entwicklungsperiode der Betriebswirtschaftslehre" wieder. Die Erklärung dafür rekurriert auf einen wirtschaftlichen Einsatz knapper Mittel und knapper Zeit (JEHLE 1973, S. 38; CHMIELEWICZ 1979, S. 183) – allerdings bei recht knapp bemessenem Horizont für die Forderung nach Realisierung von Fortschritten, was Parallelen in der Entwicklung der Betriebswirtschaftslehre während der ersten Jahrzehnte dieses Jahrhunderts findet. Es ist nicht zu bestreiten, daß auch heute noch Techniken benutzt werden, die nicht vollständig theoretisch geklärt sind.

Entwicklung und Einsatz der Delphi-Methode für langfristige Vorhersagen konstituierte eine solche theoretisch nicht erklärte Technik. Zu Beginn der fünfziger Jahre begann die RAND Corp. mit diesen wiederholten anonymen Expertenbefragungen mit kontrollierter Rückmeldung von Meinungen und Daten zur Beantwortung von Prognosefragen. Mit der besonderen Methodik der Befragung sollten direkte Begegnungen der Befragten vermieden werden, gleichwohl eine kontrollierte Interaktion zwischen ihnen bestehen können. Erreicht werden sollte damit eine von der Umgebung der Befragten unabhängigere Gedankenführung und die Bildung einer überlegten Meinung; vermieden werden sollten typische Mängel von Konferenzen: ,,the hasty formulation of preconceived notions, an inclination to close one's mind to novel ideas, a tendency to defend a stand once taken or, alternatively and sometimes alternately, a predisposition to be swayed by persuasively stated opinions of others" (DALKEY/HELMER 1963, S. 459). Erst später begannen, zeitlich etwa parallel, Entwicklungen einer Theorie zu einer Technologie des Delphi-Verfahrens. Letzteres wurde gefördert durch eine experimentelle Klärung der Mittel zur Zielerreichung (Fragengegenstände, Fragenformulierung, Zahl der Wiederholungen, Art der bereitgestellten Daten und ihrer informatorischen Wirkung, Anzahl der wiederholten Fragerunden, Durchführungsformen der Befragung usw.) und der für die Anwendung der Technik geeigneten Technologieumwelten, sowie die Untersuchung des Erfolgs des Mitteleinsatzes zur Zielerreichung im Vergleich mit anderen Elementen der Technologie ,,Prognoseverfahren" (zusammenfassend: BROCKHOFF 1979).

Man kann sich fragen, ob hinter der Beobachtung eines möglichen zeitlichen Vorlaufs von Technik oder Technologie vor der Theorie ein langfristig wirkendes Gesetz zur Anwendung in der Entscheidungsforschung drängt. Danach würden in früheren Stadien der Behandlung neuer Rätsel oder Probleme zunächst Techniken sich im Vergleich zu anderen Techniken entwickeln, später erst theoretische Forschung die Ausarbeitung von Technologien und Techniken vorbereiten.

Allerdings läßt diese Betrachtungsweise noch offen, welche Praxis auf welche Theorie befruchtend wirken kann, zumindest im vorparadigmatischen Zustand eines späteren Wissenschaftsgebietes. Betrachten wir noch einmal die Delphi-Methode. Die Anregung zu dieser Vorhersagetechnik kam aus dem Gebiet der Landesverteidigung. Gesucht war ein Verfahren, durch das u. a. mögliche sowjetische Angriffsziele in den USA aus der Sicht der sowjetischen Strategen erkennbar werden sollten (DALKEY/HELMER 1963, S. 458). Davon unterscheiden sich die Anwendungsbereiche des Verfahrens in der unternehmerischen Praxis erheblich. Dies spiegelt die Transformation einer Technik von einem zum anderen Anwendungsgebiet.

Weiter geht der die Produktivität von Entscheidungstechniken stärkende

Einfluß der Praxis der Informatiker: die Synergie ihrer Anforderungen an den Ausbau der Computertechnik mit den Möglichkeiten der Elektronik und den theoretischen Ergebnissen der angewandten Mathematik haben Umwälzungen in der Theorie und der Technik des Managements bewirkt. Sie lassen sich durch den Zeitvergleich von Lehrbüchern, Lehr- und Trainingsprogrammen dokumentieren.

Auch die Naturwissenschaften erlauben solche Beobachtungen, wofür ein Beispiel aus der Optik eindeutig ist, die zeitweise durch Fortschritte in der Mechanik weiterentwickelt werden konnte: „Es ist nicht einfach richtig, daß die Verbindung von Theorie und Praxis zur neuen Wissenschaft (der Optica des Pierre de la Ramée, Anm. d. Verf.) geführt hat, wenn man nicht genauer sagt, welche Praxis gemeint ist. Daraus sollte man Vorsicht lernen, zu schnell Strukturen dafür angeben zu wollen, wie eine Wissenschaft sich entwickelt hat" (MEYER 1979, S. 68).

So wird hier, wie auch an anderen Stellen, deutlich, daß es in der Praxis einmal nicht notwendig nur das Entscheidungsverhalten sein muß, von dem Hinweise auf die Entscheidungstheorie ausgehen, zum zweiten, daß nicht jedes im Vergleich zu anderem interessante Entscheidungsverhalten auch theoretisch fruchtbar ist. Wenn „die" Praxis generell den goldenen Weg der Theorieableitung weisen würde, könnten die Kaufleute sich zu Recht der betriebswirtschaftlichen Theorie gegenüber souverän verhalten (WEBER 1914, S. 111f.). Insbesondere im paradigmatischen Stadium einer Wissenschaft spricht einiges für die Beobachtung, daß sich diese den Kaufleuten gegenüber – teilweise – souverän verhält. Diese Haltung unterstellt eine zeitliche Transformation von der Theorie bis zur Technik (wobei ebenfalls nicht deterministisch bestimmt ist, welche Technologie durch welche Theorie ermöglicht wird, wie z.B. die TRACES-Studie an mehreren Beispielen zeigt (Illinois Institute of Technology, 1968). Allein die *empirische Forschung scheint in der Lage, in dieser Situation Brückenfunktionen zu übernehmen.* „Viele Erklärungsmodelle harren noch der exakten empirischen Überprüfung ihrer Hypotheseninhalte" (WITTE 1974, Sp. 1268).

6. Systematik der Transformationen

Wir betrachten nun in systematischer Perspektive verschiedene Ableitungsmöglichkeiten von Entscheidungstechnologien. Diese Ableitungsmöglichkeiten fassen wir zu Strategien zusammen. Sie werden hier in abnehmender Reihenfolge ihrer „Exaktheit" erwähnt (KOEHLER 1976b, S. 155f.).

Die Reihenfolge der Betrachtung läßt keinen Schluß auf die Bedeutung der Ableitungsmöglichkeiten zu. Auch CHMIELEWICZ (1979, S. 191ff.) schließt die Gegenüberstellung von Argumenten zur Theorie- bzw. zur Technologieentwicklung mit den Worten ab: „Eine eindeutige Überlegenheit der Technologie ist aus den genannten Pro- und Contra-Argumenten nicht erkennbar. Vor allem kann eine Theorie der Politik (hier im Sinne von Technologie, Anm. d. Verf.) keine unbefriedigende Theorie ersetzen" (CHMIELEWICZ 1979, S. 201).

In Abbildung 1 wird ein Überblick über die Ausgangspunkte und Ziele der Strategien zur Ableitung von Theorien, Technologien und Techniken gegeben. Die theoriegestützte Theorieentwicklung im ersten Feld der Matrix umfaßt die verschiedenen Konzepte der Wissenschaftstheorie. Die Umsetzung von Theorie in Technologie ist als Transformationsprozeß bezeichnet worden. Eine Umsetzung der Theorie in Technik wird nur indirekt, d.h. über den Weg der Technologieableitung als existent angenommen.

In der folgenden Zeile wird die Technologie als Ausgangspunkt der Ableitungen dargestellt. Wie die Technik trägt sie zur Theorieentwicklung durch die Vermittlung von Anstößen bei, die auf ungelöste Puzzles hinweisen, durch die Ableitung von Hypothesen etc. Technologieentwicklung kann aus beiden Quellen durch inkrementale Veränderungen des Wissensstandes bewirkt werden.

Die Technologien werden schließlich durch einen Implementierungsprozeß in Techniken umgesetzt. Eine inkrementale Veränderung von Techniken durch Beobachtung anderer als der bisher bekannten Techniken kann, wie das letzte Matrixfeld zeigt, vermutet werden. Wir schränken aber nun die Betrachtung auf die Spalte ,,Technologieänderung" der Abbildung 1 ein.

Ausgangspunkt der Ableitung	Ziel der Ableitung		
	Theorieänderung	Technologie-änderung	Technikänderung
Theorie	Wissenschaftstheorie	Transformationsprozeß	Als direkter Einfluß nicht vorhanden (indirekt über untenstehendes Feld)
Technologie	Theorieentwicklung (durch Hypothesengenerierung, Variation von Antezedenzbedingungen; Benennung ungelöster Puzzles etc.)	Technologieentwicklung (durch inkrementale Veränderungen)	Implementierungsprozeß
Technik			Inkrementale Technikentwicklung

Abbildung 1: Systematik der Ableitungen von Theorien, Technologien und Techniken

Eine erste Strategie zur Bereitstellung von Entscheidungstechnologien liegt in der axiomatisch begründeten Entwicklung einer Entscheidungstheorie. Ohne Technologie ist sie zunächst offen gehalten. Erst durch Operationalisierung soll sie empirischer Überprüfung zugänglich gemacht werden. Stählins Hauptanliegen ist es zu diskutieren, wie aus wissenschaftstheoretischen Ursache-Wirkungs-Beziehungen durch Transformationsregeln für eingeschränkte

Technologieumwelten technologische oder Mittel-Ziel-Beziehungen abgeleitet werden könen (STAEHLIN 1973, S. 28ff. u. pass.).

Die erste Strategie hat folgende Vorteile: Die axiomatische Grundlage garantiert die vollständige Aufzählung der positiv berücksichtigten Elemente der Technologieumwelt. Nicht berücksichtigte Elemente können wirkungsvoll durch die ceteris-paribus-Klausel ausgeschlossen werden. Die Theorie kann über die Erfassung, Erklärung und Beschreibung von Vorgängen hinaus auch normativ Handlungsempfehlungen geben. Diese Empfehlungen können im Rahmen der Voraussetzungen absolut optimal sein und nicht nur eine marginale Verbesserung beinhalten.

Als Nachteil dieser Vorgehensweisen ist insbesondere zu betrachten, daß kein Test auf die Bedeutung von Zielvorstellungen möglich ist, die nicht zwingend aus den Axiomen folgen. Andererseits ist aber auch eine empirisch interpretierte Theorie nicht schon dann zurückzuweisen, wenn eine ihrer Prämissen nicht selbst empirisch zu beobachten ist. Wie KAESTLI (1978) zeigt, wird gegen diese logisch zu begründende und plausible Aussage dann verstossen, wenn die Realitätsnähe von Annahmen über die Evidenz von Theorien entscheiden soll. Realitätsnähe heiße nichts anderes als Beobachtbarkeit von Annahmen. Es sei unstrittig, daß den Annahmen widersprechende Beobachtungen negative Evidenz für die Gültigkeit der Theorie anzeigten und daß tatsächliche Beobachtung der Annahmen als positive Evidenz gewertet werde. Nichtbeobachtbarkeit von Annahmen oder Realitätsferne lassen es aber schon aus logischen Gründen nicht zu, auf die Gültigkeit der implizierten Theorie zu schließen[2].

Die Erkennbarkeit und die Bewertung entscheidungsbeeinflussender Wirkungen von Elementen der Technologieumwelt bleibt häufig außerhalb der Theorie. Wird die Annahme der Offenheit der Technologieumwelt akzeptiert, so kann zwar durch Veränderung der Modellannahmen die Struktur der Technologieumwelt bereichsweise ,,ertastet" werden, doch wird sie nicht erschöpft.

Besonders wichtig ist der Hinweis von KOEHLER (1976a, S. 304f., 313f.), daß es auch Stählin nicht gelungen ist, die Transformationsregel von der Theorie zur Technologie überzeugend und möglichst auch vollständig zu explizieren. Lediglich in einzelnen Beispielsfällen gelingt dies bisher. So zeigt KOCH (1978) die ,,Modifizierung" einer Theorie zu ,,operationalen Entscheidungskriterien" durch die Strategien der ,,Vergröberung des theoretischen Satzes" und die Bildung der den Satz approximierenden ,,operationalen" sowie partiell gültigen Hilfskriterien für den Fall der Planung bei Gewinnmaximierung mit Mindestgewinnrestriktion.

---

[2] Inzwischen hat J.v. KEMSKI zu diesen Überlegungen eine kritische Stellungahme abgegeben, der eine Replik von KAESTLI folgt (*Zeitschrift für die gesamte Staatswissenschaft*, 136. Jg., 1980, S. 342–346).

7. Beiträge empirischer Forschung

Die stochastische Simulation und das Laborexperiment sind Möglichkeiten empirischer Entscheidungsforschung, die eine positive Kontrolle von Elementen der Technologieumwelt erlauben und diesen gegenüber die Ergebnisse der Anwendung von Strategien prüfen können. Das Prüfergebnis kann einmal bewertet werden im Lichte eines Ergebnisses aus einer normativen Theorie, zum anderen durch Vergleich mit einem Standard, der aus anderen empirischen Forschungen gewonnen wird. Die unkontrollierbaren und offenen Elemente der Technologieumwelt werden bei der stochastischen Simulation durch die Verteilung des oder der stochastischen Einflüsse abgebildet, beim Laborexperiment treten sie durch nicht kontrollierte oder nicht kontrollierbare Variablen in die Ergebnisse ein.

Es hat den Anschein, daß es zur Zeit keinen bekannten Testaufbau gibt, der alle Forderungen von Reliabilität und Validität von Experimenten erfüllt. Dies gilt nicht einmal für die sogen. echten Experimente – im Gegensatz zu den Quasi-Experimenten, die die Regel in der besseren empirischen Forschung bilden (CAMPBELL/STANLEY 1973). Zugleich weist dies wieder darauf hin, daß die Entscheidungsforschung nicht zur Entwicklung von Rezepten in der Lage ist.

In der empirischen Feldforschung geht die relative Häufigkeit der positiven Benennung entscheidungsrelevanter Elemente der Technologieumwelt in der Regel hinter das Niveau der Laborforschung oder der Simulation zurück. Die Kontrolle der nicht explizit bezeichneten Elemente dieser Umwelt fällt schwerer. Technologieentwicklung erfolgt hierbei gleichwohl, wenn auch „nur sehr selten" (KUHN 1962, S. 16) und regelmäßig in frühen Stadien wissenschaftlicher Entwicklung eines Gebietes. Allein dieser Aspekt der Effizienz ist interessant, ergänzt er doch die häufig allein dem Objektivitätskriterium gewidmete Betrachtung. Grundlegend ist die – wissenschaftstheoretisch unbefriedigende – Ableitung von Alltagshypothesen (STAEHLIN 1973, S. 119ff.). Der Hinweis auf eine einzelne Beobachtung reicht dafür regelmäßig nicht aus (unter dieser Annahme wäre die kritische Auffassung von W. STAEHLIN 1973, S. 123 voll verständlich. Vgl. R. KOEHLER 1976a, S. 308). Diese Schwäche der Einzelfallstudie wird zwar bei der Wiederholung mehrfach identischer Beobachtungen von Entscheidungstechniken und der auf ihre Anwendung zurückgeführten Wirkungen verringert. Sie kann aber nicht vollständig überwunden werden, insbesondere dann nicht, wenn die Umwelten und Ziele nicht übereinstimmen, in denen eine bestimmte Mittelkombination als konstanter Teil einer Technik zum Einsatz kommt. Bezüglich des Betriebsvergleichs heißt es z.B.: „Es hat der Sache nicht gedient, daß fast alle Schriftsteller der Praxis von einem einzigen Zwecke ausgingen, der in dem Betriebe, den sie kennenlernten, der vorherrschende war. Diese Einseitigkeit blieb ihrem Unterbewußtsein nicht verborgen, einige gaben darum ihrer Schrift das Motto: ,Aus der Praxis für die Praxis'." (SCHMALENBACH 1930, S. 105f.).

Die Übernahme einer Entscheidungstechnik in eine Entscheidungstechnologie (‚aus der Praxis für die Theorie') hat wenigstens zwei Funktionen: Erstens, sie lädt zur entscheidungstheoretischen Hypothesenformulierung ein. Die Imitationen und die Imiationsversuche der aufgrund der Technik formulierten Technologie stellen zweitens Material zur Überprüfung der Hypothese bereit.

Technologieentwicklung aufgrund der Beobachtung von alternativen Techniken kann allerdings allein den Charakter einer inkrementalen Verbesserung haben (HELMER/RESCHER 1960), die natürlich wissenschaftlich organisiert sein kann (KOEHLER 1976b, S. 162).

Wenn beim Zeitvergleich der Kosten ,,Schlendrian mit Schlendrian" verglichen wird (SCHMALENBACH 1934, S. 263), beim ,,nicht von Theoretikern erfundenen" Betriebsvergleich – entgegen Schmalenbachs Auffassung – der Schlendrian sich wohl auch verbergen kann[3], so gilt dies doch nicht absolut: der größere und der kleinere Schlendrian werden erkennbar und in der Analyse können Technologien zur Bekämpfung des größeren Schlendrians bereitgetellt werden.

Eine dritte Funktion der empirisch beobachtbaren Entscheidungstechniken kann darin gesehen werden, Anstöße zu vermitteln, um die Entscheidungstheorie zu verallgemeinern oder auf andere Weise weiterzuentwickeln. Es kann offen bleiben, auf welche Weise der Anstoß zur Weiterentwicklung vermittelt wird. Beispiele für die Wirksamkeit dieser Anstöße lassen sich gerade in der neueren entscheidungstheoretischen Forschung nachweisen. Diese Beispiele lassen zugleich erkennen, daß die Anstöße durch unterschiedliche Strategien in die Theorieentwicklung aufgenommen werden.

DINKELBACH (1978) wendet die Strategie der Entwicklung von Subsumtionsregeln an, wenn er zeigt, daß Satisfiszierungsverhalten (wie es von Simon aufgrund empirischer Beobachtung in die Diskussion gebracht wurde und dessen Bedingungen z.B. BERG et al. (1979) durch Experimente weiter aufzudecken suchen) eine spezielle Ausprägung des Optimierungsverhaltens ist. – Wenn deutlich gemacht werden kann, daß eine Vielfalt von Bewertungsregeln der Praxis für die Auswahl einzelner Forschungs- und Entwicklungsprojekte tatsächlich nur auf Unterschiede in der numerischen oder der dimensionalen

---

[3] Man vergleiche die beiden folgenden Zitate: ,,Wenn z.B. in einer Abteilung sich schon seit jeher, vielleicht infolge von Überalterung, ein gewisser Schlendrian breitmacht, so vergleicht der Zeitvergleich Schlendrian mit Schlendrian; er wird auf diese Weise dessen nicht gewahr. Wenn aber der Betriebsvergleich Zahlen anderer Betriebe beibringen kann, in denen frischer Wind weht (was man also vorher wissen muß, Anm. d. Verf.), dann kann der Schlendrian sich nicht länger verbergen" (SCHMALENBACH 1934, S. 263). ,,Wo nehmen die Werke, die eine für Überwachungszwecke anscheinend ausreichende Betriebsbuchhaltung besitzen, wo nehmen sie den Maßstab her, der angibt, ob der Betrieb oder die Abteilung wirtschaftlich oder unwirtschaftlich gearbeitet hat? Wird nicht immer Ist mit Ist, Hat mit Hat oder, etwas deutlicher, Schlendrian mit Schlendrian verglichen?" (MICHEL 1937, S. 41).

Interpretation von Parametern zurückgeht, liegt die Identifikation einer Subsumtionsregel vor (BROCKHOFF 1973, S. 79ff.). – Ein Beispiel für die Aufnahme eines bestimmten, inkrementale Verbesserungen suchenden Entscheidungsverhaltens in eine den Optimierungsanspruch nicht aufgebende Entscheidungstheorie liefert die Entwicklung von Dialogalgorithmen zur Lösung von Entscheidungsproblemen mit mehrfachen Zielsetzungen (FANDEL/WILHELM 1976). Diese Algorithmen entsprechen damit zugleich der empirischen Feststellung, daß Ziele sich im Verlauf von Entscheidungsprozessen bilden und verändern können (insbes. HAUSCHILDT 1977).

Die Forschung kann nicht nur durch Anregungen zur Theorieentwicklung zu einer Verbesserung der Entscheidungstechnologien auch in diesem Bereich beitragen, sondern durch den Versuch einer Verallgemeinerung der Technologieumwelt-Elemente eine Ausdehnung des Anwendungsbereichs erfahrungswissenschaftlich gewonnener Technologien anstreben.

Aus dem Vergleich verschiedener Techniken in ihren deutlich beschriebenen und nicht nur implizit eingeführten Einsatzfeldern kann zudem ein Aufschluß über die Elemente der Technologieumwelten abgeleitet werden.

Zudem besteht die Hoffnung, auf diese Weise zur Separierung von Methoden-Artefakten beizutragen.

Ein Beispiel für Planungstechnologien, die in Abhängigkeit von der Technologieumwelt variieren, hat NYSTROEM (1979, S. 46ff.) für organisationale Problemlösungen gegeben (vgl. Abb. 2; es besteht eine Verwandtschaft mit dem Versuch, ,,Situation" durch Definition von Problem, Problemlösungsprogramm und Ausführungsprogramm zu charakterisieren: W. KIRSCH 1977, II/S. 141ff.). Er benutzt formale Beschreibungskriterien der Technologieumwelt. Sie werden beispielhaft auch inhaltlich interpretiert, im Falle des vierten Matrix-Feldes etwa mit dem Verweis auf den Entwicklungsbereich der Unternehmen.

Art der Kausal- (Ziel-, Mittel-) beziehungen	Art der Datenbasis	
	Explizit, systematisch	Implizit, intuitiv
Explizit, systematisch	Formale Planung	Theoretische Analyse
Implizit, intuitiv	Empirische Datenanalyse	Intuitive Bewertung

Abbildung 2: Organisationale Problemlösungs-Technologien (nach Nyström)

Je nach den in zwei Stufen geordneten Qualitäten der Datenbasis und der Spezifizierungen der Ziel-Mittel-Beziehungen werden vier Technologien ausgewiesen.

Intuitive Bewertung umfaßt Techniken zur Behandlung ,,unstrukturierter" oder ,,schlecht strukturierter" Probleme. Sie wird insofern als eigenständige

Technologie verstanden, aber auch als eine Vorstufe für die Entwicklung von Technologien ,,höherer" Stufen bis zur ,,formalen Planung". Insbesondere der ,,empirischen Datenanalyse" wird in Übereinstimmung mit Abbildung 1 die Möglichkeit zugeschrieben, daß ,,these explorative techniques are best suited for suggesting, rather than testing hypotheses" (NYSTROEM 1979, S. 51). Die ,,theoretische Analyse" soll zur Lösung einzelner Probleme wie zur Verallgemeinerung von Erfahrungen bei gleichbleibender Situation dienen, wobei intuitive und analytische Fähigkeiten verbunden werden. Interessant ist dabei die Behauptung, daß dieses Technologieelement zur Eingrenzung des Problemfeldes einlädt, für das es eingesetzt werden soll: ein deutlicher Hinweis auf den Einfluß der Technologieumwelt.

Damit sind nur Andeutungen referiert, die eine Vielfalt der Nutzungsmöglichkeiten von Technologien und Techniken zeigen, obwohl die binäre Gliederung der konstitutiven Kriterien der Abbildung 2 nur eine künstlich eingeschränkte Problemsicht vermittelt.

Diese Einschränkung ist im Prinzip überwindbar. Doch machen Kubicek, Wollnik und Kieser in diesem Bande auf solche Schwierigkeiten aufmerksam, die aus unterschiedlichen Operationalisierungen identischer Tatbestände folgen. Sie bringen damit in die hier bisher als eher objektive Kategorien betrachteten Beziehungen die Forscher und am Ergebnis der Forschung Interessierte mit ihren auch auf persönliche Ziele bezogenen Problemsichten, Methodeninterpretationen und Ergebnisinterpretationen explizit ein. Implizit sind diese Elemente z.B. bei der Erörterung der Auswahl von Techniken aus einer Technologie und bei der Begründung der Ausdehnung der Mächtigkeit von Technologien bereits berücksichtigt worden. Ob die Empfehlung, diese Probleme durch ,,Maßschneiderei" zu behandeln, sich als fruchtbar erweisen kann, scheint ungewiß: es ist weiterhin zu entscheiden, aus welchem Anlaß Maßänderungen vorzunehmen und wie die Abweichungen von den Maßlehren (im Sinne von Standards) zu beurteilen sind.

Verzeichnis der verwendeten Literatur

BERG, C. C.; DEHIO, P.; SCHEIB, P. (1979): *Anspruchsanpassung von Mitgliedern in Projektgruppen. Manuskript: ,,Gestaltung und empirische Analyse soziotechnischer Systeme"*, Nr. 5, Hochschule der Bundeswehr, München 1979
BROCKHOFF, K. (1979): *Delphi-Prognosen im Computerdialog.* Tübingen 1979
CAMPBELL, D. T.; STANLEY, J. C. (1973): *Experimental and Quasi-Experimental Designs for Research.* 10. Aufl., Chicago 1973
CHMIELEWICZ, K. (1979): *Forschungskonzeptionen der Wirtschaftswissenschaft.* 2. Aufl., Stuttgart 1979
DALKEY, N.; HELMER, O. (1963): An Experimental Application of the Delphi Method to the Use of Experts. In: *Management Science,* Vol. 9 (1978), S. 458–467
DINKELBACH, W. (1978): Ziele, Zielvariablen, Zielfunktionen. In: *Die Betriebswirtschaft,* 38. Jg. (1978), S 51–58

DREYFUS, ST. E. (1978): Inherent Shortcomings in Formal Decision Models. Vortrag: *Joint National TIMS/ORSA Meeting,* New York 1978

FANDEL, G.; WILHELM, J. (1976): Zur Entscheidungstheorie bei mehrfacher Zielsetzung. In: *Zeitschrift für Operations Research,* Bd. 20 (1976), S. 1–21

GERICH, O. (1973): *Zur Methodologie einer empirischen Betriebswirtschaftslehre.* Zit. nach Jehle, E. 1973

HALL, A. D.; FAGEN, R. E. (1956; 1974): Definition of System. In: General Systems, Heft 1/1956; wieder abgedr. in: Händle, F.; Jensen, St.: *Systemtheorie und Systemtechnik.* München 1974, S. 127–137

HAUSCHILDT, J. (1977): *Entscheidungsziele.* Tübingen 1977

HELMER, O.; RESCHER, N. (1960): On the Epistemology of the Inexact Sciences. In: *Management Science,* Vol. 6 (1960), S. 25–52

ILLINOIS INSTITUTE OF TECHNOLOGY RESEARCH INSTITUTE (1968): Technology in Retrospect and Critical Events in Science. *NSF Contract C 535,* Vol. 1 (1968); Vol. 2 (1969)

JEHLE, E. (1973): *Über Fortschritt und Fortschrittskriterien in betriebswirtschaftlichen Theorien.* Stuttgart 1973

KAESTLI, R. (1978): Die Forderung nach Realitätsnähe der Annahmen: ein logischer Widerspruch. In: *Zeitschrift für die gesamte Staatswissenschaft,* 134. Bd. (1978), S. 126–132

KIRSCH, W. (1977): *Einführung in die Theorie der Entscheidungsprozesse.* 2. Aufl., Wiesbaden 1977

KNOLMAYER, G. (1978): Zur „optimalen Schärfe" von Nebenbedingungen gemischtganzzahliger Programmierungsmodelle der simultanen Programm- und Ablaufplanung. In: *Zeitschrift für Betriebswirtschaft,* 48. Jg. (1978), S. 368–372

KOCH, H. (1978): Zur Frage der Anwendbarkeit der betriebswirtschaftlichen Theorie in der Unternehmensplanung. In: Albach, H.; Busse von Colbe, W.; Sabel, H. (Hrsg.): *Lebenslanges Lernen.* Wiesbaden 1978, S. 67–76

KOEHLER, R. (1976a): Theoretische und technologische Forschung in der Betriebswirtschaftslehre. In: *Zeitschrift für betriebswirtschaftliche Forschung,* 28. Jg. (1976), S. 303–318

–, (1976b): „Inexakte Methoden" in der Betriebswirtschaftslehre. In: Ulrich, H.: *Zum Praxisbezug der Betriebswirtschaftslehre.* Bern 1976, S. 153–169

KUHN, TH. S. (1962): *The Structure of Scientific Revolutions.* Chicago/London 1962

MEYER, K. (1979): Perspectiva-Optica-Photica-Dioptrica, Bemerkungen zum Wandel des Gegenstandes in der Optik. In: Scriba, Ch. J. (Hrsg.): Disciplinae novae, Zur Entstehung neuer Denk- und Arbeitsrichtungen in der Naturwissenschaft. *Veröffentlichung der Joachim-Jungius-Gesellschaft der Wissenschaften Hamburg,* Nr. 36, Göttingen 1979, S. 65–74

MICHEL, E. (1937): *Handbuch der Plankostenrechnung.* Berlin 1937

NYSTROEM, H. (1979): *Creativity and Innovation.* Chichester et al. 1979

POPPER, K. R. (1969): *Das Elend des Historizismus.* 2. Aufl., Tübingen 1969

SCHANZ, G. (1975): *Einführung in die Methodologie der Betriebswirtschaftslehre.* Köln 1975

SCHMALENBACH, E. (1911/12; 1970): Die Privatwirtschaftslehre als Kunstlehre. In: *Zeitschrift für handelswissenschaftliche Forschung,* 6. Jg. (1911/12), S. 304–316 (=Zeitschrift für betriebswirtschaftliche Forschung, 22. Jg. [1970], S. 490–498)

–, (1930): *Grundlagen der Selbstkostenrechnung und Preispolitik.* 5. Aufl., Leipzig 1930

–, (1934): *Selbstkostenrechnung und Preispolitik.* 6. Aufl., Leipzig 1934

SCHWEITZER, M. (1967): Methodologische und entscheidungstheoretische Grundfragen der betriebswirtschaftlichen Prozeßstrukturierung. In: *Zeitschrift für betriebswirtschaftliche Forschung,* 19. Jg. (1967), S. 279–296

SEELBACH, H. u. a. (1975): *Ablaufplanung.* Würzburg/Wien 1975

STAEHLIN, W. (1973): *Theoretische und technologische Forschung in der Betriebswirtschaftslehre.* Stuttgart 1973

STAUDINGER, H.; BEHLER, W. (1976): *Chance und Risiko der Gegenwart.* Paderborn 1976

WEBER, E. (1914): Literaturgeschichte der Handelsbetriebslehre. In: *Zeitschrift für die gesamte Staatswissenschaft,* Ergänzungsheft XLIX (1914)

WITTE, E. (1974): Empirische Forschung in der Betriebswirtschaft. In: *Handwörterbuch der Betriebswirtschaft.* Stuttgart 1974, Sp. 1264–1281

Wege zur praxisorientierten Erfassung der formalen Organisationsstruktur

Konfektionsware, Selbstgestricktes oder Maßschneiderei?

HERBERT KUBICEK
MICHAEL WOLLNIK
ALFRED KIESER

1. Zur Bedeutung von empirischen Maßen für die Organisationsforschung und die Organisationspraxis
2. Die Kritik des Selbststrickens und die Forderung nach Konfektionsware in der Organisationsforschung
3. Rehabilitierung des Selbststrickens?
4. Praktisches Organisationsverständnis und Berücksichtigung unterschiedlicher Sichtweisen als Ansatzpunkte für maßgeschneiderte Meßkonzeptionen
    4.1. Perspektivendifferenzierung als Problem der Organisationserfassung
    4.2. Interpretationsnotwendigkeit organisatorischer Regeln
    4.3. Theoretische Kategorien als Interpretationsmittel
5. Skizze einer maßgeschneiderten Meßkonzeption
6. Zusammenfassung

Die Frage nach der praktischen Bedeutung der empirischen Organisationsforschung könnte zunächst mit einem Hinweis auf die erzielten Aussagen über Erscheinungsformen, Einflußgrößen und Auswirkungen formaler Organisationsstrukturen beantwortet werden. Dies ist die übliche Vorstellung von Praxisbezug. Aber auch die für wissenschaftliche Untersuchungen entwickelten Analyseverfahren und Meßinstrumente könnten für die Praxis von Nutzen sein, wenn sie für die organisatorische Ist-Analyse im Zusammenhang mit Reorganisationsvorhaben eingesetzt werden. Im folgenden soll geprüft werden, ob die in der Organisationsforschung seit einiger Zeit entwickelten standardisierten Verfahren zur Messung formaler Organisationsstrukturen dazu tatsächlich geeignet sind.

Es wird davon ausgegangen, daß die praktische Relevanz von inhaltlichen Aussagen (Forschungsergebnissen) und die von Analysemethoden und -instrumenten (Forschungsinstrumenten) nicht unabhängig voneinander sind, weil sich die Entwicklung von Instrumenten stets an den angestrebten Ergebnissen orientiert. Daher können der Praxis nur solche Instrumente zur Übernahme empfohlen werden, die auch innerhalb der Forschung zu praxisrelevanten Ergebnissen führen.

Wie zu zeigen sein wird, können die bisher in der Organisationsforschung verwendeten Analyseinstrumente jedoch kaum Anspruch auf Praxisbezug in diesem Sinne erheben. Diese Instrumente verfehlen in mehrfacher Hinsicht die organisatorische Realität. Als besonders kritisch erweist sich dabei die praktizierte oder angestrebte Standardisierung von Meßinstrumenten. Ihre Gründe und Folgen werden daher ausführlich dargestellt. Ebenso unbefriedigend wie eine solche Standardisierung („Konfektionsware") ist jedoch die praktizierte Alternative der ad-hoc-Konstruktion von Maßen („Selbststricken"). Sowohl für die wissenschaftliche als auch für die praktische Organisationsanalyse erscheint ein Ansatz vorteilhafter, der zunächst die Konstruktionsprinzipien der organisatorischen Realität identifiziert, um auf dieser Basis zu einer systematischen und dennoch situationsspezifischen Konstruktion von Meßinstrumenten zu gelangen („Maßschneiderei"). Solche Meßinstrumente sowie eine entsprechende Meßmethodik wurden in einem Forschungsprojekt im Rahmen des Schwerpunktprogramms „Empirische Entscheidungstheorie" der Deutschen Forschungsgemeinschaft entwickelt und erprobt. Die dabei gewonnenen positiven Erfahrungen können als ein Indiz für die theoretische und praktische Fruchtbarkeit des Ansatzes gewertet werden. Für die Frage nach dem praktischen Nutzen empirischer Forschung ergibt sich in diesem Falle, daß eine direkte und unkritische Übernahme von Forschungsinstrumenten sich nicht empfiehlt. Erst auf dem Umweg über die theoretische Kritik und eine weitgehende Neuorientierung ist ein praktisch nützliches Instrumentarium erreichbar. Für wissenschaftliche Untersuchungen herkömmlicher Art läßt es sich jedoch nur bedingt verwenden. Daraus kann gefolgert werden, daß wissenschaftliche Untersuchungen, soweit sie auf praktisch relevante Ergebnisse abzielen, in ihrer theoretischen Konzeption und in ihrer methodischen Ausrichtung verändert werden müssen.

1. Zur Bedeutung von empirischen Maßen für die Organisationsforschung und die Organisationspraxis

Über Organisationsstrukturen im Sinne von organisatorischen Regelungen für einen Betrieb oder einzelne seiner Teilbereiche wird sowohl in der Organisationsforschung als auch in der Organisationspraxis ständig gesprochen. Bestehende Strukturen werden beschrieben und analysiert, neue werden entworfen und diskutiert; Forscher versuchen zu erklären, unter welchen Bedingungen welche Strukturen realisiert werden, welche Auswirkungen bestimmte Strukturen auf den Ablauf von Entscheidungsprozessen, auf die Effizienz der Aufgabenerfüllung, auf die Sicherung von Herrschaftspositionen, auf die Motivation der Organisationsmitglieder u.a.m. ausüben. Trotz dieser intensiven

Beschäftigung mit Organisation hat sich bisher noch kein einheitliches Begriffs- und Meßsystem für das Phänomen „Organisation" herausgebildet. Darunter leiden die Diskussionen zwischen den Organisationstheoretikern, die Verständigung zwischen Theorie und Praxis und vermutlich auch die Verständigung in der Praxis.

In der Organisationspraxis sind Begriffs- und Meßsysteme zum einen bei der Ist-Analyse und zum anderen bei der Darstellung geltender organisatorischer Regelungen gegenüber ihren Adressaten von Bedeutung. Jedem Reorganisationsvorgang soll nach allgemeiner Auffassung eine systematische Ist-Analyse und Ist-Kritik vorangehen, für die bestimmte inhaltliche Kategorien sowie bestimmte Erhebungs- und Darstellungsverfahren entwickelt worden sind (z. B. ACKER 1972; SCHMIDT 1974; Siemens AG 1974). Von der Vollständigkeit und Exaktheit der Ist-Analyse hängen alle weiteren Überlegungen innerhalb eines Reorganisationsprozesses entscheidend ab. Da organisatorische Regelungen nicht um ihrer selbst willen aufgestellt werden, sondern um bestimmten Adressaten Orientierungshilfen zu geben oder deren Verhalten zu steuern, kommt es für ihre Wirksamkeit darauf an, daß sie von diesen Adressaten auch so verstanden werden, wie sie von ihren Konstrukteuren gemeint sind. Unter den typischen Bedingungen einer weitgehenden personellen Trennung zwischen Konstrukteuren und Adressaten erfordert die Wirksamkeit organisatorischer Regelungen deren eindeutige Darstellung.

In der Organisationspraxis erfolgen beispielsweise die Ist-Analyse und die Darstellung organisatorischer Regelungen – z. B. in Form von Stellenbeschreibungen – immer noch weitgehend auf der Basis der von Kosiol formulierten Kategorien der Aufgabenanalyse, in die die jeweiligen Anwender hineindefinieren können, was ihnen subjektiv relevant erscheint (KOSIOL 1962; ACKER 1972; SCHMIDT 1974). Daneben werden in der praxisbezogenen Literatur relativ komplexe Strukturierungskonzepte wie z. B. Spartenorganisation, Produktmanagement oder Matrixorganisation vorgestellt (z. B. GROCHLA 1972), ohne daß die damit im einzelnen verbundenen Regelungen näher spezifiziert werden. Dies führt bei den Umsetzungen dieser Konzepte in der Praxis dazu, daß sich hinter gleichen Etiketten im einzelnen sehr unterschiedliche Detaillösungen verbergen.

Solche Interpretationsspielräume führen zu Kommunikationsstörungen, Mißverständnissen und Meinungsverschiedenheiten. Eine intersubjektiv nachvollziehbare Basis für die Verständigung über Organisationsstrukturen besteht nicht. Analyse- und Planungsaufgaben im Zusammenhang mit der organisatorischen Gestaltung fußen nicht auf einem intersubjektiv vergleichbaren, präzisen Beschreibungssystem. Und in der Darstellung geltender organisatorischer Regelungen provozieren unklare Formulierungen Mißverständnisse, die – wenn sie nicht ausdiskutiert werden – die beabsichtigte Orientierung in Frage stellen. Daß die angesprochenen Mißverständnisse und Meinungsverschiedenheiten nicht immer offen zutage treten und ausdiskutiert werden, mag u. a.

daran liegen, daß begriffliche Vagheit, die Raum für verschiedene Interpretationen läßt, oft als Vorteil gesehen wird – man muß sich nicht festlegen –, oder daß niemand durch Nachfragen seine mögliche Inkompetenz zum Ausdruck bringen will. In der Literatur zur organisatorischen Ist-Analyse werden durchaus einige Schwierigkeiten der Erfassung von Ist-Zuständen und des Sprechens über Organisation behandelt. Ihre Lösung wird jedoch weitgehend der Intuition und Erfahrung des Organisators überlassen.

Innerhalb der Organisationsforschung scheint es zunächst mit der Verständigung besser auszusehen. Zwar wurde auch hier lange Zeit mit sehr unterschiedlichen, zum Teil auch vagen Beschreibungskategorien gearbeitet. Seit ca. 10 Jahren gewinnt jedoch eine Forschungsrichtung zunehmend an Bedeutung, die Aussagen über Organisationsstrukturen vor allem auf dem Wege empirischer Vergleiche einer größeren Zahl von Fällen gewinnen möchte und daher Vergleichende Organisationsforschung genannt wird (KUBICEK/KIESER 1980 und die dort angegebene Literatur). Solche Vergleiche erfordern nach der herrschenden Auffassung ein standardisiertes Meßinstrumentarium zur Erfassung der verschiedenen Einzelfälle. Dementsprechend wird innerhalb dieser Forschungsrichtung zum Teil intensiv an der Entwicklung solcher standardisierter Meßinstrumente gearbeitet (vgl. den Überblick bei PRICE 1972; SEIFERT 1978 sowie KUBICEK 1980).

In bezug auf die praktische Nutzung der empirischen Organisationsforschung werden an diese Maße zur Erfassung der Organisationsstruktur verschiedene *Hoffnungen* geknüpft. Nach Branchen und Betriebsgrößen untergliederte Organisationsvergleiche könnten nicht nur eine breite Datenbasis für wissenschaftliche Erklärungsversuche liefern, sondern gleichzeitig auch wichtige Informationen für die Organisationsanalyse in der Praxis, so wie es die seit langem üblichen Betriebsvergleiche für die Kostenanalyse tun. Darüber hinaus könnte das Instrumentarium auch eine präzisere und eindeutigere Basis für die individuelle Organisationsanalyse und -planung – etwa beim Vergleich zwischen verschiedenen Abteilungen desselben Unternehmens – liefern. Durch die Verwendung desselben Analyse- und Beschreibungsinstrumentariums in der wissenschaftlichen Forschung und der praktischen Organisationsarbeit könnte schließlich die gemeinsame Verständigung über organisatorische Sachverhalte wesentlich verbessert und die Kluft zwischen Organisationsforschung und Organisationspraxis erheblich verringert werden.

Bisher ist es jedoch noch nicht zu dieser Verbindung gekommen. Mit dem Anwachsen von Ergebnissen der Vergleichenden Organisationsforschung und mit der kritischen Analyse ihrer wissenschaftlichen Gültigkeit sowie ihrer praktischen Aussagefähigkeit (z. B. KIESER/KUBICEK 1978, Bd. 2) stellen sich in jüngster Zeit auch immer stärkere Zweifel darüber ein, ob es sich bei den bisher verwendeten standardisierten Meßinstrumenten wirklich um den erwarteten großen Wurf handelt und ob der Anspruch auf eine universell anwendbare Strukturbeschreibung, die theoretisch und praktisch gleichermaßen relevante Ergebnisse liefert und bei praktischen Problemen auch unmittelbar angewendet werden kann, einzulösen ist.

Diese Zweifel, die wir in diesem Beitrag ausführlicher schildern möchten, sind vor allem aus zwei Quellen gespeist worden:
– Zum einen haben wir ein Fachgespräch mit ca. 30 Wissenschaftlern aus verschiedenen Disziplinen durchgeführt, die sich in ihren Forschungsarbeiten mit Fragen der Organisationsstruktur befassen und bei empirischen Untersuchungen mit der Meßproblematik konfrontiert sind. Die meisten Teilnehmer hatten Erfahrungen mit der Anwendung des einen oder anderen Meßinstrumentariums. Während in die neuere Literatur die Konzepte und Meßinstrumente der Vergleichenden Organisationsforschung in verstärktem Maße Eingang finden und kaum Kritik geübt wird, waren auf diesem Fachgespräch die kritischen Stimmen nicht zu überhören. Kritisiert wurden insbesondere die relativ geringe Aussagefähigkeit solcher Maße für die Lösung praktischer Gestaltungsprobleme und ihre mangelnde Fähigkeit zur Differenzierung zwischen verschiedenen Perspektiven, aus denen heraus sich Praktiker in verschiedenen Bereichen und auf verschiedenen hierarchischen Ebenen dem Phänomen Organisationsstruktur zuwenden (ausführlicher WOLLNIK 1978).
– Zum anderen haben wir, um uns des Verständnisses der Praxis von Organisationsstrukturen zu versichern und um unser eigenes, wesentlich von der Literatur geprägtes Vorverständnis kritisch zu hinterfragen, in einigen Unternehmungen jeweils mehrere weitgehend unstrukturierte Interviews mit Praktikern in verschiedenen Bereichen und auf verschiedenen Hierarchieebenen durchgeführt.

Während der Gespräche und bei der Durchsicht der Tonbandniederschriften hat sich der Eindruck verstärkt, daß die gewünschte Annäherung von Forschung und Praxis mit lediglich leichten Modifikationen des Begriffssystems und Meßinstrumentariums der Vergleichenden Organisationsforschung nicht geleistet werden kann. Die jeweils aus der Situation des Praktikers heraus vernünftigerweise betrachteten Aspekte decken sich kaum mit dem in der Forschung verwendeten Begriffssystem, das aus einer sehr viel globaleren Fragestellung heraus entwickelt wurde.

Vor diesem Hintergrund sehen wir heute für eine praxisbezogene Organisationsforschung ein gewisses Dilemma zwischen der auf Vergleichbarkeit zielenden Anwendung von Standardmeßinstrumenten und der auf Verständnisvermittlung und Handlungsorientierung zielenden, notwendigerweise stärker einzelfallbezogenen Beschreibung von Organisationsstrukturen. Vor diesem Dilemma steht sowohl der Organisationsforscher als auch der praktische Organisator. Beide müssen überlegen, ob sie ein von anderen entwickeltes Meßinstrumentarium für eine geplante Analyse übernehmen und ob sie innerhalb ihres Analysebereichs die Vergleichbarkeit der einzelnen Untersuchungseinheiten mittels eines einheitlichen Instrumentariums sichern wollen oder gezielt auf etwaige Eigenheiten einzelner Untersuchungseinheiten eingehen. Bildlich gesprochen können also Forscher und Praktiker in bezug auf Instrumente zur Erfassung von Organisationsstrukturen wählen zwischen *„Konfektionsware"* und *„Selbstgestricktem"*.

Innerhalb der wissenschaftlichen Diskussion überwogen einige Zeit lang die Kritik am Selbstgestrickten und die Argumente für die standardisierte Konfektionsware. In jüngerer Zeit mehren sich jedoch die kritischen Stimmen gegen die Standardinstrumente. Im folgenden sollen diese gegenläufigen Entwicklungslinien der Diskussion im wissenschaftlichen Bereich herausgearbeitet und auf die Möglichkeit einer Synthese hin untersucht werden. Dabei wird von der Zielsetzung praxisorientierter und anwendungsnaher Forschung ausgegangen, deren Ergebnisse und Instrumente in der Praxis nutzbar sein sollen. Ausgehend von einer kritischen Diskussion gegenwärtiger Meßansätze und Instrumente der Vergleichenden Organisationsforschung sowie von der Skizze eines alternativen Ansatzes für eine Vergleichende Organisationsforschung soll dann geprüft werden, welche Voraussetzungen für eine systematische Organisationsanalyse der Praxis gegeben sein müssen.

2. Die Kritik des Selbststrickens und die Forderung nach Konfektionsware in der Organisationsforschung

Um die wichtigsten Argumente innerhalb der Kritik ad-hoc gebildeter Maße und der Forderung nach Standardsystemen einzuordnen, ist es erforderlich, zunächst den methodologischen Hintergrund der empirischen Organisationsforschung aufzuzeigen.

Die Tendenz zu vergleichenden empirischen Studien wird angeregt und getragen von der Vorstellung, daß nur auf dem Wege systematischer Erfahrung (vorläufig) gesicherte Theorien entwickelt werden können (z.B. POPPER 1971 oder ALBERT 1976). In solchen Theorien, d.h. getesteten und empirisch gestützten Hypothesensystemen, wird von vielen die Grundlage für eine angemessene Umsetzung wissenschaftlicher Aussagen in die betriebliche Praxis gesehen. Empirisch bewährte Hypothesen können nämlich nach vorherrschender Meinung so umgeformt werden, daß sie als Handlungsanleitungen verwendet werden können (für die Organisationsforschung z.B. GROCHLA 1975a, b oder KIESER/KUBICEK 1978, Bd. 1, S. 60ff.). Im Übergang zu derartigen Handlungsanleitungen, die bis zu konkreten Empfehlungen an die Praxis vorangetrieben werden, liegt dann eine adäquate Nutzung der zuvor empirisch gewonnenen Einsichten bzw. der empirisch gestützten Hypothesen. Die empirische Ausrichtung stellt sich somit als wichtiger Pfeiler in den Bemühungen der betriebswirtschaftlichen Organisationstheorie dar, praktische Bedeutung zu gewinnen, sei es in Form von Gestaltungstechnologien, sei es in Form kritischer Aufklärung. Deshalb ist die Art und Weise empirischer Forschung stets auch daraufhin zu beurteilen, wie und inwieweit ,,betriebliche Praxis" in ihr erfaßt wird.

Kritiker dieses Modells verweisen neben anderen Punkten jedoch darauf, daß die Instrumente, die zur Erfahrungsgewinnung eingesetzt werden, vielfach mangelhaft sind. Probleme werden in diesem Zusammenhang sowohl hinsichtlich der Verläßlichkeit als auch hinsichtlich der Gültigkeit von Meßinstrumenten gesehen. Damit stellen sich Zweifel an den Datengrundlagen ein, mit denen man Hypothesen bilden oder bestätigen zu können glaubt. Befürworter des Modells antworten auf diese Zweifel mit dem Hinweis, daß die Entwicklung der in den Naturwissenschaften heute üblichen Instrumente Jahrhunderte gedauert habe, sowie mit dem Appell, die Arbeit an der Verbesserung der gegenwärtigen Instrumente zu verbessern. Dabei wird insbesondere die in der empirischen Organisationsforschung gängige Praxis kritisiert, daß fast jeder Forscher für seine Untersuchung neue Maße konstruiert. Im Vordergrund steht das Argument, daß die Verwendung jeweils selbstgestrickter Operationalisierungen zu einer schädlichen Differenzierung in der Interpretation von Hypothesen führe, die die Akkumulation von Befunden zu bestimmten Hypothesen mangels Vergleichbarkeit der Resultate und damit auch eine Überprüfung theoretischer Aussagen auf breiter empirischer Basis verhindere. So wird etwa beklagt, daß die Vergleichende Organisationsforschung in den vergangenen Jahren eine kaum noch übersehbare Fülle von empirischen Einzelbefunden hervorgebracht hat, es bisher jedoch nicht gelungen ist, anerkannte generelle Beschreibungen und Erklärungen zu erstellen oder handlungsleitende Orientierungshilfen für die praktische Organisationsgestaltung zu liefern (PRICE 1972 sowie MOBERG/KOCH 1975). Während hinsichtlich der jeweils zugrundegelegten theoretischen Strukturmerkmale (Strukturdimensionen), die zumeist auf dem Bürokratiekonzept Max Webers fußen, durchaus eine weitgehende Übereinstimmung besteht, gehen die meisten Autoren bei der Operationalisierung dieser theoretischen Begriffe ihren eigenen Weg (KIESER/KUBICEK 1977 sowie KUBICEK 1980). Durch dieses Selbststricken werde aber – so die weiteren Ausführungen der Kritiker – der immanente Anspruch der wissenschaftlichen Forschung auf allgemeine Aussagen verletzt. Der Druck zur Standardisierung ergibt sich also daraus, daß die Organisationsforschung ihre Erkenntnisse über Einflußgrößen und Auswirkungen der Organisation in erster Linie auf dem Weg des Vergleichs unterschiedlicher Organisationsstrukturen zu gewinnen versucht. Solche Vergleiche setzen nach vorherrschender Ansicht notwendigerweise eine Standardisierung in den Erfassungsinstrumenten voraus, die eine Vergleichbarkeit der Ergebnisse sichern soll.

Weiter wird eingewendet, daß die Verläßlichkeit und Gültigkeit selbstkonstruierter und oft nur in einem Fall verwendeter Instrumente nicht nachprüfbar sei bzw. in der Regel nicht geprüft werde, während bei konfektionierten Standardinstrumenten, die ja für den Gebrauch in zahlreichen Studien gedacht sind, eine gesonderte Prüfung der erwähnten ,,meßtheoretischen" Gesichtspunkte erfolgen könne und üblicherweise auch durchgeführt werde. Die wenigen Studien, die sich mit einem Vergleich unterschiedlicher Operationalisierungen für dieselben Strukturdimensionen befassen, kommen übereinstimmend zu dem Ergebnis, daß eine Vergleichbarkeit der Meßinstrumente nicht gegeben ist und daß daher auch keine Vergleichbarkeit der Ergebnisse verschiedener empirischer Studien vorliege (PENNINGS 1973; ZÜNDORF 1976; SATHE 1978).

Diese Argumentation entspricht dem oben skizzierten, an naturwissenschaftlicher Erkenntnissicherheit orientierten Forschungsmodell. Sie drängt auf eine Überwindung des Selbststrickens in Richtung der Entwicklung standardisierter Meßinstrumente.

Insofern man einem an die Naturwissenschaften angelehnten Forschungsmodell folgt, erscheint die Forderung nach meßinstrumenteller Konfektionsware schlüssig und vernünftig. Dieser Forderung hat sich die Forschungspraxis der Organisationstheorie bisher allerdings *nicht* gefügt. In ihr sind fragestellungs- und kontextspezifische Operationalisierungen vorherrschend. Dabei wird die Konstruktion spezifischer Meßinstrumente in der Regel jedoch nicht durch die verfolgte Fragestellung, die besonderen Bedingungen einer Betriebsart oder sonstige Gegebenheiten einer Untersuchung begründet. Vielmehr baut man darauf, daß jeder vernünftige Leser selbst unmittelbar einsehen wird, daß die jeweils gewählten Operationalisierungen für bestimmte theoretische Größen sinnvoll sind. Die Operationalisierungen werden durch ein unausgesprochenes Potential von Verteidigungsargumenten abgeschirmt, dessen Antizipation von jedem vernünftigen und wohlwollenden Betrachter erwartet werden darf – der Kritiker wird im Einzelfall schon sehen, wie gut man zur Verteidigung in der Lage ist. Schließlich sind Operationalisierungen auch bis zu einem gewissen Grad auswechselbar, denn es geht in der systematischen empirischen Forschung nicht um sie, sondern um die Größen, die sie indizieren (z. B. PRIM/TILMAN 1973; WITTE 1974; zur Kritik siehe MEHAN/WOOD 1975, S. 49). So greifen auf dem Alltagswissen fußende Validitätsunterstellungen und auf einer typisch wissenschaftlichen Einstellung ruhende Validitätsrelativierungen ineinander, um dem Selbststricken eine erträgliche Tragfestigkeit zu verleihen.

Mit dieser hier rekonstruierten Vorstellung wird die Praxis des Selbststrickens im Lichte der Forderung nach stärkerer Standardisierung ertragen. Es ist charakteristisch für die Defensivität des Argumentes, daß die Bedeutung der Operationalisierung herabgespielt wird. Die Neigung zur Verteidigung resultiert aus dem Orientierungsbild naturwissenschaftlicher Exaktheit, das nicht etwa analog, sondern unmittelbar auf die Sozialwissenschaften angewandt wird. Man muß schon aus diesem heraustreten, um die Lage einmal im Interesse forschungsmethodischer Fruchtbarkeit umzukehren: Nicht die selbstgestrickten Operationalisierungen haben sich gegenüber naturwissenschaftlichen Exaktheitsidealen zu rechtfertigen, sondern die Exaktheitsidee ist angesichts einer Materie zu begründen, die das fragestellungs- und kontextspezifische Konstruieren von Operationalisierungen zu provozieren scheint! Die Frage lautet dann: Warum ist man mit vorhandenen Instrumenten nie zufrieden, warum meint man stets, eigene Meßinstrumente konstruieren zu müssen, wieso ist das Selbststricken sinnvoll, welchen Verlust erleidet man, wenn die heute erkennbaren Schnittmuster sich als Konfektionsware durchsetzen?

Zur Kritik an der Konfektionierung genügt nicht der Hinweis, daß in der Praxis der Organisationsforschung eher Selbstgestricktes anzutreffen ist und daß das Selbststricken seinen guten Sinn haben könnte. Vielmehr ist zu prüfen, welche Unterstellungen bezüglich des Charakters und der Meßbarkeit von Organisation zu machen sind, wenn man eine stärkere Standardisierung von Meßinstrumenten fordert, ob diese Unterstellungen begründet sind und durch welche Nachteile die potentiellen Vorteile einer Standardisierung erkauft werden müßten. Dabei ist insbesondere auch zu bedenken, wie die Konfektionierung von Meßinstrumenten im Lichte der Praxisorientierung zu beurteilen ist. Es scheint, daß damit Problembezüge verengt, Äußerungsmöglichkeiten abgeschnitten, selektive Betrachtungen erschwert, Organisationsanalysen insgesamt methodisch unzweckmäßig würden. Nicht zufällig liegen doch die Vorschläge der Literatur zur praktischen Ist-Analyse der Organisatoren auf der Ebene der (Erhebungs- und Darstellungs-)Methodik, und daß sie damit auch Inhaltliches präjudizieren (etwa welche organisatorischen Sachverhalte zu erfassen sind), ist eine Folge der Gewöhnung sowie der Definitionskraft von Darstellungsmitteln, aber kein unmittelbarer Bestandteil des Ausgesagten; grundsätzlich befindet sich auch die Technologie der Ist-Aufnahme in dem zweischneidigen Bemühen, den Spielraum für eine sachverhalts- und situationsangepaßte Erfassung zu erweitern und gleichzeitig zu schließen.

3. Rehabilitierung des Selbststrickens?

Viele der vorangegangenen Bemerkungen klingen nach einer Rehabilitierung des Selbststrickens bei der Erfassung der formalen Organisationsstruktur. Um den entsprechenden Kontrast zu setzen, sei dieser Eindruck zunächst bestätigt. Die nun folgenden Ausführungen werden zeigen, wie wir diese Rehabilitierung meinen, und daß es sich nicht um einen schlichten Rückfall handelt.

Wenn die Forschungspraxis in der empirischen Organisations- und Entscheidungstheorie durch fallweise konstruierte Operationalisierungen geprägt ist, so wäre es sicher unserem Thema nicht dienlich, dies als Zufall abzutun oder als Vorläufigkeit („weil wir noch nicht so weit sind") zu verdrängen. Vielmehr stellt sich die Frage, welche Gründe für die Tendenz bestehen, in empirischen Untersuchungen zu jeweils neuen Operationalisierungen zu greifen. Diese Frage ist mit dem Hinweis auf die Unzufriedenheit mit den schon vorliegenden Instrumenten nicht beantwortet, sondern nur verschoben – denn was fällt uns ein, Instrumente, die gedanken- und mühevoll konstruiert wurden, für in unserer Untersuchung unbrauchbar zu halten. Fragen wir aber nach den Gründen für das Selbststricken, so kann man aus der Antwort im Umkehrschluß Voraussetzungen für eine Instrumenten-Konfektionierung ableiten und dann von der Basis des Selbststrickens die Konfektionsware in kritische Beleuchtung rücken statt umgekehrt das Selbststricken vor dem stets etwas ferneren Hintergrund einer möglichen guten Konfektionsware zu verurteilen.

Für das jeweils untersuchungsspezifische Konstruieren von Meßinstrumenten gibt es mindestens drei sinnvolle Gründe:

(1) Unterschiedliche Fragestellungen erfordern unterschiedliche Operationalisierungen.

Die Untersuchungsinteressen mehrerer Studien sind fast niemals identisch. Verschiedene Forscher halten unterschiedliche Variablen für relevant oder wollen an bestimmten Objekten jeweils verschiedene Aspekte beleuchten. Schon bei einer flüchtigen Durchsicht der Literatur ist festzustellen, daß sich um den Begriff „Organisationsstruktur" mehrere Fragestellungen ranken, die in Einzeluntersuchungen getrennt verfolgt werden (ausführlicher KIESER/KUBICEK 1977).

Solche Fragestellungen lauten etwa:
– Wie unterscheiden sich Organisationsstrukturen unter verschiedenen Bedingungen?
– Unter welchen Bedingungen sind welche Organisationsstrukturen im Hinblick auf vorgegebene Ziele effizienter als andere?
– Welche Verhaltenswirkungen haben bestimmte Organisationsstrukturen?

Im Prinzip können diese Fragestellungen in einem gemeinsamen theoretischen Zusammenhang gesehen werden. Schaut man aber genauer hin, so ist entgegen einer von uns früher verfolgten Hoffnung (KUBICEK/WOLLNIK 1975) festzustellen, daß sich Gegenstandsbereich und als relevant erachtete Merkmale bei diesen Fragestellungen erheblich unterscheiden. Während beispielsweise im Zusammenhang mit der ersten Frage, der Frage nach den Einflußgrößen der Organisationsstruktur, fast ausschließlich die gesamte Organisationsstruktur eines Betriebes betrachtet wird, richtet sich das Interesse im Zusammenhang mit der dritten Frage vorwiegend auf die organisatorischen Regelungen in betrieblichen Teilbereichen. Für eine breite und umfassende Verwendung beispielsweise des Aston-Konzeptes (PUGH/HICKSON 1976), das für die erste Fragestellung entwickelt wurde, ergeben sich hieraus schon erhebliche Beschränkungen.

Da sich also die Operationalisierung theoretischer Größen stets auch an den anderen betrachteten Größen zu orientieren hat (um etwa eine angenommene Verbindung überhaupt plausibel zu machen, die Erreichbarkeit von Größen durch die Wirkungen anderer Größen unterstellen zu können etc.), können selbst kleine Differenzen in den Forschungsfragestellungen große Operationalisierungsunterschiede implizieren. Diese Differenzierungen in den Fragestellungen brauchen nicht nur inhaltlicher Art zu sein, sie können auch im

Hinblick auf die gewünschte Tiefe der Betrachtung bei einem ansonsten gleichgelagerten Erkenntnisinteresse bestehen. Bezeichnenderweise hat eine genaue Übernahme von Meßinstrumenten nur dann stattgefunden, wenn eindeutig replikative Absichten im Vordergrund einer Untersuchung standen.

(2) Unterschiedliche theoretische Grundannahmen führen zu unterschiedlichen Operationalisierungen bei gleichen Fragestellungen.

Die Forscher operieren von verschiedenen theoretischen Grundlagen aus. Aus dem Arsenal theoretischer Deutungsschemata, Begriffe und Aussagen, Betrachtungsebenen usw. stellen sich die meisten einen eigenen Bezugsrahmen zusammen, in dem Realitätsauffassung und Relevanzurteile ihren Ausdruck finden. Dieser einer Untersuchung zugrundegelegte theoretische Bezugsrahmen, der stark von der wissenschaftlichen Sozialisation und Biographie eines Forschers geprägt ist, bestimmt auch seine Ideen zu Indikatoren und Erhebungsinstrumenten (zur Bedeutung von Bezugsrahmen: KIRSCH 1971 sowie KUBICEK 1977).

Das Fehlen eines in breiteren Kreisen akzeptierten Deutungsmusters, das eine paradigmatische Funktion übernehmen könnte (zur Funktion von Paradigmata siehe allgemein KUHN 1967), macht die Hoffnung auf einheitliche Meßverfahren zunichte und rechtfertigt das Vorgehen, das mit „Selbststricken" vielleicht schon zu kritisch apostrophiert ist. Am Beispiel des Aston-Konzeptes läßt sich erläutern, warum man, wenn man bestimmte Theorieelemente akzeptiert und an die *praktische Verwendbarkeit* von Aussagen denkt, die dort vorgeschlagene Art der Erfassung der Organisationsstruktur ablehnen muß. Dabei wollen wir nur kurz drei Punkte ansprechen:

a) Die im Aston-Ansatz erfolgende *Bezugnahme auf die Gesamtstruktur* einer Institution ist nicht vereinbar mit der These, daß die meisten Kontextfaktoren unterschiedliche Auswirkungen auf die verschiedenen betrieblichen Teilbereiche besitzen, wie es die Konzepte von THOMPSON (1967) oder LAWRENCE und LORSCH (1969) in plausibler Weise nahelegen und wie es einige wenige empirische Untersuchungen auch belegen. Nach dem Konzept von Thompson bemühen sich Unternehmungen beispielsweise, ihren technischen Kern, den Produktionsbereich, zur Erzielung höchstmöglicher Effizienz von Umweltveränderungen abzuschotten und diese durch spezielle Subsysteme aufzufangen. Folgt man diesem Konzept, so ist beispielsweise zu erwarten, daß Umweltfaktoren wie die Konkurrenzintensität die Organisation des Absatzbereiches stärker beeinflussen als die des Fertigungsbereiches, der stärker von den angewendeten Fertigungstechnologien bestimmt wird. Ähnliche Konsequenzen ergeben sich aus dem Konzept von Lawrence und Lorsch, nach dem erfolgreiche Unternehmungen jedes einzelne Subsystem so strukturieren, daß es den jeweils spezifischen Anforderungen der Umwelt gerecht wird. Auch die Alltagserfahrung zeigt schließlich, daß etwa das Rechnungswesen in der Regel stärker strukturiert und programmiert ist als der Absatzbereich und dieser wiederum stärker als der Forschungs- und Entwicklungsbereich. Bei der Konzentration auf die Gesamtstruktur werden diese theoretisch wie praktisch bedeutsamen strukturellen Unterschiede jedoch nivelliert, und zwar meist schon im Meßvorgang, so daß sie nicht mehr rekonstruierbar sind.

b) Das Aston-Konzept erhebt den Anspruch, eine Messung derselben strukturellen Basisdimensionen für *Unternehmen, Einheiten der öffentlichen Verwaltung, freiwillige Vereinigungen* u.a.m. zu ermöglichen (PUGH/HICKSON 1976). Daher sind die zur Messung verwendeten Items in aller Regel sehr formal und abstrakt. So wird meist nur erfaßt, *ob* für einen bestimmten Tatbestand eine formale Regel vorliegt oder nicht; welchen *Inhalt* diese Regel aufweist wird nicht angesprochen. Bei der detaillierten Analyse unterschiedlicher Arten von Institutionen wie Kirchen, Gewerkschaften oder Hochschulen mußten die Instrumente daher jeweils ergänzt und zum Teil auch umdefiniert werden (vgl. die Beiträge von Donaldson/Warner; Greenwood/Hinings; Hinings/Ranson/Bryman sowie Holdaway u.a. in PUGH/HININGS 1976). Der im Meßverfahren verfolgte Universalismus läuft dabei einer Klärung der theoretischen Grundlagen einer allgemeinen Organisationstheorie *voraus*. Gegenwärtig gibt es nämlich noch keine allgemein anerkannte Typologie organisierter Systeme und keine gesicherten Aussagen darüber, welche Strukturdimensionen für verschiedene Typen gleichermaßen als sinnvoll betrachtet werden können und welche typenspezifisch differenziert werden sollen.

c) Eine letzte Anmerkung bezieht sich auf die Relation zwischen Messung und *praktischen Maßnahmen*. Wenn die Messung zu handlungsrelevanten Aussagen führen soll, so müssen die verwendeten Indikatoren und Items bereits handlungsbezogen gebildet werden, d.h. entweder selbst als konkrete organisatorische Maßnahmen formuliert sein oder Auskunft darüber geben, wie der beschriebene Sachverhalt herbeigeführt werden kann. Dies ist schon aufgrund der beiden zuvor genannten Punkte bei dem Aston-Konzept nicht der Fall. Darüber hinaus beinhalten die verwendeten Skalierungsverfahren, die sich zumeist der Addition einzelner Items bedienen, oft implizite Annahmen über substitutive Zusammenhänge zwischen den durch die einzelnen Items erfaßten organisatorischen Sachverhalten oder Maßnahmen. So werden im Aston-Maß für die Standardisierung beispielsweise Items zur formalen Regelung der Qualitätskontrolle und Items zur formalen Regelung der Personalselektion zu einem Index der Standardisierung addiert. Damit wird implizit die Annahme getroffen, daß Regelungen der einen Art durch Regelungen der anderen Art substituierbar sind. Bei einer Überprüfung unter diesem praktischen Gesichtspunkt erweist sich die Addition der meisten Items jedoch als wenig sinnvoll. Auch hier gilt, daß der Erfassungsansatz *vor* einer theoretischen Durchdringung des Sachverhaltes entwickelt worden ist, aber gleichzeitig implizite theoretische Annahmen enthält, die bei genauerer Betrachtung nicht haltbar sind.

Wenn man also den Ansatz von Lawrence und Lorsch für theoretisch sinnvoll hält und mit ein wenig praktischer Erfahrung über Teilbereichsorganisation verbindet, wenn man die institutionelle Relativität in der Bedeutung und im Charakter organisatorischer Sachverhalte in Rechnung stellt und wenn man sich von der empirischen Forschung Aussagen erhofft, die dem gestaltenden Organisator handlungsrelevante Informationen liefern, so ist der vom Aston-Ansatz eingeschlagene Weg erheblich zu modifizieren. Die Modifikationen, zu denen man kommen muß, haben entscheidende Konsequenzen für die Art und Weise der Messung der Organisation, etwa das Herunterbrechen von Maßen auf Abteilungen, die gezielte und kontrollierte Anpassung von Erhebungsinstrumenten an institutionelle Bedingungen und die Definition zu erfassender Sachverhalte, die zugleich Aktionsparameter der Gestaltung sein können.

(3) Unterschiedliche Meßobjekte erfordern unterschiedliche Operationalisierungen.

Das schon angedeutete Argument der Unterschiedlichkeit verschiedener organisierter Systeme besitzt auch eine generelle meßtheoretische Bedeutung, weil Meßinstrumente nicht ohne ein Eingehen auf die Unterschiedlichkeit der *Meßobjekte* konstruiert werden können, wenn sie in einem praktischen Kontext verstanden werden und informative Ergebnisse produzieren sollen. Jedes Meßinstrument unterstellt bei seinem Bezugsobjekt die Existenz und die Relevanz bestimmter Grundeigenschaften. Um z. B. die Verteilung von Entscheidungskompetenzen über verschiedene Hierarchieebenen (Entscheidungszentralisation) messen zu können, muß eine klare Vorstellung von der Existenz unterschiedlicher Hierarchieebenen sowie eine relativ deutliche Kompetenzabgrenzung in der jeweiligen Institution unterstellt werden. Man weiß oder vermutet oft, daß bestimmte Erhebungsfragen bei bestimmten Erfahrungsobjekten „nicht ziehen". Weiterhin setzen Meßinstrumente bestimmte Verständniskapazitäten und Äußerungsmöglichkeiten auf Seiten der Personen voraus, denen gegenüber sie angewendet werden. Im mündlichen Interview macht man häufig die Erfahrung, daß die Befragten mit bestimmten Fragen nichts anfangen können und die angesprochenen Aspekte auch für völlig unwichtig erachten. Es schließt sich dann die Vermutung an, daß die Fragen bei der Erhebung nicht richtig beantwortet werden (können), weil sie sozusagen zu weit abseits vom Sinnzusammenhang des jeweils betrachteten Systems bzw. vom Erlebniszusammenhang eines Respondenten liegen und ein Befragungspartner in seinen speziellen Verhältnissen die Intention der Fragen nicht adäquat rekonstruieren kann. Auch unter dem Gesichtspunkt praktischer Handlungsrelevanz kann man nicht bestimmte, in einem Meßinstrument fixierte Merkmale für verschiedene Systeme gleich beurteilen. Dies ist nicht nur bei einer Betrachtung von Betrieben verschiedener Branchen bedeutsam, sondern auch schon bei der Erfassung der Organisation verschiedener Abteilungen in einem Betrieb. Alltägliche und strategische Aufmerksamkeiten richten sich in den verschiedenen Bereichen auf jeweils andere organisatorische Bedingungen.

Die Prägung von Operationalisierungen durch ihre Angewiesenheit auf die Forschungsfragestellungen, die theoretischen Hintergründe und die Unterstellungen von Existenz und Relevanz bestimmter Grundeigenschaften bei den Erfahrungsobjekten sowie bestimmter Perspektiven bei den Kommunikationspartnern für die Erhebungen sind nicht im Sinne einer schlichten Ableitung zu verstehen. Es handelt sich dabei um einen höchst vermittelten, unstrukturierten, mit fortwährenden Konzeptions- und Definitionsleistungen durchsetzten, in seiner Gesamtheit meist nicht bewußt überblickten Prozeß, der bisher noch völlig unerforscht ist.

Will man das Selbststricken der Meßinstrumente durch Konfektionsware ablösen, so muß man auch diese Gründe für das Selbststricken beseitigen. Dies ist eine unangenehme Konsequenz, denn Vorliegen und Wirksamkeit der genannten Bedingungen gehören zum forschungspraktischen Alltagswissen, sind Selbstverständlichkeiten, die die meisten kennen und achten und an denen sozusagen „kein Weg dran vorbeiführt". In zahlreichen anderen Erörterungen würde man jederzeit darauf zurückgreifen – nur bei der Erwägung einer Standardisierung der Meßinstrumente neigt man zu ihrer Suspendierung und setzt sich über das hinweg, was man schon weiß.

Eine akzeptable Standardisierung von Meßinstrumenten in der Organisations- und Entscheidungsforschung ist nur möglich, wenn

(1) *im einzelnen Forschungszusammenhang* die von verschiedenen Forschern verfolgten konkreten Fragestellungen sich auf einen grundsätzlich *einheitlichen theoretischen Bezugsrahmen* gründen (in dem man sich natürlich spezialisieren kann),

(2) *bei den Forschern* bestimmte *theoretische Deutungsschemata*, die die gesamte Forschungsarbeit leiten, von vielen *gleichermaßen anerkannt* und als *fruchtbar angesehen* werden, und

(3) *für die verschiedenen Erfahrungsobjekte,* auf die man sich bezieht, sowohl die *Existenz* als auch die *Relevanz von bestimmten Grundeigenschaften,* ferner eine *ähnliche Interessenstruktur und Kompetenz möglicher zu befragender Personen* sowie *Handlungsprobleme, die sich in einem Einheitsmodell abbilden lassen,* unterstellt werden können.

Man erkennt an diesen Voraussetzungen, daß eine erfolgreiche Standardisierung der Meßinstrumente mit einer gewissen Standardisierung
– der Erkenntnisinteressen,
– der Forscher und
– der Erfahrungsobjekte
verbunden bzw. erkauft werden muß! Dieser Preis ist hoch. Wer auf eine Standardisierung von Meßinstrumenten drängt, sollte daher die standardisierende Wirkung für den gesamten Forschungsprozeß bedenken.

Angesichts der aufgezeigten Konsequenzen ist die Frage angebracht, ob die Nachteile eines Strebens nach Konfektionsware in der Organisationsmessung nicht die möglichen Vorteile überkompensieren.

Ist man angesichts der geäußerten Bedenken doch zum Selbststricken verurteilt? Ist das Selbststricken der einzige Weg in der Meßkonzeption? Diese

Fragen lassen sich nicht mit einem einfachen Ja oder Nein beantworten. Für eine praxisbezogene Organisationsforschung besteht ein Dilemma zwischen einer auf Vergleichbarkeit von Forschungsergebnissen zielenden Anwendung von Standardmeßinstrumenten und einer speziellen Forschungsintentionen folgenden, auf die Erfahrungsobjekte und Befragungspartner abgestimmten, untersuchungsspezifischen Methodik der Organisationsanalyse. Um eine Relativierung der Meßinstrumentarien wird man letztlich nicht herumkommen, und es erscheint auch nicht sinnvoll, dies zu versuchen. Die Vorgehensweise bei der Entwicklung von je speziellen Erfassungsinstrumenten muß jedoch bewußter werden und den Schritt der Operationalisierung ernster nehmen, d.h. das *Selbststricken* muß *methodisch fundiert* sein! In diesem Sinne der Entwicklung zu einem methodisch fundierten Selbststricken sprechen wir von einer Rehabilitierung des Selbststrickens. In dieser Entwicklung verändert sich der Charakter von ad-hoc-Konstruktionen zur *Maßschneiderei*. Wir plädieren deshalb für eine Besinnung auf eine methodische, an Erkenntnisinteressen, theoretischen Grundlagen und die spezifischen Eigenschaften der jeweiligen Erfahrungsobjekte reflektiert angepaßte, mithin untersuchungs- und kontextspezifische Konzipierung und Selektion von Operationalisierungen bzw. Meßinstrumenten. Dabei reduziert sich dann auch die bisher unterstellte Diskrepanz zwischen der Organisationsanalyse in wissenschaftlichen Untersuchungen und bei praktischen Organisationsvorhaben. Der Rest des Beitrages befaßt sich mit der Frage, wie sich dieser Übergang zum Maßschneidern erreichen läßt.

4. Praktisches Organisationsverständnis und Berücksichtigung unterschiedlicher Sichtweisen als Ansatzpunkte für maßgeschneiderte Meßkonzeptionen

Ein Objekt auf eine bestimmte Art und Weise zu messen, impliziert eine Grundvorstellung über den Wirklichkeitscharakter dieses Objektes. Dies beginnt schon damit, daß man das Objekt überhaupt für meßbar hält, und es setzt sich fort in den Vorstellungen über gewisse relevante Aspekte, die es zu erfassen gilt. Im Prozeß des Messens wird das Objekt zum „gemessenen Objekt", für es tritt ein Satz von Merkmalsausprägungen ein, der es repräsentiert. Diese empirische Präzisierung ist in sozialwissenschaftlichen Meßzusammenhängen fast immer mit einer Definitionsverschiebung verbunden, in deren Verlauf zwangsläufig unter dem Objekt zunehmend das verstanden wird, was die Meßwerte beinhalten oder anzeigen. So erklärt sich etwa der Übergang zu einer dimensionalen Fassung des Organisationsbegriffes in der Vergleichenden Organisationsforschung, in der „Organisation" oder „Organisationsstruktur" als eine Konstellation von Dimensionswerten gedacht wird; sogenannte Nominaldefinitionen stellen sich als davon weitgehend losgelöste theoretische Überbau-Begriffe dar.

Will man die Messung der Organisationsstruktur verbessern, muß man untersuchen, welche Grundvorstellungen in der bisherigen Art der Messung enthalten sind und ob sie einer kritischen Prüfung standhalten oder durch andere Annahmen zu ersetzen sind, die dann auch eine veränderte Erfassungsweise nahelegen. Beginnen kann man damit, daß man das Konstrukt „gemessene Organisation" mit der Organisation als Phänomen des Arbeitsalltags vergleicht. Denn die Organisation ist ja kein wissenschaftliches Kunstprodukt, sondern ein Produkt des alltäglichen (Zusammen-)Lebens, dessen man sich überall dort bedient, wo es um die Ordnung von Handlungen, eine gemeinschaftliche Aufgabenerfüllung oder die Stabilität eines Zusammenschlusses geht. Organisation ist deshalb immer schon konstruiert, und zwar als Ergebnis sozialer Interaktion im weiteren Sinne. Dies meint nicht, daß Organisation sich im Verlaufe gemeinsamen Handelns sozusagen „einschleift" oder „einschleicht", sondern daß man in jedweder Art von Handlungsprozessen beginnt, Regelhaftigkeiten wahrzunehmen, sie aus dem realen Geschehen zu abstrahieren, sie sich vorzustellen, sie gegebenenfalls zu erwarten, sich vielleicht nach ihnen zu richten und sie als Normen zu formulieren. Organisation fängt dort an, wo diese typisierten Regelhaftigkeiten und Erwartungen eine gewisse Qualität erlangen, die sie zumindest formulierbar und kommunizierbar macht und die ansonsten so definiert wird, daß sie für jeweils gerade anstehende Abgrenzungszwecke verwendbar ist (generell BERGER/LUCKMANN 1970 sowie SCHÜTZ 1971a; mit speziellem Bezug auf das Phänomen Organisation insbes. SILVERMAN 1970 und 1975 sowie JEHENSON 1973 und BITTNER 1974).

In der Praxis liegt also bereits Organisation als sozial konstruiertes Schema von Regeln und Erwartungen vor. Es gibt keinen Grund anzunehmen, daß diese praktischen Schemata mit den wissenschaftlichen Beschreibungen in Einklang stehen, d. h. von den wissenschaftlichen Konstrukten stets getroffen werden. Darüber hinaus dürfte die Absicht, Organisation nach naturwissenschaftlichen Leitgesichtspunkten zu „messen", auch die Vielschichtigkeit, Mehrdeutigkeit, Interpretationsabhängigkeit und Dynamik der Organisation, kurz: ihren interaktionalen Charakter, erheblich unterschätzen.

Um als Wissenschaftler mit Praktikern über Organisation sprechen zu können, muß man entweder versuchen, den Praktikern das eigene Denkmodell nahezubringen und sie auf die wissenschaftliche Konstruktion der Organisation einzustellen, oder man muß auf das Organisationsverständnis des Praktikers eingehen. Im letzteren Fall ist die Aufgabe der Messung von Organisation die *Rekonstruktion des praktischen Organisationsverständnisses mit methodischen Mitteln.*

Versteht man die Erfassung von Organisation in diesem Sinn, so erscheint es notwendig, die in der bisherigen Organisationsmessung zugrundegelegten Annahmen einer kritischen Überprüfung zu unterziehen. Ohne den Anspruch zu erheben, im Rahmen dieses Aufsatzes eine solche Prüfung systematisch zu leisten, sollen in der folgenden Gegenüberstellung einiger Grundannahmen der vorherrschenden Organisationsforschung und entsprechender Alternativannahmen Ansatzpunkte und Richtung einer Revision der theoretischen Basis angedeutet werden (Übersicht 1).

Annahmen der Vergleichenden Organisationsforschung	Alternativannahmen einer praxisorientierten wissenschaftlichen Organisationsanalyse
1. Organisationsstrukturen existieren in einer gegenständlichen, objektiven Weise, und jeder kompetente Beobachter kann sie in gleicher Weise beschreiben.	1. Organisation wird in bestimmten Perspektiven innerhalb sozialer Interaktionsvorgänge konstruiert und wahrgenommen, für die sich systematische und begründete Unterschiede identifizieren lassen. Jede Beschreibung der Organisationsstruktur ist daher Beschreibung nur einer bestimmten Perspektive.
2. Bei der Erfassung der geltenden organisatorischen Regeln kann man sich auf dokumentierte Regeln und/oder formulierte Erwartungen bestimmter Organisationsmitglieder beschränken.	2. Eine Erfassung der geltenden organisatorischen Regeln setzt eine Feststellung der Anwendung normativer Schemata voraus.
3. Inhaltlich ist Organisationsstruktur das, was Max Weber in seinem Bürokratiemodell herausarbeitet.	3. Inhaltlich ist Organisationsstruktur das, was Praktiker darunter verstehen, und dieses Verständnis weicht in begründeter Weise von dem Bürokratiemodell ab.

Übersicht 1

Die theoretische Rekonstruktion und Revision der Grundannahmen positivistischer Organisationsmessung ist Voraussetzung für eine Behandlung der Meßproblematik im theoretischen Sinn (statt auf der technisch-instrumentellen Ebene). Ein Festhalten an der bisherigen Art und Weise der Messung birgt die große Gefahr in sich, daß es nicht gelingt, in der Organisationsforschung das praktische Organisationsverständnis und damit etwa auch organisatorische Problemvorstellungen transparent zu machen, und daß deshalb langfristig keine Verständigung mit der Praxis, geschweige denn Handlungsunterstützung oder Aufklärung möglich werden.

Die hier vorgenommene Betonung des Praxisverständnisses für die Messung basiert auf einer Grundauffassung von Organisation als in Praxisprozessen hergestelltes und immer wieder bestätigtes soziales Konstrukt. Organisation liegt bzw. ,,lebt" in den Interaktions- und Kommunikationsprozessen, sie entsteht aus ihnen und besteht durch sie (insbes. SILVERMAN 1970 und 1975; WOLLNIK 1979). Die Wirklichkeit der Organisationsstruktur ist die Wirklichkeit des gemeinsamen Arbeitens bzw. die Anwendung organisatorischer Regeln in den Arbeitsprozessen. Will man die Organisation ,,messen", muß man die Arbeitsprozesse sozusagen ,,in organisatorischer Perspektive" betrachten bzw. sich beschreiben lassen. Dies leistet die übliche Abfragemethodik über abstrakte Kategorien nicht. Während dies in der Vergleichenden Organisationsforschung kaum beachtet wird, finden sich in der Literatur zur organisatorischen Ist-Analyse durchaus Hinweise. So schreibt z. B. ACKER (1972, S. 9):

„Der Ist-Zustand einer Organisation ist ein Untersuchungsgegenstand, der dem Menschen nicht direkt wahrnehmbar ist; denn es handelt sich dabei um ein System von Regelungen und menschlichen Beziehungen, das nur durch seine Symptome und Ergebnisse erkennbar wird. Die Technik der Aufnahme des Ist-Zustandes und seiner Darstellung hat sich mit den erheblichen Schwierigkeiten auseinanderzusetzen, die sich ergeben, wenn man einen derartigen Gegenstand aus den Aussagen der unmittelbar Beteiligten und aus der Beobachtung ihres Verhaltens sichtbar machen will."

Und zur Konstruktionsleistung im Interview bemerkt er (S. 28f.):

„... In einem Unternehmen wird die Organisationsstruktur untersucht; dabei soll auch der tatsächliche Grad der Delegierung von Verantwortung und Aufgaben festgestellt werden. Man könnte nun einfach die leitenden Personen fragen: „Welche Funktionen Ihres Zuständigkeitsbereiches haben Sie an Ihre Untergebenen delegiert?" Damit würde man jedoch nicht nur voraussetzen, daß der Befragte sofort die genaue Bedeutung des Begriffes Delegierung erfaßt, sondern auch, daß er die Vorgänge seines betrieblichen Alltags in organisatorische Tatbestände umdeutet. Praktiker – und nicht nur die mittelmäßigen, sondern auch die guten – haben aber häufig das Denken in abstrakten Kategorien nicht gelernt (oder haben es wieder verlernt). Sie denken daher – drücken wir es einmal bildlich aus – immer nur an einzelne Bäume und fast niemals an den Wald. Sollte jemand eine so allgemeine Frage wie die nach der Delegierung einwandfrei beantworten, dann müßte er nicht direkt schildern, was ist, sondern den Ist-Zustand seines betrieblichen Alltags bereits in den Kategorien der Organisationslehre analysieren. Das wäre etwa so, als wollte ein Arzt seine Patienten gleich nach der Diagnose fragen, statt sich die Symptome schildern zu lassen."

Versucht man, die praktischen Tatbestände in organisatorischer Perspektive zu rekonstruieren, so ist damit zu rechnen, daß bei der Beschreibung der Organisation derselben Abteilung durch verschiedene Personen unterschiedliche Perspektiven zum Ausdruck kommen. Dann stellt sich die Frage, ob es sich dabei um die Folgen unterschiedlichen Wissens, unterschiedlicher Sprache oder um unabhängig davon unterschiedliche Wahrnehmungen und damit unterschiedliche Realitäten handelt.

Vor diesem Problem stehen Organisationsforscher ebenso wie Organisatoren in der Praxis. Während sich in der Literatur zur Vergleichenden Organisationsforschung auch hierüber nicht einmal Andeutungen finden, wird das Problem in der Literatur der praktischen Organisationsanalyse im Zusammenhang mit Befragungen als Erhebungsmethode wiederum durchaus gesehen.

Die Autoren stehen dem Phänomen unterschiedlicher Antworten jedoch relativ hilflos gegenüber und tendieren dazu, es auf ungenügendes Wissen oder gar bewußte Manipulation zu reduzieren. So schreibt z. B. SCHMIDT (1974, S. 30f.):
„*Bewußte Manipulationen* sind insbesondere bei Projekten zu erwarten, die die Aufbauorganisation betreffen. Aufbauorganisatorische Maßnahmen beinhalten normalerweise Verschiebungen, Umverteilungen der Aufgabenstruktur, der damit verbundenen Kompetenzen und Verantwortlichkeiten. Damit berühren sie auch die Machtpositionen derjenigen, die befragt werden.

Mit ziemlicher Sicherheit wird jeder seine Situation bis an die Grenze des Zumutbaren so *interpretieren,* wie es ihm aus taktischen Gründen am besten erscheint. Mit anderen Worten, die Betroffenen geben *gefärbte Auskünfte,* um die spätere Lösung zu ihren Gunsten zu beeinflussen.

Diese Reaktion wird kaum bis zur Lüge gedeihen; das wäre auch viel zu gefährlich und würde mit ziemlicher Sicherheit entdeckt.

Aber zwischen den Zeilen, oder durch bestimmte Formulierungen kann der objektiv gleiche Tatbestand durchaus unterschiedlich dargestellt werden."

KLEIN (1971, S. 34) notiert:
„Es liegt auf der Hand, daß die Auswertung von Interviews große Sorgfalt verlangt. Unklarheiten oder Widersprüchen ist unbedingt sofort nachzugehen. ... Es kann durchaus vorkommen, daß der Befragte wissentlich oder unwissentlich falsche Angaben macht. Besonders dann, wenn der Organisator mit dem Interview die Untersuchung geschlossener Arbeitsabläufe beabsichtigt."

Zur Fragebogenmethode schreibt er (S. 38):
„Natürlich liegt für den Organisator auch die Versuchung nahe, zwar verschiedene Typen von Fragebogen zu entwerfen, diese aber immer wieder und ohne Rücksicht auf den jeweils zu untersuchenden Bereich einzusetzen. Auch hiervor kann nicht dringend genug gewarnt werden. Man kann einen Fragebogen nicht ein für allemal entwerfen. Für den Leiter einer Konstruktionsabteilung hat ein Fragebogen vom Typ A anders auszusehen als für den Leiter der Rechnungsprüfung. Der Laborant in der Physikalischen Werkstoffprüfung ist anders und nach anderen Dingen zu befragen als der Einkäufer. Der Organisator wird also nicht umhinkommen, für jeden von ihm aufzunehmenden Ist-Zustand die Fragebogen immer wieder neu zusammenzustellen, sooft er sich für die Anwendung der Fragebogen-Methode entscheidet."

So richtig diese Äußerungen im Einzelfall auch sein mögen, so wenig erfassen sie das Phänomen in seinen Grundzügen. Daher bleibt ihnen als Antwort auch nur der Appell an die Wachsamkeit und Intuition des Organisators. Diese Kurzschlüssigkeit kann überwunden werden, wenn vor dem Hintergrund der Annahme der sozialen Konstruiertheit der Organisation die Konstruktionsprinzipien herausgearbeitet werden, damit die Organisationsanalyse an ihnen anknüpfen kann.

Dieser Zielsetzung ist unser Forschungsprojekt „Messung der Organisationsstruktur" gewidmet, das im Rahmen des Schwerpunktprogramms „Empirische Entscheidungstheorie" der Deutschen Forschungsgemeinschaft durchgeführt wurde. Die Untersuchungen konzentrieren sich auf die Organisation betrieblicher Teilbereiche, die Gegenstand der meisten praktischen Organisationsüberlegungen sind. In einer ersten Phase wurde mittels weitgehend unstrukturierter Interviews das Organisationsverständnis der Praxis zu rekonstruieren versucht. Dabei ergaben sich vielfältige Hinweise auf Perspektivendifferenzen. Diese konnten im Zuge einer zweiten Forschungsphase in einer größer angelegten und stärker strukturierten Untersuchung erhärtet werden. Für diese Untersuchung wurden ein Erhebungsinstrumentarium und eine entsprechende Methodik entwickelt, die einerseits vergleichbare Ergebnisse liefern, zugleich aber auch stark auf den jeweiligen Fall eingehen (vgl. Abschnitt 5). Die folgende Darstellung einiger Grundüberlegungen und Vorgehensweisen unseres Projektes soll zunächst einen Eindruck davon vermitteln, wie eine methodisch fundierte Maßschneiderei zur Konvergenz von Meß- bzw. Analyseinstrumenten in der wissenschaftlichen und in der praktischen Organisationsanalyse führen kann.

4.1. Perspektivendifferenzierung als Problem der Organisationserfassung

Die Auffassung von Organisation als sozialer Konstruktion widerspricht der Vorstellung, ,,Organisation" könne als ein in jeder Hinsicht objektiver Sachverhalt angesehen und von jedem halbwegs kompetenten Mitglied einer Institution ,,richtig" erfaßt und dargestellt werden. Dieser Objektivitätsglaube liegt sowohl den oben wiedergegebenen Aussagen zur praktischen Organisationsanalyse als auch der Organisationsmessung in der Vergleichenden Organisationsforschung zugrunde. Während in bezug auf die praktische Organisationsanalyse zumindest auf die Problematik unterschiedlicher Aussagen hingewiesen wird, besteht hierfür in der Vergleichenden Organisationsforschung keine Sensibilität. Zwar könnte man grundsätzlich auf die in der Literatur zu den Techniken der empirischen Sozialforschung diskutierten Aussagen über Interviewfehler zurückgreifen (z. B. ATTESLANDER/KNEUBÜHLER 1975). Aber selbst diese Beziehung wird in der Vergleichenden Organisationsforschung nicht hergestellt.

Das Problem wird dort ausschließlich darin gesehen, kompetente Auskunftspersonen zu finden und diese zu befragen und/oder relevant erscheinende Dokumente der Institution auszuwerten. So ist es üblich, für die Erfassung von Eigenschaften organisatorischer Strukturen einen oder mehrere der folgenden drei Wege zu beschreiten (vgl. auch KUBICEK 1980):
(1) Befragung einer Schlüsselperson, d.h. in der Regel eines Mitglieds der Organisationsleitung, das aufgrund seiner Stellung in der Hierarchie die ganze Organisation bzw. den interessierenden Teil überblickt; so erhält man für jeden Indikator oder jedes Item einen Wert, der als Wert für die Organisation codiert wird.

(2) Auswertung von Organisationsschaubildern, Stellenbeschreibungen u. ä. Dabei entstehen Einzelwerte, die entweder direkt für die Organisation übernommen oder zuvor zu einem solchen Wert zusammengefaßt werden.
(3) Befragung einer größeren Anzahl ausgewählter Organisationsmitglieder mit dem gleichen Instrument, deren Werte mittels Durchschnittsbildung zu einem Mittelwert aggregiert werden. Dieser gilt dann als Wert für die Organisation.

Die Vorgehensweisen (1) und (2) werden als institutionaler Ansatz (institutional approach), die Vorgehensweise (3) wird als Ansatz der Mitarbeiterbefragung (survey approach) bezeichnet. Innerhalb des Rahmens der Vergleichenden Organisationsforschung wird in einigen wenigen Studien die Äquivalenz dieser Vorgehensweisen mittels empirischer Vergleiche untersucht. So stellten PENNINGS (1973) und SATHE (1978) fest, daß die Befragung von Schlüsselpersonen und die Mitarbeiterbefragung nicht äquivalent sind, und ZÜNDORF (1976) hat nachgewiesen, daß die Analyse von Organisationsschaubildern und die Befragung von Schlüsselpersonen zu unterschiedlichen Ergebnissen führen.

Für PAYNE und PUGH (1976) ergeben sich solche Abweichungen daraus, daß der institutionelle Ansatz ihrer Meinung nach ein objektives Meßverfahren darstellt, während die Mitarbeiterbefragung als subjektives Meßverfahren bezeichnet wird. Dabei bleibt jedoch offen, warum die Aussage von Schlüsselpersonen weniger subjektiv sein soll als die Aussagen anderer Organisationsmitglieder.

Die Verarbeitung derartiger Befunde in der Vergleichenden Organisationsforschung erfolgt vorwiegend auf der meßtechnischen Ebene, etwa durch Forderungen nach Multi-Methoden-Designs, verbesserten Fragebögen oder der Anwendung fehlertheoretischer Berechnungsverfahren (insbes. SEIDLER 1974). Für SATHE (1978) ist sie Anlaß, von der Operationalisierung her neue theoretische Variablen zu postulieren. Doch auch diese ad-hoc-Strategie der Neuinterpretation von Maßen läßt eine kritische Reflexion des sozialen Charakters der Meßprozesse vermissen, wie sie in dem oben wiedergegebenen Zitat von Acker zum Ausdruck kommt. Richtet man den Blick auf den Meßprozeß und trägt an ihn die Vorstellung der sozialen Konstruiertheit von Organisation heran, so erkennt man in den skizzierten Unterschieden die unterschiedlichen Perspektiven der Produzenten der jeweiligen organisatorischen Darstellungen (vgl. dazu grundsätzlich SCHÜTZ 1971a, b sowie SILVERMAN 1975). Organisatorische Sachverhalte werden von bestimmten Positionen her, in bestimmten Situationen und aus bestimmten Interessenlagen heraus unterschiedlich ausgelegt und dargestellt; sie stehen und fallen mit diesen Interpretations- und Darstellungsprozessen. Organisation ist somit nicht nur ein soziales Konstrukt, sie erscheint eben deshalb auch als mehrdeutig, je nachdem, aus welcher Perspektive sie betrachtet wird. Die Perspektivendifferenzen können positionsbezogen, beruflich bedingt, problemingduziert etc. sein.

Vor diesem Hintergrund ist davon auszugehen, daß etwa ein Student die Struktur der Organisation Universität anders erlebt als ein Hochschullehrer und daß die Organisationsstruktur eines Industriebetriebes von einem Vorstandsmitglied anders erlebt wird als von einem Abteilungsleiter und von beiden wiederum anders als von einem Sachbearbeiter in der Verwaltung oder einem Arbeiter in der Produktion. In jeder dieser Positionen wird man mit dem Phänomen in unterschiedlicher Weise konfrontiert, definiert konkrete Situationen dementsprechend anders.

Bei den positionsbedingten Perspektiven lassen sich als Merkmale ,,Horizont" und ,,Relevanz" unterscheiden. Das Merkmal ,,Horizont" kennzeichnet den Umfang des betrachteten Gegenstandsbereichs (Arbeitsplatz, Gruppe, Abteilung, Bereich etc.) und kann auch als Gesichtskreis bezeichnet werden. Das Merkmal ,,Relevanz" betrifft die inhaltliche, qualifizierende Kennzeichnung organisatorischer Sachverhalte innerhalb des jeweiligen Gesichtskreises. Sie dürfte wesentlich davon geprägt sein, auf welche Weise man mit dem betreffenden organisatorischen Sachverhalt konfrontiert wird. Wenn beispielsweise die Aufgabe eines Vorstandsmitgliedes darin besteht, sein Ressort intern möglichst effizient zu organisieren und die Koordination mit anderen Ressorts zu sichern, so geht er unter einer strategisch-gestalterischen Perspektive an Organisationsfragen heran. Für die ihm unterstellten Abteilungsleiter kommt es darauf an, vorgegebene Prinzipien und Richtlinien durch konkrete Gestaltungsmaßnahmen umzusetzen. Sachbearbeiter werden hingegen mit offiziellen Regeln konfrontiert, die sie entweder als Entlastung oder Einengung ihres Handlungsspielraums erleben. Darüber hinaus sind die Organisationsmitglieder auf unterschiedlichen Hierarchieebenen mit Problemen unterschiedlichen Detaillierungsgrades und Gewichtes befaßt. Eine organisatorische Regel, die für bestimmte Problemarten und Situationen entworfen wurde, wird, wenn sie auf andere Problemarten angewendet wird, andere Wirkungen entfalten und anders wahrgenommen. So sind insbesondere die in der Organisationsmessung üblichen Ordinalskalen sehr problematisch. Wenn festgestellt werden soll, ob ein Aufgabenbereich stark, mittel oder schwach strukturiert ist, so können die Aussagen von Abteilungsleiter, Gruppenleiter und Sachbearbeiter deswegen leicht auseinanderfallen, weil jeder die strukturellen Regelungen bei seinen Tätigkeiten anders erlebt und dementsprechend unterschiedlich darstellen wird. Ebenso mag ein Abteilungsleiter die Kompetenzabgrenzung in seiner Abteilung als klar bezeichnen, weil sie für seine Zwecke der Aufgabenverteilung klar ist. Sachbearbeiter, die einzelne Vorgänge bearbeiten und dabei bei Kollegen immer wieder Informationen suchen müssen, werden möglicherweise anders aussagen.

Die Auswertungen der in der ersten Phase des Forschungsprojektes durchgeführten unstrukturierten Interviews mit Unternehmensangehörigen in verschiedenen Bereichen und auf verschiedenen Hierarchieebenen können diese Annahmen illustrieren (WOLLNIK 1979; DÖBELE 1979). Die These vom unterschiedlichen Gesichtskreis wird dadurch bestätigt, daß sich Praktiker auf verschiedenen Hierarchieebenen, wenn sie über die Organisation ,,ihres Bereichs" sprechen, auf unterschiedlich große Ausschnitte der Gesamtorganisation beziehen.

Während Praktiker auf den untersten Hierarchieebenen (z.B. Sachbearbeiter) sich vorwiegend auf ihren Arbeitsplatz und die Beziehungen zu den regelmäßig mit ihnen interagierenden Kollegen beziehen, erweitert sich das Blickfeld tendenziell mit zunehmender hierarchischer Höhe, wobei die Details des einzelnen Arbeitsplatzes zunehmend verblassen. Eng verbunden damit sind inhaltliche Unterschiede. So treten Fragen der Koordination beispielsweise als bewußtes Problem erst auf höheren Ebenen in den Vordergrund. Auch wurde festgestellt, daß Organisation auf unteren Ebenen häufig als vorgegebene Bedingung, als Datum geschildert wird, während sie auf höheren Hierarchieebenen tendenziell als veränderbares, zweckgerichtetes Ordnungs- und Steuerungselement angesehen wird.

Die Differenzen im Gesichtskreis und der zugrundegelegten Perspektive werden verständlich, wenn man daran denkt, daß Praktiker Organisation so schildern, wie sie sie erleben, und daß dieses Erleben selbst schon strukturell bedingt ist. Die Differenzen beruhen also keineswegs nur auf Unwissenheit oder Zufällen und sind daher auch nicht mit den Attributen ,,richtig" oder ,,falsch" zu belegen. Es ist vielmehr anzunehmen, daß sie systematisch erklärt werden können. Die Mehrdeutigkeit von Darstellungen der Organisationsstruktur ist von diesem Standpunkt aus kein meßtechnisches Unglück, sondern konstituierender Bestandteil organisatorischer Realität. Für eine Erarbeitung von Gestaltungshilfen und vor allem für die Frage nach den Verhaltenswirkungen von Organisationsstrukturen muß eine praxisbezogene Forschung diese Perspektivendifferenzen als Praxiselement daher auf jeden Fall berücksichtigen.

Nach allen bisherigen empirischen Eindrücken, die wir im Verlaufe unseres Projektes sammeln konnten, sind sich Praktiker sehr wohl darüber bewußt, daß es Auffassungsunterschiede über den organisatorischen Istzustand gibt. Die Einstellungen zu diesem Tatbestand laufen meist auf das Interesse heraus, über solche Auffassungsunterschiede in den eigenen Reihen Aufschluß zu erhalten. Sie decken sich also mit den hier angesprochenen Forschungsinteressen. Die Praktiker verfolgen mit einer Sichtbarmachung von Auffassungsunterschieden zumeist das Ziel, daraus Maßnahmen für eine Verbesserung der Information über den Istzustand abzuleiten, die Unterschiede also zu verringern. Die bisherige Messung ist implizit offensichtlich davon ausgegangen, daß dieser Zielzustand jeweils schon erreicht sei. Gerade durch diese antizipierte Lösung von Problemen, zu deren Lösung sie eigentlich beitragen sollte, ist Organisationsforschung bislang oft unpraktisch geblieben.

Folgt man aber diesem Gedanken, so erweisen sich alle vorliegenden Meßverfahren der Vergleichenden Organisationsforschung als höchst selektiv.

Während der survey-Ansatz durch die Durchschnittsbildung die Perspektivendifferenzen schon im Meßverfahren nivelliert, ist der institutionelle Ansatz durch die selektive Beschränkung auf die Angaben von einigen Schlüsselpersonen an der Hierarchiespitze gekennzeichnet. Diese Selektivität wird zumeist nicht explizit betont oder gar begründet. Es erscheint sogar fraglich, ob die theoretisch-normative Begründung für dieses selektive Vorgehen von allen Anwendern dieser Vorgehensweise auch bewußt befürwortet wird. Adäquat wäre dieses Vorgehen nämlich nur dann, wenn der Forscher davon ausgeht, daß die Organisationsstruktur einer Unternehmung so ist, wie sie von den Mitgliedern an der Hierarchiespitze gesehen wird, während die möglicherweise abweichende Beschreibung anderer Mitglieder als unerheblich eingeschätzt wird. Diese Auffassung läßt zugleich die Instanzen an der Hierarchiespitze als die alleinigen Adressaten der Forschung erscheinen.

Die Befragung von Schlüsselpersonen in der Organisationsspitze erscheint für bestimmte Fragestellungen in dem Sinne zweckmäßig, daß sie die für diese Fragen zweckmäßige Perspektive erfaßt. Geht man von diesen Annahmen aus und will man für die Frage nach der Anpassung von Organisationsstrukturen an Umweltänderungen in einer vergleichenden Untersuchung die Strukturen von Organisationen erfassen, so ist es zweckmäßig, die bestehenden Organisationsstrukturen in der Perspektive der Organisationsmitglieder zu erfassen, die mit Gestaltungsaufgaben betraut sind und über die entsprechende Definitionsmacht verfügen. Damit wird jedoch lediglich der Planungsaspekt erfaßt. Wenn es um die Anwendung von Strukturen und ihre Verhaltenswirkungen geht, muß man auch andere Perspektiven berücksichtigen. Die Verabsolutierung der Perspektiven von Schlüsselpersonen in der Organisationsspitze ist also nur dann sinnvoll, wenn man vermuten kann, daß diese Personen über eine Definitionsmacht sowie über die Möglichkeiten zur Oktroyierung ihrer Perspektiven auf alle anderen Organisationsmitglieder verfügen, was in vollem Umfang wohl kaum der Fall ist. Ansonsten kommt es darauf an, sich mit den Meßinstrumenten an die verschiedenen Perspektiven anzupassen und den Betrachtungsgegenstand im Hinblick auf den Gesichtskreis der Gesprächspartner sehr präzise zu definieren. Diese Anpassung ist notwendig, um im Erfassungsvorgang überhaupt sinnvoll miteinander sprechen zu können und um die gewonnenen Aussagen richtig einordnen zu können. Für wissenschaftliche Untersuchungen besteht die Möglichkeit der Selektion einer Perspektive, die dann deutlich zum Ausdruck gebracht werden muß, oder die Möglichkeit, verschiedene Perspektiven nebeneinanderzustellen und die festgestellten Unterschiede zu thematisieren.

Für praktische Organisationsanalysen kommt nur die zweite Möglichkeit in Betracht. Gegenwärtig konstruiert der Organisator aus voneinander abweichenden Aussagen für sich seine ,,objektive" Perspektive. Wie dies geschieht, ist sein persönliches Geheimnis. Angemessen wäre es demgegenüber auch hier, die verschiedenen Perspektiven möglichst authentisch zu rekonstruieren.

Sowohl im Forschungsprozeß als auch bei der praktischen Organisationsanalyse müßte anschließend in einer Diskussion aller Beteiligten geklärt werden, welche Unterschiede auf Informationsmängel und Mißverständnisse zurückgeführt werden können und welche ,,objektiv" bedingt, d.h. auch für andere einsichtig sind. Den Gründen solcher Perspektivendifferenzierungen wäre dann in der Diskussion weiter nachzugehen. Vom Verfahren her bieten sich analoge Vorgehensweisen zu der im Bereich der Organisationsentwicklung üblichen Technik der Datenrückkopplung (survey-feedback) an, die dort in bezug auf die Diskussion von Daten zum Organisationsklima entwickelt worden ist (z.B. HELLER 1969 und 1972).

4.2. Interpretationsnotwendigkeit organisatorischer Regeln

Die Hervorhebung der sozialen Konstruiertheit formaler Organisation und daraus resultierender Perspektivendifferenzen scheint in einen Subjektivismus zu führen, der die Frage aufwirft, ob es denn etwa nicht doch ganz greifbare, materielle Ausdrücke der Organisation, z.B. schriftlich dokumentierte Regeln, Organisationspläne usw. gibt, an die man bei der Messung anknüpfen könne. In der Tat ist dies der Fall, jedoch verweist das Argument zunächst nur darauf, daß Regelvorstellungen auf unterschiedliche Weise und mit unterschiedlicher Intensität symbolisch objektiviert werden können. Die Tatsache des Dokumentiertseins ist vielleicht ein für den Bestand und die Durchsetzbarkeit einer Regel wesentlicher, für die Beschreibung eines organisatorischen Verhältnisses jedoch eher akzidenteller Aspekt; bei letzterem kommt es weit stärker auf den Inhalt des Dokumentierten und seine interaktionale Verwendung an. In dieser Betrachtungsweise stellen sich dokumentierte Regeln als eine bestimmte Art von Sollvorstellungen dar, die vielleicht nur gelegentlich oder nie angewandt werden und die möglicherweise mit anderen konkurrieren, über deren Gültigkeit jedenfalls noch nichts ausgemacht ist und von denen also nicht nur das faktische Handeln, sondern auch das faktische Erwarten abweichen kann. Immerhin aber hat man – und soweit sollte man der oben aufgeworfenen suggestiven Frage rechtgeben – mit den schriftlich dokumentierten Regeln einen greifbaren Ansatzpunkt für die Ermittlung organisatorischer Sachverhalte, lassen sich diese doch oft als Abweichungen von entsprechenden Regeln sinnvoll beschreiben.

Um den Status schriftlich fixierter Regelungen und mündlicher Aussagen näher zu bestimmen, erscheint eine analoge Betrachtung des Rechts hilfreich. Das geltende Recht einer *Gesellschaft* kann nicht zureichend nur durch die Befragung von Richtern, Parlamentsabgeordneten, Staatsanwälten, Rechtsanwälten, Behörden u.a.m. erfaßt werden. Vielmehr wird eine solche Ist-Analyse stets ihren Ausgangspunkt in den Gesetzestexten nehmen. Ebenso sollte die formale Organisationsstruktur nicht nur aus den Köpfen der Mitglieder einer

Unternehmung erforscht werden, ohne daß offizielle Dokumente, wenn sie vorhanden sind, hinzugezogen werden. Gleichzeitig gilt aber auch, daß in einem *konkreten Rechtsfall* Richter und Anwälte ,,besser" Auskunft darüber geben können, wie das Recht in diesem Fall ,,ist", als ein Blick in das Gesetzbuch dies könnte. Denn das Recht steht und fällt mit seiner Anwendung seitens der Gerichte. Wie Kommentare und Urteilssammlungen zeigen, ergibt sich bei dieser Anwendung eine Fülle von Unwägbarkeiten und Interpretationsspielräumen, wenn es darum geht, den Willen des Gesetzgebers immer aufs Neue auszulegen. In diesem Sinne muß auch das Studium organisatorischer Dokumente um die Analyse ihrer Anwendung erweitert werden.

Die Erfassung offizieller schriftlicher organisatorischer Regelungen kann danach nur den Anfang einer Organisationsanalyse darstellen. Während in der Vergleichenden Organisationsforschung der Inhalt von Dokumenten zumeist ohne weiteres mit der organisatorischen Realität gleichgesetzt wird und diese häufig als alleinige Datengrundlage dienen, wird im Rahmen praktischer Organisationsanalysen wohl kein Organisator auf die Idee kommen, die jeweils geltenden organisatorischen Regelungen alleine aus den existierenden Dokumenten zu rekonstruieren. Dazu ist er sich zu sehr der Tatsache bewußt, daß die schriftlich fixierten Regelungen teilweise nur sehr begrenzt und sehr selektiv in das Bewußtsein aller Betroffenen dringen und oft auch nicht aktualisiert werden, wenn sich die ,,tatsächlichen Verhältnisse" ändern.

Verständigt man sich darauf, daß einer Regelung nur dann Geltung zugesprochen werden soll, wenn ihr von den Betroffenen unabhängig von ihren Motiven Geltung zuerkannt wird, dann bieten Organisationsdokumente allein keinen verläßlichen Zugang zu den geltenden organisatorischen Regelungen. Daneben muß man den Bestand expliziter und auch verborgener oder vermuteter Erwartungen in bezug auf bestimmte Handlungen oder Zustände festzustellen versuchen. Diese gesamte normative Struktur ist dann als dynamische, interpretationsbedürftige und bestätigungsheischende Vorlage für die konkrete Arbeit in einer Unternehmung zu begreifen. Die organisatorische Wirklichkeit gründet in den situativen Interpretationen und Verwendungen der normativen Struktur, die aus diesen Interpretations- und Verwendungsprozessen auch immer wieder erst hervorgeht, d.h. die normative Struktur und ihre Anwendung sind normalerweise letztlich nur analytisch zu trennen, nicht aber in der Realität – und daher auch nicht im Prozeß der Organisationserfassung mit praktischer Absicht. Die Gesichtspunkte für ein Verständnis und eine Interpretation der vorhandenen Regeln ergeben sich gerade aus der Betrachtung der Anwendung der Regeln in bestimmten Situationen unter bestimmten Zwecken. Die Regeln und geäußerten Erwartungen sind mithin nur eine symbolische (z.T. formalisierte, z.T. verbal oder handlungsmäßig ausgedrückte) Grundlage für das situative und interessenbedingte Definieren relevanter Sollvorstellungen. Die Erfassung der formalen Organisation erfordert deshalb eine Interpretation dieser Symbole unter Hinzuziehung von Einsichten in die tatsächlich ablaufenden Prozesse und der Deutung ihrer vermuteten Zweckstrukturen.

Für die Weiterentwicklung der Messung im Sinne einer Maßschneiderei folgt daraus, daß man typische Formen der Regelhandhabung unter den in den jeweiligen Situationen verfolgten Handlungszwecken systematisch untersuchen und Meßinstrumente daran ausrichten muß. Beispiele für die Präzisierung dieser Überlegungen finden sich etwa in Arbeiten von GOULDNER (1954) und ZIMMERMAN (1970, 1974).

4.3. Theoretische Kategorien als Interpretationsmittel

Die methodische Rekonstruktion des praktischen Organisationsverständnisses bedarf nicht nur einer globalen Vorstellung von ihrer Entstehungsweise und Geltungsbasis, sondern darüber hinaus auch inhaltlicher Kategorien, mit deren Hilfe einzelne Regeln in allgemeiner Weise angesprochen werden können. Diese müssen nach der hier vertretenen Auffassung mit den verschiedenen, in der Praxis vorfindbaren Perspektiven korrespondieren.

Die in der Vergleichenden Organisationsforschung angewendeten Kategorien stammen aus der Managementlehre oder der Bürokratietheorie Max Webers und ihrer Weiterentwicklung in der Organisationssoziologie. Das strukturierte und standardisierte Erhebungsinstrumentarium der Vergleichenden Organisationsforschung läßt dabei keinen Raum für mögliche abweichende Auffassungen der Befragten. Der vielfach durchgeführte Pretest ist nicht darauf ausgerichtet, ein möglicherweise vollkommen anderes Verständnis von Organisation aufzudecken, sondern die auf das Kategoriensystem des Forschers bezogenen Fragen möglichst verständlich zu formulieren.

Die Annahme von der Existenz unterschiedlicher Perspektiven sensibilisiert jedoch für die Frage, ob die Verständigung mit der Praxis nicht schon auf der Ebene der zugrundegelegten Kategorien gesucht werden muß. Sieht man die Aufgabe der Organisationsanalyse in der Deutung von praktisch verfolgten Perspektiven, so sind Kategoriensysteme zunächst danach zu beurteilen, wie gut sie die Rekonstruktion unterschiedlicher Perspektiven erlauben.

Die Bezeichnung „Managementlehre" für eine der theoretischen Grundlagen der gegenwärtigen Organisationsmessung legt die Vermutung nahe, daß damit schon eine bestimmte Perspektive unterlegt wird, die nicht verabsolutiert werden sollte. Darüber hinaus stellt sich die Frage, ob man überhaupt von einer einheitlichen Managementperspektive sprechen kann und ob die in der Literatur vorherrschenden Kategorien zu deren richtiger und vollständiger Erfassung geeignet sind.

In der ersten Interviewreihe unseres Forschungsprojektes haben wir festgestellt, daß die auf Max Weber zurückgehenden Bürokratiedimensionen kaum mit den in Äußerungen von Praktikern erkennbaren Strukturaspekten übereinstimmen. Das Organisationsverständnis der Praxis ist weiter, inhaltlicher und vor allem problemorientierter und wird eher in der betriebswirtschaftlichen Organisationslehre als in der empirischen Organisationsforschung reflektiert.

Weiter ist das Verständnis insofern, als etwa Fragen der räumlichen Anordnung von Arbeitsplätzen, der Arbeitszeitregelung und von Anreizsystemen für sie ebenfalls zur Organisation zählen. Inhaltlicher ist es insofern, als beispielsweise die inhaltliche Verteilung von Aufgaben auf Abteilungen und Stellen eine zentrale Rolle spielt, während dieser Aspekt von den Bürokratiedimensionen nicht erfaßt wird. Schließlich orientieren sich Praktiker nicht an einer Beschreibung der Organisationsstruktur um ihrer selbst willen, sondern im Hinblick auf die Identifikation von Problemen. Ist-Analyse ist immer auch Ist-Kritik, und die Beschreibung alternativer Strukturen erfolgt im Hinblick auf die Möglichkeit von Problemlösungen. Die meisten Indikatoren zur Erfassung von Bürokratiedimensionen können jedoch kaum als Problemlösungen interpretiert werden.

Andererseits hat sich gezeigt, daß die Bezugnahme auf entsprechende Dimensionen oder Kategorien, auch wenn sie zunächst nicht der einzelfallbezogenen Denk- und Redeweise der Praxis entspricht, durchaus als Strukturierungshilfe geschätzt wird. Daher ist ein inhaltlich modifiziertes Kategoriensystem zur Einordnung organisatorischer Sachverhalte sowohl für die Vergleichende Organisationsforschung als auch für praktische Organisationsanalysen von Bedeutung. Entscheidend ist dabei jedoch, daß der theoretische Hintergrund dieser Kategorien und die Perspektive derjenigen, die sie zur Beschreibung organisatorischer Sachverhalte verwenden, miteinander korrespondieren. Ob ein einziges Kategoriensystem allen Perspektiven gerecht wird, muß an dieser Stelle offen bleiben.

Sicher ist, daß bei der Präzisierung von Kategorien zu einzelnen Indikatoren und Items sehr viel flexibler auf den jeweiligen Gegenstandsbereich und die Perspektiven der Gesprächspartner eingegangen werden muß. Während in der Vergleichenden Organisationsforschung noch die absolute Standardisierung innerhalb einer Untersuchung dominiert, wird – wie das weiter oben wiedergegebene Zitat von Klein zeigt – für praktische Organisationsanalysen sehr wohl auf die Notwendigkeit situationsspezifischer Instrumente hingewiesen.

Aber auch für praktische Organisationsanalysen ist ein gewisses Maß an Vergleichbarkeit notwendig. Sinnvoll erscheint daher sowohl in der Forschung als auch in der Praxis die Bezugnahme auf ein Baukastensystem von Indikatoren, aus dem der Differenzierung des Gegenstandsbereichs und der dort anzutreffenden Perspektiven entsprechend ausgewählt wird.

Ein solcher Zuschnitt auf spezielle Systembedingungen wird für jede ernsthafte Organisationsanalyse in der Praxis als selbstverständlich vorausgesetzt. Unterbleibt er, wie das zumeist in Vergleichenden Organisationsuntersuchungen der Fall ist, gewährleisten lediglich die Fähigkeiten der Praktiker, in theoretische Zusammenhänge hinein zu abstrahieren, und ein erhebliches Maß an gutem Willen gegenüber der Forschung, daß man als Forscher auf seine Fragen überhaupt eine Antwort bekommt.

Mit dem hier skizzierten Vorgehen wird die für die bisherige Forschung typische strenge Vergleichbarkeit allerdings aufgegeben. In Gesprächen, die wir im Zuge der Erhebungen über die Instrumente führten, hat sich gezeigt, daß diese Vergleichbarkeit ohnehin nur in den Augen der Forscher existiert, während die Befragten ganz unterschiedliche situationsbezogene Interpretationen vornehmen und ihre Antworten daran orientieren. Vor dem Hintergrund der forschungsmethodischen Annahme, daß Indikatoren nur bestimmte theoretische Dimensionen repräsentieren sollen, spricht im übrigen auch nichts gegen die situationsspezifische Anwendung unterschiedlicher Indikatoren zur Erfassung desselben theoretischen Sachverhaltes. Schwierigkeiten bereitet dieses flexible Vorgehen nur insofern, als bei der Konstruktion von Meßinstrumenten sehr viel mehr Vorwissen über den Erhebungsbereich vorliegen muß, als dies von der Situation der Forscher her in der Regel der Fall ist. Einen Ausweg bietet hierzu nur eine breit angelegte Entwicklung eines Baukastensystems, aus dem mit Hilfe einiger Vorinformationen eine situationsspezifische Auswahl vorgenommen werden kann. Ein solches System wäre sicherlich auch für die praktische Organisationsanalyse nützlich.

5. Skizze einer maßgeschneiderten Meßkonzeption

Wie kann ein Ansatz zur empirischen Organisationserfassung, der den entwickelten Gesichtspunkten folgt, konkret aussehen? Aus den bisherigen Ausführungen folgt, daß er zunächst Raum bieten muß für das Einbringen von praktischem Organisationsverständnis, sich also nicht zu sehr auf das Abfragen allgemeiner theoretischer Kategorien und vorfixierter Indikatoren verlassen darf. Er soll vergleichsfähige Angaben erbringen, zugleich aber den Besonderheiten des Einzelfalls Rechnung tragen. Dazu muß er modular (wie ein Baukastensystem) strukturiert sein. In ihm muß die Berücksichtigung unterschiedlicher Perspektiven angelegt sein. Bestehende Perspektivendifferenzen sollen den Teilnehmern vor Augen geführt und auf ihre Bedeutung, Verursachung und Konsequenzen hin erörtert werden. Er soll ein Lernen der Teilnehmer aus der Praxis wie auch ein Lernen der Forscher zur besseren Anpassung an die Bedürfnislagen praktischer Organisationsanalysen ermöglichen. Formale Organisation ist nicht als reines Soll-Schema, sondern in ihrer interpretierten Verwendung zu erfassen.

Im Rahmen des Forschungsprojektes „Messung der Organisationsstruktur" wurde ein solcher Ansatz erarbeitet und instrumentell umgesetzt. Um plastischer darzustellen, wohin die Forderung nach Maßzuschnitt bzw. generell nach Praxisrelevanz im hier aufgezeigten Sinn in der empirischen Organisationsforschung führt, sei er in seiner methodischen Grundkonstruktion kurz umrissen.

Die zu skizzierende Meßkonzeption gehört zur zweiten Phase des Projektes und konnte somit auf Resultate und Einsichten, die in der ersten Phase bei einer Reihe unstrukturierter Gruppeninterviews über organisatorische Verhältnisse in einzelnen Bereichen gewonnen wurden, zurückgreifen. Von daher lag u. a. eine Vielzahl von Äußerungen über organisatorische Sachverhalte vor, von denen angenommen werden konnte, daß sie praktisches Organisationsverständnis repräsentieren, und die bei der Konstruktion von Erhebungsinstrumenten unmittelbar Eingang fanden.

Das methodische Profil des Ansatzes enthält als wesentliche Schwerpunkte:
a) die sukzessive Vertiefung von Fragen durch ein Mehrschrittverfahren, bestehend aus Orientierungsgespräch, strukturierter schriftlicher Befragung und mündlicher Erörterung der schriftlich vorliegenden Angaben,
b) die Einbeziehung mehrerer Mitglieder eines Bereiches auf verschiedenen Ebenen, denen jeweils gleiche oder korrespondierende Fragen vorgelegt werden,
c) die Kombination eines stark qualitativen Fragebogens mit einem ausgedehnten, sensitiven Interview,
d) eine modulare Fragebogengestaltung, die nicht nur eine problemlose Variation im Umfang des jeweils angebotenen Fragenpakets ermöglicht, sondern darüber hinaus durch fallspezifische Einsetzungen in Fragebogen-Grundblätter äußerst flexibel gehandhabt werden kann,
e) die Durchführung von Rückkopplungssitzungen als inhaltlicher Relevanztest mit spezifischer Betonung von Unterschieden in den Auffassungen und organisatorischen Problemlagen.

Zu a): Wenn man in einem Bereich relevante Fragen zu organisationsstrukturellen Bedingungen stellen will, muß man bereits die Aufgaben und den grundlegenden Aufbau des Bereiches kennen. Ein praxisbezogenes Wissen läßt sich nur schrittweise erreichen, denn ohne Vorwissen kann man keine spezifischen Fragen formulieren. Nur ein sukzessives Vorgehen erschließt die Möglichkeit, sich mit systematischen, schriftlichen Erhebungsinstrumenten auf ein System einzustellen.

Die in unserem Projekt eingesetzte Methodik sieht ein Dreischrittverfahren vor. In einem ersten Schritt findet ein Orientierungsgespräch mit dem Leiter eines Bereiches statt, in dem es um die generellen Aufgabenstellungen, den grundsätzlichen Aufbau, wichtige Teilfunktionen und markante Entscheidungen geht. Die dabei gewonnenen Informationen gehen in die Befragungsinstrumente ein, indem man etwa zur Erfassung des Delegationsgrades zumindest auch Entscheidungsangelegenheiten verwendet, die als bedeutsam im Orientierungsgespräch genannt worden sind. Im zweiten Schritt erfolgt die Erhebung der organisatorischen Zustände mittels eines entsprechend abgestimmten schriftlichen Fragebogens. Die Angaben in dem Fragebogen werden kurz analysiert, bevor im dritten Schritt ausgehend von den Fragebogeninformationen in einem vertiefenden Gespräch mit den einzelnen Teilnehmern Einzelaspekte der Organisation und der Befragungsinstrumente ausgeleuchtet werden.

Zu b): In einem zu untersuchenden Bereich werden jeweils mehrere Mitglieder befragt. Dabei wird darauf geachtet, daß alle Ebenen und Funktionssegmente repräsentiert sind, wenn nicht sogar eine Vollerhebung vorgesehen wird. Die Mitarbeiter erhalten jeweils gleiche Fragen vorgelegt, um vergleichbare Antworten zu erzeugen und Perspektivendifferenzen aufdecken zu können. Teilweise sind allerdings keine gleichlautenden Fragen möglich, wenn man einen Tatbestand aus verschiedenen Sichtweisen beleuchten will. Dies trifft z.B. für die angewendeten Leitungsmaßnahmen zu. Ihre Erfassung bei einem Vorgesetzten und seinen Mitarbeitern erfordert korrespondierende Fragestellungen, da die Mitarbeiter über ihr Verhältnis und das ihrer Kollegen zum Vorgesetzten sprechen sollen, der Vorgesetzte über seine Beziehung zu seinen Mitarbeitern Auskunft geben soll.

Die Auswertung aggregiert nicht die Antworten verschiedener Mitarbeiter, sondern beläßt sie prinzipiell als Einzelangaben. Soweit Differenzen in den Angaben auftreten – und dies ist der typische Fall – sind Vergleiche zwischen gesamten Bereichen nicht mehr ohne weiteres möglich. Da solche Differenzen gar nicht erst ans Licht kommen, wenn man nur eine Person befragt oder die Angaben schematisch aggregiert, beruhen die bisherigen wissenschaftlichen Studien jedenfalls auf potentiell invaliden Informationen. Interessant und ein Gewinn an Praxisrelevanz ist jedoch der Vergleich zwischen verschiedenen Sichtweisen innerhalb eines Bereiches.

Zu c): Der verwendete Fragebogen enthält einige fixe Grundbestandteile, bietet daneben jedoch die Möglichkeit zur Einsetzung variabler Frageobjekte (z.B. ganz bestimmter Funktionen, Entscheidungstatbestände oder Verfahren) in bezug darauf, wie die Fragen formuliert sind. Er fordert zu einem detaillierten Eingehen auf die Stellen- und Personenstruktur des Bereiches auf, fragt also nicht etwa direkt nach der Ebene, auf der eine Entscheidung getroffen wird, sondern konkret nach der Instanz oder Person, von der sie getroffen wird. Bei den stärker geschlossenen Fragen kann ein Gesprächspartner nicht nur mit einem Ankreuzen bzw. Einsetzen von vorgegebenen Antwortalternativen antworten, sondern stattdessen oder zusätzlich eigene Kommentierungen vornehmen. Dadurch wird unter den Restriktionen systematischer Befragung ein maximaler Äußerungsspielraum geschaffen.

Der Ausfüllung des Fragebogens folgt ein vertiefendes Einzelgespräch, in dem ein Teilnehmer auch Gelegenheit hat, Rückfragen zu den Fragen im Fragebogen zu stellen und ggfs. Antworten zu verändern oder nachzutragen. Damit wird er von dem Druck entlastet, bei der schriftlichen Beantwortung alles zu verstehen und alles zu wissen; dies stellt einen für die Motivation zu interessierter Beantwortung eines Fragebogens äußerst wichtigen Umstand dar.

Zu d): Der konkrete Einsatz des Fragebogens setzt voraus, daß als Indikatoren für die theoretisch interessierenden Kategorien variable Bestandteile, wie konkrete Aufgaben, Entscheidungsangelegenheiten und Vorgehensweisen, eingetragen werden, die in einem Bereich tatsächlich vorkommen können und für ihn auch bedeutsam sind. Damit wird die bei Standardfragen häufig zu beobachtende Unbeantwortbarkeit von einzelnen Fragen verringert. Die Auswahl von Indikatoren erfordert ein grundsätzliches Verständnis des Forschers für einen zu untersuchenden Bereich, das etwa literarisch erworben werden kann, und stützt sich zudem auf Informationen aus dem Orientierungsgespräch. Über diese Selektion läßt sich die Vergleichfähigkeit von Angaben zwischen Bereichen steuern, indem man – tendenziell zu Lasten eines bereichsspezifischen Zuschnitts – stärker übereinstimmende Frageobjekte verwendet.

Der Fragebogen setzt sich darüber hinaus aus einzelnen, thematisch konzentrierten Frageblättern zusammen, die isoliert voneinander einsetzbar sind. Damit entsteht die Chance, ein jeweiliges Fragenblattpaket auf die Wissensvoraussetzungen, die Interessen und nicht zuletzt die zeitliche Verfügbarkeit verschiedener Organisationsmitglieder flexibel abzustimmen.

Zu e): In einem gewissen Abstand von der Erhebung werden die ausgewerteten Informationen an die Bereichsmitglieder zurückgekoppelt. Diese Rückkopplung findet in Form eines Gruppengespräches mit Präsentation und anschließender Diskussion statt. Zur Darstellung der Ergebnisse können sowohl die Originalerhebungsunterlagen als auch formatierte Auswertungsblätter oder formlose Notierungen Anwendung finden. Die Gruppendiskussion dient zum einen als Validitäts- und Relevanztest und zum anderen als Ausgangspunkt für handlungsbezogene Konsequenzen. Im Mittelpunkt steht dabei die Erörterung festgestellter Perspektivendifferenzen.

Der geschilderte Ansatz wurde in über 20 Organisationsuntersuchungen erprobt und hat sich nicht nur als praktikabel, sondern auch als fähig erwiesen, praktisch bedeutsame, d.h. für die Teilnehmer interessante, bislang ohne starke Aufmerksamkeit gebliebene Tatbestände ins Licht zu rücken, mehr oder weniger latente Problemlagen zu diagnostizieren und Anstöße zum organisatorischen Handeln zu vermitteln. In diesem Zusammenhang sind etwa zu nennen die Durchleuchtung von Leitungsmustern aus der Sicht von Vorgesetzten im Vergleich zur Mitarbeitersicht, die Identifizierung von über viele Stellen verstreuten Funktionen, die möglicherweise zu bündeln wären, die Aufdeckung von Delegationsniveaus, eine Lückenanalyse bezüglich organisatorischer Verfahren und Richtlinien und die generelle Kombination direkter und programmierender Steuerungsmechanismen. Eine positive Beurteilung kann sich namentlich auf Erfahrungen in den Rückkopplungsgesprächen stützen. Diese Erfahrungen belegen die Fruchtbarkeit des generellen Ansatzes sowie seiner methodischen Realisierung und ermutigen zu einem weiteren Voranschreiten auf dem eingeschlagenen Weg. Zur Prüfung der wissenschaftlichen Aussagefähigkeit im Hinblick auf Vergleiche zwischen Bereichen sind die Auswertungen zum gegenwärtigen Zeitpunkt noch nicht weit genug fortgeschritten. Die praktische Potenz der Meßkonzeption, ihre Verwendbarkeit in der Praxis und ihre Bedeutung für eine Konvergenz zwischen wissenschaftlich brauchbarer und praktisch relevanter Organisationsanalyse steht jedoch jetzt schon außer Frage.

6. Zusammenfassung

Durch die Bezugnahme auf das Paradigma von der sozialen Konstruiertheit der Wahrnehmung und Darstellung von Organisationsstrukturen konnten in diesem Beitrag zentrale Annahmen der in der Vergleichenden Organisationsforschung vorherrschenden Arbeiten der Organisationsmessung kritisch beleuchtet werden. Die Alternativannahmen, mit denen die Prämissen dieser Vorgehensweisen konfrontiert wurden, haben verschiedene Probleme aufgezeigt und globale Lösungswege skizziert. Die auf dieser Basis entwickelte Vorgehensweise kann als ein grundsätzlich fruchtbarer Weg zu einer alternativen Erfassungsweise gelten, der insbesondere die Verständigung mit der Praxis verbessert. Allerdings handelt es sich bisher nur um einen ersten Schritt. Deutlich geworden ist aber bereits, daß es vor dem erörterten Hintergrund nie mehr so einfach sein wird, die Organisationsstruktur zu messen, wie man es sich bisher gemacht hat, da die Vorstellung von *der* Organisationsstruktur als Artefakt anzusehen ist. Diese unbequeme Aussicht trifft um so härter, als es gegenwärtig an Alternativen zu mangeln scheint.

Richtig ist dabei, daß es noch kein systematisches und vollständiges Instrumentarium zur Erfassung unterschiedlicher, im Praxisverständnis von Organisation verankerter Perspektiven gibt. Ein entscheidender Fortschritt kann dennoch kurzfristig erzielt werden, indem die theoretisch interessierenden Perspektiven und die mit bestimmten Vorgehensweisen mehr oder weniger gut erfaßbaren Perspektiven explizit gemacht und aufeinander abgestimmt werden. Dies wäre der erste Schritt zu einer Maßschneiderei im hier verstandenen Sinne.

Der zweite Schritt könnte in einer Weiterentwicklung der von uns erprobten Vorgehensweise bestehen. Im Hinblick auf den praktischen Nutzen der empirischen Organisationsanalyse sind dadurch erhebliche Verbesserungen zu erwarten. Im Hinblick auf die von wissenschaftlichen Untersuchungen bisher angestrebte einheitliche Organisationserfassung über alle Perspektiven in den einzelnen Organisationen und über alle Organisationen in einer Stichprobe hinweg ergeben sich dabei jedoch erhebliche Schwierigkeiten. Diese Vorgehensweise ist nämlich mit einigen vorherrschenden Idealen empirischer Sozialforschung, insbesondere dem Objektivitätsideal, nicht mehr vereinbar. Diese Ideale sind jedoch kein Selbstzweck, sondern sie sind Bestandteile eines bestimmten Wissenschaftsverständnisses, das eingangs skizziert wurde. In diesem Wissenschaftsverständnis wird der Praxisbezug von Theorie mit dem Hinweis auf ihre Unvollkommenheit immer wieder vertagt. Es könnte sein, daß dies kein temporäres, sondern ein prinzipielles Problem ist und daß man sich das Vermittlungsverhältnis zwischen Organisationstheorie und Organisationspraxis anders zu denken hat als über allgemeine Theorien, die zu technologischen Aussagesystemen umgeformt werden. Insofern können die Ideale der Sozialforschung keinen Absolutheitsanspruch erheben. Mit dem Maßschneidern von Meßinstrumenten opfert man zweifellos teilweise die direkte Vergleichbarkeit von Ergebnissen empirischer Studien und damit das Voranschreiten zu „sicheren" Erkenntnissen. Wenn man jedoch einsieht, daß die von sozialwissenschaftlichen Theorien angesprochene Praxis selbst sozial konstruiert ist und ihre Erfassung adäquat nur über eine Rekonstruktion dieser Konstruktionsleistungen verlaufen kann, sich die praktischen Konstruktionen weder nach wissenschaftlichen Vorstellungen noch mit der Einheitlichkeit, Gleichförmigkeit, Objektivität, Transparenz und Dauerhaftigkeit, die man in der Wissenschaft zu unterstellen neigt, vollzieht, gibt es unter praxisbezogenen Erkenntnisabsichten zu einer entsprechend relativierten Messung keine Alternative.

Die aufgrund der theoretischen Kritik bisheriger Vorgehensweisen zur Organisationserfassung entwickelten allgemeinen Überlegungen und der darauf aufbauende erste Ansatz zu einer differenzierteren und flexibleren Vorgehensweise stellen nach den bisherigen Erfahrungen einen lohnenden Weg dar, der allerdings noch erhebliche Arbeit erfordert. Praktisch nützliche Instrumente fallen in der gegenwärtigen Forschungspraxis nicht automatisch als Nebenprodukt ab. Sie müssen vielmehr durch Umwegproduktion in Form von Kritik des Bestehenden und Alternativentwürfen erst geschaffen und erprobt werden.

Verzeichnis der verwendeten Literatur

ACKER, H. B. (1972): *Organisationsanalyse:* Verfahren und Techniken praktischer Organisationsarbeit. 6. Aufl., Baden-Baden 1972

ALBERT, H (1976): Wissenschaftstheorie. In: *Handwörterbuch der Betriebswirtschaft,* 4. Aufl., 3. Bd., hrsg. v. E. Grochla und W. Wittmann, Stuttgart 1976, Sp. 4674–4692

ATTESLANDER, P.; H.-U. KNEUBÜHLER (1975): *Verzerrungen im Interview.* Zu einer Fehlertheorie der Befragung. Opladen 1975

BERGER, P. L.; TH. LUCKMANN (1970): *Die gesellschaftliche Konstruktion der Wirklichkeit.* Eine Theorie der Wissenssoziologie. Frankfurt a.M. 1970

BITTNER, E. (1974): The Concept of Organization. In: *Ethnomethodology,* hrsg. v. R. Turner, Harmondsworth 1974, S. 69–81

CICOUREL, A. (1974): *Methode und Messung in der Soziologie.* Frankfurt 1974

DÖBELE, C. (1979): *Perspektivendifferenzen in der Darstellung organisatorischer Sachverhalte.* Eine theoretische und empirische Analyse auf der Basis des Symbolischen Interaktionismus und der Ethnomethodologie. Diplomarbeit, Universität Trier, Trier 1979

GOULDNER, A. W. (1954): *Patterns of Industrial Bureaucracy.* Glencoe, Ill. 1954

GROCHLA, E. (1972): *Unternehmungsorganisation.* Reinbek b. Hamburg 1972

–, (1975 a): Entwicklung und gegenwärtiger Stand der Organisationstheorie. In: *Organisationstheorie,* hrsg. v. E. Grochla, Stuttgart 1975, 1. Teilband, S. 2–32

–, (1975 b): Organisationstheorie. In: *Handwörterbuch der Betriebswirtschaft*, 4. Aufl., 2. Bd., hrsg. v. E. Grochla und W. Wittmann, Stuttgart 1975, Sp. 2895–2920
HELLER, F. A. (1969): Group Feedback Analysis. A Method of Field Research. In: *Psychological Bulletin*, Vol. 72. Jg. (1969), S. 108–117
–, (1972): Gruppen-Feedback-Analyse als Methode der Veränderung. In: *Gruppendynamik*, 3. Jg. (1972), S. 175–191
JEHENSON, R. A. (1973): A Phenomenological Approach to the Study of the Formal Organization. In: *Phenomenological Sociology*, hrsg. v. G. Psathas, New York 1973, S. 219–247
KIESER, A.; KUBICEK, H. (1977): *Organisation*. Berlin und New York 1977
–, –, (1978): *Organisationstheorien*. 2 Bde., Stuttgart u. a. 1978
–, (1971): Zur wissenschaftlichen Begründbarkeit von Organisationsstrukturen. In: *Zeitschrift für Organisation*, 40. Jg. (1971), S. 239–249
KIRSCH, W. (1971): Entscheidungsprozesse. Band III: *Entscheidungen in Organisationen*. Wiesbaden 1971
KOSIOL, E. (1962): *Organisation der Unternehmung*. Wiesbaden 1962
KREPPNER, K. (1975): *Zur Problematik des Messens in den Sozialwissenschaften*. Stuttgart 1975
KUBICEK, H. (1977): Heuristische Bezugsrahmen und heuristisch angelegte Forschungsdesigns als Elemente einer Konstruktionsstrategie empirischer Forschung. In: *Empirische und handlungstheoretische Forschungskonzeptionen in der Betriebswirtschaftslehre*, hrsg. v. R. Köhler, Stuttgart 1977, S. 3–36
–, (1980): Organisationsstruktur, Messung der. In: *Handwörterbuch der Organisation*, 2. Aufl., hrsg. v. E. Grochla, Stuttgart 1980 Sp. 1778–1795
–, KIESER, A. (1980): Organisationsforschung, Vergleichende. In: *Handwörterbuch der Organisation*, 2. Aufl., hrsg. v. E. Grochla, Stuttgart 1980 Sp. 1533–1557
–, WOLLNIK, M. (1975): Zur Notwendigkeit empirischer Grundlagenforschung in der Organisationstheorie. In: *Zeitschrift für Organisation*, 44. Jg. (1975), S. 301–312
KUHN, T. S. (1967): *Die Struktur wissenschaftlicher Revolutionen*. Frankfurt a. M. 1967
LAWRENCE, P. R.; LORSCH, J. W. (1969): *Organization and Environment*. Homewood, Ill. 1969
MEHAN, H.; WOOD, H. (1975): *The Reality of Ethnomethodology*. New York 1975
MOBERG, D. J.; KOCH, J. C. (1975): A Critical Appraisal of Integrated Treatments of Contingency Findings. In: *Academy of Management Journal*, Vol. 18 (1975), S. 109–124
PAYNE, R. L.; PUGH, D. S. (1976): Organizational Structure and Climate. In: *Handbook of Industrial and Organizational Psychology*, hrsg. v. M. D. Dunnette, Chicago 1976, S. 1125–1173
PENNINGS, J. (1973): Measures of Organizational Structure: A Methodological Note. In: *American Journal of Sociology*, Vol. 79 (1973), S. 686–704
POPPER, K. R. (1971): *Logik der Forschung*. Tübingen 1971
PRICE, J. L. (1972): *Handbook of Organizational Measurement*. Lexington u. a. 1972
PRIM, R.; TILMANN, H. (1973): *Grundlagen einer kritisch-rationalen Sozialwissenschaft*. Heidelberg 1973
PUGH, D. S.; HICKSON, D. J. (Hrsg.) (1976): *Organizational Structure in its Context. The Aston Programme I*. Westmead u. a. 1976
–, HININGS, C. R. (Hrsg.) (1976): *Organizational Structure – Extensions and Replications. The Aston Programme II*. Westmead und Farnborough 1976
–, Hickson, D. J. u. a. (1968): Dimensions of Organization Structure. In: *Administrative Science Quarterly*, Vol. 13 (1968), S. 65–105
SATHE, V. (1978): Institutional versus Questionnaire Measures of Organizational Structure. In: *Academy of Management Journal*, Vol. 21 (1978), S. 227–238

SCHMIDT, G. (1974): *Organisation*. Methode und Technik. Gießen 1974
SCHÜTZ, A (1971a): Wissenschaftliche Interpretation und Alltagsverständnis menschlichen Handelns. In: Gesammelte Aufsätze, Band 1: *Das Problem der sozialen Wirklichkeit,* hrsg. v. A. Schütz, Den Haag 1971, S. 3–54
–, (1971b): Über die mannigfaltigen Wirklichkeiten. In: Gesammelte Aufsätze, Band 1: *Das Problem der sozialen Wirklichkeit,* hrsg. v. A. Schütz, Den Haag 1971, S. 237–298
SEIDLER, J. (1974): On Using Informants. A Technique for Collecting Quantitative Data and Controlling Measurement Error in Organization Analysis. In: *American Sociological Review,* Vol. 39 (1974), S. 816–831
SEIFERT, M. J. (1978): Indikatoren zur quantitativ-vergleichenden Organisationsforschung. *Speyerer Forschungsberichte 2,* 2 Bde., Speyer 1978
SIEMENS AG (1977): *Organisationsplanung:* Planung durch Kooperation. Berlin und München 1977
SILVERMAN, D. (1970): *The Theory of Organizations.* London 1970
–, (1975): Accounts of Organizations. In: *Processing People,* hrsg. v. J. McKinley, London u. a. 1975, S. 269–302
THOMPSON, J. D. (1967): *Organizations in Action.* New York u. a. 1967
WITTE, E. (1974): Empirische Forschung in der Betriebswirtschaftslehre. In: *Handwörterbuch der Betriebswirtschaft,* 4. Aufl., 1. Bd., hrsg. v. E. Grochla und W. Wittmann, Stuttgart 1974, Sp. 1264–1281
WOLLNIK, M. (1978): Die Meßbarkeit von Organisationsstrukturen. *Arbeitspapiere zur empirischen Organisationsforschung* Nr. 3/78, hrsg. v. A. Kieser und H. Kubicek, Mannheim und Trier 1978
–, (1979): Die kommunikative Darstellung formaler Organisation. *Arbeitspapiere zur empirischen Organisationsforschung* Nr. 6/79, hrsg. v. A. Kieser und H. Kubicek, Mannheim und Trier 1979
ZIMMERMAN, D. H. (1970): The Practicalities of Rule Use. In: *Understanding Everyday Life,* hrsg. v. J. D. Douglas, Chicago, Ill. 1970, S. 221–238
–, (1974): Fact as a Practical Accomplishment. In: *Ethnomethodology,* hrsg. v. R. Turner, Harmondsworth 1974, S. 128–143
ZÜNDORF, L. (1976): Forschungsartefakte bei der Messung der Organisation. Ein empirischer Methodentest. In: *Soziale Welt,* 27. Jg. (1976), S. 468–487

Einsatzbedingungen von Planungs- und Entscheidungstechniken

Programmatik und praxeologische Konsequenzen einer empirischen Untersuchung

Richard Köhler
Herbert Uebele

1. Zur Forderung nach einer Planungs- und Entscheidungstechnologie
2. Zur historischen Entwicklung der Entscheidungstheorie
    2.1. Mikroökonomische Theorie als Ausgangspunkt
    2.2. Entscheidungslogik
    2.3. Empirisch-kognitive Entscheidungstheorie
3. Umrisse einer weiterführenden programmatischen Konzeption
    3.1. Verknüpfung der modell- und verhaltensorientierten Perspektive
    3.2. Auf dem Weg zu einer umfassenden empirischen Entscheidungstheorie
    3.3. Kreislauf der Entwicklung und Verwertung von Planungstechniken
        3.3.1. Entwicklung und Diffusion von Entscheidungshilfen
        3.3.2. Die Verwendung von Planungstechniken als Metaentscheidung
        3.3.3. Exogenes Lernen – ein Leitkonzept für die Unterstützung von Metaentscheidungen
4. Schritte zur Umsetzung des Forschungsprogramms im Rahmen eigener empirischer Untersuchungen
    4.1. Grundprobleme bei der Entwicklung der Untersuchungsdesigns
    4.2. Zum Hypothesensystem der Gesamtuntersuchung
        4.2.1. Kontextuelle („funktionalistische") Thesen
        4.2.2. Thesen aus der Perspektive des methodologischen Individualismus (Reduktionismus)
        4.2.3. Thesen, die mehrere „Systemebenen" einbeziehen
    4.3. Kurzdarstellung einiger exemplarischer Befunde und ihrer Verwertungsaspekte
        4.3.1. Ergebnisse der Laborexperimente
        4.3.2. Resultate aus einer großzahligen Felduntersuchung
        4.3.3. Befunde im Rahmen einer ergänzenden kleinzahligen Feldstudie
5. Allgemeine praxeologische Perspektiven
    5.1. Informationen für die „Leerstellen" von Metaentscheidungsmodellen
    5.2. Implementierungsstudien als gemeinsame Aufgabe von Wissenschaft und Praxis

1. Zur Forderung nach einer Planungs- und Entscheidungstechnologie

Es gehört zu den Aufgaben der Betriebswirtschaftslehre als angewandter Realwissenschaft, Planungs- und Entscheidungstechniken zu entwickeln und für die praktische Nutzung bereitzustellen. Eine problembezogene Symbiose mit den Formalwissenschaften, wie z. B. Mathematik und Logik, hat sich bei der Erfüllung dieser Funktion bewährt. Formalwissenschaftliche Verfahren eröffnen die Möglichkeit, durch logische Umformungen aus Ausgangssätzen Folgerungen für Prognosen und Entscheidungen abzuleiten, die ohne eine Verwendung dieser Hilfsmittel nicht unmittelbar überblickbar wären. Entsprechende formale Planungs- und Entscheidungshilfen werden oft als Methoden, Techniken oder Instrumente bezeichnet. Sie sollen es den Entscheidungsträgern auf der Grundlage einer Modellabbildung der entscheidungsrelevanten Realitätsausschnitte erleichtern, das vorhandene Wissen sowie evtl. zusätzlich beschaffbare Informationen möglichst vollständig und konsistent zu verwerten. Wenn dabei die tatsächliche Ziel- und Präferenzenstruktur der Entscheidungsträger hinreichend berücksichtigt wird, sind die Voraussetzungen für einen ,,erfolgreichen" methodengestützten Entscheidungsprozeß gegeben. Man könnte dementsprechend sogar argumentieren, daß Planungstechniken definitionsgemäß die Aufgabe zukommt, die Effizienz von Entscheidungsprozessen zu erhöhen (PFOHL 1976, S. 76).

Trotz des hohen Entwicklungsstandes vieler formaler Entscheidungshilfen mehren sich jedoch seit Jahren die Indizien, daß eine breite Kluft zwischen dem reichhaltigen Bestand an Planungstechniken und dessen tatsächlichem Einsatz in der Praxis besteht (z. B. SCHULTZ/SLEVIN 1975, S. 3; POWELL 1976 sowie die Hinweise bei PFOHL 1976, S. 77f.). Diese Anwendungslücke ist vermutlich teilweise ein Symptom für die in der Wissenschaft seit langem bestehende Tendenz, immer anspruchsvollere Techniken und kompliziertere Kalküle zu entwickeln, mit denen die Praxis nur wenig anzufangen weiß (zu dieser Kritik vor allem MÜLLER-MERBACH 1977).

Möglicherweise deutet dies darauf hin, daß die Entwicklung mathematischer Methoden und Modelle im akademischen Bereich durch Anreize gesteuert wird, deren Eigendynamik durch den Tatbestand mangelnder praktischer Verwertbarkeit der Ergebnisse kaum beeinträchtigt wird. Unbeschadet aller berechtigten Warnungen vor dem Anlegen von ,,Modellfriedhöfen" (z. B. BRETZKE 1978a, S. 219) gibt es allerdings eine Fülle nachweislich leistungsfähiger und bewährter Methoden und Modelle, deren praktischer Einsatz jedoch oft an mehreren Nutzungsbarrieren scheitert (zum Versuch einer Systematisierung dieser Barrieren z. B. PFOHL, 1976, S. 80f.). Falls bestimmte Planungstechniken hin und wieder ,,ausprobiert" werden, scheitert ihre Verankerung im organisatorischen Planungsgefüge häufig an Widerständen, die bei der Umsetzung (Implementierung) der ermittelten Lösungsvorschläge auftreten. Wir teilen daher die Auffassung Müller-Merbachs, ,,daß man ohne ein psychologisches, soziologisches und politisches Verständnis von Entscheidungsprozessen nicht mit begründeter Hoffnung auf Erfolg an der Vorbereitung von Entscheidungen mitwirken kann, auch wenn die ausgefeilteste OR-Technologie zur Anwendung kommt (MÜLLER-MERBACH 1977, S. 17).

Wenn wir im folgenden den Begriff „Technologie" verwenden, meinen wir damit allerdings nicht speziell nur mathematische Modelle und Lösungsverfahren, deren „technische" Aspekte der Ergänzung durch eine „OR-Methodologie" bedürfen (MÜLLER-MERBACH 1976, S. 17). Vielmehr geht es zunächst allgemeiner darum, theoretische Wenn-Dann-Bedingungen zum Einsatz von Planungstechniken zu formulieren und empirisch zu überprüfen. Empirisch bewährte Wenn-Dann-Sätze lassen sich sodann grundsätzlich durch logische Umformung in technologische Zweck-Mittel-Aussagen überführen (zu den damit verbundenen Problemen z. B. CHMIELEWICZ 1979; STÄHLIN 1973, S. 27ff. sowie KÖHLER 1976, S. 304). Planungstechniken werden demnach erst Bestandteil einer Planungstechnologie, wenn auch Kenntnisse über die *Einsatzbedingungen* vorliegen, unter denen ihre Verwendung zu bestimmten erwünschten Wirkungen (z. B. einer Erhöhung der Entscheidungseffizienz) führt.

Im Bereich der Planungstechniken stehen bisher allenfalls partielle, unvollkommene Technologien (zum Begriff der unvollkommenen Technologien z. B. KIESER/KUBICEK 1978, S. 61f.) zur Verfügung. Die Erarbeitung und Überprüfung theoretischer Aussagen über Bedingungen und Konsequenzen des Methodeneinsatzes gehört daher sicherlich zu den zentralen Aufgaben einer empirischen Organisations- und Entscheidungsforschung. Kirsch kennzeichnet die Untersuchung der Auswirkungen, die sich durch den Einsatz von Methoden auf den unterstützten Entscheidungsprozeß ergeben, sogar als „verhaltenswissenschaftliche Forschung par excellence" (KIRSCH 1976, Sp. 4147; vgl. zu einer entsprechenden Forderung auch SCHANZ 1977a, S. 39).

Empirisch fundierte Arbeiten, die als Grundlage für eine Planungs- und Entscheidungstechnologie gewertet werden können, wurden – abgesehen von wenigen Vorläufern – erst seit ca. 5 Jahren in nennenswertem Umfang vorgelegt (zur Übersicht BLUM/MÜLLER-BÖLING 1977a u. 1977b). An dieser Stelle kann keine vollständige Analyse der Ursachen für diese „Spätentwicklung" vorgenommen werden. Eine nicht unwesentliche Rolle dürfte dabei jedenfalls die enge disziplinäre Abgrenzung einiger Fachgebiete gespielt haben, die sich zur Entscheidungstheorie im weiteren Sinne rechnen lassen. Die freiwillige Selbstbeschränkung der Kompetenzen dieser Disziplinen ist zwar inzwischen teilweise aufgehoben; dennoch hat die perspektivische Verengung von Erkenntnisprogrammen und -methodologien zu Mißverständnissen und Kontroversen geführt, durch die der theoretische Unterbau neuerer Beiträge zur Planungstechnologie noch heute geprägt ist.

Im folgenden Abschnitt sollen zunächst einige dieser historischen Entwicklungslinien der Entscheidungstheorie skizziert werden. Im Anschluß daran wird ein Programmentwurf zur Entwicklung von Planungstechnologien aufgrund empirischer Untersuchungen dargelegt. Die konkrete Umsetzbarkeit dieser forschungsstrategischen Vorstellungen wird anhand eines eigenen – vier empirische Studien umfassenden – Projekts erörtert.

2. Zur historischen Entwicklung der Entscheidungstheorie

2.1. Mikroökonomische Theorie als Ausgangspunkt

Der historische Ursprung der Entscheidungslogik als Rationalitätsanalyse liegt in der klassischen ökonomischen Theorie (SCHANZ 1977a, S. 26ff.). Vom Tatbestand der Ressourcenknappheit ausgehend, versuchte sie aufzuzeigen, wie das Wirtschaftlichkeitsprinzip – als Grundsatz der Optimierung von Zweck-Mittel-Verhältnissen – die Entscheidungen von Unternehmern und Konsumenten und damit das Marktgeschehen steuert. Die Analyse war allerdings nur nach Einführung einiger offenkundig realitätsferner Prämissen möglich. So wurde z. B. angenommen, daß Unternehmer generell Gewinnmaximierung und Konsumenten Nutzenmaximierung anstreben. Weiterhin unterstellte man, es bestehe vollkommene (Markt-)Transparenz bzw. Voraussicht und die Anpassungsgeschwindigkeit an geänderte Datenkonstellationen sei unendlich groß (zur Kritik an diesen Prämissen z. B. KADE 1962; zum daran anknüpfenden Vorwurf des Modellplatonismus: ALBERT 1963).

Prinzipielle Kritik an dem zugrunde liegenden ökonomischen Erkenntnisprogramm wurde bereits 1935 von Morgenstern in seiner Arbeit „Vollkommene Voraussicht und wirtschaftliches Gleichgewicht" vorgetragen. Darin wird vor allem die Prämisse vollkommener Voraussicht logisch ad absurdum geführt. Eine exakte Analyse zeigt, daß der Versuch eines einzelnen Entscheidungsträgers, das Verhalten seiner Marktpartner zu antizipieren und in eigene rationale Entscheidungen einzubeziehen, zu einem unendlichen Regreß führen muß. Da für die Marktpartner (die z. T. „Gegenspieler" sind) dieselben Voraussetzungen gelten, kommt es zu einer Entscheidungsparalyse aufgrund einer „unendlichen Kette von wechselseitig vermuteten Reaktionen und Gegenreaktionen" (MORGENSTERN 1935, S. 344). Es zeigt sich somit, daß die Forderung nach Rationalität in Verbindung mit der Prämisse allgemeiner vollkommener Information bereits wegen logischer Inkonsistenzen angreifbar ist (hierzu auch WITTE/THIMM [Hrsg.] 1977, S. 11; zur „Überwindung" des Morgenstern-Paradoxons im Rahmen spieltheoretischer Analysen und verhaltenswissenschaftlicher Untersuchungen: REBER 1977, S. 337).

Der Entscheider als „homo oeconomicus" der klassischen Mikroökonomie wurde daher zu Recht „in das Reich der Fabel" (HEINEN 1972, S. 36) entlassen. Es entwickelte sich eine allgemeine Entscheidungslogik mit weniger engen Annahmen über Informationsstand und Maximierungsstreben der Handlungsträger.

2.2. Entscheidungslogik

Die Entscheidungslogik befaßt sich mit der Analyse der Formalstruktur rationaler Entscheidungen. Eine Reihe von Autoren umschreibt sie als Theorie der Explikation des Begriffs ,,Rationalität" (z. B. GÄFGEN 1974, S. 8; KUPSCH 1973, S. 56). Grundsätzlich bedeutet Rationalität, ,,daß die Entscheidung sich aus den Informationen, die über die zu erwartenden Konsequenzen eigener Handlungen verfügbar sind, sowie aus Angaben, die der ,Entscheider' über seine Präferenzstruktur macht, logisch zwingend ableiten läßt" (EISENFÜHR 1978, S. 435). Diese Deduktion setzt im übrigen die Anerkennung bestimmter Grundregeln des Entscheidens (Rationalitätsaxiome) voraus. Die Entscheidungslogik stellt somit eine deontische Logik dar (hierzu z. B. KIRSCH 1970, S. 26), die sowohl faktische Entscheidungsprämissen (Alternativen, Umweltzustände, Ergebnisse) als auch wertende Entscheidungsprämissen (Ziel- und Präferenzensystem) einbezieht (zu neueren Darstellungen der Entscheidungslogik z. B. BAMBERG/COENENBERG 1977; SIEBEN/SCHILDBACH 1975; SZYPERSKI/WINAND 1974).

Es erscheint etwas problematisch, die Entscheidungslogik vom Erkenntnisanspruch her als ,,Ausläufer" der mikroökonomischen Theorie anzusehen – sozusagen als Position, die nach der logischen Demontage des klassischen homo oeconomicus im Anschluß an ein entsprechendes ,,Rückzugsgefecht" eingenommen wurde. Zutreffend ist wohl die Bemerkung, der Handlungsträger in der Entscheidungslogik sei ein ,,naher Verwandter" (MENGES 1976, Sp. 1517) des homo oeconomicus, der wie er – aber unter weniger speziellen Bedingungen – rationales Handeln anstrebe.

Im übrigen bestehen fundamentale Unterschiede im Hinblick auf Erkenntnisziel und Methodik der mikroökonomischen Theorie einerseits und der Entscheidungslogik andererseits. Die mikroökonomische Theorie erhebt den Anspruch, Modelle zu konzipieren, die trotz drastischer Vereinfachungen zumindest annähernd zu realwissenschaftlichen *Erklärungen* tatsächlicher Sachverhalte führen sollen. Demgegenüber geht es der Entscheidungslogik um einen Vorteilhaftigkeitskalkül, dem bei Akzeptanz bestimmter Grundannahmen *normativer* Charakter zukommt. Ihr Anspruch zielt darauf, daß sich Personen, die sich der Entscheidungslogik zur Bewältigung einzelwirtschaftlicher Entscheidungsprobleme bedienen, ,,rationaler" verhalten als andere Entscheider. Dabei ist es innerhalb des formalen Systems der Entscheidungslogik unerheblich, welche Zielinhalte betrachtet werden. Der Entscheider ist z. B. nicht auf Gewinnmaximierung festgelegt. Vielmehr wird unterstellt, daß er etwa beim Entscheidungstyp einer durch Wahrscheinlichkeiten quantifizierbaren Ungewißheits-Situation den Bernoulli-Nutzen (der z. B. auch auf das Streben nach Marktanteilserhöhung anwendbar ist) maximiert oder eventuell vereinfachende Entscheidungsregeln zugrunde legt. Daß dies nicht unbedingt eine ,,heroische" Prämisse ist, belegen einige in den USA durchgeführte

Feldstudien zur Ermittlung der Risikonutzenfunktionen von Managern, die dann für reale Entscheidungen herangezogen wurden (z. B. SWALM 1966; SPETZLER 1968).

Schwerwiegend erscheint allerdings der Vorwurf, daß im Rahmen der Entscheidungslogik eine geschlossene Modellanalyse durchgeführt und dabei nicht weiter nach der Genetik der Entscheidungsprämissen gefragt wird. Die konkrete Modellstruktur, tatsächliche Ziele und Präferenzen sowie die Eingabedaten haben in der formalen Logik den Charakter von Leerstellen. Das Ausfüllen dieser Leerstellen, z. B. durch die empirische Ermittlung einer Preis-Absatzfunktion für ein bestimmtes Produkt (hierzu KAAS 1978), wird – meist unausgesprochen – als Problem betrachtet, für das arbeitsteilig durch andere Disziplinen Lösungsvorschläge zu erarbeiten sind. Dies kann allerdings dazu führen, daß an sich notwendige und nützliche entscheidungslogische Arbeiten teilweise zu kurz greifen, indem sie zu Ergebnissen führen, die als „Bruchstücke" nicht zu den Resultaten benachbarter Disziplinen passen.

Beispielsweise hat Hauschildt nachgewiesen, daß Ziele, wie sie häufig im Rahmen exemplarisch diskutierter und zum Teil auch propagierter Entscheidungsmodelle unterstellt werden, zumindest bei bestimmten Typen von Entscheidungssituationen in der Realität kaum vorzufinden sind (HAUSCHILDT 1977a).

Die Hauptkritik an der Entscheidungslogik zielt darauf, daß der Entscheidungsträger in seiner kognitiven und motivationalen Eigenart und in seinem Bezug zur Organisation, in der er agiert, nicht Untersuchungsgegenstand ist. Menschen verhalten sich aber nicht unbedingt so, wie es logisch begründbare Normen voraussetzen oder fordern. Dies bedingt eine Ergänzungsbedürftigkeit der entscheidungslogischen Perspektive.

2.3. Empirisch-kognitive Entscheidungstheorie

Gegenstand der empirisch-kognitiven Entscheidungstheorie (zu diesem Begriff z. B. SZYPERSKI/WINAND 1974, S. 21, 29ff. Zur Kennzeichnung dieses Bereichs der Entscheidungstheorie sind z. B. auch die Prädikate deskriptiv, verhaltenswissenschaftlich oder empirisch-realistisch gebräuchlich) ist die Erklärung des menschlichen Verhaltens in realen Entscheidungssituationen. Der deontischen Logik einer „geschlossenen" Modellanalyse wird die sog. Psycho-Logik im Rahmen offener Modelle des Entscheidungsverhaltens gegenübergestellt (KIRSCH 1977). Der Übergang zu empirisch-kognitiven Ansätzen ist vor allem durch das Herausstellen der begrenzten Informationsverarbeitungsfähigkeiten menschlicher Entscheider gekennzeichnet. Das Erkennen der „empirical limits on human rationality" (SIMON 1957, S. 198) führte zu Modellen des eingeschränkten Rationalverhaltens, in denen z. B. die Optimierungsforderung durch eine Satisfizierungsvorschrift ersetzt wird, die sich am Anspruchsniveau des Entscheiders orientiert.

Angesichts der Vielfalt der einzelnen Ansätze kann hier nur stichwortartig auf einige Grundkonzepte der empirisch-kognitiven Entscheidungstheorie hingewiesen werden (zu ausführlichen Darstellungen z.B. KIRSCH 1977; REBER 1973 sowie die kurzgefaßten Überblicke bei KIESER/KUBICEK 1978 und WOSSIDLO 1974):

In offenen Verlaufsmodellen der Individualentscheidung wird die Genetik von Entscheidungsprämissen problematisiert und zu erklären versucht. Dabei stehen Phänomene wie kognitiver Streß, intraindividuelle Konflikte, Reaktanz oder kognitive Dissonanz im Vordergrund. Theoretische Ansätze zur Erklärung von Gruppenentscheidungen beziehen sich vor allem auf Kommunikations- und Beeinflussungsprozesse zwischen einzelnen Gruppenmitgliedern; sie versuchen z.B. Probleme der interindividuellen Konflikthandhabung sowie das risk-shift-Phänomen (hierzu z.B. KUPSCH 1973, S. 282ff.) theoretisch zu durchdringen.

In jüngerer Zeit sind organisationale Entscheidungen, z.B. in Abhängigkeit von Bedingungen der Organisationsstruktur, in verstärktem Maße Untersuchungsgegenstand geworden. Während Kirsch zu Beginn der 70er Jahre in diesem Punkt noch diagnostizierte, daß die meisten Fragestellungen nicht aus dem Stadium theoretischer Bezugsrahmen herausgekommen waren, zeigen die Nachträge innerhalb der 2. Auflage der „Entscheidungsprozesse" (KIRSCH 1977, S. 41ff.), daß zwischenzeitlich im deutschen Sprachraum eine Reihe empirischer Untersuchungen abgeschlossen werden konnte[1].

Speziell die Frage, wie sich die Verwendung von Planungstechniken in Entscheidungsprozessen auswirkt, wurde aber bisher von den empirisch-kognitiven Ansätzen der Entscheidungstheorie weitgehend vernachlässigt. Der Mensch als Entscheider wird zwar einerseits durch die neueren theoretischen Konzepte verstärkt in seiner „Irrationalität"[2] beleuchtet. Es werden Restriktionen aufgezeigt, die verhindern, daß sich Personen im Sinne von entscheidungslogischen Normen verhalten. Es wäre andererseits jedoch abwegig zu glauben, dieser Tatbestand würde der Entscheidungslogik ohne weiteres den Boden entziehen.

Solange Entscheider auf sich selbst angewiesen sind und entscheidungslogische Normen sowie darauf aufbauende Planungstechniken gewissermaßen als „unerlaubte Hilfsmittel" gelten, kann es nicht verwundern, wenn der Mensch in seinem Verhalten von der entscheidungslogischen Norm abweicht bzw. dem

---

[1] Neben den von Kirsch und seinen Schülern selbst durchgeführten Arbeiten (vgl. z.B. KIRSCH et al. 1978; KUTSCHKER/KIRSCH 1978) sind vor allem die von Witte und seinen Mitarbeitern vorgelegten Beiträge zur „Empirischen Theorie der Unternehmung" zu nennen. Vgl. z.B. WITTE 1972 und die nachfolgenden Bände der Reihe „Empirische Theorie der Unternehmung".

[2] Mit diesem Begriff ist keine Wertung verbunden. So können etwa Entscheidungen, die statt der Ziele der Organisation persönliche Interessen fördern, durchaus subjektiv rational sein.

mathematischen Modell unterlegen ist (zu einem entsprechenden Befund z. B.
BERG/KIRSCH 1974, S. 149). Wer Entscheidungslogik kurzerhand durch Psycho-
Logik widerlegen möchte, argumentiert in unvereinbaren Prämissensystemen.
Erforderlich ist statt dessen eine Perspektive, aus der die Verknüpfung von
Mensch und Entscheidungshilfe in ihren Auswirkungen untersucht wird. Zur
Formulierung und Begründung der hierbei zu überprüfenden Hypothesen läßt
sich eine ganze Reihe theoretischer Konzepte der individual- und sozialpsycho-
logisch orientierten Entscheidungstheorie heranziehen (vgl. die Ausführungen
auf S. 132f.).

3. Umrisse einer weiterführenden programmatischen Konzeption

3.1. Verknüpfung der modell- und verhaltensorientierten Perspektive

Der hier als modell- *und* verhaltensorientiert bezeichnete Ansatz der Entscheidungstheorie strebt an, Entscheidungsprozesse unter der bereits angedeuteten, erweiterten Perspektive zu analysieren. Im Mittelpunkt steht der intendiert rationale Mensch, der bei seinen Entscheidungen durch Planungstechniken (Entscheidungshilfen) unterstützt wird. Methoden, Modelle und Modellierungstechniken (zu diesem Begriff BRETZKE 1978a), die hierfür in Frage
kommen, lassen sich als ,,Artefakte" betrachten, die menschlichen Entscheidern im Planungsprozeß gewissermaßen als Intelligenzverstärker dienen
(hierzu SIMON 1978). Es kann sich dabei um strukturell weitgehend determi-
nierte Modelle (z. B. mathematisches Optimierungsmodell), um sog. Modellierungstechniken (z. B. Entscheidungsbaumverfahren, Risikoanalyse) oder um
Transformationsoperatoren (z. B. Bayes-Formel zur Wahrscheinlichkeitsrevi-
sion, Simplex-Algorithmus) handeln.

Um die Effizienz dieser Entscheidungshilfen zu testen, lassen sich die
unterschiedlichsten Kriterien heranziehen. In Frage kommt z. B. ein Vergleich
der methodengestützt ermittelten Ergebnisse mit intuitiven menschlichen Entscheidungen (z. B. BENBASAT/SCHROEDER 1977). Ideal wäre es, wenn man den
infolge der Planungstechnik (d. h. durch verbesserte Entscheidungen) erreich-
baren zusätzlichen monetären Erfolg als Bewertungsmaßstab zugrunde legen
könnte (NAERT/LEEFLANG 1978, S. 353ff.).

Da dies – abgesehen von vereinfachenden experimentellen Untersuchungen
– illusorisch erscheint, werden häufig Ersatzindikatoren im Sinne vorgelagerter
,,Effizienz"-Bedingungen (z. B. *Akzeptanz* der Technik, *Zufriedenheit* mit
dem methodengestützten Entscheidungsprozeß) vorgeschlagen (z. B. BÖRSIG
1975; zu einer Systematisierung möglicher Effizienzindikatoren GZUK 1975, S.
53ff.).

Erschwerend kommt hinzu, daß es nicht ohne weiteres objektiv bestimmbar
ist, wie die beim Anwenden von Planungstechniken heranzuziehenden
Modelle aufgebaut sein müssen, damit sie eine strukturähnliche Abbildung der

Realität sind. Ob ein Modell (M) den relevanten Realitätsausschnitt (das Original O) hinreichend genau abbildet, läßt sich nicht unabhängig von den Personen (P) bestimmen, *für die M* ein Modell von O ist. Das Verhältnis von M zu O ist also zu einer dreistelligen Relation zu erweitern (KÖHLER 1975, Sp. 2702). Dabei hängt es u. U. stark von den ,,moderierenden" Personen (P) ab, ob das Modell die erwünschten Eigenschaften (z. B. den ,,richtigen" Komplexitätsgrad) aufweist. Wenn etwa Modellkonstrukteur (K) und Modellbenutzer (B) verschiedene Personen sind, kann es vorkommen, daß K ein möglichst komplexes, in Einzelheiten genaues Modell konzipiert, während für B ein relativ einfaches, transparentes und ,,benutzerfreundliches" Modell angemessen wäre.

Methodologische Arbeiten, wie sie neuerdings etwa von Bretzke mit wissenschaftstheoretischer Akzentuierung oder von Szyperski/Winand im Sinne einer umfassenden Checkliste der für die Bewertung von Planungstechniken wichtigen Gesichtspunkte vorgelegt wurden (BRETZKE 1978A; SZYPERSKI/WINAND 1978), beziehen entsprechende Überlegungen ein. Damit ist ein Schritt getan zur Beantwortung der von Luhmann gestellten Frage: ,,Wie kann eine Theorie, ohne widerspruchsvoll zu werden, Probleme und Problemlösungen zugleich enthalten?" (LUHMANN 1971, S. 474). Eine gleichzeitige Analyse von Entscheidungs-*Problemen* sowie modellgestützten Problem-*Lösungen* bedeutet u. a., daß Planungstechniken und die mit ihnen verknüpfte Entscheidungslogik gewissermaßen als Kristallisationskerne dienen, durch welche die Genetik der Entscheidungsprämissen gesteuert wird. Es besteht also nicht mehr die (Schein-)Alternative einer ausschließlich offenen oder geschlossenen Modellanalyse. Vielmehr kommt Methoden und unterschiedlichen Modellvarianten die Funktion von Orientierungspunkten bei der ,,Schließung" des Entscheidungsmodells zu.

Ob die vielfältigen realen Entscheidungsprobleme durch formale Modelle in ein Prokrustesbett gepreßt und die ermittelten Lösungen daher von den Entscheidungsträgern nicht akzeptiert werden, kann man nicht allgemein beantworten. Hierzu bedarf es empirischer Untersuchungen, in denen *Kontextgrößen* – nämlich die jeweils gegebenen Einsatzbedingungen von Planungstechniken – zu berücksichtigen sind.

3.2. Auf dem Weg zu einer umfassenden empirischen Entscheidungs- und Organisationstheorie

Die historische Entwicklung einer umfassenden Entscheidungstheorie aus verschiedenen Teilansätzen entspricht einer dialektischen Stufenfolge:
(1) Aus dem System der Entscheidungslogik läßt sich die *These* herleiten, daß bei gegebenen Entscheidungsprämissen (als ,,unabhängigen" Größen) die Einhaltung bestimmter logischer Normen eine rationale Entscheidung garantiert.

(2) Die Einsicht, daß Entscheidungsprämissen nicht „irgendwie" vorgegeben sind, führt zur *Antithese:* Ein homo oeconomicus als Verkörperung des Rationalverhaltens existiert nicht. Die Genetik der Entscheidungsprämissen, das tatsächliche Entscheidungsverhalten, ist durch eine empirische Entscheidungstheorie zu erklären, in die psychologische bzw. sozialpsychologische und soziologische Forschungsergebnisse einzubeziehen sind. Daraus ergibt sich ein grundlegender *Konflikt:* Der Forderung nach einer „Rationalisierung" von Planungs- und Entscheidungsprozessen stehen empirisch belegte Hinweise auf deren „Irrationalität" gegenüber.

(3) Der erste Schritt zu einer problembezogenen *Synthese* besteht in der konzeptionellen Untersuchung und empirischen Überprüfung des Zusammenwirkens von menschlichen Entscheidern und Planungstechniken.

In weiteren Schritten sind der *organisatorische Rahmen* sowie die *Umweltbedingungen* einzubeziehen, die beim Einsatz von Planungstechniken den Kontext darstellen. Die an methodengestützten Entscheidungsprozessen beteiligten Menschen werden oft zumindest die beiden folgenden – eventuell konfliktären – Verhaltenstendenzen aufweisen: Zum einen akzeptieren sie ihre formale Rolle und erkennen damit die offizielle Rationalitätsnorm an, die eine Effizienzerhöhung für das betriebliche Gesamtsystem anstrebt. Andererseits haben sie individuelle Motive und Wünsche, d. h. sie streben persönliche Ziele an, die zu den organisatorischen Regelungen und Rollenerwartungen im Gegensatz stehen können. Damit ist eine mögliche Quelle für Widerstände gegen die Einführung und Verwendung von Planungstechniken angedeutet. Wo in diesem Zusammenhang die Grenzen der Rationalität liegen, läßt sich nur empirisch ermitteln (HAUSCHILDT 1977b, S. 185). Empirische Untersuchungen, die zur Klärung dieser Fragen beitragen sollen, haben u. E. von folgenden Tatbeständen auszugehen:

(1) Ein übergreifendes und einheitliches theoretisches Konzept existiert noch nicht. Es muß daher der „eklektische" Versuch unternommen werden, eine Vielzahl von zum Teil recht heterogenen Erklärungsansätzen miteinander zu verknüpfen.

(2) Die Bruchstückartigkeit des theoretischen Vorwissens zwingt zum Teil zu eher explorativen Studien, durch die keine bereits vorliegenden wohlbegründbaren Hypothesen bestätigt, sondern neuartige Hypothesen generiert werden sollen.

(3) Angesichts konkurrierender theoretischer Grundpositionen (z. B. methodologischer Individualismus einerseits und funktionalistische Ansätze auf der anderen Seite) kann der angedeutete Versuch einer Synthese nur gelingen, wenn in einen umfassenden theoretischen Rahmen verschiedene Betrachtungsebenen einbezogen werden. Hierzu sind mehrere Teiluntersuchungen erforderlich.

3.3. Kreislauf der Entwicklung und Verwertung von Planungstechniken

Eine angewandte Betriebswirtschaftslehre sieht es als Aufgabe an, die Einsetzbarkeit und den tatsächlichen Einsatz des bereitgestellten Reservoirs an Planungstechniken in der Praxis zu erreichen. Das wahl- und vorbehaltlose Propagieren der verfügbaren Methoden und Modelle wäre allerdings wissenschaftlich unseriös. Gewiß gilt für die zum Teil als „normative Entscheidungstheorie" bezeichnete Entscheidungslogik, daß im Rahmen eines vorgegebenen Prämissensystems in logisch-konsistenter Weise die günstigste Alternative abgeleitet werden kann. Dies ist jedoch keineswegs ein hinreichender Grund dafür, die Anwendung der entscheidungslogischen Instrumente und der darauf basierenden Erweiterungen (des Operations Research) *generell* zu empfehlen. Wer etwa aus verschiedenen Studien den erheblichen Aufwand bei der empirischen Ermittlung von Risikonutzenfunktionen sowie ihre begrenzten Einsatzmöglichkeiten kennt (z.B. GRAYSON 1960; SPETZLER 1968), wird zögern, dieses Kernstück der Entscheidungslogik als geeignet für den *allgemeinen* praktischen Einsatz zu bezeichnen. Übergeordnete Kosten-Nutzen-Gesichtspunkte dürften oft entgegenstehen.

Die nachstehende grafische Darstellung (Abb. 1) soll in den Grundzügen verdeutlichen, welche moderierenden Einflüsse auf den Gesamtzusammenhang der Entwicklung und Verwertung von Planungstechniken einwirken.

3.3.1. Entwicklung und Diffusion von Entscheidungshilfen

Die Erarbeitung von Planungstechniken erfolgt seit Jahrzehnten in Teildisziplinen wie dem Operations Research und der Statistik. Diese und andere Fachgebiete werden manchmal unter dem Begriff der „Management Science" als Wissenschaft vom rationalen Planen und Entscheiden zusammengefaßt. In jüngerer Zeit zeigt sich in diesen Bereichen eine deutliche Tendenz, für Planungstechniken ein verstärktes „Marketing" gegenüber den potentiellen Verwendern zu betreiben[3].

Die Diffusion von Planungstechniken, d.h. ihre Ausbreitung in der praktischen Anwendung, wird durch sehr unterschiedliche „Medien" übernommen. Hierzu gehören z.B. Publikationen, Hochschulabsolventen, Unternehmensberater und Kontakt-Seminare mit Praktikern. Wissen und Kenntnisse über Methoden und Modelle garantieren natürlich noch nicht deren Einsatz zur Unterstützung realer Entscheidungen. Da die Kosten der „Beschaffung" und Verwendung vieler Planungstechniken – Gehälter für Spezialisten, Software, Rechenzeit, Schulung etc. – beträchtlich sind, haben sie ohne damit verknüpfte Nutzenerwartungen wohl kaum Anwendungschancen.

---

[3] Vgl. als augenfälliges Beispiel das Konzept des sog. Decision Calculus sowie die Versuche, es zu „vermarkten", z.B. in den Beiträgen von Little; Lodish; Montgomery/Silk/Zaragoza; abgedruckt in KÖHLER/ZIMMERMANN (Hrsg.) 1977.

Als Bemühungen, solche Nutzenerwartungen zu wecken, sind z.B. die folgenden Aktivitäten anzutreffen:

- „Missionarische" Empfehlungen durch Methodenentwickler und Unternehmensberater (z.B. BOOZ, ALLEN & HAMILTON 1973, S. 29)
- Die Erarbeitung mehr oder weniger ausgewogener Vorteils-Nachteils-Kataloge (z.B. MOORE 1972, S. 327f.)
- Erfolgsmeldungen über einzelne gelungene Anwendungen (z.B. UEBELE/ ZURHELLE 1977)
- Auswertung der Ergebnisse von Expertenbefragungen zur vergleichsweisen Beurteilung einzelner Planungstechniken (z.B. LARRÉCHÉ/MONTGOMERY 1977)

Vereinzelte Ansätze, die Anwendung statistischer und mathematischer Methoden auf der Basis einer *Meta-Entscheidungslogik* zu rechtfertigen (z.B. ZENTES 1976; SCHINDEL 1977), sind zwar im Rahmen wissenschaftlicher Diskussion anregend; zum Problem praktischer Kosten-Nutzen-Überlegungen haben sie bislang aber noch wenig beitragen können (zu einer kritischen Stellungnahme z.B. BRETZKE 1978b).

3.3.2. Die Verwendung von Planungstechniken als Metaentscheidung

Metaentscheidungen sind Entscheidungen über Tatbestände, die den Ablauf von Objektentscheidungsprozessen (z.B. Neuprodukteinführung, Bestimmung des Werbebudgets) prägen oder zumindest beeinflussen (z.B. KIRSCH/ MEFFERT 1970, S. 41). Beispielsweise kann ein konkretes Objektentscheidungsproblem darin bestehen, die Zusammensetzung des Produktions- und Absatzprogrammes zu bestimmen. Im Rahmen einer Metaentscheidung wäre zu klären, ob hierfür ein Modell der mathematischen Optimierung eingesetzt werden soll. Angenommen, von mehreren verfügbaren Modellen sei das geeignetste bekannt (zum Problem dominanter Techniken bzw. Technologien: BROCKHOFF 1979). Dann bleiben immer noch Überlegungen über eine Reihe von organisatorischen Veränderungen, die mit der Modelleinführung verbunden sind, anzustellen (z.B. im Hinblick auf Personaleinsatz, EDV-Probleme, Bereitstellung von Informationen aus Marktforschung und Kostenrechnung). Metaentscheidungen beziehen sich somit oft auf Investitionsprobleme, mit denen ein ganzes Bündel organisatorischer Wandlungen verknüpft ist, die erhebliche Kosten und Konflikte verursachen können. Für bestimmte Metaentscheidungen, z.B. die Erstbeschaffung einer EDV-Anlage, gilt sogar, „daß ein komplexer, novativer Entscheidungsprozeß selbst eine Investition ist, die in die monetäre Größenordnung des Entscheidungsobjektes hineinreicht" (WITTE 1969, S. 493). Die Trennung von Objekt- und Metaentscheidungen ergibt sich aus der Erkenntnis, daß Objektentscheidungsprozesse unterschiedlich ablaufen können. Die daraus resultierenden Freiheitsgrade können im Anschluß an

Einsatzbedingungen von Planungs- und Entscheidungstechniken 127

A *Entwicklung von Planungstechniken*
(z. B. Methoden und Modelle zur Prognose und Maßnahmenoptimierung)
Domäne von Entscheidungslogik, OR, Statistik usw. (Wissenschaft vom „rationalen" Planen und Entscheiden)

(1)

B *Diffusion (Transfer) der Planungstechniken*, z. B. durch
- Hochschulabgänger
- Berater
- Publikationen
- Seminare mit Praktikern

(2)

C *Verwendung (Einsatz) der Planungstechniken in der Praxis*, z. B. durch
- betriebsinterne Spezialisten
- betriebsexterne Berater

Rückkopplung über empirische Erhebungen

(4)

Informationsmaterial zum Ausfüllen der „Leerstellen" von Metaentscheidungsmodellen (d. h. für die Entscheidung über den Einsatz von Planungstechniken)

E *Empirisch-theoretische Untersuchung der Einsatzbedingungen und Verhaltenswirkungen von Planungstechniken (Kontingenzansatz)*

(3)

D *Vorwissen und begründete Vermutungen:*
- Praxiserfahrungen
- theoretische Erklärungsansätze
- Thesen und Befunde aus Untersuchungen der Vergangenheit

(5)

F *„Verwertungszusammenhang" von E*
Praxeologische Konsequenzen:
Verhaltenswissenschaftlich fundierte, praxisbezogene Wenn-Dann-Bedingungen

(6)

Verwertung im wissenschaftlichen Bereich:
Korrektiv/Regulativ bei der Entwicklung und Modifikation von Planungstechniken, z. B. im Hinblick auf Realitätsnähe und Benutzerfreundlichkeit

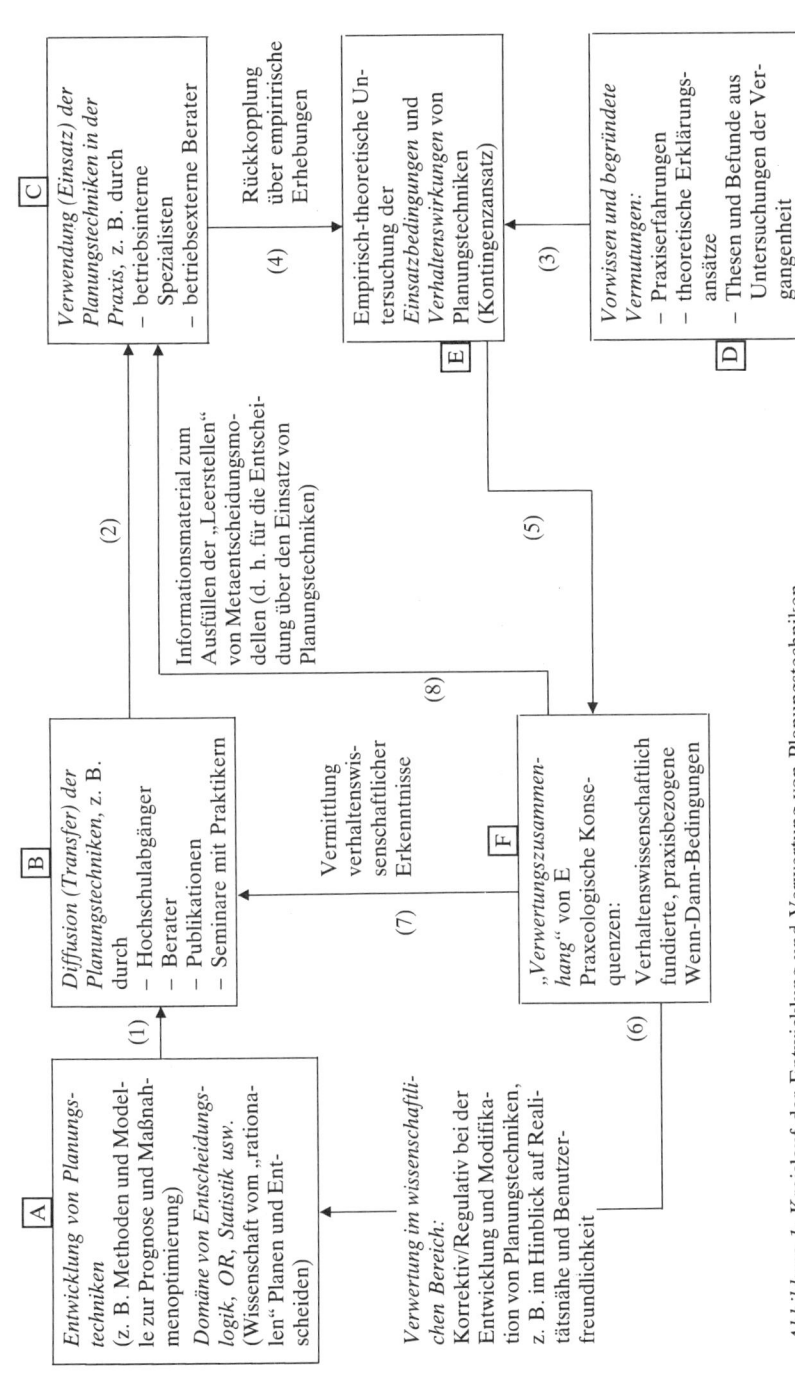

(7) Vermittlung verhaltenswissenschaftlicher Erkenntnisse

(8)

Abbildung 1: Kreislauf der Entwicklung und Verwertung von Planungstechniken

Metaentscheidungen durch organisatorische Maßnahmen „geschlossen" werden.

Metaentscheidungen lassen sich anhand einer Reihe von Kriterien systematisieren, z. B. nach dem Ausmaß der damit einhergehenden organisatorischen Veränderungen sowie nach der Reversibilität der Entscheidung. Unter diesem Gesichtspunkt unterscheidet sich das Problem der Einführung oder Nichteinführung bestimmter Planungstechniken beträchtlich von der Frage, ob etwa eine bisher funktionsorientierte Organisation in eine Spartenorganisation umgewandelt werden soll. Bei Planungstechniken sind eher Trial-and-error-Prozesse zu erwarten, die dann schließlich im Zeitablauf die ursprünglich bei der Methodeneinführung gehegten Ertragserwartungen bestätigen. Andererseits können hierbei die Erfahrungen im Laufe der Zeit auch dazu führen, daß eine Methode wegen mangelnder Tauglichkeit und/oder zu großer Widerstände seitens der Entscheider überhaupt nicht mehr eingesetzt wird (z. B. zu entsprechenden Erfahrungen CARTER 1972). Im erreichten Status quo des Einsatzes von Planungstechniken schlagen sich demnach *Lernerfahrungen* und u. U. revidierte Ertragserwartungen nieder (zum Problem des intraorganisationalen Lernens z. B. KAPPLER 1972; GROCHLA 1978b). Dies führt zu der These, daß in den praktischen Verwendungsgepflogenheiten bereits gewisse *erfahrungsgestützte* Effizienz-Vermutungen zum Ausdruck kommen.

Wie Objektentscheidungen liegen auch Metaentscheidungen grundsätzlich implizite oder explizite Modelle der Entscheidungssituation zugrunde. Hier wie dort existieren Entscheidungsträger mit Zielen und Präferenzen sowie Entscheidungsfelder, die sich durch die verfügbaren Alternativen, mögliche Umweltzustände und Ergebnisse kennzeichnen lassen. *Metaentscheidungsmodelle* sind allerdings i.d.R. durch eine ungleich größere Komplexität sowie besondere Schwierigkeiten bei der Wirkungsanalyse und Alternativenbewertung gekennzeichnet.

Die Vorstellung, daß sich vollständige Metaentscheidungsmodelle entwickeln ließen, deren Entscheidungsprämissen durchweg anhand empirischer Prüfungen bestätigt worden sind, ist wohl recht utopisch. *Demgegenüber erscheint es als realistische Erwartung, daß die Ergebnisse empirischer Untersuchungen dazu dienen können, zumindest einige Leerstellen unvollständiger und partieller Metaentscheidungsmodelle auszufüllen.* In diesem Sinne bezeichnet es Pfohl als Aufgabe der empirischen Forschung, „gesicherte Aussagen über die Wirkung von Entscheidungstechniken ... zu erbringen. Solange dies nicht im erforderlichen Umfang geschehen ist, muß man sich auf Hypothesen stützen, die großenteils auf Erfahrungen und Vermutungen derer beruhen, die Techniken und Organisationsformen entwickelt bzw. schon angewandt haben" (PFOHL 1977, S. 289).

3.3.3. Exogenes Lernen – ein Leitkonzept für die Unterstützung von Metaentscheidungen

*Intra*organisationale Lernprozesse beim Einsatz von Planungstechniken stellen ein „Ausprobieren" ohne betriebsexterne Vergleichsgrundlage dar. Dabei bleibt es erst einmal ganz offen, ob gegenüber dem Zustand vor der Methodeneinführung ein Effizienzzuwachs erzielt werden kann. Nach einem altbekannten Prinzip kann man jedoch auch aus den Erfahrungen *anderer* lernen. Es ist allerdings zu beachten, daß „Lernhilfe einen Personenkreis voraussetzt, der in bezug auf das zu lösende Problem einen Lernvorsprung besitzt" (GRÜN 1973, S. 18). Unter dieser Bedingung wird prinzipiell eine Lernstrategie ermöglicht, bei der man eigene Lernanstrengungen zurückstellt. „Die Entscheidung wird so lange aufgeschoben, bis andere Unternehmungen den Prozeß einmal oder mehrfach absolviert haben, so daß auf ihre Lernerfahrung zurückgegriffen werden kann. Hierbei handelt es sich um den Grenzfall der Substitution der eigenen Lernbemühungen durch Lernhilfen" (GRÜN 1973, S. 18). Mit Grün bezeichnen wir diese Lernstrategie als *„exogenes Lernen"*.

Unternehmen, die *eigene* Erfahrungen mit Planungstechniken machen, praktizieren, was in der Psychologie als „Lernen am Erfolg" bzw. „Lernen durch Selbstkontrolle" verstanden wird. Der Strategie, die wir exogenes Lernen genannt haben, entspricht am ehesten das „Lernen am Modell" (Beobachtungslernen, stellvertretendes Lernen). Dieses erfolgt nicht durch eigene Einübung, sondern durch das Erfahren *fremder* Verhaltensweisen (no-trial-learning). Zwar ist zweifellos das Lernen an unmittelbaren eigenen Erfahrungen besonders nachhaltig wirksam. Das Lernen an fremden Erfahrungen kann jedoch für den Erwerb mancher komplexer Fähigkeiten rationaler, d. h. unter ökonomischen Gesichtspunkten von Vorteil sein (zum „Lernen am Modell" z. B. BANDURA et al. 1973).

Unternehmen, in denen eventuell Planungstechniken eingeführt werden sollen, können nur in sehr begrenztem Umfang *unmittelbar* die Erfahrungen anderer Unternehmen mit diesen Techniken feststellen und verwerten. *Daher kommt in diesem Punkt der Entscheidungs- und Organisationsforschung eine wichtige Moderatorfunktion zu.* Sie kann die Lernerfahrungen eines großen (womöglich statistisch repräsentativen) Querschnitts von Unternehmen auswerten und an die Praxis „rückkoppeln". Hierzu ist ein umfassender theoretischer Bezugsrahmen erforderlich, der die wichtigsten Einflußgrößen enthält, durch die der Erfolg oder Mißerfolg von Planungstechniken beeinflußt wird. Zur Erklärung und Deutung der vermuteten Beziehungen zwischen einzelnen Einflußgrößen lassen sich theoretische Ansätze heranziehen, die einerseits als „Vorwissen" die Modellbildung steuern, andererseits nach Datenerhebung und Hypothesenprüfung bewährt oder in Frage gestellt sein können.

Die Kriterien, die idealerweise bei der Theoriebildung und empirischen Forschung beachtet werden sollten, sind hinlänglich bekannt (zu einem Überblick SZYPERSKI/MÜLLER-BÖLING 1979 sowie die ausführliche Diskussion in KÖHLER [Hrsg.] 1977). Ein Teil des theoretischen Vorwissens, das speziell zur Untersuchung von Planungstechniken und ihrer Anwendbarkeit relevant ist, wurde oben bereits im Rahmen der Problemskizze zur Entwicklung der Entscheidungstheorie angedeutet. Daraus abgeleitete Hypothesen sind anhand des durch Erhebungen gewonnenen Datenmaterials zu testen. Im günstigsten Fall ergeben sich hierdurch bewährte und erweiterte theoretische Konzepte, aus denen auch *gestaltungsrelevante* Folgerungen ableitbar sind.

Deren Transfer in die Praxis sollte nach Grochla zu einem permanenten Rückkopplungsprozeß und einer damit verbundenen Ausreifung des gestaltungsorientierten Bezugsrahmens führen (GROCHLA 1978a, S. 64). Das Funktionieren eines solchen Rückkopplungsprozesses ist allerdings von der Bereitschaft der Praxis abhängig, die Ergebnisse empirischer Forschung aufzugreifen und – zumindest teilweise – umzusetzen. Auf der anderen Seite erscheint es zur Herbeiführung der gewünschten Transfer- und Rückkopplungsvorgänge angebracht, daß sich die Theorie*bildung* nicht – in einem u. U. sehr abstrakten Streben nach nomologischen Hypothesen hohen Allgemeinheitsgrades – ganz vom Anwendungsbezug loslöst. Zu nennen sind in diesem Zusammenhang die neueren Forderungen nach einer empirischen Forschung durch Teilnahme an Entwicklungsprojekten der Praxis (u. a. SZYPERSKI/MÜLLER-BÖLING 1979; KIRSCH 1979).

4. Schritte zur Umsetzung des Forschungsprogramms im Rahmen eigener empirischer Untersuchungen

Die in großen Zügen skizzierte programmatische Konzeption entstand teils vor, teils während der Arbeiten an einem Forschungsprojekt zum Thema ,,Entscheidungshilfen und Risikoverhalten". Das im Sommer 1975 begonnene und im Frühjahr 1978 abgeschlossene Projekt (durchgeführt in dem von der Deutschen Forschungsgemeinschaft geförderten Schwerpunktprogramm ,,Empirische Entscheidungstheorie") umfaßte in seiner Gesamtanlage mehrere Teiluntersuchungen, die sich sowohl auf Laborexperimente als auch auf Felderhebungen stützten (ausführliche Angaben hierzu in KÖHLER/UEBELE 1977).

4.1. Grundprobleme bei der Entwicklung der Untersuchungsdesigns

Wie bereits dargelegt, bildeten Planungstechniken i.w.S. den allgemeinen Untersuchungsgegenstand des Forschungsprojektes. In einigen Studien beschränkten wir uns allerdings auf diejenigen Methoden der Entschlußvorbereitung, welche die Schätzung und Verarbeitung subjektiver Wahrscheinlichkeiten erfordern (vor allem Entscheidungsmatrix, Entscheidungsbaum und Risikoanalyse).

Wegen der Vielfalt möglicher Anwendungsgebiete dieser Verfahren – mit zum Teil recht heterogenen Einsatzbedingungen – konzentrierten wir uns auf den *Absatz*bereich von Unternehmen. Dieser wurde allerdings so weit gefaßt, daß auch damit verzahnte Anwendungsgebiete, wie z. B. marktorientierte Investitionsplanungen oder Entscheidungen über die Zusammensetzung des Leistungsprogramms, dazugehörten.

Primär wegen der Neuartigkeit des gesamten Untersuchungskonzepts war es nur in geringem Maße möglich, auf bereits bekannte und bewährte Meßinstrumente zur Merkmalsoperationalisierung zurückzugreifen. Teilweise konnten zwar z. B. Operationalisierungen aus kontingenztheoretischen Studien analog verwendet werden; ferner wurden einige Indikatoren aus thematisch einschlägigen Untersuchungen (z. B. BÖRSIG 1975) übernommen. Darüber hinaus waren jedoch mehrere Maßgrößen für unsere Untersuchungen ad hoc ohne breit angelegtes Vortesten zu konstruieren. Wie von Kieser/Kubicek gefordert (KIESER/KUBICEK 1977, S. 393f.) haben wir im Rahmen der Gesamtuntersuchung unterschiedliche Forschungsdesigns (Fallstudien, Laborexperimente, vergleichende Felduntersuchungen) so zu kombinieren versucht, daß deren spezifische Vorteile möglichst ausgeprägt zur Geltung gekommen sind. Vor allem im Rahmen der experimentellen Studien wurden überwiegend a priori formulierte Hypothesen zugrunde gelegt. Manchmal wurden aber auch einige zu Untersuchungsbeginn nur global vorliegende Thesen ad hoc in spezifische Hypothesen umgesetzt, nachdem – bei fortschreitendem Wissensstand durch Lektüre, Auswertungen und Diskussionen – deutlich wurde, daß sie durch die Ergebnisse anderer Untersuchungen sowie konzeptionelle Überlegungen in dieser speziellen Form herleitbar waren. Eine Reihe von Fragestellungen basierte dabei auf einer eher explorativen Forschungsstrategie (hierzu im einzelnen WOLLNIK 1977, S. 42ff.).

4.2. Zum Hypothesensystem der Gesamtuntersuchung

Die Gewinnung der zugrunde gelegten Hypothesen erfolgte zweistufig: In einer ersten Phase wurden allgemeine *Kernthesen* aufgestellt, die sich teilweise bereits in der Literatur finden bzw. aus vorhandenen, relativ weitgefaßten theoretischen Konzepten ableiten lassen. Diese Kernthesen sind „übergreifend", d. h. sie beziehen sich auf die Gesamtuntersuchung.

In einer zweiten Phase wurden diesen Kernthesen, soweit es die Anlage der einzelnen Studien erlaubte, designspezifische Hypothesen gegenübergestellt. Deren Bewährung bzw. Widerlegung bedeutet jeweils auch Evidenz für oder gegen bestimmte Kernthesen. Einige designspezifische Hypothesen überlappen relativ stark mit Kernthesen; andere stellen nur einen „Mosaikstein" bei der Bewährung/Widerlegung der allgemeinen Kernthese dar. Diese Vorgehensweise könnte prinzipiell im Sinne der von Schanz geforderten Anwendung allgemeiner theoretischer Überlegungen auf spezielle Sachverhalte interpretiert werden (SCHANZ 1977b, S. 74).

Es wurde bereits oben auf S. 124 angedeutet, daß sich u. E. funktionalistische und methodologisch-individualistische Ansätze nicht gegenseitig ausschließen, sondern sogar ergänzen können. Wie Kubicek erwarten wir daher, „daß das heuristische Potential steigt, wenn in einem Mehrebenenkonzept kontextuelle und reduktionistische Erklärungsansätze miteinander verbunden werden" (KUBICEK 1977, S. 21).

Die im folgenden genannten globalen Kernthesen können im vorliegenden Zusammenhang jeweils nur sehr knapp erläutert werden (hierzu ausführlicher UEBELE 1980; auf diese Arbeit stützen sich auch einige andere Ausführungen des vorliegenden Beitrags):

4.2.1. Kontextuelle („funktionalistische") Thesen

(1) Die *Korrespondenzthese* (Angepaßtheitsthese) behauptet, daß Unternehmungen um so erfolgreicher sind, je „besser" die Merkmale ihrer Organisationsstruktur an bestimmte Umweltfaktoren angepaßt sind (hierzu z. B. die detaillierten Ausführungen bei KIESER/KUBICEK 1977, S. 298ff. sowie GEBERT 1978, S. 57ff.; eine Konkretisierung dieser These wird weiter unten vorgenommen).

(2) Die *Organisationsthese* besagt, daß interindividuelle arbeitsteilige Prozesse in Organisationen um so effizienter verlaufen, je stärker sie „vorgeplant" bzw. „durchorganisiert" werden (hierzu z. B. JOOST 1975, S. 4ff.).

(3) Die *Komplementaritätsthese* (Kongruenzthese) verlangt, daß auch im „dispositiven Bereich" bestimmte Bedingungen (Faktoren) in komplementärer Form vorliegen müssen, damit Planungs- und Entscheidungsprozesse „effizient" ablaufen können (z. B. die von Witte überprüfte spezielle Hypothese, daß ein bestimmtes Informationsangebot nur bei einer damit kongruenten Informationsnachfrage zu einer Erhöhung der Entschlußeffizienz führt. WITTE 1972, S. 56).

4.2.2. Thesen aus der Perspektive des methodologischen Individualismus (Reduktionismus)

(1) *Thesen zur intraindividuellen Konfliktreduktion:*
Diese Thesen schließen eine Reihe sog. psycho-logischer Mechanismen ein, die hier nur durch Stichworte – wie kognitive Dissonanz, Reaktanz, Gradientenmodell der Konfliktwirkungen (hierzu ausführlich IRLE 1975 sowie KIRSCH 1977) – angedeutet werden können.

(2) *Intraindividuelle Organisationsthese:*
Sie geht davon aus, daß individuelle Prognosen und Entschlüsse um so „effizienter" sind, je stärker das Problem zunächst in die einzelnen Ent-

scheidungsprämissen *dekomponiert* wird, die dann auf Grund einer formalen Strukturierungs- oder Entscheidungshilfe logisch miteinander verknüpft werden (vgl. im einzelnen S. 136f.).

(3) Die *These der Transformationsdivergenz* läßt sich dabei als Spezialfall deuten. Sie besagt, daß formallogische Transformationsoperatoren (z.B. der Bayes-Kalkül) der intuitiven menschlichen Informationsverarbeitung überlegen sind (hierzu z.B. LEE 1977, S. 265ff.).

(4) Die *Assimilationsthese* behauptet, daß formale Normen und Methoden von Individuen um so eher akzeptiert werden, je stärker sie deren kognitivem Typ entsprechen. Wenn annähernd ,,Kongenialität" in diesem Sinne besteht, ist am ehesten eine Verwendung bestimmter Planungsprinzipien bzw. -methoden zu erwarten (CHURCHMAN/SCHAINBLATT 1965).

4.2.3. Thesen, die mehrere ,,Systemebenen" einbeziehen

(1) *Konflikttheoretische Thesen:* Zu interindividuellen Konflikten sowie Konflikten zwischen Individuen und organisatorischen Tatbeständen liegen bereits vielfältige – z.T. theoretisch wohlbegründete und auch (vorläufig) bewährte – Hypothesen vor, so z.B. Aussagen über mögliche Konfliktreduktionen durch Problemaufspaltung und Setzung von Anspruchsniveaus statt Maximierungszielen (z.B. CYERT/MARCH 1963 sowie NAASE 1978; zum Problemkreis überblicksweise außerdem DLUGOS [Hrsg.] 1979).

(2) *These des intraorganisationalen Lernens:* Auf diese These wurde bereits in ihrer globalen Form hingewiesen (vgl. S. 129); sie kann z.B. speziell auf die Klärung der Bedingungen zielen, unter denen die Bereitschaft zur Wiederverwendung einer Planungstechnik steigt (,,positiver" Lerneffekt).

(3) *These der Kongruenz funktionaler und motivationaler Tatbestände:* Global besagt diese These zunächst, daß in Organisationen ein Mindestumfang an ,,Rationalitätspotential" (qualifiziertem Personal, Sachmitteln etc.) (z.B. BROWN 1974, S. 19f.) und Nutzenerwartungen vorhanden sein muß, um bestimmte Planungstechniken überhaupt mit Erfolgschancen einsetzen zu können. Hinzu kommt, daß die ,,Funktionalität" (objektive Tauglichkeit) von Planungstechniken oft an bestimmte entscheidungslogische ,,Spiel"-Regeln (hierzu CARTER 1972, S. 81) geknüpft ist – z.B. beim Schätzen von subjektiven Wahrscheinlichkeiten –, deren Einhaltung für die Akzeptanz der Technik durch den Entscheider u.U. ausschlaggebend ist. Die Akzeptanz kann z.B. dann beeinträchtigt sein, wenn motivationale Verzerrungen der Schätzdaten vermutet werden.

4.3. Kurzdarstellung einiger exemplarischer Befunde und ihrer Verwertungsaspekte

Aus der Vielzahl der Ergebnisse aller Teiluntersuchungen kann im folgenden nur eine kleine Auswahl dargestellt und im Hinblick auf mögliche praxeologische Konsequenzen diskutiert werden. Bei der Auswahl wurden – neben dem Praxisbezug – vor allem die beiden folgenden Kriterien zugrunde gelegt:
(1) Bezug zu den oben skizzierten *Kernthesen:* Dadurch sollen Zusammenhänge zwischen einzelnen designspezifischen Hypothesen hergestellt und das Integrationspotential von Teilergebnissen angedeutet werden.
(2) Beitrag zur Darstellung *multivariater* Beziehungen zwischen mehreren Merkmalen bzw. Merkmalsgruppen: Szyperski/Müller-Böling monieren wohl zu Recht, daß in den meisten bisherigen Arbeiten zur empirischen Planungsforschung multivariate Verfahren, ,,mit deren Hilfe Mehrfach- oder Scheinbeziehungen aufgedeckt werden könnten" (SZYPERSKI/MÜLLER-BÖLING 1979, S. 19f.), ignoriert werden. Sie stellen bedauernd fest, daß nicht zuletzt auch deshalb der mögliche Aussagegehalt vieler empirischer Studien nicht ausgeschöpft wird.

4.3.1. Ergebnisse der Laborexperimente

In der ersten Untersuchungsphase des Gesamtprojekts wurden zwei Laborexperimente durchgeführt, in denen die Wirkung bestimmter unabhängiger Variablen in einem für alle Personen gleichen Entscheidungs-Umfeld eindeutig zurechenbar ermittelt werden konnte. Im Vordergrund stand das Ziel, Strukturierungs- bzw. Entscheidungshilfen (Entscheidungsmatrix, einfacher Entscheidungsbaum) so zu präsentieren, daß bei vorgegebener bzw. experimentell gesteuerter Genetik der Entscheidungsprämissen bestimmte Verhaltenswirkungen erklärt werden konnten. Besonders interessierten dabei abhängige Variablen, die zur *Risikohandhabung* im weiteren Sinne gehören, z.B. Risikowahrnehmung, Bereitschaft zur Übernahme erkannter Risiken, Informationswert-Schätzungen, Prognosegenauigkeit, Entscheidungseffizienz sowie die Einstellung zu formalen Methoden.

Bei der *ersten Experimentvariante* war vor dem Hintergrund einer kleinen Fallstudie über die *Einführung eines neuen Produktes* zu entscheiden. Die Grundform des Experiments bestand aus einem zweifaktoriellen Design (dichotome Faktoren; Felderbesetzung: 4×30 Vpn) mit teilweiser Meßwiederholung, jeweils im Anschluß an eine Gruppendiskussion und die Vorgabe einer Zusatzinformation. Die Entscheidung bestand aus der Wahl zwischen drei Alternativen (zwei Neuproduktvarianten mit unterschiedlichen Risiken, Lizenzvergabe mit festgelegtem Ertrag). Entscheidungskriterium war der Kapitalwert, der jeweils für 3 verschiedene Umweltzustände angegeben war. Die Ergebnisse wurden mit den zugehörigen Wahrscheinlichkeiten und Erwartungswerten in Form einer Entscheidungsmatrix präsentiert. Hauptsächlicher Experimentfaktor war die *Darbietungsform* der Informationen: Sie bestand in der *aggregierten* Variante aus der vorgegebenen Entscheidungsmatrix. In der *disaggregierten* Variante wurden darüber hinaus sämtliche dahinterstehenden detaillierten Daten und Einzelschätzungen aufgeführt.

Ein ergänzender, zweiter Experimentfaktor bestand darin, daß durch entsprechende Angaben über die Firmensituation zwischen Groß- und Kleinunternehmen unterschieden wurde.

Auf die Beschreibung des Experimentablaufs sowie der verwendeten statistischen Prüfverfahren im einzelnen muß hier ebenso verzichtet werden wie auf die Angabe aller Detailhypothesen (ausführlich KÖHLER/STÖLZEL/UEBELE 1976; KÖHLER/UEBELE 1977; UEBELE 1980).

Folgende Ergebnisse, die zu praxeologischen Folgerungen anregen, seien hervorgehoben:

(1) Die *Darbietungsform* der Informationen beeinflußt das sog. *kognitive Risiko*, das sich als Inbegriff der subjektiv wahrgenommenen Ungewißheitsfaktoren bzw. Unvollständigkeiten in der Informationsgrundlage einer Entscheidung definieren läßt (hierzu vor allem KUPSCH 1973, S. 242ff.). Eine aggregierende Darbietung der entscheidungsrelevanten Daten führt – im Vergleich zur näheren Angabe der Hintergrundinformationen – zu stärkeren Vorbehalten gegen die Brauchbarkeit der formalisierten Planungshilfe (hier: Entscheidungsmatrix). Dieses Experimentergebnis legt den Schluß nahe, daß der Umfang und auch die Form der jeweils problembezogenen möglichen Informationsversorgung eine wichtige Voraussetzung für die Akzeptanz von Planungs- und Entscheidungstechniken sein dürfte.

Mittelbar wird hiermit auch das Stab-Linien-Problem angesprochen, da die Informationsaufbereitung und -zusammenfassung vornehmlich bei den Stäben, die Risikobeurteilung und der Entschluß aber letztlich bei den Linieninstanzen liegt (zu den hieraus entstehenden Problemen: IRLE 1971, u. a. S. 167f.).

Gerade weil deshalb die Einschätzung der Stabtätigkeit seitens der Entscheider deren Urteil über die Informationsgrundlagen mitprägt, wurde bei weiteren Auswertungen des oben beschriebenen Neuprodukt-Experiments das „Kognitive Risiko" umfassender durch mehrere Indikatoren definiert und anhand entsprechender Rating-Skalen erfaßt:
– Urteil über den ausreichenden oder unzureichenden Umfang der vorgelegten Informationen;
– Vertrauen in die Vorarbeit der Stäbe;
– Beurteilung der Transparenz einer Entscheidungsmatrix und
– Beurteilung der bei der Erstellung der Entscheidungsmatrix erfolgten Ungewißheitsabsorption.

Im Rahmen einer mehrfaktoriellen multiplen Varianzanalyse (MANOVA) ergab sich auch in diesem Fall ein statistisch enger – wenn auch nicht mehr einfach „in einer Richtung" beschreibbarer – Zusammenhang zwischen (aggregierter oder disaggregierter) Darbietungsform und Elementen des kognitiven Risikos.

Bei einer weiterführenden Untersuchung auf der Grundlage der (faktorenanalytisch zusammengefaßten) Indikatoren zeigte sich im übrigen erwartungsgemäß, daß mit zunehmendem kognitiven Risiko die Bereitschaft zur Übernahme „expliziter Risiken" (wie sie im Konsequenzenbild einer Entscheidungsmatrix zum Ausdruck kommen) tendenziell sinkt.

(2) Außerdem ergab das Neuprodukt-Experiment, daß die Neubeurteilung subjektiver Wahrscheinlichkeiten auf der Grundlage von Zusatzinformationen (z.B. Testmarkt-Ergebnissen) durch „irrationale" Faktoren, wie die persönliche Bevorzugung einer bestimmten Entscheidungsalternative, beeinflußt wird. Entsprechende Urteils-Verzerrungen lassen sich durch das Streben nach der *Vermeidung kognitiver Dissonanzen* erklären. Die organisatorische Vorgabe „objektiv-rechnerischer" Normen der Informationsverarbeitung (z.B. das Bayes-Modell) könnte solche subjektiv bedingte Quellen für Fehlentscheidungen ausschalten. Diese Überlegung spricht grundsätzlich für die Verwendung formaler Planungshilfen; sie läßt allerdings die Frage nach den Akzeptanzbedingungen im einzelnen noch offen.

Bei der zweiten Experimentvariante war im Rahmen eines einfachen Planspiels über 8 Perioden hinweg der Preis eines bestimmten Produktes festzulegen. Insgesamt 80 Versuchspersonen, die jeweils zur Hälfte einer Experiment- und einer Kontrollgruppe zugeteilt wurden, hatten diese Entscheidung in der Rolle eines Produktmanagers zu treffen. Über ein Reaktionsmodell wurden ihnen die preisabhängigen Handlungsweisen der Umwelt (Abnehmer, Konkurrenten, sonstige Einflußfaktoren) sowie die daraus resultierenden Nachfragemengen und Erfolge rückgekoppelt. Nach vier Spielperioden war ein gemeinsamer Erfahrungshintergrund mit gleichen Ausgangsbedingungen für Experiment- und Kontrollgruppen geschaffen.

Der Experimentgruppe wurde nun das Prinzip eines einfachen *Entscheidungsbaumes* (mit zweistufigen Ereignissen) erklärt, der bei den folgenden vier Spielperioden zu verwenden war. Die Kontrollgruppe entschied nach wie vor aufgrund individueller intuitiver Methoden. Im übrigen standen beiden Gruppen genau dieselben Rückkopplungsinformationen zur Verfügung.

Folgende Ergebnisse können besonders hervorgehoben werden:

(1) Ein Teil der Experimentgruppe (45%) lehnte den Entscheidungsbaum zunächst ab. Die Ablehnung der Entscheidungshilfe ging auf eine deutliche Erhöhung des kognitiven Risikos zurück, da für die Versuchspersonen nicht ohne weiteres ersichtlich war, wie die zur Benutzung des Instruments erforderlichen Informationen gewonnen werden konnten. Die Widerstände gegen die Methode wurden jedoch weitgehend abgebaut (begleitet von einem Sinken des kognitiven Risikos), als Möglichkeiten zur Schließung der Informationslücken

angeboten wurden. *Daraus läßt sich folgern, daß Entscheidungshilfen auf Ablehnung stoßen, wenn sie beim Entscheidungsträger eine komplexere Problemsicht auslösen, ohne daß zugleich Möglichkeiten einer Deckung des gestiegenen Informationsbedarfs aufgezeigt werden.* Dieses Ergebnis weist gewisse Parallelen zu dem Befund Wittes auf, daß ein zum Teil ungenutztes Informationsangebot erst bei einer damit hinlänglich korrespondierenden (eventuell zu vitalisierenden) Informationsnachfrage einen effizienzfördernden Einfluß auszuüben vermag (WITTE 1972, S. 87f.).

(2) Durch die nunmehr breite Akzeptanz (nur 6 Versuchspersonen lehnten den Entscheidungsbaum nach wie vor ab) war eine Grundlage für seine „erfolgreiche" Verwendung geschaffen. Es zeigte sich im weiteren Ablauf, daß man die möglichen Risiken der gewählten Preisalternativen in der Experimentgruppe bei Verwendung der einfachen Strukturierungs- und Entscheidungshilfe wesentlich genauer prognostizierte als in der Kontrollgruppe. Der Effekt läßt sich auf die Wirksamkeit des *Dekompositionsprinzips* bei den subjektiven Schätzungen zurückführen (ähnliche Befunde zum Dekompositionseffekt z.B. bei ARMSTRONG 1978, S. 51ff.).

Nach Abschluß aller 8 Spielperioden konnte ferner auf der Grundlage der kumulierten Gewinne eine Hypothese zur *Entscheidungseffizienz* überprüft werden. Die durch den einfachen Entscheidungsbaum gegebene Schätz- und Bewertungssystematik führte im Verlauf der 4 letzten Perioden zu einem durchschnittlichen Gewinnzuwachs, der im Vergleich zur „konventionell" arbeitenden Kontrollgruppe um 26% höher war. Auch die *Zufriedenheit* mit dem Ablauf der Preisentscheidungsprozesse war in der methodengestützt arbeitenden Experimentgruppe insgesamt größer als in der Kontrollgruppe.

Die durch ein einfaches formales Instrument gesteuerte explizite Zerlegung des Entscheidungsproblems in seine Elemente (Umweltbedingungen und deren Wahrscheinlichkeiten sowie zugehörige Nachfragemengen) sowie die formal auferlegte Alternativenbewertung (über die Bildung von Erwartungswerten) erwiesen sich somit zumindest unter bestimmten – experimentell kontrollierten – Bedingungen im Vergleich zur intuitiven Vorgehensweise als überlegen.

Zugleich wurde aber auch deutlich, wie wichtig es für die erfolgreiche Methodenimplementierung ist, eine ausreichende Deckung des methodenbedingt entstehenden Informationsbedarfs zu gewährleisten und den Eindruck zu vermeiden, daß die zu lösenden Probleme durch bestimmte Planungsverfahren nur noch komplizierter werden.

Experimente haben den Vorzug einer gezielten Kontrollierbarkeit der Einflußvariablen. Dies wird zum Teil mit stark vereinfachten, „künstlichen" Untersuchungsbedingungen erkauft. Deshalb wurden die kurz beschriebenen experimentellen Analysen durch Felduntersuchungen ergänzt.

4.3.2. Resultate aus einer großzahligen Felduntersuchung

Die im Rahmen des Gesamtprojekts geplanten Felduntersuchungen waren von vornherein mehrstufig angelegt. Eine Vorerhebung mit einem kurzgefaßten Kontaktfragebogen bei 1171 antwortenden Unternehmen zeigte erwartungsgemäß, daß statistische bzw. mathematische Planungstechniken in der Industrie wesentlich häufiger eingesetzt werden als etwa im Handel oder im Dienstleistungssektor. Die Haupterhebung beschränkte sich auf eine Zufallsstichprobe von 400 Industrieunternehmen mit mehr als 1000 Beschäftigten (zu Details der technischen Durchführung der Erhebung KÖHLER/UEBELE 1977, S. 14ff.). Bei 334 auswertbaren Fragebogen betrug die Rücklaufquote 83,5%.

Aus der umfassender angelegten Untersuchung, die sich u. a. auch auf die Verbreitung bestimmter Organisationsformen (z. B. Produktmanagement) und computergestützter Informationssysteme bezog, werden im folgenden nur einige Resultate dargelegt, die sich unmittelbar auf Planungstechniken beziehen.

(1) Die *deskriptiven Ergebnisse* über die Verbreitung unterschiedlicher Prognosemethoden sowie mathematischer Verfahren der Maßnahmenplanung und -optimierung (differenziert nach Wirtschaftsbereichen, Branchen und zum Teil nach Anwendungsproblemen) wurden an anderer Stelle (KÖHLER/UEBELE 1977, S. 92ff.) ausführlich dargestellt. Potentiellen Methodenverwendern können diese Ergebnisse als Indizien dienen, für welche Planungsaufgaben nach den bisherigen Erfahrungen einer Vielzahl von Industrieunternehmen bestimmte Planungstechniken am ehesten in Frage kommen. Speziell im Hinblick auf Prognoseverfahren gibt auch die Einschätzung ihrer (relativen) Zuverlässigkeit durch die befragten Firmen Hinweise darauf, mit welchen Methoden in welchen Einsatzfeldern bisher gute Erfahrungen gemacht wurden.

(2) Zur Erklärung der Einsatzintensität von Planungstechniken wurde eine *Kontingenzanalyse* durchgeführt. Den Ausgangspunkt bildet dabei die Überlegung, daß bestimmte *Situationsmerkmale* (Umweltfaktoren, Eigenschaften der Organisationsstruktur) mehr oder weniger günstige *Voraussetzungen für die Verwendung von Planungstechniken* darstellen. Ein Index für die *Einsatzintensität* wurde durch die additive Zusammenfassung der (mit der Verwendungshäufigkeit gewichteten) Anzahl der praktizierten Verfahren gewonnen (zur Begründung einer solchen vergröbernden Indexbildung KIESER/KUBICEK 1977, S. 199). Die für einzelne Unternehmen geltende Verwendungsintensität läßt sich dabei als Resultat vielschichtiger organisatorischer Lernprozesse sowie damit verknüpfter intuitiver Kosten-Nutzen-Überlegungen deuten.

Statistische Analysen haben ergeben, daß vor allem die folgenden *Kontextmerkmale* das Ausmaß der Verwendung von Planungstechniken beeinflussen:

(a) *Unternehmensgröße:* Je größer Unternehmen sind, desto eher können Ressourcen für den Methodeneinsatz und die erforderlichen organisatorischen

Vorkehrungen bereitgestellt werden. Mit steigender Unternehmensgröße ergeben sich oft auch vielfältigere Verwendungsmöglichkeiten für die Planungstechniken, so daß deren Einführung eher als „lohnend" angesehen werden kann.

(b) *Umweltmerkmale:* Bestimmte Eigenschaften der Umwelt führen zu erheblicher Ungewißheit bei Entscheidungsproblemen. Ungewißheit entsteht insbesondere durch eine hohe Dynamik und Komplexität der Marktbeziehungen. Diese beiden Situationsmerkmale wurden durch eine ganze Reihe von Fragen zu Änderungen des Bedarfs, des Produktions- bzw. Absatzprogramms und des absatzpolitischen Instrumentariums sowie zur Vielfalt der Abnehmerbeziehungen und zur Größe bzw. Heterogenität der Produktpalette erfaßt. Die Angaben zu diesen Einzelpunkten konnten mit Hilfe von Faktorenanalysen verdichtet werden.

In Übereinstimmung mit anderen empirischen Untersuchungen (zu einem Überblick KIESER/KUBICEK 1977, S. 285ff.) stellte sich heraus, *daß auf eine „turbulente" Umwelt verstärkt durch den Einsatz von Planungstechniken sowie damit in Zusammenhang stehende organisatorische und ablauftechnische Regelungen reagiert wird.*

Eine spezielle Art der Ungewißheit, die in starker Abhängigkeit von schwer vorhersehbaren Verhaltensweisen bestimmter potentieller Auftraggeber zum Ausdruck kommt, beeinträchtigt allerdings die Verwendung von Planungstechniken im Absatzbereich. Dies ist typisch für Unternehmen mit Einzel- bzw. Auftragsfertigung, bei denen die Erhebungsergebnisse auch eine entsprechend geringe Verbreitung von Methoden der Absatzplanung erkennen lassen.

(c) *Organisatorische Merkmale:* Ein beträchtlicher Einfluß geht ferner von einigen grundlegenden organisatorischen Regelungen aus, die anscheinend ein günstiges „Planungsklima" konstituieren. Hier ist, abgesehen von der Einrichtung planungsunterstützender Service-Abteilungen, vor allem die *Dezentralisation von Entscheidungen* zu nennen. Insbesondere die Zuordnung klar abgegrenzter Objektzuständigkeiten, wie sie z.B. im Rahmen der Organisationsform des Produktmanagements vorzufinden ist, scheint den Einsatz von Planungstechniken zusätzlich zu fördern. Der von verstärkten kurzfristigen Kontrollaktivitäten ausgehende Begründungs- und Rechenschaftsdruck sowie detaillierte Aufgabenregelungen begünstigen darüber hinaus die Bereitschaft zu einem intensiveren Einsatz von Planungstechniken. Die Risiken einer verstärkten Delegation sollen dabei offenbar durch „flankierende" Kontrollvorkehrungen reduziert werden (hierzu im einzelnen BLAU/SCHOENHERR 1971, S. 117f. Zum Zusammenhang von Rechenschaftsdruck und Einsatzhäufigkeit bestimmter Planungshilfen auch KÖHLER 1972, S. 22ff.).

(d) *Allgemeine Marketing-Orientierung:* Die Bereitschaft zum Einsatz von Methoden und Modellen der Marketingplanung wächst, je ausgeprägter ein Unternehmen allgemein dem Absatzbereich die Planungspriorität zuordnet und je größeres Gewicht dem Einsatz absatzpolitischer Instrumente zugemessen wird (beide Kriterien wurden in der Erhebung durch Rating-Angaben bzw. Prioritätsnennungen ermittelt).

Die Kombination der vorstehend genannten Einsatzbedingungen als Prädiktorvariablen für multiple Regressionsanalysen zeigte allerdings, daß damit die Varianz der Verwendungsintensität von Planungstechniken maximal zu rd. 35% erklärt werden konnte. Dafür sind sicherlich zum Teil die globalen, relativ unscharf messenden Indikatoren verantwortlich. Da eine Reihe weiterer möglicher Einflußgrößen, z. B. Einstellungen und Persönlichkeitsmerkmale der Manager sowie die bestehenden Macht- und Einflußbeziehungen, nicht berücksichtigt werden konnte, war ohnehin ein beträchtlicher Teil der Varianz nicht aufklärbar.

Dennoch läßt sich im großen und ganzen feststellen, daß beim Vorliegen der vier obengenannten Kontextbedingungen (a–d) der Einsatz von Planungstechniken offenbar eher als erfolgversprechend angesehen wird. Solche positiv ausgefallenen Kosten-Nutzen-Überlegungen könnten durchaus teilweise die tatsächliche ,,Günstigkeit" des Methodeneinsatzes unter den bestehenden Einsatzbedingungen widerspiegeln. Die *Korrespondenzhypothese,* wie sie von einigen empirischen Organisationsforschern vertreten wird, besagt darüber hinaus: Eine Anpassung der organisatorischen Regelungen an den Kontext schlage sich in einem höheren Erfolgsbeitrag nieder. Die Datenauswertung hat hierfür gewisse Anzeichen geliefert: Als ,,Erfolgs"-Kenngröße wurde (da am besten ermittelbar) der Umsatzzuwachs der Firmen in einem Dreijahreszeitraum verwendet. Es hat sich bei der Felderhebung tatsächlich gezeigt, daß in ,,erfolgreichen" (d. h. hier: umsatzexpansiven) Firmen die Verwendungsintensität von Prognose- und Planungstechniken besser an die Umweltdynamik angepaßt ist als in weniger ,,erfolgreichen" Unternehmen.

(3) In der nachstehenden Abbildung 2 soll schließlich der Bezug der bisher diskutierten Einsatzbedingungen zu einigen – faktorenanalytisch ermittelten – Wahrnehmungs- und Einstellungsdimensionen veranschaulicht werden. Den Orientierungspunkt stellen dabei einige globale *Verhaltenswirkungen* methodengestützter Entscheidungsprozesse dar, die sich auch als Effizienzindikatoren interpretieren lassen.

Zur ausführlichen Erläuterung der nunmehr neu hinzugekommenen Merkmalsgruppen muß auf andere Veröffentlichungen (KÖHLER/UEBELE 1977; KÖHLER/UEBELE 1979) verwiesen werden. Dort werden auch Merkmale diskutiert, über deren Beeinflussung ein Abbau vermeintlicher Einsatzbarrieren sowie eine Verbesserung des Implementierungs- und Akzeptanzgrades möglich erscheint. Im folgenden wird daher nur noch auf einige Ergebnisse hingewiesen, deren Bezug zu den oben skizzierten Kernthesen augenfällig ist:

Die tatsächliche *Akzeptanz* eines im Unternehmen eingeführten Planungsverfahrens wurde in der hier beschriebenen Feldstudie anhand zweier Maßgrößen festgestellt: Zum einen wurde gefragt, in welchem Ausmaß die mit dem Verfahren ermittelten Lösungen im Absatzbereich der Firma auch wirk-

```
┌─────────────────────────┐    ┌──────────────────┐    ┌──────────────────────┐
│ Unternehmenskontext     │    │ Verwendungsin-   │    │ Verhaltenswirkungen  │
│ – Unternehmensgröße     │───▶│ tensität von Pla-│───▶│ – Akzeptanzgrad      │
│ – Umweltfaktoren        │    │ nungstechniken   │    │ – Bereitschaft zum   │
│ – Marketing-Orientie-   │    └──────────────────┘    │   künftigen Metho-   │
│   rung                  │             ▲              │   deneinsatz         │
│ – Organisationsmerk-    │             │              └──────────────────────┘
│   male                  │             │                         ▲
└─────────────────────────┘    ┌──────────────────┐    ┌──────────────────────┐
           │                   │ Wahrgenommene Ein-│    │ Beurteilungsprofil der│
           │                   │ satzbarrieren    │    │ Planungstechniken    │
           │                   ├──────────────────┤    ├──────────────────────┤
           └──────────────────▶│ – Mangel an Unterstüt-│ – Wirtschaftlichkeit │
                               │   zung/Ressourcen │   │ – Realitätsnähe      │
                               │ – Fehlen von Anwen-│  │ – Benutzerfreund-    │
                               │   dungsvoraussetzungen│  lichkeit            │
                               └──────────────────┘    └──────────────────────┘
```

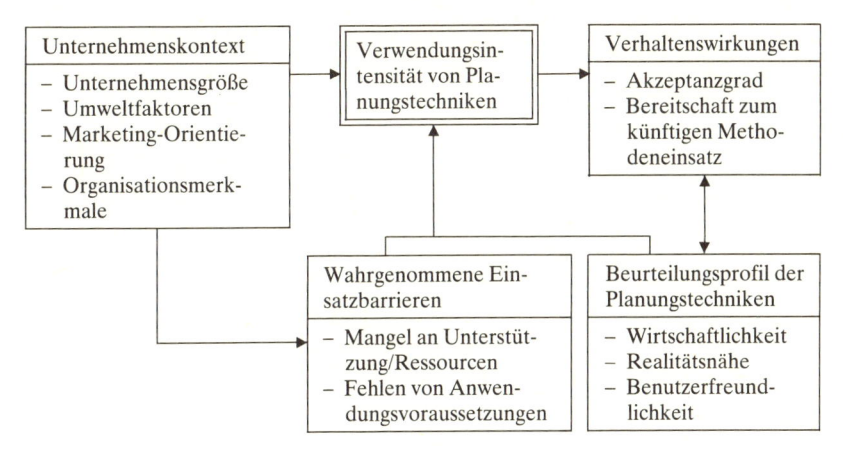

Abbildung 2: Untersuchte Einsatzbedingungen und Verhaltenswirkungen von Planungstechniken

lich eine praktische Umsetzung finden. Zum anderen war von den Befragten anzugeben, wie hoch sie subjektiv die mit der Umsetzung verbundenen Schwierigkeiten einschätzen. In beiden Fällen wurden die Antworten auf Rating-Skalen erfaßt. Die Differenz aus Umsetzungshäufigkeit (= positiver Gesichtspunkt) und dem Ausmaß der dabei firmenintern zu überwindenden Schwierigkeiten (= negativer Gesichtspunkt) läßt sich als Akzeptanzgrad bezeichnen (BÖRSIG 1975, S. 279ff.).

Dieser Akzeptanzgrad hängt – das hat die nähere Analyse eines in der Studie erhobenen Beurteilungsprofils bestätigt – stark davon ab, wie die *Realitätsnähe* und die *„Benutzerfreundlichkeit"* von Planungsmethoden bzw. Modellen beurteilt werden. Auch die *Wirtschaftlichkeit* des Methodeneinsatzes ist ein ausdrücklich beachtetes Anwendungskriterium.

Weiterhin hat sich auch in der Feldstudie deutlich gezeigt, daß die Akzeptanz steigt, je besser der durch Planungsmodelle hervorgerufene Bedarf an Eingabedaten wirklich gedeckt werden kann, d. h. je größer die Zufriedenheit mit dem innerbetrieblich erreichten Stand der Informationsversorgung ist. (Dies deckt sich mit einigen weiter oben dargelegten Resultaten unserer experimentellen Untersuchungen.)

Wenn im Rahmen des Operations Research Entscheidungshilfen für das Marketing erarbeitet werden, so sind die vorgenannten Kriterien (einschließlich der Datenbereitstellbarkeit) besonders zu beachten, um das Angebot an Planungstechniken besser auf die Erfordernisse der Praxis abzustimmen.

Aus den Erhebungsergebnissen geht im übrigen hervor, daß bestimmte Merkmale der Unternehmens-Situation die Akzeptanz von Planungsverfahren beeinflussen. Je intensiver z. B. eine *Zusammenarbeit* mit *unterstützenden Abteilungen* stattfindet (etwa mit OR-, EDV- und Marktforschungsabteilungen), desto eher kommt es bei den Entscheidungsträgern zur Bejahung der eingeführten Methoden und Modelle.

Die Angaben über das Ausmaß einer solchen abteilungsübergreifenden Zusammenarbeit wurden in der empirischen Feldstudie anhand von Rating-Skalen erfaßt. Die Auswertung zeigt, daß in diesem Zusammenhang anscheinend die positiven Seiten der (ansonsten ja nicht immer konfliktfreien) Stab-Linie-Beziehungen überwiegen.

Es bleibt noch auf ein Ergebnis hinzuweisen, das auf den ersten Blick widersprüchlich erscheint: Einerseits wurde festgestellt, daß hohe Marktdynamik und Komplexität die Intensität der Verwendung mathematischer Entscheidungshilfen positiv beeinflussen. Als Begründung kann auf die Notwendigkeit verwiesen werden, bei entsprechenden Umweltkonstellationen Ungewißheit und damit verbundene Risiken im Rahmen formaler Planungsansätze zu berücksichtigen. Andererseits gehen mit hoher Umweltturbulenz verstärkte *Widerstände* bei der Umsetzung der methodengestützt abgeleiteten Problemlösungen einher. Diese Widerstände bei hoher wahrgenommener Ungewißheit lassen sich als Ausdruck der Schwierigkeiten einer formalen Planung in einer turbulenten und komplexen Umwelt deuten. Trotzdem erfolgt tatsächlich ein intensiver Methodeneinsatz, und die Wahrscheinlichkeit für eine künftig noch stärkere Verwendung der Techniken wird von den Entscheidungsträgern hoch eingeschätzt (zur detaillierten Analyse entsprechender Veränderungsprozesse z.B. GABELE 1978; zum Promotorenmodell als möglichem Erklärungskonzept für diese Veränderungsprozesse vgl. WITTE 1973; 1976).

Darin kommt ein *Konflikt* zum Ausdruck, der sich als *organisatorisches Dilemma* interpretieren läßt: Die Anpassung der Organisation an ständige Umweltveränderungen erfordert ein funktionierendes Planungssystem. Dem stehen Planungsschwierigkeiten bei turbulenter Umwelt gegenüber, die persönliche Ziele, Hoffnungen und Ängste der verantwortlich Entscheidenden berühren. Offene oder versteckte Widerstände und dadurch bedingte Reibungsverluste sind in diesem Spannungsfeld kaum vermeidbar.

Wie solche Konflikte zwischen sog. *funktionalen* Systemerfordernissen und den *individuellen* Einstellungen und Bestrebungen der Organisationsteilnehmer entschärft werden können, war eine der Fragen, die mit etwas anderer Akzentuierung im Rahmen einer weiteren, kleinzahligen Feldstudie beantwortet werden sollte.

4.3.3. Befunde im Rahmen einer ergänzenden kleinzahligen Feldstudie

In einer Anschlußuntersuchung wurden noch einmal diejenigen Unternehmen befragt, die bereits Planungstechniken verwendet hatten, deren Einsatz die Schätzung und Verarbeitung von *Wahrscheinlichkeiten* erforderte. Zu diesen Methoden gehören die Risikoanalyse, das Entscheidungsbaum-Verfahren sowie die Wahrscheinlichkeitsbestimmung für diskrete Streubereiche von

Zielkriterien. Es ergaben sich insgesamt 61 auswertbare Fragebogen, von denen 3 im Rahmen mündlicher Interviews ausgefüllt wurden. Die Erhebung bezog sich auf ganz bestimmte, einzelne Entscheidungsprozesse. Von den Befragten war – auf der Grundlage einiger vorgegebener Kriterien – eine konkrete Entscheidungsaufgabe auszuwählen, deren Lösung mitHilfe eines der genannten Verfahren ermittelt worden war.

Varianzanalytische Homogenitätstests ergaben, daß trotz der Verwendung unterschiedlicher Planungstechniken die 61 Entscheidungsprozesse hinreichend vergleichbar waren. Es überwogen offenbar die methodischen Gemeinsamkeiten, wie die Mehrwertigkeit der Planungsdaten unter Berücksichtigung von Wahrscheinlichkeitsvorstellungen sowie die Problematik der Risikohandhabung.

Die speziellen Einsatzbedingungen, die bei der Methodenverwendung vorlagen, wurden im wesentlichen anhand der folgenden Merkmale erfaßt:
– Anwendungsbereich der Planungstechnik, Rechenmodus und (faktorenanalytisch ermittelte) Strukturmerkmale des Entscheidungsproblems -
– Organisatorische „Einbettung" der Methode (Anlaß für den Einsatz, Vertrautheit mit der Methode)
– Bei der Initiierung des Einsatzes, der Methodenverwendung und der Entschlußfassung beteiligte organisatorische Stellen/Gruppen.
– Informationsversorgung in Form von Arten und Menge der einbezogenen Informationsquellen
– Charakteristika der modellierten Entscheidungssituation (Alternativenzahl, Art und Menge der berücksichtigten Ziele und Umweltzustände, Wahrscheinlichkeitsverteilung)
– Modalitäten der Alternativenwahl und -realisation
(Eine statistische Auswertung und Analyse der Beziehungen zwischen diesen zum Teil als unabhängig, zum Teil als intervenierend definierten Merkmalen findet sich bei UEBELE 1980).

Es wurde eine Vielzahl von Beziehungen zwischen diesen Einsatzbedingungen und bestimmten Verhaltenswirkungen im Rahmen der methodengestützten Entscheidungsprozesse untersucht. Im vorliegenden Zusammenhang wird nur auf einige ausgewählte Befunde eingegangen:

(1) Das *kognitive Risiko* (gemessen als Ausmaß der Zweifel an der Richtigkeit des planungstechnisch ermittelten Konsequenzenbildes) sinkt deutlich mit zunehmender Vielfalt der im Entscheidungsprozeß verwerteten Informationsquellen. Die Parallelen dieses Befundes zu Ergebnissen der Laborexperimente sind offenkundig.

Es hat sich ferner gezeigt, daß das *kognitive Risiko um so niedriger ist, je stärker der Methodeneinsatz (in Form schriftlicher Regelungen oder etablierter Planungsgepflogenheiten) organisatorisch verankert ist.* Dies erklärt andererseits die gerade bei der erstmaligen Verwendung von Planungstechniken häufig anzutreffende mangelnde Akzeptanz der methodisch ermittelten Alternativenbewertungen. Erfahrungen und Erkenntnisse aus eigenen Präsentationen von Planungstechniken sowie Interviews mit Stabsexperten und Unternehmensberatern belegen darüber hinaus, daß die *Nichtbereitstellbarkeit der erforderlichen Eingabedaten* eines der *größten Implementierungshindernisse* darstellt – auch dann, wenn eine grundsätzliche Bereitschaft zum Verfahrenseinsatz besteht (UEBELE/PEETERS 1978, S. 76). Der Einstieg in die Methodenverwendung gelingt eher, wenn er bei nicht allzu schwerwiegenden Entscheidungsproblemen erfolgt, die sich zumindest teilweise durch „harte" Daten untermauern lassen. In solchen Fällen erscheint auch das von Brown geforderte Training am realen Problem (BROWN 1974) am ehesten praktikabel, und das von Topritzhofer dargelegte Prinzip der „evolutionären Modellentwicklung" (TOPRITZHOFER 1978, S. 426) läßt sich sinngemäß einhalten.

(2) Die Bereitschaft zur Übernahme eines *expliziten Risikos*[4] beim Entschluß wird tendenziell (allerdings nicht signifikant) durch ein geringes kognitives Risiko gefördert (vgl. den ähnlichen experimentellen Befund auf S. 136). Sie sinkt mit zunehmender Tragweite einer Entscheidung für den Gesamterfolg – ein Ergebnis, das ebenfalls einen experimentell ermittelten Befund (KÖHLER/STÖLZEL/UEBELE 1976, S. 23ff.) stützt. Das sowohl in Labor- als auch in Feldexperimenten zumeist bestätigte Phänomen des *Risikoschubs* (d.h. einer erhöhten Risikobereitschaft von Gruppen, verglichen mit Individuen; vgl. hierzu z.B. KUPSCH 1973, S. 282ff.) hat sich auch in unserer Stichprobe von 61 Entscheidungsprozessen niedergeschlagen: Die Risikobereitschaft war tendenziell (schwach signifikant) um so höher, je größer die Anzahl der am Entscheidungsprozeß beteiligten organisatorischen Stellen war (auf mögliche praxeologische Konsequenzen wird bei IRLE 1971, S. 186ff. hingewiesen).

(3) Als wichtige „intervenierende" Verhaltenswirkung wurde das im Rahmen des Methodeneinsatzes manifeste *Konfliktausmaß* anhand von vier Rating-Skalen erfaßt:
– Konflikte hinsichtlich der Rangordnung von Alternativen,
– Konflikte hinsichtlich der Verantwortlichkeit für den Entschluß,
– Konflikte hinsichtlich des Vertrauens in die Informationsgrundlage und
– Stab-Linie-Konflikte.

Konflikte lassen sich prinzipiell als Folge der Auslösung mehrerer intra- bzw. interpersoneller Verhaltenstendenzen bei teilweiser Unvereinbarkeit dieser Tendenzen (z.B. aufgrund konkurrierender Ziele) charakterisieren. Nach Berlyne weisen mit Ungewißheit verknüpfte neuartige Situationen Konfliktpotential auf (BERLYNE 1957). Bei Entscheidungen in Organisationen wirken folgende Faktoren zusammen: Das Spannungsverhältnis zwischen Zielen und Mitteln, die Komplexität, Multipersonalität und Umweltverbundenheit der Organisation sowie die Unvollkommenheit der verfügbaren Informationen

---

[4] Explizite Risikobereitschaft hier gemessen als Ausmaß der Orientierung am Erwartungswert als Entscheidungskriterium (Risikoneutralität).

(KRÜGER 1972, S. 25ff.). Bei den meisten entscheidungsbezogenen interindividuellen Konflikten lassen sich Wertkonflikte (bei unterschiedlichen Präferenzen für bestimmte Alternativen) und Überzeugungskonflikte (hinsichtlich der relevanten faktischen Entscheidungsprämissen) unterscheiden. Letztere tragen wesentlich zum kognitiven Risiko bei.

(a) Ein hohes kognitives Risiko einschließlich der Annahme, daß die Wahrscheinlichkeitsschätzungen manipuliert bzw. subjektiv verzerrt sein könnten, hat sich in unseren Untersuchungen als einflußstärkste Bedingung für das Ausmaß der manifest gewordenen Konflikte erwiesen. Dies unterstreicht abermals das Erfordernis, bei der Einführung von Planungstechniken besonderes Gewicht auf den ausreichenden Umfang und vor allem auch auf die Transparenz der bereitstellbaren Planungsinformationen zu legen.

(b) Auf der Grundlage einer Clusteranalyse wurden die 61 Entscheidungsprozesse in solche mit hohem und geringem Konfliktausmaß eingeteilt. Es zeigte sich, daß Entscheidungsprozesse mit hohem Konfliktausmaß durch eine deutlich größere Komplexität der Problemstruktur (insbesondere eine höhere durchschnittliche Anzahl der verfolgten Ziele) gekennzeichnet sind. Je nachdem, ob in konkret zu erwartenden ,,Konfliktepisoden" die Störungssymptome bzw. Reibungsverluste als negative Merkmale oder eine eher positiv zu wertende Katalysatorwirkung überwiegen, können sich Schlichtungsregeln bzw. Standardmechanismen der Konfliktbewältigung als ,,steuernde" Maßnahmen anbieten.

(4) Durch Faktorenanalysen wurden in der für 61 Entscheidungsfälle durchgeführten Feldstudie folgende charakteristische *Beurteilungsdimensionen methodengestützter Entscheidungsprozesse* ermittelt:
(a) Kongenialität der Entscheider,
(b) Vollständigkeit und Transparenz des zur Entschlußvorbereitung verwendeten Modells,
(c) Ausmaß der insgesamt erreichten Problemdurchdringung.

Im Rahmen einer kanonischen Korrelationsanalyse wurde sodann untersucht, in welchem Maße diese drei Faktoren insgesamt mit den auf S. 144 genannten vier Konfliktkomponenten in Zusammenhang stehen. Eine signifikante kanonische Funktion (kanonischer Korrelationskoeffizient = 0,57) erbrachte positive kanonische Koeffizienten für alle vier Konfliktkomponenten. Damit korrespondiert auf der anderen Seite ein hoher positiver Koeffizient für das *,,Ausmaß der Problemdurchdringung"*. Dies deutet auf einen grundsätzlich günstigen Einfluß konfliktärer Prozesse bei der ausführlichen Problembehandlung mit Hilfe formaler Planungstechniken hin.

Im Hinblick auf die Beurteilung der *Vollständigkeit und Transparenz* von Entscheidungsmodellen neutralisieren sich offenbar die positiven und negativen Wirkungen von Konflikten. Demgegenüber zeigt sich, daß ein sehr geringes Konfliktausmaß mit einer hohen *Kongenialität der Entscheider* korrespondiert. Dies gilt insbesondere hinsichtlich sog. *Stab-Linie-Konflikte,* die offenbar deutlich reduziert werden, wenn das Management, das letztlich den Entschluß zu fällen und umzusetzen hat, die Funktionen und Ergebnisse der Modellbildung nachvollziehen kann und insgesamt als positiv bewertet.

(5) Als Indikatoren für die *Effizienz* der methodengestützten Entscheidungsprozesse wurden folgende Merkmale erfaßt:
- abschließende Kosten-Nutzen-Beurteilung des gesamten Entscheidungsprozesses;
- subjektive Wahrscheinlichkeit für einen wiederholten Einsatz der verwendeten Planungstechnik.

Aus Platzgründen kann hier nicht der Einfluß sämtlicher Einsatzbedingungen, sondern nur eine Auswahl einiger besonders augenfälliger Zusammenhänge dargelegt werden:

(a) Je risikoträchtiger das methodengestützte Entscheidungsproblem, desto größer ist insgesamt die Vielfalt der beim Methodeneinsatz herangezogenen Informationsquellen, aber auch die abschließende positive Beurteilung des Entscheidungsprozesses anhand der zwei obengenannten Effizienzindikatoren. Es liegt nahe, hierbei das Streben nach Erfolg bzw. Vermeiden von Mißerfolg als moderierende Einflußgröße anzunehmen.

(b) Die auf S. 144 genannten Konflikt-Komponenten wirken auf die beiden Effizienzindikatoren unterschiedlich. Besonders deutlich zeichnet sich ab, daß Konflikte hinsichtlich der *Vertrauenswürdigkeit* der *Informationsgrundlage* relativ stark die Kosten-Nutzen-Beurteilung beeinträchtigen, während die Bereitschaft zur Wiederverwendung der Planungstechnik am stärksten bei ausgeprägten *Stab-Linie-Konflikten* abnimmt.

(c) Daß die auf S. 145 genannten Beurteilungsfaktoren hinsichtlich der methodengestützten Entscheidungsprozesse in enger Verbindung mit den beiden Effizienzindikatoren stehen, überrascht nicht. Aufschlußreich erscheint dabei allerdings die folgende Asymmetrie: Während sämtliche Beurteilungsfaktoren deutlich positiv mit der Kosten-Nutzen-Beurteilung korreliert sind, erweist sich die *Kongenialität der Entscheider für die Bereitschaft zur Wiederverwendung der Methode als der ausschlaggebende Faktor.* Dieser Befund wird durch entsprechende Aussagen in der Literatur gestützt (z.B. NAERT/LEEFLANG 1978, S. 323ff.; CARTER 1972, S. 76) und läßt sich im Sinne der auf S. 133 angeführten *„Assimilationsthese"* deuten.

Abschließend sei darauf hingewiesen, daß in 7 der 61 Entscheidungsprozesse *externe Berater* bei der Initiierung und/oder Durchführung des Methodeneinsatzes beteiligt waren. Die Entscheidungsprozesse verliefen, gemessen an den von uns zugrunde gelegten Merkmalen, unterdurchschnittlich effizient. Neben den bereits angedeuteten Barrieren bei der erstmaligen Anwendung von Entscheidungstechniken spielte dabei offenbar eine große Rolle, daß im allgemeinen mit Stabsexperten kooperiert wurde und die erreichte ,,Kongenialität der Entscheider" drastisch unter dem Durchschnitt lag. Zweifellos spricht dies nicht allgemein gegen die Beteiligung von Beratern an methodengestützten

Entscheidungsprozessen. Der Befund weist jedoch auf einen für den Implementierungserfolg kritischen und deshalb beachtenswerten Punkt hin, der insbesondere die Auswahl der Beratungs-Gesprächspartner betrifft (vgl., unter etwas anderem Blickwinkel, auch Ausführungen zur Bedeutung der Präsenz geeigneter Beratungs-Gesprächspartner bei KLEIN/KNORPP 1974, S. 40).

5. Allgemeine praxeologische Perspektiven

Die Autoren des vorliegenden Beitrages sind sich sehr wohl bewußt, daß viele der hier kurz referierten Untersuchungsergebnisse – trotz aller Bemühungen um Sorgfalt bei der Datengewinnung und der statistischen Auswertung – nur vorläufig-exploratorischen Charakter haben. Die Operationalisierung der in einigen Hypothesenansätzen verwendeten Konstrukte (wie ,,Umweltdynamik", ,,Umweltkomplexität" u.a.) läßt sich sicherlich in Frage stellen und bei weiteren Forschungsprojekten verbessern. Ebenso ist zu beachten, daß vor allem bei den schriftlichen Feldstudien die Erhebungssituation und eventuell von der Person der Antwortenden ausgehende Verzerrungen nicht hinreichend kontrolliert werden konnten.

Die Fragestellungen für das empirische Projekt sind zwar im Anschluß an die auf S. 132f. dargelegte Hypothesengesamtheit durchaus theoriegeleitet entwickelt worden. Dennoch können die gewonnenen Ergebnisse vorerst nicht mehr als Mosaiksteine sein, die sich noch nicht zu einem übergreifenden, einheitlichen Konzept zusammenfügen. Allerdings erscheint die Erwartung nicht ungerechtfertigt, daß über die Kumulation ähnlicher Befunde auch ein Erkenntnisfortschritt erzielt werden kann. Beispielsweise fügen sich mehrere der vorstehend beschriebenen Resultate recht gut in den Zusammenhang anderer kontingenztheoretischer und auf Implementierungsvorgänge bezogener Untersuchungen ein. Je weitergehend sich so Übereinstimmungen aus vergleichbaren Erhebungen – gewissermaßen immer deutlichere ,,Mustererkennungen" (hierzu MERTENS 1977) – ergeben, desto eher kann es gewagt werden, Schlußfolgerungen für praktische Anwendungsprobleme zu ziehen.

Einige denkbare Schlußfolgerungen dieser Art sind im Abschnitt 4 jeweils bei den dort erwähnten Prüfergebnissen angedeutet worden. Im folgenden soll abschließend ganz allgemein skizziert werden, wie sich praxeologisch bedeutsame empirische Befunde möglicherweise in *Metaentscheidungsmodelle* einbringen ließen, d.h. in systematisch abgeleitete Überlegungen, ob ein Unternehmen die Voraussetzungen erfüllt, Objektentscheidungen erfolgreich durch die Einführung formaler Planungstechniken unterstützen zu können.

Dabei wird auf den eingangs erwähnten Gedanken zurückgegriffen, daß für das einzelne Unternehmen – sofern großzahlige Untersuchungen vergleichbarer anderer Fälle vorliegen – ein ,,exogenes Lernen" im Anschluß an anderweitig gewonnene Erfahrungen möglich sei.

5.1. Informationen für die „Leerstellen" von Metaentscheidungsmodellen

Der Einsatz von Planungstechniken entspricht einer Übertragung der ökonomischen Prinzipien „Umwegproduktion" und „Arbeitsteilung" auf den Bereich des dispositiven Faktors. Umwegproduktion bedeutet, daß bei Entschlüssen neben die Intuition eine sorgfältige Planung tritt. Die Verwendung der hierzu erforderlichen Techniken bedingt Investitionen, über die unternehmensintern zu entscheiden ist. Methodengestützte Planungsprozesse verlaufen ferner i.d.R. arbeitsteilig, was einerseits eine Ausschöpfung des in der Organisation vorhandenen Wissens ermöglicht, andererseits aber auch zum Erfordernis spezialisierter Stellen sowie zu einem hohen Koordinationsbedarf führt.

Die Frage, ob ein bestimmtes Unternehmen in einem speziellen Kontext verstärkt *Planungstechniken einsetzen* sollte, läßt sich unter diesem Gesichtspunkt zunächst als übergeordnetes Entscheidungsproblem formulieren. Wie bereits ausgeführt, wäre es illusorisch, die Vorteilhaftigkeit einer solchen Entscheidung an eindimensionalen monetären Zielkriterien (z.B. Rentabilität) zu messen. Es handelt sich vielmehr um eine Entscheidungssituation, die durch mehrfache und großenteils nichtmonetäre Zielsetzungen gekennzeichnet ist. Einige bisher veröffentlichte Untersuchungen liefern Anhaltspunkte dafür, daß bei derart strukturierten Planungsproblemen häufig *Scoring-Modelle* erfolgreich eingesetzt werden konnten (DREYER 1974). Dreyer stellt fest, daß aufgrund dieser Forschungsergebnisse „frühere grundsätzliche Vorbehalte gegenüber dem Scoring-Modell – wie z.B. Zweifel an der genauen, d.h. informationsverlustfreien Verarbeitung quantitativer Daten oder Bedenken wegen der mangelhaften Entwicklung einer festen Modellstruktur – gegenstandslos werden" (DREYER 1974, S. 256). Mindestvoraussetzungen für einen problemadäquaten Einsatz von Scoring-Modellen sind die Kenntnis der relevanten Bewertungskriterien sowie die Gewichtung dieser Kriterien gemäß ihrer Bedeutung (z.B. ANDRITZKY 1976, S. 25). Wegen der großen Flexibilität von Scoring-Modellen, die diese z.B. auch für die Bestimmung von Wirksamkeitsgraden komplexer Systeme geeignet macht (TURBAN/METERSKY 1971), erscheinen sie als Grundlage für formalisierte Metaentscheidungen erwägenswert.

Speziell bezogen auf *Entscheidungen über den Einsatz von Planungstechniken,* ergeben sich folgende Problembereiche:

(1) Welche *Kontextgrößen* (Umweltfaktoren, Merkmale der Organisationsstruktur) schaffen in welchem Maße günstige Voraussetzungen für eine mehr oder weniger intensive Verwendung von Planungstechniken?

Die *Lernerfahrungen* einer großen Stichprobe *bisheriger Methodenverwender* bieten hierfür allererste Anhaltspunkte. Die Transformation dieser Lernerfahrungen in Beurteilungskriterien und deren relative Gewichte kann z.B. über eine lineare multiple Regressionsanalyse erfolgen, deren Struktur dem linear-additiven Scoring-Modell entspricht (auf diese Analogie wird von

ANDRITZKY 1976, S. 30, hingewiesen). Dies wird an folgender Gleichung deutlich:

$$y = \beta_1 x_1 + \beta_2 x_2 + \ldots \beta_n x_n + e$$

y = standardisierte Maßgröße für die Intensität des Einsatzes von Planungstechniken (als abhängige Variable)
β_i = Beta-Koeffizienten = standardisierte Regressionskoeffizienten ($i = 1 \ldots n$)
x_i = standardisierte Maßgrößen für die unabhängigen (erklärenden) Variablen
e = Störvariable

Bei Köhler/Uebele finden sich konkret-numerische Beispiele für entsprechende Regressionsgleichungen, wobei die Werte der x_i z.B. durch Ausprägungen von Indikatoren für Umweltfaktoren, Unternehmensgröße sowie organisatorische Merkmale repräsentiert werden (KÖHLER/UEBELE 1977, S. 104 u. 137). In diesen Ansätzen ist das in der Erhebung enthaltene Spektrum von Einflußgrößen (unabhängigen Variablen) noch nicht ausgeschöpft. Beispielsweise könnte über Dummy-Variablen auch die Zugehörigkeit zu einem bestimmten Wirtschaftsbereich, die Existenz/Nichtexistenz einer Produktmanagement-Organisation sowie die Priorität eines bestimmten Funktionsbereiches bei der Planung berücksichtigt werden.

Das relative Gewicht der einzelnen Einflußgrößen ergibt sich nun allerdings – wegen bestehender Interkorrelationen im Satz der unabhängigen Variablen – nicht schon anhand der β-Koeffizienten. Vielmehr gilt folgende Beziehung:

$$\sum_{i=1}^{n} \beta_i \cdot r_{yx_i} = R^2, \text{ mit } \beta_i \cdot r_{yx_i} = d_i$$

Die β-Koeffizienten sind also mit den zugehörigen Produkt-Moment-Korrelationen *(r)* zu multiplizieren, um die Determinationskoeffizienten d_i zu erhalten. Diese stellen den Varianzanteil des entsprechenden Kriteriums an der Gesamtvarianz der „Einsatzintensität von Planungstechniken" dar. Auch wenn in konkreten Regressionsanalysen aus den bereits genannten Gründen nur ein Teil der Varianz der abhängigen Variablen erklärt werden kann, erhält man so doch Angaben über das relative Gewicht einzelner Einflußgrößen *als „Substrat" der Erfahrungen vieler Unternehmen.*

(2) Zur Bestimmung der absoluten Höhe der Einsatzintensität i.S. eines „Soll-Wertes" genügen allerdings die unter (1) beschriebenen Informationen nicht. Sie sind ohnehin nur als Anhaltspunkt, aber nicht als einfaches Rezept zu werten. Beispielsweise gilt es zu beachten, daß wegen persönlich bedingter Einsatzbarrieren in der untersuchten Firmenstichprobe ein (gemessen an den sachlichen Voraussetzungen) zu geringer Einsatz von Planungstechniken vorliegen kann, wodurch dann in die oben erläuterte Regressionsrechnung eine „konservative Verzerrung" eingeht.

(3) Darüber hinaus bedarf der errechnete Wert der Variablen y womöglich noch einer Modifikation aufgrund der *Verhaltenswirkungen,* die im firmenspezifischen Einzelfall beim Einsatz von Planungstechniken zu erwarten sind. Hierfür käme u.a. folgende Möglichkeit in Frage:

Die Auswertung der gesamten (d.h. auch Verhaltenswirkungen einschließenden) „Lernerfahrungen" vieler Unternehmen könnte in der Weise erfolgen, daß zunächst über Clusteranalysen Stichprobensegmente von Erhebungseinheiten gebildet werden, die sich untereinander nach den positiven oder negativen Verhaltenswirkungen (gemessen am Implementierungs- bzw. Widerstandsgrad, an der Bereitschaft zum künftigen verstärkten Methodeneinsatz, evtl. zusätzlich an Einstellungsdimensionen) klar unterscheiden. Regressionsrechnungen bezüglich der Intensität des Methodeneinsatzes pro Teilstichprobe ergeben dann evtl. Verschiebungen der β-Gewichte.

Ein einzelnes Unternehmen, das die Einführung von Planungstechniken erwägt, müßte dann allerdings seine Zugehörigkeit zu einem bestimmten „Verhaltens-Segment" hinreichend einschätzen können, um den Scoring-Ansatz mit den zutreffenden β-Gewichten auszuwählen.

Weitere ausgesprochen fallspezifische Situationsbedingungen, die für die Entscheidung über Einsatz oder Nichteinsatz von Planungstechniken Bedeutung besitzen, müßten außerhalb des rechnerischen Scoring-Ansatzes mitberücksichtigt werden.

(4) Im übrigen ist in der Regel ein Teil der Einsatzbedingungen und des Implementierungsumfeldes aktiv beeinflußbar. Gestalterische Maßnahmen können also die Voraussetzungen im Idealfall so verändern, daß sich ein möglichst günstiges Bedingungsspektrum für die Einführung von Planungstechniken sowie für die Umsetzung der methodengestützt ermittelten Lösungen ergibt.

In diesem Zusammenhang ist darauf hinzuweisen, daß sowohl nach dem linearen multiplen Regressionsansatz als auch gemäß dem damit korrespondierenden linear-additiven Scoring-Modell sehr unterschiedliche Einsatzbedingungen funktional äquivalent sein können, so daß lineare Austauschbeziehungen bestehen. Dies ist gleichbedeutend mit der Annahme einer Substituierbarkeit von Einsatzbedingungen bzw. -faktoren im dispositiven Bereich.

Andererseits wurde weiter oben schon angedeutet, daß zum Teil wohl auch komplementäre Beziehungen zwischen den Einsatzbedingungen bestehen. Dies gilt z.B. im Hinblick auf ein möglichst ausgewogenes Verhältnis zwischen folgenden Merkmalen:
- Kooperation mit unterstützenden Abteilungen (z.B. Marktforschungs- und Planungsabteilung);
- Vorhandensein von EDV-Ausstattung und -Experten;
- Ausreichende Verfügbarkeit externer und interner Informationen;
- Ausbildungsstand und Methodenverständnis der Manager;

– Ausmaß des Dezentralisationsgrades, der Aufgabenformalisierung und der Kontrollaktivitäten.

Falls entsprechende Komplementärfaktoren in bestimmten Mindest-Ausprägungen vorliegen müssen, sollte zumindest teilweise mit sog. konjunkten Scoring-Modellen gearbeitet werden (zu diesem Modelltyp ANDRITZKY 1976, S. 33ff.). Sie gehen von Mindest-Anforderungen bezüglich der berücksichtigten Kriterien aus und unterstellen Synergieeffekte im Falle gleichmäßig ausgewogener Veränderungen der einbezogenen Bedingungen.

(5) Die Umsetzung eines bestimmten ermittelten Scoring-Wertes für die voraussichtlich günstigste Einsatzintensität von Planungstechniken wirft zusätzliche Fragen auf, z. B. hinsichtlich konkret-numerischer Diagnosen im Anwendungsfall (hierzu UEBELE 1980, S. 327f.). Hinweise für die in bestimmten Einsatzkontexten in Betracht kommenden spezifischen Planungstechniken liefern einmal die z. B. nach Branchen und Wirtschaftsbereichen sowie nach Anwendungsproblemen untergliederten deskriptiven Statistiken (z.B. KÖHLER/UEBELE 1977, S. 120f., 126ff.). Sie geben Aufschluß über die in diesen konkreten Umfeldern gebräuchlichsten Techniken und lassen sich durch Empfehlungen von Experten (z.B. in Fachzeitschriften bzw. bei Beratungsprojekten) ergänzen. Im Idealfall ergäbe sich eine Rangfolge unterschiedlich relevanter Techniken (wie sie z.B. im Falle einer stärkeren Verwendungsdichte empirisch auf der Grundlage einer Guttman-Skala ermittelt werden könnte), die sukzessiv eingeführt werden sollten. Der globale Intensitätsgrad ließe sich in diesem Falle gewissermaßen als Stopregel interpretieren, die Anhaltspunkte für ein
genügendes Maß an „Umwegproduktion" im dispositiven Bereich liefert.

(6) Zu ergänzen bleibt, daß bei bestimmten Planungstechniken eventuell noch ausgesprochen methodenspezifische Implementierungsbedingungen zu beachten sind, wie sie z.B. für Verfahren der Linearen Planungsrechnung (OHSE et al. 1978), Methoden der Ideenfindung (GESCHKA 1978) sowie Modellierungstechniken für Risikosituationen (UEBELE 1980, S. 382ff.) in empirischen Untersuchungen festgestellt wurden. Die Berücksichtigung globaler „Leitlinien", die – wie beschrieben – im Rahmen eines Scoring-Modells bestimmt werden können, ist dabei als allgemeiner Orientierungsrahmen aufzufassen, der auch in diesem Punkt durch zusätzliche, speziellere Gesichtspunkte ergänzt werden kann.

5.2. Implementierungsstudien als gemeinsame Aufgabe von Wissenschaft und Praxis

Der in Abbildung 1 S. 127 skizzierte „Kreislauf der Entwicklung und Verwertung von Planungstechniken" zeigt, daß ein Verwertungszusammen-

hang zwischen empirisch-theoretischen Untersuchungen und Planungspraxis zugleich auf *mehreren Wegen* möglich ist:
- Auf den Versuch, aus vielfältigen Implementierungserfahrungen Anhaltspunkte für Scoring-Modelle abzuleiten, um künftige Entscheidungen über die Einführung von Planungstechniken auf eine breitere Grundlage zu stellen, wurde im Abschnitt 5.1. näher eingegangen. Diese denkbare Form des ,,exogenen Lernens" setzt allerdings großzahlig angelegte Erhebungen in der Unternehmenspraxis voraus, da nur so ein einigermaßen verallgemeinerungsfähiger statistischer Zusammenhang zwischen Maßgrößen der Einsatzintensität von Planungsverfahren und bestimmten Voraussetzungen der Unternehmensumwelt bzw. der gestaltbaren unternehmensinternen Organisation gewonnen werden kann.
- Ein zweiter möglicher Weg zur Auswertung empirisch-theoretischer Untersuchungsergebnisse führt zu jenen Fachdisziplinen, die sich schwerpunktartig mit der Entwicklung formaler Planungsmethoden beschäftigen. Hier ist es eine Aufgabe der verhaltenswissenschaftlich ausgerichteten Implementierungsforschung, Erkenntnisse über den Ablauf von Entscheidungsprozessen zu vermitteln, insbesondere über die tatsächlich vorzufindenden Gepflogenheiten der Problemsicht bzw. der Problemzerlegung und -bearbeitung, wie sie durch individuell und interpersonell geprägte Merkmale der Entscheidungsträger bedingt sind. Nur auf diese Weise läßt sich die vielbeschworene ,,Realitätsnähe" und ,,Benutzerfreundlichkeit" von OR-Verfahren herbeiführen und der Forderung Müller-Merbachs nach einer besser ausgebauten, verhaltensbezogenen ,,OR-Methodologie" Rechnung tragen (hierzu MÜLLER-MERBACH 1977).
- Drittens schließlich bietet es sich an, eine gezielte Brücke zwischen der Entscheidungsforschung und jenen Personen herzustellen, die als Vermittler bei der praktischen Verbreitung von Planungstechniken tätig werden. Dabei handelt es sich zum einen um Studierende, für deren Ausbildung das Zusammenspiel von entscheidungslogischem Wissen und guter Kenntnis der tatsächlichen Verhaltenseinflüsse in Unternehmen besonders wichtig erscheint. Zum anderen sind Praktiker die unmittelbaren Adressaten, zumal in diesem Fall der Informationsfluß nicht nur einseitig von der Planungs- und Implementierungsforschung zu den Anwendern verläuft, sondern auch in umgekehrter Richtung als Rückkopplung von Einzelerfahrungen.

Gerade das letztgenannte Beispiel deutet die erforderliche Wechselbeziehung zwischen Planungsforschung und Planungspraxis an. Sie vollzieht sich nicht erst beim Transfer von Forschungsergebnissen, sondern ist bereits bei der Anlage und Durchführung der empirischen Forschungsarbeit unabdingbar. Dies gilt für die Mitwirkung von Unternehmen bei großzahligen Felderhebungen (auf die bei der Suche nach bzw. der Prüfung von allgemeineren Variablenzusammenhängen nicht verzichtet werden kann); ebenso für explorative oder unmittelbar an der Gestaltung mitwirkende Einzelfallstudien (zu dieser unmittelbaren Integration der wissenschaftlichen Erkenntnisgewinnung in den Gestaltungsprozeß auch FRESE 1979) wie auch für die Beteiligung von Praktikern an Laborexperimenten (z. B. die Hinweise auf diese Beteiligung an Laborexperimenten bei WITTE 1972, S. 176ff.).

Im vorliegenden Beitrag ist am Beispiel eines Forschungsprojektes über Planung und Entscheidung gezeigt worden, daß sich breitangelegte Felderhebungen, vertiefende Einzelfallstudien in Unternehmen und Laborexperimente (hier allerdings mit Studenten durchgeführt) gut kombinieren lassen.

Durch die auf S. 132f. wiedergegebene Übersicht über theoretische Bezugspunkte – auf die dann auch beim Referieren einiger ausgewählter Ergebnisse immer wieder eingegangen worden ist – sollte außerdem unterstrichen werden, daß sich die Implementierungsforschung trotz Fehlens einer „geschlossenen" Verhaltenstheorie bereits auf ein allgemeineres Vorwissen stützen kann.

Das Ziel der weiteren Arbeiten in diesem noch jungen Teilbereich der empirischen Entscheidungstheorie wird es sein, den theoriegestützten Kenntnisstand über die tatsächlichen Einsatzbedingungen und Verhaltenswirkungen von Planungstechniken schrittweise zu erweitern (vgl. auch den Ansatz von MEYER 1979). Ohne den „naturalistischen Fehlschluß" von tatsächlichen Gegebenheiten auf das Sein-Sollende zu begehen (hierzu ALBERT 1968, S. 57), wird es mit dieser Untersuchungsstrategie vermutlich möglich sein, aus den Verwendungserfahrungen zahlreicher Unternehmen systematische Gestaltungshinweise für den Einsatz von Planungstechniken abzuleiten.

Verzeichnis der verwendeten Literatur

ALBERT, H. (1963): Modell-Platonismus. Der neoklassische Stil des ökonomischen Denkens in kritischer Beleuchtung. In: Albert, H.; Karrenberg, F. (Hrsg.): *Sozialwissenschaft und Gesellschaftsgestaltung,* Berlin 1963, S. 45–76
–, (1968): *Traktat über kritische Vernunft.* 2. Aufl., Tübingen 1968
ANDRITZKY, K. (1976): Der Einsatz von Scoring-Modellen für die Produktbewertung. In: *Die Unternehmung,* 30. Jg. (1976), S. 21–37
ARMSTRONG, J. S. (1978): *Long-range Forecasting.* From Crystal Ball to Computer. Chichester u. a. 1978
BAMBERG, G.; COENENBERG, A. G. (1977): *Betriebswirtschaftliche Entscheidungslehre.* 2. Aufl., München 1977
BANDURA, A.; ROSS, D.; ROSS, S. A. (1973): Stellvertretende Bekräftigung und Imitationslernen. In: Hofer, M.; Weinert, F. E. (Hrsg.): *Pädagogische Psychologie,* Bd. II, Lernen und Instruktion, Frankfurt/M. 1973, S. 61–74
BENBASAT, I.; SCHROEDER, R. G. (1977): An Experimental Investigation of Some MIS Design Variables. In: *MIS Quarterly,* March 1977, S. 37–49
BERLYNE, D. E. (1957): Conflict and Information – Theory Variables as Determinants of Human Perceptual Curiosity. In: *Journal of Experimental Psychology,* 53. Jg. (1957), S. 399–404
BERG, C. C.; KIRSCH, W. (1975): Der Informationsverarbeitungsansatz. Methodische

Konzeption und Modelle. In: Brandstätter, H.; Gahlen, B. (Hrsg.): *Entscheidungsforschung*, Tübingen 1975, S. 138–157

BLAU, P. M.; SCHOENHERR, R. A. (1971): *The Structure of Organizations*. New York 1971

BLUM, G.; MÜLLER-BÖLING, D. (1977a): Annotierte Bibliographie der Empirischen Planungsforschung. *Arbeitsbericht Nr. 13 des Seminars für Allgemeine BWL und Betriebswirtschaftliche Planung der Universität zu Köln*, Köln 1977

–, –, (1977b): Eine systematisierte Analyse ausgewählter empirischer Untersuchungen der Planungsforschung. *Arbeitsbericht Nr. 14 des Seminars für Allgemeine BWL und Betriebsiwrtschaftliche Planung der Universität zu Köln*, Köln 1977

BÖCKER, F. (1978): Modellbezogene Akzeptanzprobleme formaler Entscheidungsmodelle im Marketing. In: Müller-Merbach, H. (Hrsg.): *Quantitative Ansätze in der Betriebswirtschaftslehre*. München 1978, S. 227–241

BÖRSIG, C. (1975): *Die Implementierung von Operations Research in Organisationen*. Diss. Mannheim 1975

BOOZ, ALLEN & HAMILTON (1973): *Herausforderungen des deutschen Managements und ihre Bewältigung*. Göttingen 1973

BRETZKE, W.-R. (1978a): Die Entwicklung von Kriterien für die Konstruktion und Beurteilung betriebswirtschaftlicher Entscheidungsmodelle als Aufgabe einer betriebswirtschaftlichen Methodenlehre. In: Steinmann, H. (Hrsg.): *Betriebswirtschaftslehre als normative Handlungswissenschaft*. Wiesbaden 1978, S. 217–244

–, (1978b): Die Formulierung von Entscheidungsproblemen als Entscheidungsproblem. In: *Die Betriebswirtschaft*, 38. Jg. (1978), S. 135–143

BROCKHOFF, K. (1979): Entscheidungsforschung und Entscheidungstechnologie. *Arbeitsbericht* Nr. 63, Kiel 1979

BROWN, R. V. (1974): *Decision Analysis in the Organization*, Marketing Science Institute Working Paper. Cambridge, Mass. 1974

CARTER, E. E. (1972): What are the Risks in Risk Analysis? In: *Harvard Business Review*, July–August 1972, S. 72–82

CHMIELEWICZ, K. (1979): *Forschungskonzeptionen der Wirtschaftswissenschaft*. 2. Aufl., Stuttgart 1979, S. 72–82

CHURCHMAN, C. W.; SCHAINBLATT, A. (1965): The Researcher and the Manager: A Dialectic of Implementation. In: *Management Science*, Vol. 11 (1965), S. B 69–B 87

CYERT, R. M.; MARCH, J. G. (1963): *A Behavioral Theory of the Firm*. Englewood Cliffs 1963

DLUGOS, G. (Hrsg.; 1979): *Unternehmungsbezogene Konfliktforschung*. Stuttgart 1979

DREYER, A. (1974): Scoring-Modelle bei Mehrfachzielsetzungen – Eine Analyse des Entwicklungsstandes von Scoring-Modellen. In: *Zeitschrift für Betriebswirtschaft*, 44. Jg. (1974), S. 255–274

EISENFÜHR, F. (1978): Die Wissenschaft vom vernünftigen Handeln. In: *Die Betriebswirtschaft*, 38. Jg. (1978), S. 435–448

FRESE, E. (1979): Kritische Anmerkungen zum Stand der empirischen Organisationsforschung. *Arbeitspapier zum 3. Workshop der Wiss. Kommission „Organisation" im Verband der Hochschullehrer für Betriebswirtschaft e.V.*, Aachen 1979

GABELE, E. (1978): Das Management von Neuerungen. Eine empirische Studie zum Verhalten, zur Struktur, zur Bedeutung und zur Veränderung von Managementgruppen bei tiefgreifenden Neuerungsprozessen in Unternehmen. In: *Zeitschrift für betriebswirtschaftliche Forschung*, 30. Jg. (1978), S. 194–226

GÄFGEN, G. (1974): *Theorie der wirtschaftlichen Entscheidung*. Untersuchungen zur Logik und Bedeutung des rationalen Handelns. 3. Aufl., Tübingen 1974

GEBERT, D. (1978): *Organisation und Umwelt:* Probleme der Gestaltung innovationsfähiger Organisationen. Stuttgart u.a. 1978

GESCHKA, H. (1978): Implementierungsprobleme bei der Anwendung von Ideenfindungsmethoden in der Praxis der Unternehmen. In: Pfohl, H.-C.; Rürup, B. (Hrsg.): *Anwendungsprobleme moderner Planungs- und Entscheidungstechniken.* Königstein/ Ts. 1978, S. 159–172

GRAYSON, C. J. (1960): *Decisions Under Uncertainty.* Drilling Decisions by Oil and Gas Operators. Boston 1960

GROCHLA, E. (1978a): Grundzüge und gegenwärtiger Erkenntnisstand einer Theorie der organisatorischen Gestaltung. In: Grochla, E. (Hrsg.): *Elemente der organisatorischen Gestaltung.* Reinbek bei Hamburg 1978, S. 40–65

–, (1978b): Lernprozesse im Rahmen der Organisationsplanung und Organisationsentwicklung. In: H. Albach; W. Busse von Colbe; H. Sabel (Hrsg.): *Lebenslanges Lernen.* Wiesbaden 1978, S. 51–66

GRÜN, O. (1973): *Das Lernverhalten in Entscheidungsprozessen der Unternehmung.* Tübingen 1973

GZUK, R. (1975): *Messung der Effizienz von Entscheidungen.* Tübingen 1975

HAUSCHILDT, J. (1977a): *Entscheidungsziele.* Tübingen 1977

–, (1977b): Analytische Handlungstheorie und empirische Theorie der Unternehmung – konvergierende Ansätze einer Theorie der Betriebswirtschaftslehre? In: Köhler, R. (Hrsg.): *Empirische und handlungstheoretische Forschungskonzeptionen in der Betriebswirtschaftslehre.* Stuttgart 1977, S. 181–186

HEINEN, E. (1972): Integration der Sozialwissenschaften. Neue Denkansätze für Betriebswirtschaftler. In: *Wirtschaftwoche/Der Volkswirt,* Nr. 11 (1972), S. 36–40

IRLE, M. (1971): *Macht und Entscheidungen in Organisationen.* Frankfurt a. M. 1971

–, (1975): *Lehrbuch der Sozialpsychologie.* Göttingen u. a. 1975

JOOST, N. (1975): *Organisation in Entscheidungsprozessen* – Eine empirische Untersuchung. Tübingen 1975

KAAS, K. P. (1977): *Empirische Preisabsatzfunktionen bei Konsumgütern.* Berlin, Heidelberg, New York 1977

KADE, G. (1962): *Die Grundannahmen der Preistheorie.* Berlin u. Frankfurt a. M. 1962

KAPPLER, E. (1972): *Systementwicklung.* Lernprozesse in betriebswirtschaftlichen Organisationen. Wiesbaden 1972

KIESER, A.; KUBICEK, H. (1977): *Organisation.* Berlin u. New York 1977

–, –, (1978): *Organisationstheorien I.* Stuttgart u. a. 1978

KIRSCH, W. (1970): *Entscheidungsprozesse,* Erster Band: Verhaltenswissenschaftliche Ansätze der Entscheidungstheorie. Wiesbaden 1970

–, (1976): Verhaltenswissenschaften und Betriebswirtschaftslehre. In: *Handwörterbuch der Betriebswirtschaft,* Hrsg.: Grochla, E.; Wittmann, W., 4. Aufl., Bd. 3, Stuttgart 1976, Sp. 4135–4149

–, (1977): *Einführung in die Theorie der Entscheidungsprozesse.* 2. Aufl., Wiesbaden 1977

–, (1979): Über den Sinn der empirischen Forschung in der angewandten Betriebswirtschaftslehre. In diesem Band, S. 189

–, MEFFERT, H. (1970): *Organisationstheorien und Betriebswirtschaftslehre.* Wiesbaden 1970

–, und Mitarbeiter (1978): *Empirische Explorationen zu Reorganisationsprozessen.* München 1978

KLEIN, H.; KNORPP, J. (1974): *Entscheidung unter Außeneinfluß.* Tübingen 1974

KÖHLER, R. (1972): *Das Informationsverhalten im Entscheidungsprozeß vor der Markteinführung eines neuen Artikels.* Wiesbaden 1972

–, (1975): Modelle. In: *Handwörterbuch der Betriebswirtschaft,* Hrsg.: E. Grochla; W. Wittmann, 4. Aufl., Bd. 2, Stuttgart 1975, Sp. 2701–2716

–, (1976): Theoretische und technologische Forschung in der Betriebswirtschaftslehre. In: *Zeitschrift für betriebswirtschaftliche Forschung,* 28. Jg. (1976), S. 302–318

KÖHLER, R. (Hrsg.; 1977): *Empirische und handlungstheoretische Forschungskonzeptionen in der Betriebswirtschaftslehre.* Stuttgart 1977

–, STÖLZEL, A.; UEBELE, H. (1976): Der Einfluß formaler Entscheidungshilfen auf das Risikoverhalten in betriebswirtschaftlichen Entscheidungsprozessen. Unveröff. *Arbeitsbericht,* Aachen 1976

–, UEBELE, H. (1977): Planung und Entscheidung im Absatzbereich industrieller Großunternehmen. Ergebnisse einer empirischen Untersuchung. *Arbeitsbericht* Nr. 77/9, Aachen 1977 (DBW-Depot Nr. 78-2-5)

–, ZIMMERMANN, H.-J. (Hrsg.; 1977): *Entscheidungshilfen im Marketing.* Stuttgart 1977

–, UEBELE, H. (1979): Planungstechniken: Daumen oder EDV. In: *Absatzwirtschaft, Zeitschrift für Marketing,* H. 1, 22. Jg. (1979), S. 62–71

KRÜGER, W. (1972): *Grundlagen,* Probleme und Instrumente der Konflikthandhabung in der Unternehmung. Berlin 1972

KUBICEK, H. (1977): Heuristische Bezugsrahmen und heuristisch angelegte Forschungsdesigns als Elemente einer Konstruktionsstrategie empirischer Forschung. In: Köhler, R. (Hrsg.; 1977), S. 3–36

KUPSCH, P. U. (1973): *Das Risiko im Entscheidungsprozeß.* Wiesbaden 1973

KUTSCHKER, M.; KIRSCH, W. (1978): *Verhandlungen in multiorganisationalen Entscheidungsprozessen.* München 1978

LARRÉCHÉ, J. C.; MONTGOMERY, D. B. (1977): A Framework for the Comparison of Marketing Models: A Delphi Study. In: *Journal of Marketing Research,* Vol. XIV (1977), S. 487–498

LEE, W. (1977): *Psychologische Entscheidungstheorie.* Weinheim u. Basel 1977

LUHMANN, N. (1971): Grundbegriffliche Probleme einer interdisziplinären Entscheidungstheorie. In: *Die Verwaltung,* 4. Jg. (1971), S. 470–477

MENGES, G. (1976): Risiko und Ungewißheit. In: *Handwörterbuch der Finanzwirtschaft.* Hrsg.: Büschgen, H. E., Stuttgart 1976, Sp. 1516–1531

MERTENS, P. (1977): Die Theorie der Mustererkennung in den Wirtschaftswissenschaften. In: *Zeitschrift für betriebswirtschaftliche Forschung,* 29. Jg. (1977), S. 777–794

MEYER, H. (1979): *Entscheidungsmodelle und Entscheidungsrealität.* Ein empirisches Prüfkonzept und seine Anwendung im Fall industrieller Materialdispositionen. Tübingen 1979

MOORE, P. G. (1972): *Risk in Business Decision.* London 1972

MORGENSTERN, O. (1935): Vollkommene Voraussicht und wirtschaftliches Gleichgewicht. In: *Zeitschrift für Nationalökonomie,* Bd. VI (1935), S. 337–357

MÜLLER-MERBACH, H. (1977): Quantitative Entscheidungsvorbereitung. Erwartungen, Enttäuschungen, Chancen. In: *Die Betriebswirtschaft,* 37. Jg. (1977), S. 11–23

NAASE, C. (1978): *Konflikte in der Organisation.* Stuttgart 1978

NAERT, P.; LEEFLANG, P. (1978): *Building Implementable Marketing Models.* Leiden u. Boston 1978

OHSE, D.; STEINECKE, V.; WALTER, K. D. (1978): Implementierungsprobleme bei der Anwendung der Linearen Planungsrechnung. In: Pfohl, H.-C.; Rürup, B. (Hrsg.): *Anwendungsprobleme moderner Planungs- und Entscheidungstechniken.* Königstein/Ts. 1978, S. 141–158

PFOHL, H.-C. (1976): Praktische Relevanz von Entscheidungstechniken. In: *Die Unternehmung,* 30. Jg. (1976), S. 73–93

–, (1977): *Problemorientierte Entscheidungsfindung in Organisationen.* Berlin – New York 1977

POWELL, G. N. (1976): Implementation of OR/MS in Government and Industry: A Behavioral Science Perspective. In: *Interfaces,* Vol. 6, No. 4, August 1976, S. 83–89

REBER, G. (1973): *Personales Verhalten im Betrieb.* Stuttgart 1973
–, (1977): Morgenstern-Paradoxon. In: *Wirtschaftswissenschaftliches Studium,* H. 7, Juli 1977, S. 336–337
SCHANZ, G. (1977a): *Grundlagen der verhaltensorientierten Betriebswirtschaftslehre.* Tübingen 1977
–, (1977b): Jenseits von Empirismus: Eine Perspektive für die betriebswirtschaftliche Forschung. In: Köhler, R. (Hrsg.; 1977), S. 65–84
SCHINDEL, R. (1977): *Risikoanalyse.* München 1977
SCHULTZ, R. L.; SLEVIN, D. P. (1975): Implementation and Management Innovation. In: Schultz, R. L.; Slevin, D. P. (Hrsg.): *Implementing Operations Research/Management Science.* New York u. a. 1975, S. 3–20
SIEBEN, G.; SCHILDBACH, T. (1975): *Betriebswirtschaftliche Entscheidungstheorie.* Tübingen 1975
SIMON, H. A. (1957): *Models of Man.* New York, London, Sydney 1957
–, (1978): Die Wissenschaft der Artefakte. In: Grochla, E. (Hrsg.): *Elemente der organisatorischen Gestaltung.* Reinbek bei Hamburg 1978, S. 14–39
SPETZLER, C. S. (1968): The Development of a Corporate Risk Policy for Capital Investment Decisions. In: *IEEE Transactions on Systems Science and Cybernetics,* Vol. SSC-4, No. 3 (1968), S. 279–300
STÄHLIN, W. (1973): *Theoretische und technologische Forschung in der Betriebswirtschaftslehre.* Stuttgart 1973
SWALM, R. O. (1966): Utility Theory – Insights into Risk Taking. In: *Harvard Business Review,* Nov.–Dec. 1966, S. 123–136
SZYPERSKI, N.; WINAND, U. (1974): *Entscheidungstheorie.* Stuttgart 1974
–, –, (1978): Zur Bewertung von Planungstechniken im Rahmen einer betriebswirtschaftlichen Unternehmensplanung. In: Pfohl, H.-C.; Rürup, B. (Hrsg.): *Anwendungsprobleme moderner Planungs- und Entscheidungstechniken.* Königstein/Ts. 1978, S. 195–218
–, MÜLLER-BÖLING, D. (1979): Empirische Forschung und Forschung durch Entwicklung. *Arbeitsbericht Nr. 20 des Seminars für Allgemeine BWL und Betriebswirtschaftliche Planung der Universität zu Köln,* Köln 1979
TOPRITZHOFER, E. (Hrsg.; 1978): *Marketing* – Neue Ergebnisse aus Forschung und Praxis. Wiesbaden 1978
TURBAN, E.; METERSKY, M. L. (1971): Utility Theory Applied to Multivariable System Effectiveness Evaluation. In: *Management Science,* Vol. 17 (1971), S. B. 817–B 828
UEBELE, H.; ZURHELLE, U. (1977): „Entscheidungsbäume" im praktischen Einsatz. In: *Marketing Journal,* 10. Jg. (1977), S. 284–296
–, PEETERS, H. (1978): Risikoanalyse mit Monte-Carlo-Simulation bei der Absatzplanung. *Arbeitsbericht* Nr. 78/06, Aachen 1978
UEBELE, H. (1980): *Einsatzbedingungen und Verhaltenswirkungen von Planungstechniken im Absatzbereich von Unternehmen.* Eine empirische Untersuchung. Diss. Aachen 1980
WITTE, E. (1969): Mikroskopie einer unternehmerischen Entscheidung. Bericht aus der empirischen Forschung. In: *IBM Nachrichten,* 19. Jg. (1969), S. 490–495
–, (1972): *Das Informationsverhalten in Entscheidungsprozessen.* Tübingen 1972
–, (1973): *Organisation für Innovationsentscheidungen.* Göttingen 1973
–, (1976): Kraft und Gegenkraft im Entscheidungsprozeß. In: *Zeitschrift für Betriebswirtschaft,* 46. Jg. (1976), S. 319–326
–, THIMM, A. (Hrsg.; 1977): *Entscheidungstheorie.* Wiesbaden 1977
WOLLNIK, M. (1977): Die explorative Verwendung systematischen Erfahrungswissens – Plädoyer für einen aufgeklärten Empirismus in der Betriebswirtschaftslehre. In: Köhler, R. (Hrsg.; 1977), S. 37–64

Wossidlo, P. R. (1974): Zum gegenwärtigen Stand der empirischen Entscheidungstheorie aus mikroökonomischer Sicht. In: Brandstätter, H.; Gahlen, B. (Hrsg.): *Entscheidungsforschung*. Tübingen 1975, S. 98–133

Zentes, J. (1976): *Die Optimalkomplexion von Entscheidungsmodellen*. Köln u. a. 1976

Zur technologischen Orientierung der empirischen Forschung

Überlegungen zur Integration empirischer Forschungsergebnisse und Forschungsinstrumente in eine Strategie „Forschung durch Entwicklung"

NORBERT SZYPERSKI
DETLEF MÜLLER-BÖLING

1. Forderung nach einer technologischen Forschung in der Betriebswirtschaftslehre: Forschung durch Entwicklung
   1.1. Verstärkte Orientierung an technologischen Aussagen
   1.2. Merkmale einer Forschung durch Entwicklung (FdurchE)
2. Empirisch-kognitive Aussagen im Bereich der Planungsforschung
   2.1. „Welle" empirischer Forschung
   2.2. Anforderungen an empirisch-kognitive Aussagen
      2.2.1. Informationsgehalt
      2.2.2. Glaubwürdigkeit
      2.2.3. Verwertbarkeit
   2.3. Anforderungen an den Kommunikationsstil
   2.4. Zum gegenwärtigen Stand der empirischen Planungsforschung
      2.4.1. Zum Informationsgehalt der Forschungsergebnisse
      2.4.2. Zur Glaubwürdigkeit der Forschungsergebnisse
      2.4.3. Zur Verwertbarkeit der Forschungsergebnisse
3. Der Beitrag der empirischen Forschung zur Generierung technologischer Aussagen: Eine duale empirische Forschungsstrategie
   3.1. Operationalisierungen als Kern empirischer Exploration und empirischer Konstruktion
   3.2. Voraussetzungen und Vorgehensweisen der dualen Strategie
      3.2.1. Operationalisierung der Variablen: Das Instrumentarium
      3.2.2. Empirische Exploration
      3.2.3. Empirische Konstruktion
   3.3. Ergebnisse einer dualen empirischen Forschungsstrategie

1. Forderung nach einer technologischen Forschung in der Betriebswirtschaftslehre: Forschung durch Entwicklung (FdurchE)

1.1. Verstärkte Orientierung an technologischen Aussagen

Kultursysteme als vom Menschen geschaffene und den denkenden und handelnden Menschen involvierende Systeme sind durch eine Reihe von Begrenzungen geprägt, die der Systemgestalter zu berücksichtigen hat.

Zwei Gruppen von Lösungen, die nicht realisierbar sind, müssen zunächst herausgestellt werden: (1) die logisch und (2) die empirisch nicht zulässigen (vgl. Abbildung 1). Betrachten wir die empirisch nicht zulässigen Lösungen

- naturgesetzlich nicht zulässig
- systemtechnisch nicht zulässig
- verhaltensmäßig nicht zulässig
- handlungsmäßig nicht zulässig

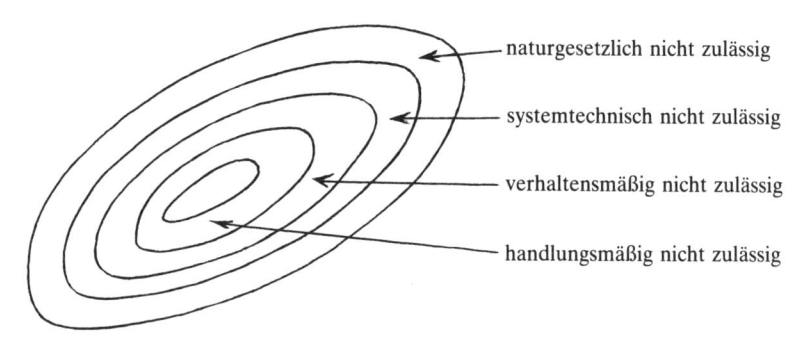

Abbildung 1: Lösungsraum von Kultursystemen

näher, so lassen sich eine Reihe von Gründen für ihre empirischen Realisationshemmnisse finden. Der Kreis der realisierbaren Lösungen ist einmal begrenzt durch das naturgesetzlich Mögliche (Ausschluß des *naturgesetzlich* nicht Zulässigen). Auf der nächsten Stufe sind die *systemtechnisch* unzulässigen Alternativen auszuschließen. Hierbei handelt es sich etwa um Verbindungen von Systemelementen, die aufgrund der Systemkonzeption als nicht kompatibel ausgeschlossen werden müssen. Darüber hinaus ist eine Anzahl von *Verhaltensweisen* z. B. aus Normengründen zu eliminieren, bevor letztlich eine Reihe von *Handlungen* oder Aktionen bewußt und ausdrücklich im vorliegenden Kontext als nicht zulässig gekennzeichnet werden. Nach Ausschluß all dieser Lösungen wird der verbleibende Handlungsspielraum sichtbar, der letztlich nur vorstrukturierbar, aber nicht determinierbar ist. In ihm drückt sich die prinzipielle Entscheidungsfreiheit des Menschen aus, der grundsätzlich, wenn häufig auch nur schwer, seine Verhaltensweisen ändern und einen Wandel in den systemtechnischen Gegebenheiten herbeiführen kann, während die naturgesetzlichen Grenzen für ihn Daten sind.

Bestehende Kultursysteme sind demnach durch das Ausschließen von logisch und empirisch unzulässigen Alternativen beschreibbar. Auf der Suche nach logisch und empirisch zulässigen, d.h. realisierbaren Alternativen ergeben sich nunmehr zwei unterschiedliche Wege:

Einmal kann auf der Basis eines vorliegenden Alternativenspektrums der Hinweis, oder strenger der Beweis, für logisch und insbesondere empirisch unzulässige Lösungen gesucht werden *(empirischer Falsifikations-Ansatz)*. Bei Ausschluß einer (möglichst großen) Zahl von Lösungen kristallisieren sich letztlich die realisierbaren heraus.

Ein anderer Weg besteht darin, Systeme zu entwerfen, aufzubauen und zu implementieren, um somit den positiven Beweis – allerdings auf fallweiser Basis – für ihre Realisierbarkeit anzutreten *(konstruktions- oder ingenieurwissenschaftlicher Ansatz)*. Die Testbedingung ist in diesem Fall nicht negativ, sondern positiv zu formulieren. Ein Scheitern hat nur bedingte Bedeutung in dem Sinne, daß unter Umständen Aussagen über die Gründe für den Fehlschlag generiert werden können.

Jede ,,reflektierende" Gestaltungshandlung des Menschen vollzieht sich nach dem in Abbildung 2 dargestellten Schema. Im Zeitablauf werden Probleme erkannt und definiert. Wissen und Beherrschen sind dann notwendig, um das Problem kognitiv und realiter zu lösen. Der Kern des wissenschaftlichen Erkenntnisprozesses liegt in den Bereichen des Wissens (Theorie) und Beherrschens (Technologie), wobei sich für den handelnden Menschen häufig die Frage stellt, ob das vorhandene Wissen dem aktuellen Problem angemessen und ob die Kenntnisse und Fähigkeiten in bezug auf das Beherrschen für eine Lösung des Problems hinreichend sind.

In den letzten Jahren ist im Bereich der Betriebswirtschaftslehre zumindest tendenziell eine Schwerpunktverlagerung bezogen auf die Aktivitäten des wissenschaftlichen Erkenntnisprozesses in Richtung auf die Generierung technologischer Aussagen zu verzeichnen (SZYPERSKI 1971; KIRSCH/GABELE 1976; GROCHLA 1977; KUBICEK 1978). Die Entscheidung für eine an technologischen Aussagen orientierte Forschung ist letztlich normativer Natur (SZYPERSKI 1974a, S. 151; KIESER/KUBICEK 1978, S. 14f.). Sie entspringt insbesondere der Leistungs- und Beitragsmotivation der Wissenschaftler. Wir betonen hier den technologisch orientierten Ansatz, ohne damit allen primär theoretisch orientierten Arbeiten ihren Sinn und ihre Notwendigkeit in irgendeiner Weise absprechen zu wollen. Mit dem Bekenntnis zu einer technologischen Forschung in der Betriebswirtschaftslehre ist es allerdings nicht getan. Im folgenden soll daher versucht werden, Vorstellungen über den Beitrag der empirischen Planungsforschung im Rahmen einer als Forschung durch Entwicklung (FdurchE) zu skizzierenden Strategie zu präzisieren.

1.2. Merkmale einer Forschung durch Entwicklung (FdurchE)

Die traditionelle Vorstellung vom Verhältnis zwischen Theorie und Technologie[1] ist dadurch geprägt, daß allgemeine, empirisch bewährte Sätze (Theorien) in nicht-singuläre instrumentale Sätze (Technologien) umgeformt werden. Zu sprechen ist daher auch vom klassischen Theorie-Technologie-Modell (SCHREINER 1976, S. 78). Auch wenn diese Umformung als mehr oder weniger problemreich erkannt wird, beschreibt das Theorie-Technologie-Modell eine bestimmte Aktivitätsfolge: Forschung (im Sinne der Theorieforschung) führt zur Entwicklung und zur Gestaltung von Systemen (Forschung – Entwicklung – Gestaltung) (SZYPERSKI 1971, S. 268).

Die zwingende Voraussetzung theoretischer Aussagen zur Gewinnung technologischer Sätze ist jedoch ebenso wirklichkeitsfremd wie die Annahme der problemlosen Transformation (CHMIELEWICZ 1970, S. 36; vgl. dazu auch den Beitrag von Brockhoff in diesem Band). Wesentliche menschliche Entdeckungen im ingenieurtechnischen Bereich wurden gemacht und genutzt ohne detaillierte Kenntnisse der zugrundeliegenden physikalischen Gesetze. So war sich der erste Mensch, der die Steinschleuder erfand und nutzte, sicherlich nicht über die seiner Erfindung innewohnenden Hebelgesetze im klaren. Bis zur Gewinnung dieser Gesetze durch Archimedes (der sie dann allerdings auch umgehend technologisch zum Bau von Steinschleuder-Kanonen nutzte) verging noch eine lange Zeit.

Technologische Aussagen – wie etwa zum Bau und zur Handhabung einer Steinschleuder – sind demnach nicht an die Kenntnis theoretischer Aussagen gebunden. Insofern ist es durchaus möglich, die dem Theorie-Technologie-Modell innewohnende Aktivitätsfolge Forschung – Entwicklung – Gestaltung umzuändern in die Phasenfolgen Entwicklung – Gestaltung – Forschung (SZYPERSKI 1971, S. 268). Das langfristige Ziel lautet dann, auf der Basis konkreter Entwicklungen und Gestaltungen neuer Systeme allgemeine, d.h. nicht-singuläre instrumentale Sätze zu gewinnen (SZYPERSKI 1971, S. 267; SZYPERSKI 1974a, S. 151; SIKORA 1975, S. 11ff.; SZYPERSKI u.a. 1979, S. 253ff.). Wesentlich für eine als Forschung durch Entwicklung zu kennzeichnende Forschungsstrategie ist

(1) die Gewinnung von Gestaltungsaussagen ohne das Vorhandensein mehr oder weniger umfangreicher theoretischer Aussagen und
(2) der Allgemeinheitsanspruch technologischer Aussagen.

Zu (1) ist anzumerken, daß selbstverständlich nicht von einer völligen Abstinenz theoretischer Aussagen gesprochen werden kann. Vielmehr muß letztlich von einem Wechselspiel bei der Gewinnung theoretischer und techno-

---

[1] Der in diesem Kontext meist verwendete Theoriebegriff entspricht dem des kritischen Rationalismus für eine im Grunde exakte Wissenschaft. Unter Technologie sind dagegen Sätze vom zielerreichenden Gestalten der Wirklichkeit zu verstehen (STÄHLIN 1973, S. 83; auch CHMIELEWICZ 1970, S. 33ff.).

logischer Aussagen ausgegangen werden (SZYPERSKI 1971, S. 268; SZYPERSKI 1974a, S. 149; SZYPERSKI u. a. 1979, S. 254). Allgemeine instrumentale Sätze (Technologien) werden in einem Prozeß der Einbringung generalisierender deskriptiver und explanatorischer Aussagen (Theorien) und bewährter singulärer Gestaltungsempfehlungen gewonnen. Wir gehen jedoch davon aus, daß beim derzeitigen Wissensstand unserer Disziplin der wichtigste Beitrag in diesem Prozeß von singulären Gestaltungsaussagen ausgehen wird.

Bezogen auf (2) ist festzuhalten, daß die Betonung des Allgemeinheitsanspruchs technologischer Aussagen insbesondere in Abgrenzung zu beratenden Aussagen Bedeutung erhält:

,,Es erscheint daher zweckmäßig, die Grenze zwischen Technologie und Praxis bzw. Beratung im Bereich der Betriebswirtschaftslehre erneut zu demarkieren. Danach findet anwendungsorientierte technologische Forschung statt, sofern *nicht-singuläre* Gestaltungsempfehlungen nach den Regeln wissenschaftlicher Methodik gewonnen oder überprüft werden. Als wissenschaftlich relevante Ergebnisse gelten dabei neuformulierte Gestaltungshypothesen ebenso wie eine Verbesserung des verfügbaren Erfahrungswissens. Demgegenüber hat die *bloße Anwendung* wissenschaftlicher Gestaltungsempfehlungen bei der Lösung konkreter Gestaltungsprobleme als Praxis bzw. Beratung zu gelten." (SIKORA 1975, S. 12f.)

Dies schließt jedoch keineswegs aus, daß in einem frühen Stadium des Erkenntnisprozesses, in dem nicht-singuläre Aussagen noch nicht formuliert werden können, gerade singulären Aussagen eine große – auch eigenständige – Bedeutung zukommt (SZYPERSKI/FÜRTJES 1979, S. 28ff.).

Weitgehende Einigkeit besteht darin, daß technologische Aussagen nur in Kooperation mit der Praxis, d. h. nur in Verbindung mit konkreten praktischen Gestaltungsprozessen gewonnen werden können (SZYPERSKI 1971, S. 279ff.; SZYPERSKI 1974b, S. 681ff.; SIKORA 1975, S. 14; KIRSCH/GABELE 1976, S. 16ff.; KUBICEK 1978, S. 340f.; SZYPERSKI u.a. 1979, S. 253). Die Probleme, die sich aus den unterschiedlichen Zielsetzungen von Wissenschaft und Praxis ergeben (können), werden häufig angedeutet und dem Wissenschaftler wird ein Rückzug aus dem Projekt empfohlen, sofern eine Verfolgung seiner wissenschaftlichen Interessen nicht mehr möglich erscheint (SZYPERSKI 1974a, S. 151; SIKORA 1975, S. 14). Allerdings bleibt der Beitrag des Wissenschaftlers in der konkreten Gestaltungssituation bisher recht verschwommen. Welche Schritte, Vorgehensweisen und Verfahren von ihm verfolgt werden sollen, um nicht nur singuläre Gestaltungsempfehlungen zu gewinnen, ist bisher nicht in ausreichendem Maß diskutiert worden.

So wird davon gesprochen, daß ,,... sich die Forscher an der Gestaltung von Pilotsystemen insoweit beteiligen müssen, wie es ihre Ziele der Wissensgewinnung notwendig erscheinen lassen." (SZYPERSKI 1971, S. 280). Konkrete Aussagen, die auf Erfahrungen beruhen, liegen bisher kaum vor (Kooperationsprojekte mit der Praxis werden allerdings häufiger: SZYPERSKI/SEIBT 1976; RICHTER

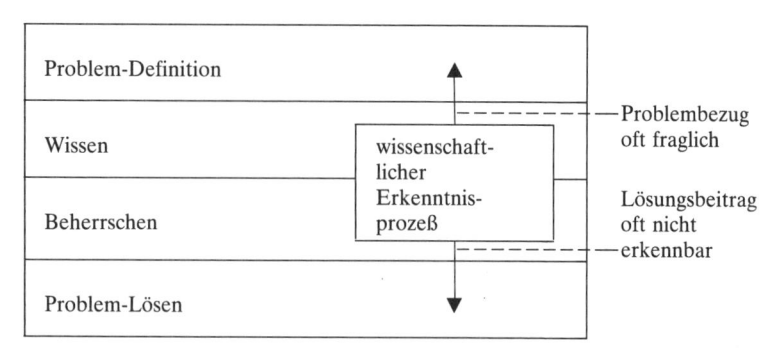

```
┌─────────────────────────────────────────┐
│ Problem-Definition          ▲           │
│                         ┌───────────┐   │──Problembezug
│ Wissen                  │wissenschaft-│   oft fraglich
│                         │licher       │
│                         │Erkenntnis- │   Lösungsbeitrag
│ Beherrschen             │prozeß      │   oft nicht
│                         └───────────┘   │──erkennbar
│ Problem-Lösen               ▼           │
└─────────────────────────────────────────┘
```

Abbildung 2: Schema „reflektierender" Gestaltungshandlungen

u.a. 1978; GÖTZEN/KIRSCH 1979; TRUX/KIRSCH 1979; NIEDER 1979; KUBICEK 1979). Worin Beteiligung und Mitwirkung bestehen können und mit welchen Methoden und Verfahren die Gewinnung technologischer Aussagen vorangetrieben werden könnte, wollen wir im dritten Abschnitt auf der Basis unserer Überlegungen zur empirischen Forschung diskutieren.

2. Empirisch-kognitive Ausagen im Bereich der Planungs- und Entscheidungsforschung

2.1. „Welle" empirischer Forschung

Mehr oder weniger gleichzeitig mit der stärkeren Forderung nach Aussagen zur Gestaltung betriebswirtschaftlicher Systeme entsprechend dem Konstruktions- oder ingenieurwissenschaftlichen Ansatz geht eine zweite Welle der Praxisorientierung einher: Mit Hilfe von empirischen Untersuchungen wird versucht, ein realitätsgerechtes Bild der betrieblichen Wirklichkeit zu erhalten, d.h. Wissenschaftler versuchen, die Welt des Praktikers näher kennenzulernen und nach einem vorgegebenen Raster beschreibbar zu machen. Zu konstatieren ist eine erhebliche Zunahme empirischer Untersuchungen im deutschsprachigen betriebswirtschaftlichen Bereich, die in aller Regel entweder der Entdeckung (Exploration) oder Absicherung (Falsifikationsversuch) von Beziehungszusammenhängen dienen sollen[2].

Entsprechend der zahlenmäßigen Bedeutung dieser Untersuchung wollen wir uns in diesem Abschnitt einerseits mit den Anforderungen, die an empirisch gewonnene Aussagen zu stellen sind, andererseits damit beschäftigen,

---

[2] Vgl. dazu etwa die Literaturdokumentationen Keppler 1976 (empirische Untersuchungen zur Organisationsforschung im deutschsprachigen Bereich, Zeitraum 1965–1975, 102 Titel); Blum u.a. 1979 (empirische Untersuchungen zur Planungsforschung englisch- und deutschsprachiger Autoren, Zeitraum 1932–1979, 463 Titel); sowie Schwerpunktprogramm 1978 (Publikationen des Schwerpunktprogramms „Empirische Entscheidungstheorie" der Deutschen Forschungsgemeinschaft, 67 Titel).

inwieweit diese Anforderungen von bisherigen Untersuchungen insbesondere im Bereich der Planungs- und Entscheidungsforschung bereits erfüllt werden. Darüber hinaus wollen wir prüfen, welche Möglichkeiten traditionelle empirische Forschungsstrategien überhaupt zur Generierung technologischer Aussagen bieten können.

2.2. Anforderungen an empirisch-kognitive Aussagen

Drei grundlegende Anforderungen an die Ergebnisse empirischer Untersuchungen scheinen uns von Bedeutung:
- der Informationsgehalt
- die Glaubwürdigkeit und
- die Verwertbarkeit (CHMIELEWICZ 1974, Sp. 1552ff.; GROCHLA 1977, S. 425f.; KIESER/KUBICEK 1978, S. 26ff.).

Wir wollen im folgenden versuchen, diese abstrakten Anforderungen durch mehr oder weniger operationale, auf empirische Forschungen bezogene Subkriterien zu präzisieren und vorliegende empirische Arbeiten aus dem Bereich der Planungs- und Entscheidungsforschung damit zu beurteilen.

2.2.1. Informationsgehalt

Der Informationsgehalt empirischer Forschungsergebnisse ist geprägt durch
(1) die zugrundegelegten Begriffe,
(2) die Art der wiedergegebenen Beziehungszusammenhänge sowie
(3) den Grad der Allgemeingültigkeit der Aussagen.

(1) Begriffe
Bezogen auf die der empirischen Untersuchung zugrundegelegten Begriffe bzw. Variablen sind eine Reihe von Merkmalen zu unterscheiden, die den Informationsgehalt der Ergebnisse beeinflussen.
  Erstens ist die *Anzahl* der untersuchten Variablen zu berücksichtigen. Ceteris paribus steigt der Informationsgehalt mit einer zunehmenden Zahl von Variablen.
  Zweitens steigt der Informationsgehalt mit zunehmender *Relevanz* der einbezogenen Variablen. Relevanz ist, bezogen auf die Fragestellung, ein relativer Wert. Ein Indikator dafür könnte zum Beispiel der Prozentsatz der erklärenden Varianz im Hinblick auf die abhängige Variable darstellen (DUBIN 1969, S. 90f.; KUBICEK 1975, S. 109).
  Drittens wird der Informationsgehalt empirischer Forschungsergebnisse durch die *Mächtigkeit* der Konzeptualisierung bestimmt. So läßt sich das Konstrukt der Arbeitszufriedenheit z. B. auf die Frage reduzieren: „Sind Sie mit Ihrer Arbeit insgesamt zufrieden?" Mächtiger und damit höher im Informationsgehalt ist jedoch ein Instrument, das Arbeitszufriedenheit mehrdimen-

sional bezogen auf verschiedene Aspekte der Arbeit erfaßt z. B. Bezahlung, Vorgesetzte, Arbeitsrhythmus (so etwa bei FISCHER/LÜCK 1972; NEUBERGER 1974; V. ROSENSTIEL 1977). Die Mächtigkeit einer Konzeptualisierung geht allerdings häufig auf Kosten der Verständlichkeit, so daß der Informationsgehalt auch wieder gemindert werden kann (SZYPERSKI 1962, S. 37ff.).

Letztlich wird der Informationsgehalt, bezogen auf die in die Untersuchung eingegangenen Begriffe, von der *Zuverlässigkeit* (Reliabilität) und *Gültigkeit* (Validität) der Variablen bestimmt. Wenn auch insbesondere bei der Validität keine endgültige Sicherheit erwartet werden kann, so lassen sich zumindest Hinweise auf Gültigkeit und Zuverlässigkeit ermitteln (SHAW/WRIGHT 1967, S. 15ff.; LIENERT 1969, S. 16ff., 208ff., 255ff.; MAYNTZ u. a. 1969, S. 66; FRIEDRICHS 1973, S. 101f.).

(2) Beziehungszusammenhänge

Den niedrigsten Informationsgehalt weisen *Deskriptionen* einzelner Variablen *ohne* die Angabe von Beziehungszusammenhängen auf. Statistisch wird dabei auf absolute und relative Häufigkeiten, Mittelwerte, Streuungsmaße und graphische Aufbereitungen (z. B. Histogramme) zurückgegriffen (KRIZ 1973, S. 38ff.; BENNINGHAUS 1974, S. 29ff.). Wir wollen diese Verfahren als univariate Verfahren bezeichnen, da sie jeweils auf eine Variable bezogen sind.

Einen größeren Informationsgehalt weisen Orientierungshypothesen auf, die den Zusammenhang zwischen mindestens zwei Variablen behaupten, ohne allerdings über Richtung und Stärke dieser Beziehung Auskunft zu geben (KIESER/KUBICEK 1978, S. 27). Im Rahmen von empirischen Ergebnissen sind Orientierungshypothesen allerdings nicht relevant, da die Ermittlung von Richtung und/oder Stärke gerade charakteristisch für empirische Beziehungszusammenhänge ist.

Demnach haben wir es bei empirischen Forschungsergebnissen – sofern zwei Variablen miteinander verknüpft werden – zumindest mit *Tendenzaussagen* („je ... desto ..."-Assagen) zu tun. Statistische Verfahren zur Darstellung dieser Beziehungszusammenhänge sind Kreuztabellen, Assoziations- und Korrelationsmaße, Mittelwertvergleiche u. a., die wir hier als bivariate Verfahren bezeichnen wollen (KRIZ 1973, S. 122ff.; BENNINGHAUS 1974, S. 60ff.).

Einen höheren Informationsgehalt erhält man, wenn nicht nur zwei, sondern mehrere Variablen gleichzeitig miteinander in Beziehung gesetzt werden. So z. B. bei mehrdimensionalen Kreuztabellen, partiellen Korrelationen und multiplen Regressionsanalysen (KRIZ 1973, S. 248ff.; BENNINGHAUS 1974, S. 257ff.; NIE u. a. 1975). Hieraus können einmal Tendenzaussagen, die einen größeren Bedingungskranz beinhalten und damit vollkommenere Erklärungen (KIESER/KUBICEK 1978, S. 37ff.) gestatten, zum anderen jedoch auch statistisch gestützte Anregungen zum Entwurf von *Kausalaussagen* gewonnen werden (SCHEUCH 1973, S. 175ff.). Kausale Beziehungszusammenhänge, bei denen die Ausprägung einer Variablen auf die Ausprägung(en) einer oder mehrerer anderer Variablen zurückgeführt werden kann, beinhalten den höchsten Informationsgehalt.

(3) Allgemeingültigkeit
Letztlich ist der Informationsgehalt von empirischen Forschungsergebnissen nach ihrer Allgemeingültigkeit zu beurteilen. Dabei geht es einmal um die *Bezugspopulation* und zum zweiten um *Raum* und *Zeit* der Untersuchung. Mit speziellerer Bezugspopulation, d. h. in der Regel mit kleinerer Stichprobe, nimmt der Informationsgehalt ab. Dies gilt in gleichem Maße für eine raum-zeitliche Beschränkung, die empirischen Arbeiten im Bereich der Sozialforschung inhärent scheint. Einmal geben deskriptive Arbeiten nur einen auf den Zeitpunkt bezogenen Ausschnitt aus der Realität wieder, zum anderen sind die in explanatorischen Aussagen enthaltenen Regelmäßigkeiten mehr oder weniger zeitvariant (auch WITTE 1974, Sp. 1275).

2.2.2. Glaubwürdigkeit

Von theoretischen Aussagen wird gefordert, daß sie wahr oder zumindest bewährt sind (POPPER 1969, S. 198ff.). Wir wollen hier bezogen auf empirisch-kognitive Aussagen von Glaubwürdigkeit sprechen. Wir sehen die Glaubwürdigkeit empirischer Forschungsergebnisse insbesondere dann erhöht, wenn
(1) die gleiche Fragestellung unter gleichen oder unterschiedlichen Bedingungen *wiederholt* wurde und/oder
(2) die Forschungsergebnisse nachvollziehbar *dokumentiert* wurden.

(1) Wiederholung der Fragestellung
Die Wahrheit allgemeiner Aussagen ist nicht endgültig bestimmbar. Vielmehr können sich theoretische Sätze lediglich in den unterschiedlichsten Situationen bewähren. Damit wird ihre Glaubwürdigkeit erhöht. Bezogen auf empirisch-kognitive Assagen ist zu prüfen, inwieweit Untersuchungen durchgeführt werden, die sich auf die gleiche Fragestellung etwa in anderen Kultursystemen oder zu anderen Zeitpunkten beziehen (Replikationen) oder inwieweit Untersuchungen vorliegen, die auf der Basis vorliegender Ergebnisse weitere unabhängige Variablen zur Erklärung einführen.

(2) Dokumentation der Forschungsergebnisse
Eine wesentliche Voraussetzung für die Glaubwürdigkeit von empirisch-kognitiven Aussagen ist die nachvollziehbare Dokumentation der Forschungsergebnisse. Mindestanforderung dürfte einmal die Dokumentation der Operationalisierung der Variablen, bei Fragebögen etwa die Publikation der Items sein. Daneben wird die Glaubwürdigkeit durch die Angabe der Bezugspopulation (Stichprobengröße, Charakteristika), der verwendeten statistischen Verfahren sowie der ermittelten Werte erhöht.

2.2.3. Verwertbarkeit

Gerade die Beachtung der Verwendbarkeit bzw. des Verwertungszusammenhanges empirischer Untersuchungen wird immer wieder gefordert (FRIEDRICHS 1973, S. 50ff.; HUJER/CREMER 1977, S. 5ff.). Die Verwendbarkeit empirischer Forschungsergebnisse für die praktische Gestaltungsarbeit liegt unseres Erachtens in drei Bereichen:
(1) im klassischen Theorie-Technologie-Transfer,
(2) in der Orientierungsfunktion von empirisch-präzisierten Bezugsrahmen und
(3) in der Verwendung von operationalisierten Begriffen zur Analyse und Diagnose realer Systeme.

(1) Theorie-Technologie-Transfer
Nach traditionellem Verständnis ist ein umfassendes theoretisches Wissen Voraussetzung für systematisches Handeln. Dementsprechend ist jede empirisch-kognitive Aussage eine Grundlage für gestalterische Arbeit.
„Sobald eine zuverlässig getestete empirisch-theoretische Aussage vorliegt, wächst sie dem Erkenntnisbestand einer wissenschaftlichen Disziplin zu und bietet sich gleichzeitig zur praxeologischen Nutzung an." (WITTE 1974, Sp. 1274f.)
Dabei ist jedoch zu beachten, daß wir es in unserer Disziplin mit unscharfen Aussagen zu tun haben, bei denen, insbesondere bezogen auf den Einzelfall, eine entsprechende Irrtumswahrscheinlichkeit berücksichtigt werden muß (WITTE 1974, Sp. 1275).

(2) Orientierungsfunktion
Der Theorie-Technologie-Transfer setzt geprüfte und nichtfalsifizierte Hypothesensysteme voraus. Die Erarbeitung und der erfolgversprechende Test derartiger Hypothesen wird, bezogen auf den betriebswirtschaftlichen Bereich, derzeit aus den verschiedensten Gründen skeptisch beurteilt (SCHANZ 1975; KUBICEK 1977). Daher wird eine Konstruktionsstrategie empirischer Forschung vorgeschlagen, die auf den Entdeckungszusammenhang von Hypothesen abzielt, und das Ziel in einer sukzessiven empirischen Präzisierung von Bezugsrahmen sieht (KUBICEK 1977). Die Präzisierung von Bezugsrahmen erfolgt in mehreren – zeitlich ineinander verschachtelten und rückgekoppelten – Stufen:
Bezugsrahmen mit dem geringsten Präzisierungsgrad enthalten lediglich die Angabe von als relevant erachteten Größen (Variablen), die in einer nächsten Stufe mehr oder weniger detailliert operationalisiert werden. Einen höheren Präzisierungsgrad weisen Bezugsrahmen auf, wenn sie Beziehungsrichtungen, einschließlich gestufter Beziehungszusammenhänge aufzuzeigen vermögen, wohingegen der höchste Präzisierungsgrad durch die Angabe von Beziehungs-

stärken einschließlich kausaler Zusammenhänge gekennzeichnet ist (KUBICEK 1975, S. 78ff.; MÜLLER-BÖLING 1978, S. 21).

Neben den drei forschungsstrategischen Funktionen der Reduktion von Problemkomplexität sowie der Steuerung und Integration von empirischen Untersuchungen kommt Bezugsrahmen auch eine Orientierungsfunktion bei der Gestaltungsarbeit zu, da – insbesondere wenn bereits höhere Stufen der empirischen Präzisierung erreicht sind – relevante Gestaltungsparameter und erste Beziehungszusammenhänge angegeben werden können (KIRSCH 1971, S. 241f.; KUBICEK 1975, S. 38ff.; MÜLLER-BÖLING 1978, S. 19f.). Teilweise wird sogar die Ansicht vertreten, daß im Gegensatz zu den Naturwissenschaften, bei denen allgemeine und gehaltvolle Generalisierungen möglich sind, der Wert der (empirischen) Sozialwissenschaften allein in der evaluativen und kognitiven Handlungsorientierung liegt (WALTER-BUSCH 1975, S. 66f.; BÜSCHGES/ LÜTKE-BORNEFELD 1977, S. 25). Denkende Akteure sollen in und durch wissenschaftliche Aussagen eine Orientierung für die eigenen Vorstellungen und eine Korrespondenz zu ihren Gedanken finden.

(3) Instrumentalfunktion
Letztlich sind Teilergebnisse empirischer Forschung direkt im praktischen Gestaltungsprozeß verwendbar. Diese Verwertung besteht darin, daß die für empirisch-kognitive Fragestellungen entworfenen Operationalisierungen im Rahmen des Gestaltungsprozesses zur Diagnose und zur Zielvorgabe eingesetzt werden (KUBICEK/WOLLNIK 1975, S. 305 IIa in Bild 2; KLAGES/SCHMIDT 1975, S. 76ff.; vgl. auch den Beitrag von Kubicek/Wollnik/Kieser in diesem Band). Eine derartige Nutzung ist in zahlreichen anderen Disziplinen üblich. So etwa werden die im Rahmen empirisch-kognitiver Intelligenzforschung entworfenen Tests weitgehend zu diagnostischen und pädagogischen Zwecken in konkreten Einzelfällen eingesetzt (ETTRICH 1975). Auch im betriebswirtschaftlichen Bereich finden wir bereits die Anwendung von Operationalisierungen, ohne daß damit allerdings immer eine Verbindung zur empirisch-kognitiven Forschung hergestellt würde: So liegt im Marketing ein Schwerpunkt in der Anwendung empirischer Sozialforschungstechniken, für die sich sogar aus den Unternehmungen heraus eigene Dienstleistungseinrichtungen entwickelt haben. Ebenso werden im Bereich der Organisationsanalyse traditionell empirische Erhebungsmethoden eingesetzt (SCHMIDT 1975; BÜSCHGES/ LÜTKE-BORNEFELD 1977). Die Nutzung von Operationalisierungen als Meßinstrumente im Gestaltungsprozeß ist jedoch von der Mächtigkeit der zugrundegelegten Begriffe und deren Operationalisierung abhängig. Auf dieses Problem wird zurückzukommen sein.

2.3. Anforderungen an den Kommunikationsstil

Neben den Anforderungen an die Aussagen empirisch-kognitiver Forschung erscheint es uns wichtig, auch auf die Übertragung des in empirischen Studien ermittelten Wissens einzugehen.

Der empirische Forscher erwirbt – wie oben bereits erörtert – Erkenntnisse, die er in Form von Aussagen, in aller Regel schriftlich, vermittelt. Neben diesen fixierten Erkenntnissen wird er jedoch auch – insbesondere wenn er selbst das Feld beobachtet oder sogar aktiv mitgewirkt hat (teilnehmende Beobachtung, Aktionsforschung) – um Erfahrungen bereichert, die nicht-operationalisiert und schwer in den oben beschriebenen Aussageformen niedergelegt werden können. Das aktive Wissen des Experten und Wissenschaftlers *(W)* ist umfassender als das, im Rahmen einer „community of scientists", allgemein verständlich Aussagbare *(A)*. Durch praktische Erfahrung wird der Bereich des Könnens *(K)* ausgeweitet, ohne daß es notwendigerweise zu einem entsprechenden bewußten Wissenszuwachs kommen muß (vgl. dazu auch SZYPERSKI, 1980). Bei einem Experten ist der Bereich des Könnens *(K)* in der Regel umfassender als der des korrespondierenden Wissens *(W)* und dieser wiederum größer als die Menge des Aussagbaren *(A)*; im Grenzfall sind sie allenfalls gleich:

$$K \gtrsim W \gtrsim A.$$

Für diese verschiedenen Ebenen der Entwicklung dürften verschiedene Arten der Vermittlung förderlich sein. Auf der Aussagenebene – der Ebene auf der wir uns traditionell bewegen – scheint die Schriftform der angemessene Kommunikationsstil. Auf der umfassenderen Wissensebene erscheint es notwendig, die Kommunikation formloser, etwa mittels persönlicher Diskussionen oder kreativer Sitzungen, zu gestalten. Im Bereich des Könnens dagegen dürfte nur die aktive Gestaltung des „Könners" und zugleich die Mitwirkung des „Lernenden" zu einer Kommunikation führen (ähnlich zum Problem TRUX/KIRSCH 1979, S. 229).

2.4. Zum gegenwärtigen Stand der empirischen Planungs- und Entscheidungsforschung

Nachdem wir nunmehr einen gewissen Anforderungskatalog für die Beurteilung empirischer Forschungsergebnisse erarbeitet haben (vgl. den Überblick in Abbildung 3), sollen vorliegende Arbeiten daraufhin untersucht werden, inwieweit ihre bisherigen Ergebnisse informativ, glaubwürdig und verwertbar sind. Wir beziehen uns dabei in erster Linie auf Arbeiten, die im Rahmen unseres Projektes bereits an anderer Stelle in Bibliographien bzw. systematisierenden Aufarbeitungen zusammengefaßt wurden (BLUM/MÜLLER 1977; BLUM/MÜLLER-BÖLING 1977 sowie BLUM u. a. 1979).

Anforderungen	Dimensionen	Indikatoren
INFORMATIONS-GEHALT	Begriffe	Anzahl der Variablen Relevanz Mächtigkeit Zuverlässigkeit Gültigkeit
	Beziehungszusammenhänge	Deskriptionen (univariate Auswertung) Tendenzaussagen (bivariate Auswertung) kausale Aussagen (multivariate Auswertung
	Allgemeingültigkeit	Stichprobe Raum Zeit
GLAUBWÜRDIGKEIT	Wiederholung der Fragestellung	Replikationen Einbezug weiterer unabhängiger Variabler
	Dokumentation der Forschungsergebnisse	Fragebogen Stichprobencharakteristika statistische Verfahren ermittelte Werte
VERWERTBARKEIT	Theorie-Technologie-Transfer Orientierungsfunktion Instrumentalfunktion	

Abbildung 3: Anforderungen an empirisch-kognitive Aussagen und ihre Operationalisierung

2.4.1. Zum Informationsgehalt der Forschungsergebnisse

(1) Begriffe

Bezogen auf die in diesen Untersuchungen einbezogenen Begriffe lassen sich schwerpunktmäßig die in Tabelle 1 aufgeführten Untersuchungsobjekte registrieren (BLUM/MÜLLER 1977, S. 13ff.).

Es wird deutlich, daß Untersuchungen, die sich mit der Planungstechnik, der Gesamtplanung und den Planungsobjekten befassen, am häufigsten vertreten sind (zu den Begriffen vgl. SZYPERSKI/WINAND 1980). Eine Aufteilung der Untersuchungsobjekte nach Publikationszeiträumen läßt erkennen, daß Studien zur Planungstechnik und den Planungsobjekten über den gesamten untersuchten Zeitraum gleichmäßig verteilt sind, während Untersuchungen zur strategischen Planung und zur Planungssituation besonders stark ab 1970 einsetzen. Studien zur Gesamtplanung wurden im amerikanischen Raum hauptsächlich in den Jahren 1965–1969, im deutschsprachigen Bereich erst ab 1975 veröffentlicht (BLUM 1977, S. 22; auch GABELE 1978, S. 133 Fußn. 3).

Insgesamt gesehen scheint mit den aufgeführten Untersuchungsobjekten der

Untersuchungsobjekt	Anzahl der Publikationen	
	absolut	relativ
Planungstechnik	88	22%
Gesamtplanung	62	15%
Planungsobjekt	58	14%
Planungsmanagement	48	12%
Planungsträger	44	11%
Strategische Planung	41	10%
Planungsphasen	18	4%
Planungssituation	16	4%
Planungsauswirkung	15	4%
Planungsinformation	14	3%
	404	100%

Tabelle 1: Anzahl der schwerpunktartigen Untersuchungsobjekte bei 404 Publikationen der empirischen Planungs- und Entscheidungsforschung

Gegenstandsbereich einer empirischen Planungstheorie recht gut abgedeckt, insbesondere wenn auch die Unterbegriffe zu den hier aufgeführten Untersuchungsobjekten mit einbezogen werden (BLUM/MÜLLER 1977, S. 13ff.). Allerdings ist die *Anzahl* der untersuchten Variablen in den einzelnen Arbeiten recht unterschiedlich. Bezogen auf die empirische Relevanz von Begriffen (z.B. ermittelt über die erklärte Varianz der abhängigen Variablen) liegen kaum Informationen vor.

Die *Mächtigkeit* der Konzeptualisierungen muß insgesamt recht negativ beurteilt werden. Erst in letzter Zeit tauchen Operationalisierungen von Variablen auf, die mehrdimensionale Interpretationen ermöglichen (KÖHLER/ UEBELE 1977; KREIKEBAUM/GRIMM 1978; FRANKE/MÜLLER-BÖLING 1978; SZYPERSKI/MÜLLER-BÖLING 1979b; aber auch schon früher in RKW 1965). Eine Diskussion der *Reliabilität* und *Validität* der Operationalisierungen entfällt weitestgehend. Meist begnügt man sich mit einer Art Face-Validität, auf die häufig allerdings auch nur implizit hingewiesen wird. Eine Diskussion dieser Testkriterien erfolgt in aller Regel nicht.

Insgesamt gesehen ist der Informationsgehalt bezogen auf die Mächtigkeit sowie Zuverlässigkeit und die Gültigkeit der untersuchten Variablen als eher gering einzustufen.

(2) Beziehungszusammenhänge

Greifen wir 30 an anderer Stelle analysierte Arbeiten der empirischen Planungsforschung heraus (BLUM/MÜLLER-BÖLING 1977), so ergibt sich in bezug auf die Verwendung statistischer Verfahren das in Tabelle 2 wiedergegebene Bild.

Die Tabelle dürfte den derzeitigen Stand der Beziehungszusammenhänge in empirischen Untersuchungen recht gut wiedergeben. Ein erheblicher Teil von

Verfahren	Anzahl der Untersuchungen
keine Angabe (verbale Auswertung)	8
nur univariate Verfahren	8
uni- und bivariate Verfahren	14
multivariate Verfahren	0
	30

Tabelle 2: Verwendung uni-, bi- und multivariater Verfahren in 30 ausgewählten Arbeiten der empirischen Planungsforschung

Arbeiten basiert – auch bei vergleichender Feldforschung (Fallstudien sind in diese Untersuchung nicht mit einbezogen) – auf verbal beschreibenden Analysen ohne Zahlenwerk. Der Anteil dieser Arbeiten ist allerdings im Schwinden. Von den acht Arbeiten mit rein verbaler Auswertung sind fünf in den sechziger, eine in den dreißiger und zwei in den siebziger Jahren veröffentlicht. Auch der Anteil univariater Auswertungsverfahren ist recht hoch. In diesen Arbeiten werden lediglich Deskriptionen einzelner Variablen vorgenommen, und zwar meist nach der absoluten oder relativen Häufigkeit des Auftretens.

Die bivariaten Auswertungen beziehen sich zum überwiegenden Teil auf Kreuztabellierungen, selten werden Korrelationskoeffizienten und nur teilweise t-Tests gerechnet. Multivariate Verfahren, mit deren Hilfe Mehrfach- oder Scheinbeziehungen aufgedeckt werden könnten, fehlen bei den 30 ausgewählten Arbeiten völlig. Bei anderen Arbeiten konnten wir hierzu bisher nur Ansätze erkennen (KÖHLER/UEBELE 1977; FRANKE/MÜLLER-BÖLING 1978). Es ist allerdings zu vermuten, daß bei der zukünftigen stärkeren Nutzung von Rechenanlagen und umfangreichen statistischen Programmpaketen (z.B. BMDP [Biomedical Computer Programs], OSIRIS [Organized Set of Integrated Routines for Investigation with Statistics] und SPSS [Statistical Package for the Social Sciences]) auch ein Anstieg bei statistisch gestützten kausalen Aussagen zu erwarten ist.

Derzeit muß allerdings konstatiert werden, daß die Aussagen der empirischen Planungsforschung vornehmlich deskriptiver Natur sind, wobei das explanatorische Potential empirischer Untersuchungen weitgehend unausgeschöpft bleibt.

(3) Allgemeingültigkeit

Was die Allgemeingültigkeit der generierten Aussagen betrifft, so ist einmal festzustellen, daß die Untersuchungen von der Bezugspopulation her teilweise ein beachtliches Ausmaß haben.

Tabelle 3 zeigt, daß von 460 Titeln immerhin 16 eine Stichprobengröße über 500 Unternehmungen aufweisen und insgesamt 133 Untersuchungen von einem n größer als 100 ausgehen (BLUM u.a. 1979, S. 5).

Stichprobengröße	Anzahl der Publikationen
2– 9 Unternehmungen	46
10– 49 Unternehmungen	131
50– 99 Unternehmungen	57
100–499 Unternehmungen	117
500–999 Unternehmungen	10
über 1000 Unternehmungen	6
unbekannt	93
	460

Tabelle 3: Stichprobengröße und Anzahl der Publikationen

Da die häufig nur deskriptiven Ergebnisse bei Fragen nach der Verbreitung systematischer Planung oder dem Einsatz bestimmter Planungsinstrumente jedoch sehr stark zeitlichen Beschränkungen unterworfen sind, ist die Allgemeingültigkeit der Ergebnisse in vielen Fällen nicht sehr hoch anzusetzen. Vielmehr handelt es sich meist nur um eine am Tag der Veröffentlichung bereits veraltete „Inventarisierung der Misere" (CHMIELEWICZ 1974, Sp. 1552).

2.4.2. Zur Glaubwürdigkeit der Forschungsergebnisse

(1) Wiederholung der Fragestellung

Eine Wiederholung der Fragestellung ist im Bereich der empirischen Planungsforschung – wie im Bereich der gesamten empirischen Sozialforschung – ausgesprochen selten[3]. Voraussetzung für eine echte Replikation ist nicht nur die Übernahme von Fragestellungen, sonden auch von Operationalisierungen der zu untersuchenden Variablen. Bezogen auf die von uns betrachteten Studien gilt hier jedoch, daß – ebenso wie etwa bei Skalen empirischer Sozialforschung[4] – die wiederholte Anwendung eines Meßinstrumentes eher zur Ausnahme gehört. Insofern bauen Untersuchungen auch nur selten auf vorhergehende Studien auf.

(2) Dokumentation der Forschungsergebnisse

Auch die Dokumentation der Forschungsergebnisse und damit die Nachvollziehbarkeit der gemachten empirisch-kognitiven Aussagen läßt zu wünschen übrig. Dies ist bereits aus der großen Anzahl unbekannter Stichprobengrößen ablesbar (vgl. Tabelle 3), wobei zu bemerken ist, daß auch in jüngerer Zeit

---

[3] Als Ausnahme kann die Arbeit von TAYLOR/IRVING 1971 gelten, die sich sehr stark auf Ringbakk 1969 bezieht, obwohl es sich nicht um eine vollkommene Replikation handelt.

[4] Vgl. dazu SCHEUCH/ZEHNPFENNIG 1974, S. 160, die berichten, daß in der Mehrzahl der Fälle die publizierten Skalen nur einmal, in weniger als 30% der Fälle mehr als einmal und zu nur 2% mehr als fünfmal angewendet wurden.

keine grundlegende Verbesserung eingetreten ist (BLUM/MÜLLER 1977: 79; BLUM u. a. 1979: 93). Wenn auch die Zahl ungenügender Dokumentationen weiterhin steigt, so lassen einzelne Arbeiten dennoch eine umfassendere Publikation der Operationalisierungen der untersuchten Variablen erkennen (WITTE 1972; TÖPFER 1976; HAAS 1976). Auch bezogen auf die verwendeten statistischen Verfahren und die zugrundeliegende Stichprobe nähern sich die meisten neueren Publikationenen einem Standard, der die Glaubwürdigkeit der Ergebnisse erhöht[5].

2.4.3. Zur Verwertbarkeit der Forschungsergebnisse

(1) Theorie-Technologie-Transfer

Ein Theorie-Technologie-Transfer setzt informative und glaubwürdige theoretische Aussagen voraus. Die so transferierten Aussagen der Technologie können dabei nie informativer und glaubwürdiger sein als die der Theorie (CHMIELEWICZ 1974, Sp. 1556). Nach unserer Analyse des gegenwärtigen Standes der empirischen Planungsforschung muß allerdings konstatiert werden, daß eine Aussagenqualität, die den oben genannten Anforderungen entspricht, in vielerlei Hinsicht noch nicht erreicht wurde. Was die derzeitigen Mängel hinsichtlich der Begriffsbildung, der Generierung von explanatorischen Aussagen und der Allgemeingültigkeit betrifft, so erscheinen die Hindernisse prinzipiell für einen Teil der Aussagen überwindbar. Und zwar dürfte dies für die sozialen und technischen Systeme und die verhaltensmäßigen Gegebenheiten insofern gelten, als sie menschliche Aktionen und Handlungen eingrenzen. Es kann allerdings nicht für die tatsächliche Nutzung des verbleibenden Handlungs- und Entscheidungsspielraumes durch Menschen zutreffen, weil keine empirisch-exakten Zugriffe zum argumentativen Prozeß der Spielraumnutzung durch Individuen oder Gruppen möglich sind, es sei denn durch den totalitären Rückgriff auf Normen und Argumentationskonstrukte wie sie mit dem homo oeconomicus versucht wurden. (Dieser indeterminierten Zone menschlicher Freiheit übrigens verdanken die sogenannten inexakten Wissenschaften ihre Existenz und Begründung.)

Eine weitere wichtige Frage ergibt sich aus der evolutorischen Entwicklung der wirtschaftlichen und organisationalen Welt: Inwieweit können mit Hilfe der empirisch gestützten theoretischen Aussagen technologische Aussagen generiert werden, die zur Gestaltung *neuer*, innovativer Systeme herangezogen werden können? Mit dieser Frage ist die bereits mehrfach vorgetragene Skepsis gegenüber dem Innovationspotential empirischer Forschung verbunden (SZYPERSKI 1971, S. 268; ARGYRIS 1972, S. 73; KUBICEK/WOLLNIK 1975, S. 302). Nun

---

[5] Dies dürfte im deutschsprachigen Raum der Betriebswirtschaftslehre sicherlich nicht zuletzt auf die Pionierdienste von Witte und seinen Mitarbeitern zurückzuführen sein; vgl. die Publikationen der Schriftenreihe „Empirische Theorie der Unternehmung".

besteht jedoch gerade für eine gestaltungsorientierte Betriebswirtschaftslehre die Verpflichtung, nicht nur Verfahrensregeln zur Handhabung und Reproduktion schon gegebener, sondern auch zur Gestaltung und Handhabung noch nicht realisierter Systeme zu entwickeln (SZYPERSKI 1971, S. 268). Hierzu können die Deskription und Explanation gegebener Systeme – wie sie zwangsläufig im Rahmen empirischer Forschung notwendig ist – nur sehr bedingt beitragen. Denn bei der Gestaltung neuer Systeme geht es weniger um die *tatsächlichen* Handlungen bestehender Systeme, sondern um die Ermittlung *potentieller Handlungsspielräume* noch zu realisierender Systeme. Außer dem Vorschlag, auch die ,,Suche nach Handlungsspielräumen und -grenzen" mit in die empirische Forschung einzubeziehen (KUBICEK 1975, S. 57), liegen keine konkreten Anhaltspunkte zur Lösung des Problems im Rahmen empirischer Forschungsbemühungen vor.

Die Verwertbarkeit empirischer Forschungsergebnisse im Sinne des Theorie-Technologie-Transfers ist daher bezogen auf Gestaltungsaussagen zur Reproduktion und Handhabung gegebener Systeme *derzeit,* bezogen auf Aussagen zur Gestaltung und Handhabung noch nicht realisierter Systeme *grundsätzlich* skeptisch zu beurteilen.

(2) Orientierungsfunktion

Zur Nutzung empirisch präzisierter Bezugsrahmen bei der Bestimmung relevanter Gestaltungsparameter und der Abschätzung ihrer interdependenten Wirkungen als Verwertungsmöglichkeit empirischer Forschungsergebnisse liegen konkrete Erfahrungen unseres Wissens nach bisher nicht vor. Dies dürfte nicht zuletzt daran liegen, daß bisherige Untersuchungen entsprechend ihrem deskriptiven Charakter wenig zu den Beziehungszusammenhängen zwischen relevanten Gestaltungsparametern auszusagen vermögen. Ansätze zu einer Nutzung der Orientierungsfunktion von Bezugsrahmen für gestaltungsrelevante Aussagen finden sich in einem von den Verfassern erarbeiteten Konzept zur Gestaltung von Planungsorganisationen (SZYPERSKI/MÜLLER-BÖLING 1980).

(3) Instrumentalfunktion

Im vorigen Abschnitt hatten wir hervorgehoben, daß die für empirische Untersuchungen entwickelten Erhebungsinstrumente auch ein großes Potential im individuellen Gestaltungsprozeß bieten können. Gerade auch die positiven Erfahrungen anderer Disziplinen ermutigen dazu. Eine gewisse Mächtigkeit der operationalisierten Variablen ist für die sinnvolle Nutzung von Operationalisierungen als Meß- und Diagnoseinstrumente eine wesentliche Voraussetzung. Diese Mächtigkeit der Variablen ist zur Zeit jedoch bei den meisten Untersuchungen nur sehr schwach ausgeprägt. Insofern ist es nicht verwunderlich, daß Operationalisierungen wesentlicher Variablen bisher nur vereinzelt explizit als Diagnoseinstrumente eingesetzt wurden (so bei KLAGES/SCHMIDT 1978, S. 80ff. sowie bei eigenen Arbeiten: MÜLLER-BÖLING 1979; SZYPERSKI/

MÜLLER-BÖLING 1979b, S. 448ff.; Hinweise bei ROVENTA 1979, S. 207ff.). Da aber in der Instrumentalfunktion ein sehr bedeutsames Potential für eine sinnvolle Nutzung empirischer Forschungsergebnisse und -instrumente zu sehen ist, soll im nächsten Abschnitt näher auf eine „duale" wissenschaftliche Strategie zur empirischen Exploration und empirischen Konstruktion eingegangen werden.

3. Der Beitrag der empirischen Forschung zur Generierung technologischer Aussagen: Eine duale empirische Forschungsstrategie

Nachdem Stand und Möglichkeiten empirischer Forschung im Bereich der betriebswirtschaftlichen Planungs- und Entscheidungsforschung aufgezeigt wurden, soll nunmehr die Ausgangsfrage nach einer Präzisierung und Erweiterung der als Forschung durch Entwicklung (FdurchE) bezeichneten Forschungsstrategie in den Mittelpunkt gerückt werden. Dabei geht es insbesondere um eine Integration der traditionellen empirischen Vorgehensweisen, die auf Exploration oder Falsifikation ausgerichtet sind, in die auf die Konstruktion von Kultursystemen gerichtete FdurchE-Strategie. Da die vorgeschlagene Vorgehensweise sowohl auf die empirische Exploration als auch auf die empirische Konstruktion abzielt, wollen wir von einer dualen Strategie sprechen.

3.1. Operationalisierungen als Kern empirischer Exploration und empirischer Konstruktion

Entsprechend den Überlegungen, die bereits weiter oben unter dem Stichwort der Instrumentalfunktion dargelegt wurden, sind die Operationalisierungen von Variablen in zweifacher Weise verwendbar: Einerseits können sie im traditionellen Sinne zur empirisch unterstützten Erarbeitung und/oder Überprüfung von Beziehungszusammenhängen herangezogen werden. Sie dienen dann der durch gedankliche Annahmen geleiteten empirischen Exploration eines (meist begrenzten) Ausschnittes der realen Welt. Andererseits können sie jedoch auch die konkrete Gestaltung (empirische Konstruktion) realer Systeme unterstützen und zwar in dreifacher Weise: Erstens indem der Zustand des Systems diagnostiziert wird, zweitens dadurch, daß die Alternativen des potentiellen Gestaltungsspielraums aufgezeigt werden, und drittens zur Ergebniskontrolle von Gestaltungsmaßnahmen (MÜLLER 1975, S. 433f.; SZYPERSKI/MÜLLER-BÖLING 1979b, S. 448ff.).

Nicht alle Operationalisierungen vermögen empirische Exploration und empirische Konstruktion in gleicher Weise zu unterstützen. Um dies zu ermöglichen, sind eine Reihe von Voraussetzungen zu erfüllen, auf die wir weiter unten zurückkommen werden. In dem von der Deutschen Forschungsgemeinschaft im Rahmen des Schwerpunktprogramms „Empirische Entscheidungstheorie" geförderten Projekt „Organisation der Planung" sind wir jedoch von der grundsätzlichen Annahme ausgegangen, daß empirische Exploration und empirische Konstruktion durch gleiche Instrumente unterstützt werden können. Daher wurden die einzelnen Operationalisierungen in der konkreten Ausprägung bewußt darauf ausgerichtet.

3.2. Voraussetzungen und Vorgehensweisen der dualen Strategie

Ausgangspunkt einer dualen Strategie (vgl. Abbildung 4) ist ein Bezugsrahmen, der in der Anfangsphase zumindest die als wesentlich erachteten Variablen enthält (KUBICEK 1977). Dieser Ausgangsbezugsrahmen, der im weiteren Verlauf des Forschungsvorhabens kontinuierlich präzisiert wird, steuert die folgenden Forschungsaktivitäten und integriert ihre Ergebnisse (MÜLLER-BÖLING 1978, S. 19ff.).

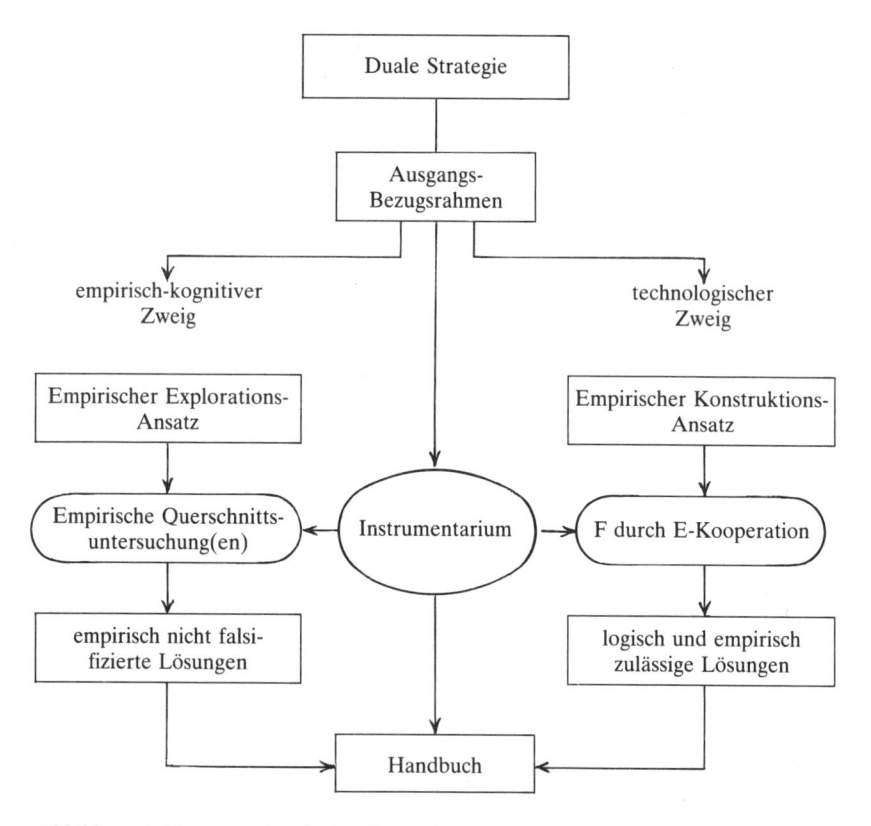

Abbildung 4: Elemente der dualen Strategie zur empirischen Exploration und empirischen Konstruktion

3.2.1. Operationalisierung der Variablen: Das Instrumentarium

Der Ausgangsbezugsrahmen steuert in erster Linie die Auswahl der zu operationalisierenden Variablen. Dieser Operationalisierung kommt eine besondere Bedeutung zu, da sie nicht mehr nur für ein einzelnes Forschungsvorhaben oder ein Forschungsprogramm unter abgegrenzten Fragestellungen (Exploration), sondern auch für unterschiedliche Gestaltungsaktivitäten (Konstruktionen) andererseits zu erfolgen hat. Die Operationalisierung einer Variablen vollzieht sich in der Regel in folgenden drei Stufen (MÜLLER-BÖLING 1978, S. 14ff.):

(1) Terminus
Im vorwissenschaftlichen Raum bzw. bei der Erstellung des Ausgangsbezugsrahmens wird ein Phänomen mit einem Begriff (Terminus) belegt. Dieser Begriff ist häufig vage, sein Bedeutungsinhalt ist intersubjektiv nur relativ schwer vergleichbar; er ist weitgehend unoperational definiert.

(2) Indikator
Da viele Phänomene nicht direkt beobacht- bzw. meßbar sind, werden empirische Äquivalente oder Ersatzgrößen (Indikatoren) gesucht, die das Phänomen möglichst weitgehend repräsentieren. Die Forderung nach der Homomorphie zwischen der nicht meßbaren Größe und der meßbaren Ersatzgröße wirft das Problem der Validität auf.

(3) Meßvorschrift
Operational wird ein Begriff erst dann, wenn auch eine Meßvorschrift (Forschungsoperation) für die gewählte(n) Ersatzgröße(n) vorliegt. Dabei ergibt sich die Forderung nach möglichst weitgehender Homomorphie zwischen der Ersatzgröße und den Meßwerten. Diese Forderung stellt sich als Problem der Reliabilität des Meßinstrumentes dar.

Ein operationaler Begriff besteht demnach aus einem Terminus, einem oder mehreren Indikatoren und Meßvorschriften für die Erfassung der Indikatoren. Gerade die Bedeutung der Meßvorschrift wird häufig unterschätzt; Indikatoren können auf verschiedenste Weise (Fragebogen, Interview, Beobachtung, Aktenstudium, Frageformulierungen) erhoben werden. Jede Erhebungsart kann erhebliche Auswirkungen auf die Reliabilität und damit zwangsläufig auch auf die Validität des Meßinstrumentes haben (zum Zusammenhang zwischen Validität und Reliabilität LIENERT 1969, S. 19ff.).

Bei einer dualen Strategie ergeben sich bereits bei der Wahl der *Indikatoren*, also dem zweiten Schritt der Operationalisierung, von den bisherigen Kriterien abweichende Anforderungen. So sind Operationalisierungen für empirische Explorationen in erster Linie quantitativ ausgerichtet, um mit einem großzahligen Datenmaterial auf ordinalem oder intervallskaliertem Niveau besser rechnen zu können. Gestaltungsüberlegungen verlangen dagegen stärker nach einer inhaltlich qualitativen Ausrichtung der Operationalisierung. Bei mehr großzahlig ausgerichteten empirischen Untersuchungen wird man daher Operationalisierungen bevorzugen, die qualitativ gesehen geringere Eingrenzungen vornehmen und relativ globale Attribute zulassen, um mächtige Eigenschafts- und Relationsräume fassen zu können. Für die empirische Gestaltungsarbeit braucht man dagegen möglichst präzise Operationalisierungen mit weitergehenden qualitativen Eingrenzungen, wodurch die quantitative Bestimmung erschwert wird.

Ein einfaches Beispiel hierfür stellt die Operationalisierung der Variablen Planungsausmaß dar. Für die Erarbeitung allgemeiner empirisch-kognitiver Aussagen erscheint es durchaus angemessen und zweckmäßig, das Planungsausmaß einer Unternehmung durch die Anzahl der in der Unternehmung produzierten (Teil-)Pläne zu ermitteln (KEPPLER u.a. 1977), so etwa um festzustellen, daß mit zunehmender Unternehmungsgröße das Planungsausmaß steigt. Für Gestaltungsüberlegungen ist die Aussage, daß mit zunehmener Unternehmensgröße (sinnvollerweise) mehr Pläne erzeugt werden sollen, dagegen wenig hilfreich. Der Gestalter hat vielmehr nach den Inhalten der Pläne (Planungsobjekten) oder den Aktivitäten im Planungsprozeß (Planungsaufgaben) zu fragen; er ist mithin auf eine stärkere qualitative Ausrichtung der Operationalisierung des Planungsausmaßes angewiesen.

Bezogen auf die Auswahl der Indikatoren bei der Operationalisierung sind daher im Zuge einer dualen empirischen Strategie qualitativ mächtigere Konstrukte zu fordern, die inhaltlich detailliertere Aussagen gestatten; eine Forderung übrigens, die sich auch aus der Kritik am bisherigen Stand der empirischen Planungs- und Entscheidungsforschung ergibt (vgl. unsere Ausführungen in Punkt 2.4.1. [1]).

Eine duale empirische Strategie erfordert allerdings nicht nur eine andere Ausrichtung bei der Auswahl der Indikatoren, sondern stellt auch zusätzliche Anforderungen an die zu wählende *Meßvorschrift,* den dritten wichtigen Teilschritt jeder Operationalisierung. Während bei empirisch-kognitiven auf Exploration ausgerichteten Arbeiten die Messung und Auswertung in der Regel durch den Wissenschaftler erfolgt, der die Operationalisierung vorgenommen hat, muß der Meßvorgang und die Auswertung im Rahmen der empirischen Konstruktion auch von anderen – z.B. Systemgestaltern im Betrieb – durchgeführt werden. Dies erfordert nicht nur passives Nachvollziehen – wie es als Anforderung an die Glaubwürdigkeit in empirische Forschungsergebnisse unerläßlich ist –, sondern auch aktives Verstehen und Handhaben der Instrumente (MÜLLER 1975, S. 433ff.). Der Meßvorgang muß daher entweder so eindeutig sein, daß er für sich selbst spricht, oder mit einer allgemein verständlichen Anleitung versehen werden. Das gleiche gilt für die Auswertung, insbesondere dann, wenn aus mehreren Indikatoren Indizes oder Skalen gebildet werden sollen.

3.2.2. Empirische Exploration

Ziel des empirisch-kognitiven Zweiges der dualen Strategie (vgl. Abbildung 4) ist es, ein empirisch abgestütztes theoretisches Verständnis über den Objektbereich zu erarbeiten. Dabei kann es im derzeitigen Stadium des Wissens im betriebswirtschaftlichen Bereich in der Regel nicht um die Prüfung von Hypothesen im Sinne einer Falsifikationsstrategie gehen, vielmehr stehen die Gewinnung und Erarbeitung von Hypothesen im Sinne einer Exploration im Vordergrund (SCHMIDT 1972; KÖHLER 1976; KUBICEK 1977).

Breit angelegte empirische Querschnittsuntersuchungen, auf der Basis der in den Bezugsrahmen eingeflossenen Variablen und des erarbeiteten Instrumentariums, sind dann in der Lage,

(1) den Ausgangsbezugsrahmen zu präzisieren, indem
    – Stärke und Richtung von Beziehungszusammenhängen ermittelt,
    – Scheinbeziehungen und gestufte Zusammenhänge aufgedeckt und
    – empirisch nicht relevante Variablen eliminiert werden (MÜLLER-BÖLING 1978, S. 195).
(2) Informationen über die Varianz von Variablen zu liefern, indem
    – die Bandbreite der in der Realität vorkommenden Ausprägungen (Streuung) ermittelt wird,
    – die Besetzungen der einzelnen Ausprägungen analysiert und
    – Mittelwerte und Streuungsmaße für einzelne (auf der Basis der Beziehungszusammenhänge als relevant ermittelte) Subgruppen erarbeitet werden.

Der empirisch-kognitive Zweig dient dazu, bisher realisierte Lösungen des betrachteten Kultursystems zu erfassen (vgl. bereits Punkt 1.1. unserer Ausführungen).

3.2.3. Empirische Konstruktion

Ziel des technologischen Zweiges der dualen empirischen Strategie ist es dagegen, logisch und empirisch zulässige zweckorientierte Lösungen zu finden bzw. zu erarbeiten. Da sich die Objekte betriebswirtschaftlicher Forschung kaum labormäßig isolieren lassen, ist die Betriebswirtschaftslehre – will sie selbst konstruktiv tätig sein – auf die Zusammenarbeit mit der betriebswirtschaftlichen Praxis angewiesen (SZYPERSKI 1971, S. 279ff.; KIRSCH/GABELE 1976, S. 16ff.; SZYPERSKI u.a. 1979, S. 253). Dementsprechend sind bei einem empirischen Konstruktionsansatz Kooperationen im Sinne einer FdurchE-Strategie unerläßlich.

Im Zuge dieser Bemühungen hilft das Instrumentarium, in Form der Operationalisierungen der durch den Bezugsrahmen abgegrenzten Variablen, in zweifacher Weise: Erstens wird die konkrete Gestaltungsarbeit durch das Instrumentarium unterstützt. Zweitens weist die Anwendung des Instrumentariums auch einen Weg aus dem Dilemma um die Einbeziehung möglichst vieler FdurchE-Projekte zur Generierung allgemeiner Aussagen und der Bearbeitungsmöglichkeit nur weniger FdurchE-Projekte aufgrund der beschränkten Ressourcen des einzelnen Forschers. Wir wollen diese beiden Funktionen im folgenden etwas näher erläutern.

(1) Funktionen des Instrumentariums in konkreten Gestaltungsprojekten
Eine umfassende Operationalisierung ist in der Lage, verschiedene Schritte der Systemgestaltung zu unterstützen. Nach unseren Erfahrungen, die sich im Projekt ,,Organisation der Planung" auf drei umfangreichere FdurchE-Kooperationen und zahlreiche kleinere Projektbetreuungen beziehen, ist die von uns entwickelte Operationalisierung der Planungsorganisation (SZYPERSKI/MÜLLER-BÖLING 1980) in der Lage
– im Zuge der *Systemanalyse* ein operationalisiertes Diagnoseinstrumentarium zu liefern, das die gegebene Planungsorganisation weitgehend abbildet,
– beim *Systementwurf* Alternativenräume aufzuzeigen, ohne allerdings zulässige oder gar ,,richtige" Lösungen angeben zu können,
– die *Systemimplementierung,* d.h. die systemtechnische und organisatorische Durchsetzung des Systementwurfs entscheidend zu unterstützen, indem die unterschiedlichen Vorstellungen der an der Gestaltung Mitwirkenden in den Phasen der Analyse und des Entwurfs ,,objektiviert", d.h. offengelegt und diskutierbar gemacht werden und schließlich
– die *Kontrolle und Bewertung* des implementierten Systementwurfs aufgrund der operationalisierten Zielvorgaben der Gestaltungsparameter zu unterstützen.
Die gesamte Systemgestaltung wird dadurch wesentlich erleichtert, daß im Zuge des empirisch-kognitiven Zweiges der dualen Strategie Vergleichswerte erarbeitet werden, mit denen die Ergebnisse des invididuellen Systemgestaltungsprozesses verglichen werden können. Abweichungen zwischen den Standard- und den Individualwerten sind dabei keineswegs als gut oder schlecht bzw. positiv oder negativ zu bewerten, da der Standardwert in der Regel keine Aussagen über die Effektivität oder Effizienz des Systems enthält[6]. Vielmehr sollen die Differenzen zu Nachforschungen und Überlegungen hinsichtlich der Abweichungsgründe anregen und damit die Gestaltung eines gedanklich reflektierten und rational begründeten Systems unterstützen.

(2) Funktionen des Instrumentariums bei der Erarbeitung nicht-singulärer Gestaltungsaussagen
Einzelne FdurchE-Projekte (Pilotprojekte) ermöglichen nur singuläre Gestaltungsaussagen über eine einzelne logisch und empirisch zulässige

---
[6] Der Begriff Standardwert wird hier im Sinne eines Durchschnittsmaßes, keineswegs im Sinne eines Norm- oder Zielwertes verwendet.

Lösung. Generelle, nicht-singuläre Sätze sind daraus nicht ableitbar. Zwar ist der Wert aus der Erkenntnis „es geht!" keineswegs zu unterschätzen (vgl. dazu SZYPERSKI/FÜRTJES 1979, S. 16ff.), dennoch muß – wie im Eingangsabschnitt bereits ausgeführt – das Ziel einer FdurchE-Strategie – zumindest langfristig – die Erarbeitung allgemeiner, nicht-singulärer technologischer Aussagen sein. Das impliziert die systematische und vergleichbare Entwicklung, Gestaltung und Erprobung neuer Systeme (SZYPERSKI 1971, S. 280; SIKORA 1975; KUBICEK 1978, S. 340). Allgemeine technologische Aussagen lassen sich nur in einem Programm zur Be- und Verarbeitung unterschiedlicher Pilotprojekte gewinnen, das zumindest in den Ansätzen ein (feld-)experimentelles Design aufweist (vgl. auch zum folgenden ausführlicher SZYPERSKI/MÜLLER-BÖLING 1979a, S. 26ff.). Die Forderung nach allgemeinen Aussagen einerseits und die aktive Mitwirkung des Forschers am FdurchE-Projekt andererseits fördert ein der FdurchE-Strategie inhärentes Dilemma zutage: Unter dem Aspekt der Systematisierung und Kontrolle von Umweltbedingungen zur Generierung allgemeiner Aussagen ist es notwendig, möglichst viele Pilotprojekte (Konstruktionen) in ein FdurchE-Programm aufzunehmen. Dagegen verbietet gerade das konstruktive Element von FdurchE-Projekten allein aus Ressourcengründen eine zu häufige und intensive aktive Beteiligung des Forschers an der Entwurfs- und Gestaltungsarbeit.

Eine Auflösung dieses Gegensatzes kann erreicht werden, wenn Operationalisierungen als Instrumente bei der Gestaltungsarbeit eingesetzt werden. Der Forscher ist dann in der Lage, – unter grundsätzlicher Wahrung der Vergleichbarkeit der Konstruktionen und Situationen – die Intensität seiner Beteiligung an den einzelnen FdurchE-Projekten im Rahmen eines Kontinuums zwischen der Bereitstellung des Instrumentariums und der eigenen aktiven Gestaltungsarbeit abzustufen. Aktive umfassende Gestaltungsarbeit in einem Projekt kann ergänzt werden durch tendenziell eher beobachtende Teilnahme in anderen Projekten.

3.3. Ergebnisse einer dualen empirischen Forschungsstrategie

Fassen wir die bisherigen Überlegungen zusammen, so könnten die Ergebnisse von Forschungsbemühungen, die nach der hier skizzierten dualen Strategie ausgerichtet sind, folgendermaßen aussehen:

In Form von Operationalisierungen der wesentlichen zum Objektbereich gehörenden Variablen steht ein Instrumentarium zur Verfügung, das sowohl im Zuge des empirisch-kognitiven als auch des technologischen Zweiges auf Verständlichkeit, Validität, Reliabilität, Handhabbarkeit usw. geprüft wurde. Empirisch-kognitive Aussagen, gewonnen durch eine oder mehrere von einem Bezugsrahmen gesteuerte empirische Untersuchungen, vermitteln eine detaillierte Kenntnis über Beziehungszusammenhänge innerhalb des Objektbereichs. Empirisch gelungene Lösungen aus dem Kultursystem werden bekannt. Zulässige Lösungsmuster für bestimmte Gruppen werden erarbeitet.

Konkrete Einzelgestaltungen finden in FdurchE-Kooperationen instrumentelle Unterstützung. Damit sind logisch und empirisch zulässige Lösungen realisierbar, die unter Umständen erheblich von den bisherigen Gestaltungslösungen abweichen.

Aufgrund des gemeingenutzten Instrumentariums werden vergleichbare FdurchE-Kooperationen durchgeführt. Ihre systematische Auswertung ermöglicht die Generierung allgemeiner technologischer Aussagen.

Diese Ergebnisse können in einem Handbuch, das folgende Elemente enthalten sollte und sowohl von Wissenschaftlern als auch von Praktikern zur Gestaltungsarbeit heranziehbar ist, zusammengefaßt werden. In einem derartigen Arbeitshandbuch sollten enthalten sein:
- Die Darstellung des empirisch präzisierten Bezugsrahmens, die Ergebnisse der empirisch-kognitiven Untersuchung,
- das Instrumentarium, einschließlich einer Anleitung zu seiner Handhabung,
- eine Auswertungsanleitung mit entsprechenden Unterlagen und
- bisher ermittelte Werte (Mittelwerte, Quartile, Streuung) für ausgewählte Subgruppen (Eichwerte).

Vielleicht kann ein so organisiertes wissenschaftliches Vorgehen dazu beitragen, daß die Ergebnisse empirischer Forschungsbemühungen für die Praxis *nutzbar* und die vielfältigen, zum Teil auch sehr aufwendigen Gestaltungsbemühungen der Praxis für die Wissenschaft *auswertbar* gemacht werden.

Verzeichnis der verwendeten Literatur

ARGYRIS, C. (1972): *The Applicability of Organizational Sociology*. London 1972
BENNINGHAUS, H. (1974): *Deskriptive Statistik*. Stuttgart 1974
BLUM, G. (1977): *Bestandsaufnahme,* Analyse und Klassifikation einer Auswahl empirischer Untersuchungen zur Planung in Unternehmungen. Unveröff. Diplomarbeit. Seminar für Allgemeine Betriebswirtschaftslehre und Betriebswirtschaftliche Planung der Universität zu Köln, August 1977
–, MÜLLER, D. B. (1977): Annotierte Bibliographie der empirischen Planungsforschung. *Arbeitsbericht Nr. 13 des Seminars für Allgemeine Betriebswirtschaftslehre und Betriebswirtschaftliche Planung der Universtiät zu Köln,* Oktober 1977, DBW-Depot 77-4-1
–, MÜLLER-BÖLING, D. (1977): Eine systematisierte Analyse ausgewählter empirischer Untersuchungen der Planungsforschung. *Arbeitsbericht Nr. 14 des Seminars für Allgemeine Betriebswirtschaftslehre und Betriebswirtschaftliche Planung der Universität zu Köln,* Oktober 1977, DBW-Depot 78-2-2
–, MÜLLER-BÖLING, D.; SCHMIDT, F. (1979): Annotierte Bibliographie der empirischen Planungsforschung. Zweite, erweiterte Auflage des *Arbeitsberichts Nr. 13 des Seminars für Allgemeine Betriebswirtschaftslehre und Betriebswirtschaftliche Planung der Universität zu Köln,* März 1979

BÜSCHGES, G.; LÜTKE-BORNEFELD, P. (1977): *Praktische Organisationsforschung.* Reinbek 1977

CHMIELEWICZ, K. (1970): *Forschungskonzeptionen der Wirtschaftswissenschaft.* Stuttgart 1970

–, Forschungsmethoden der Betriebswirtschaftslehre. In: Grochla, E.; Wittmann, W. (Hrsg.): *Handwörterbuch der Betriebswirtschaftslehre.* Sp. 1548–1558

DUBIN, R. (1969): *Theory building.* London 1969

ETTRICH, K. (1975): Intelligenz-, Kreativitäts- und Schulleistungstests. In: Friedrich, W.; Hennig, W. (Hrsg.): *Der sozialwissenschaftliche Forschungsprozeß.* Berlin 1975, S. 453–496

FISCHER, L.; LÜCK, H. E. (1972): Entwicklung einer Skala zur Messung von Arbeitszufriedenheit (SAZ). In: *Psychologie und Praxis.* 16. Jg. (1972), S. 64–76

FRANKE, U.; MÜLLER-BÖLING, D. (1978): Planungsaktionen. Konzeptionelle Überlegungen zur verrichtungsorientierten Spezialisierung der Planung und erste Ergebnisse einer empirischen Untersuchung. *Arbeitsbericht Nr. 15 des Seminars für Allgemeine Betriebswirtschaftslehre und Betriebswirtschaftliche Planung der Universität zu Köln*, Januar 1978

FRIEDRICHS, J. (1973): *Methoden empirischer Sozialforschung.* Reinbek 1973

GABELE, E. (1978): Neuere Entwicklungen der betriebswirtschaftlichen Planung. In: *Die Unternehmung.* 32. Jg. (1978), S. 115–135

GÖTZEN, G.; KIRSCH, W. (1979): Problemfelder und Entwicklungstendenzen der Planungspraxis. In: *Zeitschrift für betriebswirtschaftliche Forschung.* 31. Jg. (1979), S. 162–194

GROCHLA, E. (1977): Grundzüge und gegenwärtiger Erkenntnisstand einer Theorie der organisatorischen Gestaltung. In: *Zeitschrift für Organisation.* 46. Jg. (1977), S. 421–432

HAAS, M. (1976): *Planungskonzeptionen schweizerischer Unternehmungen.* Bern–Stuttgart 1976

HUJER, R.; CREMER, R. (1977): Grundlagen und Probleme einer Theorie der sozioökonomischen Messung. In: Pfohl, H.-C.; Rürup, B. (Hrsg.): *Wirtschaftliche Meßprobleme.* Köln 1977, S. 1–22

KEPPLER, W. (1976): Empirische Organisationsforschung im deutschen Sprachraum. Eine annotierte Bibliographie. *Speyerer Arbeitshefte 4, Lehrstuhl für Organisationssoziologie, insbesondere Verwaltungssoziologie der Verwaltungshochschule*, Speyer 1976

–, BAMBERGER, I.; GABELE, E. (1977): Organisation der Langfristplanung. Bd. 8 der *Schriftenreihe der Zeitschrift für Betriebswirtschaft*, Wiesbaden 1977

KIESER, A.; KUBICEK, H. (1977): *Organisation.* Berlin/New York 1977

–, –, (1978): *Organisationstheorien I.* Stuttgart/Berlin/Köln/Mainz 1978

KIRSCH, W. (1971): *Entscheidungsprozesse,* Band III. Wiesbaden 1971

KIRSCH, W.; GABELE, E. (1976): Aktionsforschung und Echtzeitwissenschaft. In: Bierfelder, W. (Hrsg.): *Handwörterbuch des öffentlichen Dienstes: Das Personalwesen.* Berlin 1976, Sp. 9–30

KLAGES, H.; SCHMIDT, R. W. (1975): Quantitativ-vergleichende Organisationsanalyse als moderner wissenschaftlicher Arbeitsansatz und Hilfsmittel der Organisationsverbesserung. *Arbeitsheft Nr. 1 des Lehrstuhls für Organisationssoziologie, insbesondere Verwaltungssoziologie an der Hochschule für Verwaltungswissenschaften*, Speyer 1975

–, –, (1978): *Methodik der Organisationsänderung.* Baden-Baden 1978

KÖHLER, R. (1976): ,,Inexakte Methoden" in der Betriebswirtschaftslehre. In: *Zeitschrift für Betriebswirtschaft.* 46. Jg. (1976), S. 27–46

–, UEBELE, H. (1977): Planung und Entscheidung im Absatzbereich industrieller Großunternehmen. Ergebnisse einer empirischen Untersuchung. *Arbeitsbericht* Nr. 77/9 des Instituts für Wirtschaftswissenschaften der RWTH Aachen 1977

KREIKEBAUM, H.; GRIMM, U. (1978): Strategische Unternehmensplanung. Ergebnisse einer empirischen Untersuchung. *Arbeitsbericht des Seminars für Industriewirtschaft,* Johann-Wolfgang-Goethe-Universität, Frankfurt 1978

KRIZ, J. (1973): *Statistik in den Sozialwissenschaften. Einführung und kritische Diskussion.* Reinbek 1973

KUBICEK, H. (1975): *Empirische Organisationsforschung.* Stuttgart 1975

–, (1977): Heuristische Bezugsrahmen und heuristisch angelegte Forschungsdesigns als Elemente einer Konstruktionsstrategie empirischer Forschung. In: Köhler, R. (Hrsg.): *Empirische und handlungstheoretische Forschungskonzeptionen in der Betriebswirtschaftslehre.* Stuttgart 1977, S. 3–36

–, (1978): Humanisierung des DV-gestützten Büros durch partizipative Systemgestaltung – Überlegungen zur Entwicklung eines neuen Forschungsfeldes. In: *Angewandte Informatik.* 20. Jg. (1978), S. 331–342

–, (1979): *Organisationsforschung und Humanisierung des Arbeitslebens.* Theoretische Grundlagen, Konzeption und erste Erfahrungen eines Aktionsforschungsprojektes. Vortrag auf dem 3. Workshop der Wissenschaftlichen Kommission Organisation im Verband der Hochschullehrer für Betriebswirtschaft am 30./31. 3. 1979 in Schleiden

–, WOLLNIK, M. (1975): Zur Notwendigkeit empirischer Grundlagenforschung in der Organisationstheorie. In: *Zeitschrift für Organisation.* 44. Jg. (1975), S. 301–312

LIENERT, G. A. (1969): *Testaufbau und Testanalyse.* 3. Aufl., Weinheim/Berlin 1969

MAYNTZ, R.; HOLM, K.; HÜBNER, P. (1969): *Einführung in die Methoden der empirischen Soziologie.* Köln/Opladen 1969

MÜLLER, D. B. (1975): Die ADV-Skala. Ein Instrument zur Messung von Einstellungen gegenüber der ADV. In: *Angewandte Informatik.* 17. Jg. (1975), S. 433–440

MÜLLER-BÖLING, D. (1978): *Arbeitszufriedenheit bei automatisierter Datenverarbeitung.* München/Wien 1978

–, (1979): Diagnoseinstrumente im Systemgestaltungsprozeß. In: *Angewandte Informatik.* 21. Jg. (1979), S. 480–486

NEUBERGER, O. (1974): *Messung der Arbeitszufriedenheit. Verfahren und Ergebnisse.* Stuttgart/Berlin/Köln/Mainz 1974

–, ALLERBECK, M. (1978): *Messung und Analyse von Arbeitszufriedenheit.* Bern/Stuttgart/Wien 1978

NIE, N.; HULL, C. H.; JENKINS, J. G.; STEINBRENNER, K.; BENT, D. H. (1975): *SPSS. Statistical package for the social sciences.* 2nd ed., New York u. a. 1975

NIEDER, P (1979): Probleme arbeitnehmerorientierter Aktionsforschung. Am Beispiel einer Untersuchung zur Reduzierung von Fehlzeiten. In: Hron, A.; Kompe, H.; Otto, K.-P.; Wächter, H. (Hrsg.): *Aktionsforschung in der Ökonomie,* Frankfurt/New York 1979, S. 134–156

POPPER, K. R. (1969): *Logik der Forschung.* 3. Aufl., Tübingen 1969

RICHTER, K.; PFEIFFER, W.; STAUDT, E. (Hrsg.) (1978): *Einführung neuer Formen der Arbeitsorganisation in Industriebetrieben.* Göttingen 1978

RINGBAKK, K. A. (1969): Organised planning in major U.S. companies. In: *Long Range Planning.* Vol. 2 (1969), No. 2, S. 46–57

RKW (1965): Rationalisierungs-Kuratorium der Deutschen Wirtschaft – RKW, Abteilung Betriebswirtschaft: *Rechnungswesen, Organisation und Planung im Unternehmen.* 1. und 2. Ergebnisbericht. Frankfurt 1965

VON ROSENSTIEL, L. (1977): Messung der Arbeitszufriedenheit, in: Pfohl, H.-C.; Rürup, B. (Hrsg.): *Wirtschaftliche Meßprobleme.* Köln 1977, S. 109–127

ROVENTA, P. (1979): *Portfolio-Analyse und Strategisches Management.* München 1979

SCHANZ, G. (1975): Zwei Arten des Empirismus. In: *Zeitschrift für betriebswirtschaftliche Forschung.* 27. Jg. (1975), S. 307–331

SCHEUCH, E. (1973): Entwicklungsrichtungen bei der Analyse sozialwissenschaftlicher Daten. In: König, R. (Hrsg.): *Handbuch der empirischen Sozialforschung.* 3. Aufl., Bd. 1, Stuttgart 1973, S. 161–237
–, ZEHNPFENNIG, H. (1974): Skalierungsverfahren in der Sozialforschung. In: König, R. (Hrsg.): *Handbuch der empirischen Sozialforschung.* 3. Aufl., Bd. 3a, Stuttgart 1974, S. 97–203
SCHMIDT, R. H. (1972): Einige Überlegungen über die Schwierigkeiten, heute eine ,,Methodologie der Betriebswirtschaftslehre" zu schreiben. In: *Zeitschrift für betriebswirtschaftliche Forschung.* 24. Jg. (1972), S. 393–410
SCHMIDT, G. (1975): *Organisation.* Methode und Technik. 2. Aufl., Gießen 1975
SCHREINER, G. (1976): *Analyse der Einsatzmöglichkeiten von Action Research im planungswissenschaftlichen Kontext.* Diss. Köln 1976
SCHWERPUNKTPROGRAMM ,,EMPIRISCHE ENTSCHEIDUNGSTHEORIE" (1978): *Literaturdokumentation.* Stand: September 1978, veröffentlicht vom Seminar für Allgemeine Betriebswirtschaftslehre und Betriebswirtschaftliche Planung der Universität zu Köln, September 1978
SHAW, M. E.; WRIGHT, J. M. (1967): *Scales for the measurement of attitudes,* New York u. a. 1967
SIKORA, K. (1975): Zur methodologischen Problematik der technologischen Forschung in der Betriebswirtschaftslehre. *Arbeitsbericht Nr. 2 des Seminars für Allgemeine Betriebswirtschaftslehre und Betriebswirtschaftliche Planung der Universität zu Köln,* April 1975
STÄHLIN, W. (1973): *Theoretische und technologische Forschung in der Betriebswirtschaftslehre.* Stuttgart 1973
SZYPERSKI, N. (1962): *Zur Problematik der quantitativen Terminologie in der Betriebswirtschaftslehre.* Berlin 1962
–, (1971): Zur wissenschaftlichen und forschungsstrategischen Orientierung der Betriebswirtschaftslehre. In: *Zeitschrift für betriebswirtschaftliche Forschung.* 23. Jg. (1971), S. 261–282
–, (1974a): Forschungsstrategien in der Angewandten Informatik – Konzepte und Erfahrungen. In: *Angewandte Informatik.* 16. Jg. (1974), S. 148–153
–, (1974b): Planungswissenschaft und Planungspraxis. Welchen Beitrag kann die Wissenschaft zur besseren Beherrschung von Planungsproblemen leisten? In: *Zeitschrift für Betriebswirtschaft.* 44. Jg. (1974), S. 667–684
–, (1980): Informationsbedarf. In: Grochla, E. (Hrsg.): *Handwörterbuch der Organisation.* 2. Aufl., Stuttgart 1980
–, FÜRTJES, H.-T. (1979): Die Stellung von Pilotprojekten im betriebswirtschaftlichen Erkenntnisprozeß. *Arbeitsbericht Nr. 30 des Seminars für Allgemeine Betriebswirtschaftslehre und Betriebswirtschaftliche Planung der Universität zu Köln,* Oktober 1979
–, MÜLLER-BÖLING, D. (1979a): Empirische Forschung und Forschung durch Entwicklung. Ein Plädoyer zur Nutzung von Techniken und Ergebnissen der empirischen Forschung bei der Verfolgung des technologischen Wissenschaftsziels. *Arbeitsbericht Nr. 20 des Seminars für Allgemeine Betriebswirtschaftslehre und Betriebswirtschaftliche Planung der Universität zu Köln,* Februar 1979
–, (1979b): Das Planungsbewußtsein von Planungspraktikern und Planungsstudenten – eine empirische Analyse. In: *Zeitschrift für Organisation.* 48. Jg., (1979), S. 441–450
–, (1980): Gestaltungsparameter der Planungsorganisation. Ein Konzept für die Gestaltung von Planungssystemen. In: *Die Betriebswirtschaft.* 40. Jg., (1980), S. 357–373
–, SEIBT, D. (1976): Projekterfahrungen bei der Entwicklung eines integrierten Informationssystems (Projekt ISAS). In: *Angewandte Informatik.* 18. Jg. (1976), S. 373–382
–, SEIBT, D.; SIKORA, K. (1979): Forschung durch Entwicklung von rechnergestützten

Informationssystemen. In: Petri, C. A. (Hrsg.): *Ansätze zur Organisationstheorie rechnergestützter Informationssysteme.* München/Wien 1979, S. 253–269
–, WINAND, U. (1980): *Grundbegriffe der Unternehmungsplanung.* Stuttgart 1980
TAYLOR, B.; IRVING, P. (1971): Organised planning in major U.K. companies. In: *Long Range Planning.* Vol. 4 (1971), No. 4, S. 10–26
TÖPFER, A. (1976): *Planungs- und Kontrollsysteme industrieller Unternehmungen.* Berlin 1976
TRUX, W.; KIRSCH, W. (1979): Strategisches Management oder die Möglichkeit einer „wissenschaftlichen" Unternehmensführung. In: *Die Betriebswirtschaft.* 39. Jg. (1979), S. 215–235
WALTER-BUSCH, E. (1975): Probleme der Wissenschaftstheorie. Methodenlehre empirischer Sozialforschung. In: *Zeitschrift für Soziologie.* 4. Jg. (1975), S. 46–69
WITTE, E. (1972): *Das Informationsverhalten in Entscheidungsprozessen.* Tübingen 1972
–, (1974): Empirische Forschung in der Betriebswirtschaftslehre. In: Grochla, E.; Wittmann, W. (Hrsg.): *Handwörterbuch der Betriebswirtschaftslehre.* Bd. 1, 4. Aufl., Stuttgart 1974, Sp. 1264–1281

Über den Sinn der empirischen Forschung in der angewandten Betriebswirtschaftslehre

Werner Kirsch

1. Die chronische Unreife der empirischen Sozialforschung
2. Theoretischer Bezugsrahmen und explorative empirische Forschung
   2.1. Theoretischer Bezugsrahmen versus ausgereifte Theorie
   2.2. Der explorative Charakter der empirischen Sozialforschung
   2.3. Das „Greshamsche Gesetz" der explorativen empirischen Forschung
   2.4. Zur Leistungsfähigkeit theoretischer Bezugsrahmen
3. Empirische Forschung und „praktische" Probleme
   3.1. Die Explikation von Problemen
   3.2. Die Bedeutung empirisch bewährter theoretischer Aussagen bei der Handhabung von Problemen
   3.3. Problemlösen: Stabilisieren und Brechen von Invarianzen
   3.4. Empirische Forschung im Spektrum der „trilateralen" Nutzung wissenschaftlicher Paradigmen
   3.5. Plädoyer für eine betriebswirtschaftliche Aktionsforschung
   3.6. Komplexe Probleme und Multi-Paradigma-Forschung
   3.7. Konsequenzen für die betriebswirtschaftliche Entscheidungsforschung
4. Wissenschaftliche Unternehmensführung und empirische Forschung
   4.1. Das Strategische Management als Prüfstein einer wissenschaftlichen Unternehmensführung
   4.2. Die heuristische Funktion empirischer Forschungsergebnisse
   4.3. Das Problem der Antezedenzbedingungen
   4.4. Die empirische Echtzeitforschung
   4.5. Die Nutzung der empirischen Forschung im Systemzusammenhang
5. Empirische Forschung und fortschrittsfähige Organisation

1. Die chronische Unreife der empirischen Sozialforschung

Nach einer weit verbreiteten Ansicht vollzieht sich wissenschaftlicher Erkenntnisfortschritt dadurch, daß man Vermutungen aufstellt, diese durch Konfrontation mit empirischen Beobachtungen zu widerlegen versucht und nur solche Vermutungen vorläufig akzeptiert, die bislang allen Widerlegungsversuchen standgehalten haben. Dies setze – so sagt man – voraus, daß man die Möglichkeit zur empirischen Überprüfung zur zentralen Anforderung an wissenschaftliche Aussagensysteme erhebt und auf nebulöse, also gegenüber empirischen Falsifikationsversuchen immunisierte Sprachgebilde verzichte, die sich nicht im Rahmen empirischer Forschung operationalisieren lassen und deshalb eher dem Bereich der Mythen zuzuordnen sind. Es gebe ferner nichts Nützlicheres als bislang empirisch bewährte Gesetzeshypothesen bzw. Theorien. Wer über diese aufgeklärt sei, mag Vorurteile und Irrtümer aufgeben und auch Anhaltspunkte für die praktische Beherrschung bzw. Steuerung jener Phänomene gewinnen, von denen diese Gesetzeshypothesen bzw. Theorien handeln.

Was liegt also näher, als daß eine angewandte Betriebswirtschaftslehre dies alles beherzigt und eine den angedeuteten Standards entsprechende theoretische und empirische Forschung betreibt. Und in der Tat: bei einem oberflächlichen Studium der sozialwissenschaftlichen Literatur und der einschlägigen methodologischen Selbstdarstellungen gewinnt man leicht den Eindruck, als hätten die Sozialwissenschaften dort, wo sie nach naturwissenschaftlichem Vorbild zu empirisch bewährten Aussagen gelangen und dabei streng zwischen überprüfbaren Tatsachenaussagen und wissenschaftlich nicht begründbaren Werturteilen trennen, auch verläßliche Erkenntnisse gewonnen, die der Praktiker getrost zu Prämissen seiner Entscheidungen machen könnte. Skeptisch hinsichtlich des Nutzens der empirischen Forschungsergebnisse wird jedoch bleiben, wer sich der Unreife der empirischen Sozialwissenschaften bewußt ist.

Auch die empirischen Forscher leugnen diese Unreife selbstverständlich nicht, wenngleich man bisweilen den Eindruck gewinnt, daß das tatsächliche Ausmaß dieser Unreife unterschätzt wird. Zu einer solchen Unterschätzung mögen jene Forscher neigen, die die These vertreten, die Unreife der empirischen Sozialwissenschaften sei langfristig behebbar, wenn man nur genügend Energie und Ressourcen in die Forschung, insbesondere in die empirische Forschung, investiere. Es ist psychologisch verständlich, wenn man sich bereits fortgeschrittener wähnt, als dies möglicherweise tatsächlich der Fall ist. Die Bewertung der Forschungsergebnisse fällt oft nüchterner aus, wenn man von der Gegenthese einer ,,chronischen Unreife" der empirischen Sozialforschung ausgeht: Trotz ständiger Verbesserungsmöglichkeit ist die Unreife prinzipiell nicht behebbar. Neigt man – wie wir selbst – dieser Gegenthese zu, so beurteilt man den Nutzen (fremder und eigener) empirischer Forschungsergebnisse häufig skeptischer und zieht daraus unter Umständen auch forschungsstrategische Schlußfolgerungen, die nicht zuletzt auch den Sinn einer empirischen Forschung für die angewandte Betriebswirtschaftslehre in einer spezifischen Sicht erscheinen lassen.

Walter-Busch (1977, 1978) gibt eine nach unserer Ansicht treffende Charakterisierung der chronischen Unreife der Sozialwissenschaften. In seiner Sicht weisen praktisch alle sozialwissenschaftlichen Aussagensysteme trotz umfangreicher und gewissenhafter empirischer Forschung erhebliche ,,Begründungsdefizite" auf und beruhen zudem auf Wertungen der Forscher, die häufig nur schwer zu rekonstruieren und zu erkennen sind.

Das Begründungsdefizit sozialwissenschaftlicher Erkenntnisse kennzeichnet Walter-Busch dahingehend, daß diese Erkenntnisse

> ,,über dasjenige, was zu ihrer Begründung gesammelte sozialempirische Daten ‚von sich aus' besagen, immer hinausschießen, also stets über diese weit hinausreichende Bedeutungsüberschüsse beinhalten. Sie können dementsprechend entgegen allgemein anerkannter und/oder praktizierter Vorstellungen ‚streng wissenschaftlich' weder widerlegt noch bestätigt werden; die solches beanspruchenden Widerlegungs- und (vor allem) Bestätigungsverfahren sind weitgehend fiktiv und erfüllen andere als die deklarierten Zwecke." (*Walter-Busch* 1978, S.2)

Diese Begründungsdefizite gehen auf eine Reihe methodologischer Grundprobleme der Sozialwissenschaften zurück, die trotz unzweifelhafter Fortschritte letztlich nicht endgültig lösbar sind. Abbildung 1 gibt die wichtigsten Thesen Walter-Buschs zum Meßproblem, zum Erklärungsproblem und zum Wertproblem wieder. Vor dem Hintergrund dieser methodischen Probleme besitzt der Sozialwissenschaftler bei der Gestaltung seiner empirischen Forschungsdesigns normalerweise einen sehr großen Spielraum, den er häufig zur ,,Bestätigung" sich widersprechender Hypothesen nutzen kann. Es verwundert auch nicht, daß in sozialwissenschaftlichen Aussagensystemen in aller Regel Wertungen des Forschers einfließen, die spezifische Interessenlagen widerspiegeln, denen sich der Forscher (durchaus aus ehrenwerten Gründen) verpflichtet fühlt.

Wir betrachten die ,,Unreife" der Sozialwissenschaften als chronisch. Nirgendwo finden wir Beispiele empirischer Forschung, die tatsächlich voll der Norm einer ausgereiften empirischen Sozialforschung entsprechen. Diese Norm setzt die Existenz einer wohl-formulierten Theorie als System von Hypothesen voraus. Im Rahmen einer empirischen Forschungsepisode wird eine Teilmenge dieser Hypothesen ausgewählt (bzw. abgeleitet) und mittels eines Forschungsdesigns überprüft, bei dem alle Fragen der Operationalisierung, der statistischen Auswertungsmethoden usw. *vor* der Erhebung der Daten geklärt sind. Das Design steht dabei unter der Leitmaxime, gegenüber den Hypothesen möglichst ,,feindlich" zu sein. Gelingt es trotz eines a priori in allen Einzelheiten festgelegten ,,feindlichen" Designs nicht, die Hypothesen zu falsifizieren, so können diese (vorläufig) aufrechterhalten werden.

Vertritt man die These von der ,,chronischen Unreife", so gibt die Norm einer ausgereiften empirischen Forschung ein Ideal wieder. Solange dieses Ideal die Funktion einer regulativen Leitidee für das beharrliche Verbessern der tatsächlichen Methodik der empirischen Sozialforschung erfüllt, ist dagegen nichts einzuwenden. Sobald dieses Ideal jedoch allzu sehr die Belohnungsmechanismen in der Scientific Community beeinflußt, besteht die Gefahr, daß Wissenschaftler dazu verleitet werden, bei der Präsentation ihrer eigenen Forschungsergebnisse den Eindruck zu vermitteln, als entspräche deren Gewinnung weitgehend den Normen einer ausgereiften empirischen Forschung.

Meßproblem

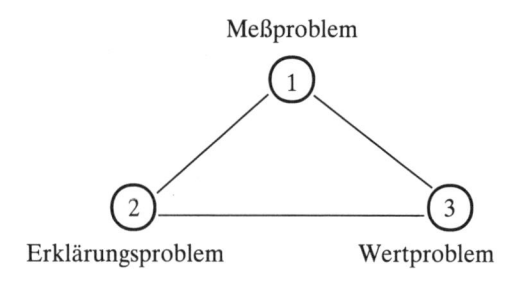

①
② ③
Erklärungsproblem   Wertproblem

① Man mißt immer genauer, was man mißt, aber man weiß am Ende oft nicht mehr genau, was man eigentlich mißt *(Gültigkeitsfrage)*

② Das sozialwissenschaftliche *Erklärungstrilemma:*
Sackgasse modellplatonistisch immunisierter und/ oder streng allgemeingültiger, dafür inhaltsleerer Generalisierungen

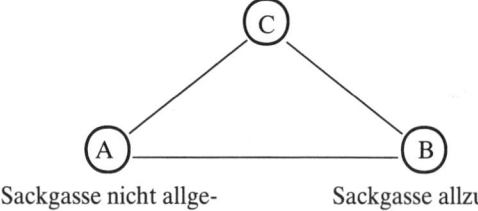

Ⓒ
Ⓐ   Ⓑ

Sackgasse nicht allgemeingültiger, spezifizierungsbedürftiger Generalisierungen

Sackgasse allzu konkreter, nicht verallgemeinerungsfähiger Aussagen

③ Das sozialwissenschaftliche *Werturteilsdilemma:*

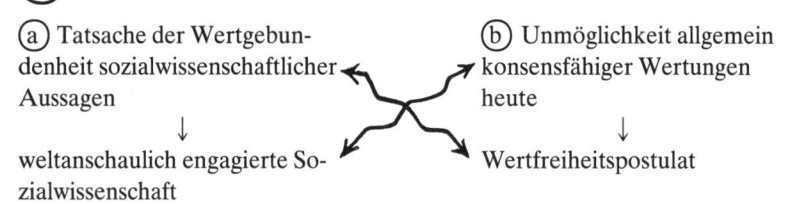

ⓐ Tatsache der Wertgebundenheit sozialwissenschaftlicher Aussagen

ⓑ Unmöglichkeit allgemein konsensfähiger Wertungen heute

↓
weltanschaulich engagierte Sozialwissenschaft

↓
Wertfreiheitspostulat

Abbildung 1

Will man sich ein Urteil über den Sinn der empirischen Forschung in der angewandten Betriebswirtschaftslehre bilden, so sollte man sich keinen Illusionen über die (chronische) Unreife der empirischen Sozialforschung hingeben. Dies setzt nicht zuletzt voraus, daß man sich ein realistisches Bild vom tatsächlichen Vorgehen der empirischen Sozialforschung macht. Den Ausgangspunkt der weiteren Überlegungen dieses Beitrags bildet deshalb der Versuch einer Rekonstruktion dieses tatsächlichen Vorgehens. Wir behaupten, daß sich die theoretische Forschung der Sozialwissenschaften weitgehend auf der Ebene theoretischer Bezugsrahmen bewegt und daß dies der empirischen Forschung grundsätzlich einen explorativen Charakter verleiht[1].

2. Theoretischer Bezugsrahmen und explorative empirische Forschung

Wir haben bereits herausgestellt, daß die Norm der ausgereiften empirischen Sozialforschung die Existenz einer wohl-formulierten Theorie als System von Hypothesen voraussetzt, aus dem im Rahmen einer empirischen Forschungsepisode eine Teilmenge zu überprüfender Hypothesen ausgewählt bzw. logisch-deduktiv abgeleitet wird. Diese Voraussetzung ist in den seltensten Fällen erfüllt. Normalerweise existiert lediglich eine Vorform einer ausgereiften wohl-formulierten Theorie, d.h. ein theoretischer Bezugsrahmen.

2.1. Theoretischer Bezugsrahmen versus ausgereifte Theorie

Einer ausgereiften Theorie liegt ein wohl-strukturierter Kontext zugrunde, der unter Bezugnahme auf SNEED (1971) und STEGMÜLLER (1973) als exaktes mengentheoretisches Explikat (der sog. Strukturkern der Theorie) rekonstruiert werden kann. Einem theoretischen Bezugsrahmen (KIRSCH 1977) liegt dagegen ein schlecht-strukturierter Kontext zugrunde. Wollte man den Strukturkern eines theoretischen Bezugsrahmens rekonstruieren, so müßte man wohl auf die (mathematische) Theorie unscharfer Mengen zurückgreifen. Ein theoretischer Bezugsrahmen ist allenfalls eine Vorstufe der Formulierung einer exakten Theorie. Er enthält eine Reihe theoretischer Begriffe, von denen angenommen wird, daß sie einmal Bestandteil exakter Theorien werden könnten. Diese weisen in der Regel eine relativ große Vagheit auf. Ihnen liegen „Regenschirm-Definitionen" ohne scharfe Grenzen zugrunde, die „am Rand" keine präzisen Regeln für die Entscheidung liefern, ob ein Tatbestand unter den Begriff fällt oder nicht. Darüberhinaus umfaßt ein theoretischer Bezugsrahmen einige, freilich sehr allgemeine Hypothesen, die lediglich tendenzielle Zusammenhänge andeuten. Nicht selten beschränken sich ihre Aussagen darauf, daß zwischen bestimmten Variablen funktionale Beziehungen angenommen werden, ohne daß die Funktionen eingehender präzisiert werden.

Die meisten theoretischen Bezugsrahmen werden jedoch niemals so weit

---

[1] Die nachfolgende Rekonstruktion hat selbst die Form eines (meta-)theoretischen Bezugsrahmens, der die eigenen Erfahrungen mit eigenen und fremden empirischen Forschungsprojekten versuchsweise wiedergibt. Dieser Bezugsrahmen kann selbstverständlich im Zuge einer systematischen explorativen empirischen Erforschung des tatsächlichen Vorgehens im Rahmen empirischer Forschungsprojekte fortentwickelt oder durch bessere Rekonstruktionen ersetzt werden.

entwickelt, daß sie tatsächlich den Status einer wohl-formulierten Theorie annehmen. Dennoch spielen sie in der wissenschaftlichen Diskussion eine große Rolle. Ihre Attraktivität liegt in ihrer normalerweise großen Reichweite und Reichhaltigkeit. Die Reichweite äußert sich in der Menge der intendierten Anwendungen des zugrunde liegenden Kontextes. Die Reichhaltigkeit charakterisiert das Abstraktionsniveau. Reichhaltigere Kontexte erlauben die Formulierung differenzierterer Aussagen. Sie lassen vieles unterschiedlich erscheinen, was in einem weniger reichhaltigen Bezugsrahmen „gleich" ist. Es scheint so, als wären reichhaltige Bezugsrahmen mit großer Reichweite nur um den Preis eines geringeren Strukturierungsgrades zu erreichen. Die Weiterentwicklung eines schlecht-strukturierten Kontextes zu einem wohl-strukturierten Kontext ist normalerweise mit einem Verlust an Reichweite oder Reichhaltigkeit verbunden.

2.2. Der explorative Charakter der empirischen Sozialforschung

Folgt man der These, daß die theoretische Diskussion in den unreifen Sozialwissenschaften auf der Ebene schlechtstrukturierter Bezugsrahmen stattfindet, dann nimmt die empirische Sozialforschung den Charakter einer primär explorativen Forschung an. In erster Linie dient dann ein Bezugsrahmen dazu, das Denken über komplexe reale Phänomene zu ordnen und exploratorische Beobachtungen zu leiten, die mit der Zeit eine genügend große Zahl von Beobachtungsaussagen erbringen, um den Bezugsrahmen zu verfeinern und damit auch besser strukturieren zu können. Diese exploratorischen empirischen Forschungen sind gleichzeitig Tests des Bezugsrahmens. Solche Tests sind freilich nur bedingt intersubjektiv überprüfbar. Sie bewirken jedoch laufende Modifikationen und Anpassungen des Bezugsrahmens. Diese These wollen wir im folgenden etwas präzisieren und dabei in Einklang mit der Vielfalt empirischer sozialwissenschaftlicher Forschungsbemühungen bringen, die vielfach mit dem Anspruch auftreten, nicht „nur" einen explorativen Charakter zu besitzen. Wir führen zu diesem Zweck den Begriff des Modells ein.

Unter einem Modell versteht man normalerweise ein System, das in vereinfachender Weise ein anderes System abbildet. Beide Systeme können reale und symbolische Systeme sein. Für die nachfolgenden Ausführungen wollen wir unter einem Modell ein symbolisches System verstehen, das ein anderes symbolisches System, nämlich einen theoretischen Bezugsrahmen, in vereinfachender Weise abbildet. Wenn wir im folgenden also von Modell sprechen, so meinen wir stets ein Modell eines Bezugsrahmens. Solche Modelle werden im Zuge empirischer Forschungsbemühungen entwickelt und empirisch getestet. In dem Maße, wie das System der Hypothesen eines Modells sich empirisch bewährt, sammelt indirekt auch der durch dieses Modell abgebildete Bezugsrahmen „Pluspunkte". In aller Regel ist das Modell erheblich besser strukturiert als der Bezugsrahmen. Häufig erlangt das Modell den Status einer wohlstrukturierten Theorie – freilich mit geringerer Reichweite und verminderter Reichhaltigkeit. Die bessere Strukturierung wird u. a. dadurch erreicht, daß man die Variablen des Modells in der Weise operationalisiert, daß sie Tatbestände erfassen, die zum unumstrittenen Kernbereich der ,,Regenschirm-Definitionen" der theoretischen Begriffe des Bezugsrahmens zählen.

Daß einer empirischen Forschungsepisode zugrunde liegende Modell kann in wohl-strukturierter Form vorliegen, *bevor* das ,,feindliche" Erhebungs- und Auswertungsdesign zur Falsifizierung der Hypothesen des Modells entwickelt wird. Für ein derartiges Modell mag dann das Paradigma der ausgereiften empirischen Sozialforschung zutreffen. Man zögert hier mit einem gewissen Recht, die der Modellformulierung nachfolgende empirische Überprüfung von vorformulierten Hypothesen als *explorative* empirische Forschung zu kennzeichnen. Verliert man jedoch den dem Modell zugrunde liegenden theoretischen Bezugsrahmen nicht aus dem Auge, so behält auch hier die gesamte empirische Forschungsepisode ihren explorativen Charakter.

In den meisten Fällen der uns bekannten Beispiele empirischer Sozialforschung (insbesondere aus dem Bereich der Feldforschung, weniger vielleicht aus dem Bereich der Laborforschung) ist jedoch die Formulierung des Modells in anderer Weise in den Prozeß der empirischen Forschungsepisode eingebettet. Abbildung 2 gibt diese Sichtweise wieder. Danach liegt zu Beginn einer Forschungsepisode in aller Regel lediglich ein mehr oder weniger schlechtstrukturiertes Modell vor, das das Design der Datenerhebung prägt. Dieses Modell ist in vielen Fällen durch die Übernahme von Komponenten ,,bewährter" Designs anderer, in der Scientific Community bekannt gewordener Forschungsepisoden gekennzeichnet, die sich auf theoretische Überlegungen zum Teil völlig fremder Bezugsrahmen erstrecken. Nicht was der eigene Bezugsrahmen nahelegt, sondern was in anderen Forschungsepisoden erfolgreich gemessen werden konnte, geht als Variable in das Modell ein.

Das Modell erfährt im Zuge der Forschungsepisoden normalerweise eine Serie von Veränderungen. Das System der Hypothesen wandelt sich, wobei in der Regel von Modell zu Modell auch eine höhere Strukturierung auftritt. Die späteren Versionen des Modells werden dabei naturgemäß durch die auf der Basis der ersten, noch schlechter strukturierten Versionen des Modells erhobenen Daten geprägt. Dies führt prinzipiell dazu, daß die Forschungsepisode in hohem Maße datengeleitet ist. Man sucht auf der Grundlage der gegebenen Daten nach Modellhypothesen, die der Datenbasis nicht widersprechen. Selbstverständlich wird dabei die Suche nach geeigneten Hypothesen und damit nach einer verbesserten Version des ursprünglichen Modells auch durch den zugrunde liegenden Bezugsrahmen beeinflußt. Außerdem ist nicht ausgeschlossen, daß spätere Versionen des Modells zusätzliche Erhebungen zur Ergänzung der Datenbasis auslösen. Ganz allgemein kann jedoch in bezug auf die spätere Version des Modells nicht gesagt werden, man versuche, über ein

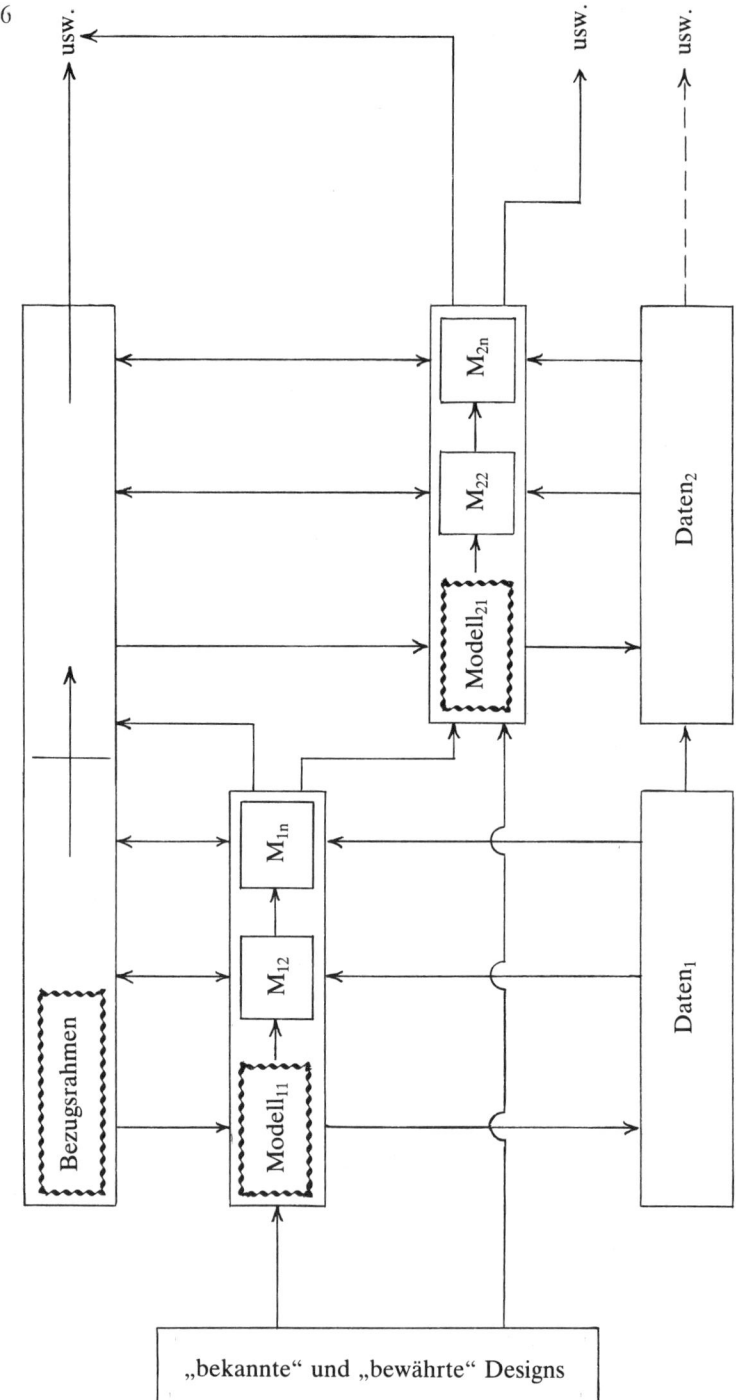

Abbildung 2

möglichst „feindliches" Design a priori vorgegebene Hypothesen zu falsifizieren. Eine solche empirische Forschung besitzt explorativen Charakter, auch wenn sie mit einem verfeinerten Instrumentarium von Erhebungs- und Auswertungsmethoden arbeitet und imposante Signifikanzen für die „getesteten" Hypothesen vorzuweisen vermag. GABELE (1979) dokumentiert in seiner empirischen Arbeit über die Einführung von Geschäftsbereichsorganisationen, daß ein tendenziell exploratives Vorgehen oftmals besonders hohe Ansprüche an die zu entwickelnden und einzusetzenden statistischen Methoden stellt.

2.3. Das „Greshamsche Gesetz" der explorativen empirischen Forschung

Das volle Potential einer explorativen empirischen Forschung wird nur ausgeschöpft, wenn die Forschungsepisode intensive Rückkopplungen zum Bezugsrahmen realisiert. Der Prozeß der datengeleiteten Modellentwicklung liefert laufend Impulse für die Weiterentwicklung des Bezugsrahmens, der dadurch auch an Strukturierung zu gewinnen vermag. Zum einen gehen diese Impulse zur Weiterentwicklung des Bezugsrahmens von der Formulierung von Stützhypothesen aus, deren Akzeptanz bei der Überprüfung der Modellhypothesen anhand der erhobenen Daten unterstellt werden muß. Zum anderen sind es aber auch die gescheiterten oder „erfolgreichen" Versuche, Modellhypothesen mit den erhobenen Daten in Einklang zu bringen, die Anregungen für die Weiterentwicklung des Bezugsrahmens geben.

Bei der Betrachtung dieser Rückwirkungen ist freilich zu beachten, daß die die empirischen Forschungsergebnisse wiedergebenden Veröffentlichungen nur selten eine Weiterentwicklung des Bezugsrahmens selbst dokumentieren. Die Implikation für den zugrunde liegenden Bezugsrahmen bleiben in den Köpfen der Forscher, die sich auf die Produktion empirisch „bewährter" Hypothesen bzw. Modelle konzentrieren. Nicht selten hat man dann den Eindruck, als sei das dem Design zugrunde liegende Modell *die* Theorie. Kein Wunder, daß diese „Theorien" dann jenen sehr ärmlich vorkommen, die die jeweils dahinterstehende umfangreiche Bezugsrahmendiskussion kennen.

Wir möchten das Phänomen der fehlenden Rückkopplungen zur Weiterentwicklung des Bezugsrahmens als das Greshamsche Gesetz der explorativen empirischen Forschung bezeichnen. „Silber verdrängt Gold": Das Bemühen, aus einer empirischen Datenbais heraus „signifikante" Hypothesen bzw. Modelle zu entwickeln, verdrängt explizit dokumentierte Aktivitäten zur Weiterentwicklung des zugrunde liegenden Bezugsrahmens. Dies hängt sicherlich mit den Belohnungsmechanismen der Scientific Community zusammen. Wer erhofft sich schon wissenschaftliche Reputation mit der Veröffentlichung eines umfangreichen theoretischen Bezugsrahmens, dessen gegenwärtige Gestalt wesentlich durch intensive, aber weitgehend erfolglose Bemühungen des Verfassers geprägt ist, auf der Grundlage einer früheren, schlechter strukturierten Version im Rahmen einer empirischen Forschungsepisode ein mit einer erhobenen Datenbasis kompatibles Modell zu entwickeln? Statt dessen wird man geneigt sein, unter Verdrängung der Mängel der Datenbasis mit großem statistischem Aufwand, d. h. ohne Wahrung des Grundsatzes der ,,Verhältnismäßigkeit der Mittel", ein halbwegs vorweisbares empirisches ,,Ergebnis" zu präsentieren, dessen ,,Ärmlichkeit" nur deshalb nicht so offenkundig wird, weil man den reichhaltigeren theoretischen Background unerwähnt läßt.

Das Potential theoretischer Bezugsrahmen ist um so höher einzuschätzen, je mehr die Entwicklung solcher Bezugsrahmen mit empirischen Forschungsepisoden gekoppelt ist, die über die Suche nach empirisch bewährten Modellen hinausgehen und systematisch den Anregungen für die Weiterentwicklung der zugrunde liegenden Bezugsrahmen nachgehen. Das ist kein Plädoyer gegen empirische Sozialforschung, sondern dafür, daß die Standards für ,,vollständige" empirische Forschungsepisoden so zu formulieren sind, daß Rückkopplungen zur Weiterentwicklung der zugrunde liegenden Bezugsrahmen eingeschlossen sind (und im Rahmen der Forschungsförderung auch finanziert werden). Insofern verbirgt sich hinter unserem Bedauern über das Greshamsche Gesetz der empirischen Sozialforschung eine wissenschaftspolitische Forderung an all jene Gremien, die über die Vergabe öffentlicher Forschungsgelder den Charakter der empirischen Forschung in der Betriebswirtschaftslehre letztlich mit prägen. In dem Maße, wie z. B. die Kriterien der Mittelvergabe und die Belohnungsmechanismen der Scientific Community geändert werden, kann das Greshamsche Gesetz ,,aufgehoben", ,,gebrochen" werden.

Was aber leisten theoretische Bezugsrahmen, daß es sich lohnt, sich so für deren Fortentwicklung einzusetzen?

2.4. Zur Leistungsfähigkeit theoretischer Bezugsrahmen

Theoretische Bezugsrahmen leisten sicherlich weniger als wohlstrukturierte, gemäß den Normen der ausgereiften empirischen Sozialforschung bewährte Theorien. Freilich gilt diese triviale Aussage nur dann, wenn diese Theorien die gleiche Reichhaltigkeit und Reichweite besitzen würden. Da es solche Theorien nicht gibt, ist diese triviale Feststellung überflüssig. Der Leistungsvergleich hat sich statt dessen auf Bezugsrahmen und Modelle zu erstrecken, die solche Bezugsrahmen abbilden. <u>Nach unserer Überzeugung leisten theoretische Bezugsrahmen mehr als ihre meist erheblich verkürzten Modelle, die häufig die Frage ,,Na und"? auslösen.</u>

(1) Bezugsrahmen leisten zwar keine Erklärung beobachteter Phänomene im Sinne der Subsumptionstheorie der wissenschaftlichen Erklärung. Sie ermöglichen aber häufig ,,Erklärungsskizzen", die zu einem ,,Verständnis" von Zusammenhängen führen. Das folgende Zitat Stegmüllers, das freilich nicht im Zusammenhang mit einer Diskussion der Funktion von theoretischen Bezugsrahmen steht, kann als Indiz dafür angesehen werden, daß die Wissenschafts-

theorie das sogenannte „hermeneutische Verständnis" mit der Situation relativ unreifer Wissenschaften in Verbindung zu bringen beginnt:

> Es „darf nicht übersehen werden, daß es ... denkbar ist, daß die effektive Gewinnung geeigneter Gesetzeshypothesen im Einzelfall ein bloßer Wunschtraum bleibt, weil sie die Leistungsfähigkeit der einschlägigen empirischen Disziplinen übersteigt. Aber selbst dort, wo dieser potentielle Pessimismus sich als unbegründet erweist, werden die Dinge meist so liegen, daß zumindest ein gewisser Grad von hermeneutischem Verständnis lange Zeit vor der effektiven Kausalerklärung gewonnen sein wird."
> (STEGMÜLLER 1975, S. 140)

(2) Ein theoretischer Bezugsrahmen ist ferner nicht geeignet, die Basis für Prognosen abzugeben, wie es im Falle formalisierter Theorien im engeren Sinne der Fall ist. Andererseits beginnt sich die Wissenschaftstheorie im Rahmen einer Methodologie inexakter Wissenschaften (HELMER und RESCHER 1959) mit der Rolle und dem wissenschaftlichen Status von Expertenurteilen über zukünftige Entwicklungen auseinanderzusetzen. Die Delphi-Methode ist bekanntlich eine Methode einer systematisch strukturierten Expertenbefragung, die zu einer Konvergenz von Expertenurteilen über zukünftige Entwicklungen führen soll. In unserer Sicht ist ein Experte, wer über Kontexte verfügt, zu deren Menge der intendierten Anwendungen der jeweils relevante Erfahrungsbereich gehört. Im Falle schlecht-strukturierter Kontexte wird vom Experten erwartet, daß er auf der Grundlage eines theoretischen Bezugsrahmens „subjektive Urteile" abzugeben vermag, die zwar wegen des geringen Strukturierungsgrades des zugrunde liegenden Kontextes nicht vollständig logisch nachvollziehbar sind, die aber vermutlich eine größere Chance der Bewährung haben als Urteile, die nicht Ausfluß derartiger theoretischer Bezugsrahmen sind.

(3) Schließlich kann ein theoretischer Bezugsrahmen mit großer Reichweite und großer Reichhaltigkeit eine heuristische Kraft für die Formulierung und Bewältigung praktischer Probleme besitzen. In der Betriebswirtschaftslehre kann man häufig beobachten, daß die Praxis exakte Modelle mit begrenzten Anwendungsbereichen ablehnt und allgemeine, nicht unmittelbar anwendbare Bezugsrahmen willig aufgreift, weil diese offenbar Ordnung in eine komplexe Umwelt des Praktikers bringen und dessen Phantasie anregen. Bezugsrahmen erleichtern es dem Praktiker, akzeptable Problemdefinitionen zu formulieren, umfassende Probleme in einfachere Teilprobleme zu zerlegen und hierfür Lösungshypothesen zu entwickeln. Für alle diese Schritte gibt es keine Algorithmen, und die Existenz eines begrifflich-theoretischen Bezugsrahmens macht diesen Prozeß keineswegs zu einer Routineangelegenheit mit Lösungsgarantie. Bezugsrahmen können aber helfen, äußerst schlecht-strukturierte Entscheidungsprobleme der Praxis etwas besser zu strukturieren, ohne sie gleich zu wohl-strukturierten Entscheidungen zu machen.

Das zuletzt angesprochene Argument für die Leistungsfähigkeit theoretischer Bezugsrahmen, die in Auseinandersetzung mit der Empirie entwickelt werden, führt uns in einen Problemkreis, der im folgenden Abschnitt zu vertiefen ist: Die Bedeutung der empirischen Forschung für die Bewältigung sogenannter ,,praktischer" Probleme.

3. Empirische Forschung und ,,praktische" Probleme

Wer eine angewandte Betriebswirtschaftslehre vertritt, möchte letztlich einen Beitrag für die Bewältigung von Problemen leisten, die in jenen Bereichen auftreten, mit denen sich diese Disziplin befaßt. Dies gilt auch für jene betriebswirtschaftlichen Forscher, die empirische Forschung betreiben. Auf welche Weise das geschieht oder geschehen sollte, ist freilich nach wie vor weitgehend unklar, obwohl ein beträchtlicher Teil der wissenschaftstheoretischen Literatur dieser Frage gewidmet ist.

3.1. Die Explikation von Problemen

Eine angewandte Wissenschaft, die Beiträge zur Lösung praktischer Probleme leisten möchte, ist ohne Vorstellungen über die zu lösenden Probleme nicht denkbar. Sie muß die Merkmale, Kriterien, Werte oder Anforderungen kennen, denen die Lösungen jeweils genügen müssen. Die Menge solcher Merkmale konstituiert das Problem, die Präzisierung dieser Merkmale die Definition des Problems. Die Feststellung dieser Merkmale bedarf der empirischen Forschung. Dabei ist davon auszugehen, daß diese Problemmerkmale zum Teil nur in den Köpfen der Praktiker existieren. Sofern sie sprachlich artikuliert vorgefunden werden, sind sie – wie alle Begriffe der Umgangssprache – mehrdeutig, vage und in der Verwendung inkonsistent. Sie bedürfen der Explikation (CARNAP 1959). Der Output solcher Explikationen von Problemen und Problemdefinitionen ist zum einen Vorstufe für weitere Überlegungen der Betriebswirtschaftslehre in Richtung auf die Lösung der explizierten Probleme. Die Explikationen können aber auch unmittelbar die Problemlösungsbemühungen der Praxis unterstützen.

Eine Problemdefinition enthält – vereinfacht ausgedrückt – Angaben über einen unbefriedigenden Anfangszustand, über einen anzustrebenden Endzustand und gegebenenfalls über eine Menge von Operatoren. Gesucht ist eine ,,Mischung" und/oder Reihenfolge von Operatoren, die den Anfangszustand in den Endzustand überführen. Diese Sichtweise läßt deutlich werden, daß die Analyse von Zielen, Werten und Einstellungen der Menschen in der Praxis in einem engen Zusammenhang mit der Explikation von Problemen steht. Der Hinweis auf die Operatoren verdeutlicht darüberhinaus, daß die in der betriebswirtschaftlichen Literatur vorfindbaren Klassifikationen bzw. Taxonomien von ,,Entscheidungstatbeständen" oder ,,Instrumenten" (z.B. absatzpolitische Instrumente, Finanzierungsformen usw.) vor allem als Grundlage für die Explikation typischer Probleme eine sinnvolle wissenschaftliche Aufgabe bilden.

Die Explikation der Probleme kann mehr oder weniger kritisch angegangen werden (KIRSCH 1977). Je kritischer die Explikation ist, desto mehr weicht sie normalerweise von den empirisch vorfindbaren und auch im Rahmen empirischer Forschung erhebbaren Problemdefinitionen der Praxis ab. Die folgenden Gesichtspunkte mögen dies verdeutlichen:

(1) Für jedes Problem läßt sich eine Menge von Interessenten angeben, von denen anzunehmen ist, daß sie auf den Problemlösungs- bzw. Entscheidungsprozeß in der Praxis aktiv Einfluß nehmen. Solange das Explikandum lediglich Vorstellungen und Anforderungen dieser Interessenten widerspiegelt, bezeichnen wir die Problemexplikation als endogen. In dem Maße, wie auch Wünsche und Vorstellungen sonstiger Interessenten und Betroffener berücksichtigt werden, wird die Problemexplikation zum Teil exogen. Dabei ist davon auszugehen, daß eine Reihe von Betroffenen überhaupt kein Wissen über die Existenz eines spezifischen Problems besitzen.

(2) Geht man davon aus, daß der Forscher eine für seine endogene oder auch exogene Explikation relevante Menge von Interessenten und Betroffenen abgegrenzt hat, so kann er diese Explikation intendiert parteiisch oder intendiert nicht-parteiisch durchführen. Im Falle einer parteiischen Explikation präzisiert der Forscher das Problem aus der Sicht einer Partei (d.h. einer Interessentengruppe), wobei freilich die Beschränkungen und Durchsetzungsmöglichkeiten beachtet werden, die sich aus den abweichenden Vorstellungen der übrigen Parteien ergeben. Im Falle einer intendiert nicht-parteiischen Explikation versucht der Forscher, bei der Definition des Problems eine Art „Schlichter-Rolle" einzunehmen. Er strebt eine alle Interessen berücksichtigende „faire" Explikation an.

(3) Die Explikation kann schließlich mehr oder weniger kritisch hinterfragt sein. Knüpft der Forscher bei seiner Problemexplikation unmittelbar an den in der Empirie vorfindbaren Problemdefinitionen und Artikulationen von Anforderungen an, so geht er implizit von der Hypothese aus, daß die Interessenten der Praxis selbst am besten in der Lage sind, diese Probleme, Werte und Anforderungen zu artikulieren. Eine derartige Hypothese ist freilich zweifelhaft. Ihre Ablehnung zwingt zur kritischen Explikation, die die vorfindbaren Problemartikulationen kritisch „hinterfragt". Die kritisch hinterfragte Explikation geht von den „eigentlichen" Werten und Zielen der Interessenten aus: das gewonnene Problemexplikat soll diese Werte der Interessenten „besser" widerspiegeln als die Problemartikulation der Interessenten selbst. Derartige durch kritisches Hinterfragen gewonnene Problemexplikate sind freilich selten sehr konsensfähig. Dieses „Hinterfragen" wird noch deutlicher, wenn der Forscher nicht von den gegenwärtigen, sondern von den in Zukunft zu erwartenden Werten der Interessenten ausgeht. Die Problemexplikation beruht dann auf Wertprognosen.

(4) Nicht immer ist davon auszugehen, daß die Problemexplikation an Problemdefinitionen der Praktiker anknüpfen kann, die auf dem Wege der empirischen Erforschung der Praxis zutage gefördert werden. Nicht immer existiert bereits ein entsprechendes Problembewußtsein. Vielfach wird es deshalb als Aufgabe einer angewandten Wissenschaft angesehen, Tatbestände der Realität erst zu problematisieren und so zur Schaffung eines entsprechenden Problembewußtseins in der Praxis beizutragen. Der wissenschaftliche Erkenntnisfortschritt manifestiert sich dann nicht zuletzt darin, daß *neue* Probleme entdeckt und entsprechend expliziert werden.

Alle diese Überlegungen lassen zwar die Explikation von Problemen der Praxis nicht unabhängig von Fragen einer empirischen Sozialforschung erscheinen. Welche Rolle diese jedoch bei vergleichsweise kritischen Problemexplikationen spielt und welche empirischen Forschungsmethoden anzuwenden sind, bleibt unklar. Hinweise findet man eher in jenen wissenschaftstheoretischen Ansätzen, die in diesem Zusammenhang einen Dialog zwischen Wissenschaftler und Praktiker im Rahmen einer „idealen Kommunikationsgemeinschaft" fordern. Dabei handelt es sich sicherlich nicht nur um eine spezifische „Erhebungssituation", sondern um eine Alternative hierzu. Wir wollen diese Fragen aber hier nicht weiter verfolgen, sondern eine für die Nutzung der empirischen Forschung nicht minder wichtige Frage aufwerfen: welche Rolle spielen empirisch bewährte theoretische Aussagen bei der Definition und Bewältigung praktischer Probleme?

3.2. Die Bedeutung empirisch bewährter theoretischer Aussagen bei der Handhabung von Problemen

Es ist eine alte Streitfrage, ob und inwieweit der soziale Bereich bzw. das menschliche Handeln in ähnlicher Weise durch allgemeine Gesetzmäßigkeiten beherrscht wird, wie für die Natur bislang mit Erfolg angenommen wird. Die sozialwissenschaftlichen Fachvertreter, die sich um eine intensive empirische Forschung bemühen, fühlen sich häufig auch einem Szientismus verpflichtet, der die Existenz allgemeiner Gesetzmäßigkeiten auch im sozialen Bereich unterstellt. Sozialwissenschaftliche theoretische und empirische Forschung ist so die Suche nach Gesetzmäßigkeiten, die eine allgemeine Geltung beanspruchen.

Sind solche empirisch bewährten Gesetze gefunden, so ist es ratsam, diese als strikte Nebenbedingungen in die Problemdefinition aufzunehmen, da sie letztlich angeben, was empirisch nicht möglich ist. Die empirisch bewährten Gesetze determinieren den Raum zulässiger bzw. empirisch möglicher Lösungen, in dem dann die den Werten entsprechenden gewünschten Lösungen zu suchen sind. Wenn andererseits jemand etwas wünscht, was aufgrund der existierenden Gesetzmäßigkeiten unmöglich erscheint, dann können die durch verläßliche empirische Forschung bewährten Gesetze zur Kritik der Werte herangezogen werden: Denn „Sollen impliziert Können" – so jedenfalls das berühmte Brückenprinzip ALBERTS (1975).

Das Bild ändert sich, wenn man nicht daran glaubt, daß es im sozialen Bereich allgemeine Gesetzmäßigkeiten gibt. Man kann als empirisch forschender Sozialwissenschaftler durchaus auch von der entgegengesetzten These ausgehen, derzufolge es in den Sozialwissenschaften allenfalls sogenannte Quasi-Gesetze gibt, die lediglich auf bestimmte raum-zeitliche Koordinaten beschränkte Geltung aufweisen. Genau diesen Standpunkt vertritt in sehr expliziter Weise Galtung, der die (auch empirische Forschung durchaus zentral einbeziehende) Sozialwissenschaft „als invarianz-suchende und invarianz-brechende Tätigkeit" (1978) kennzeichnet.

Empirische Forschung liefert zunächst Generalisierungen über die Vergangenheit. In dem Augenblick aber, wo die Zukunft mit ins Spiel kommt, gibt es mehrere Möglichkeiten:

(1) Man akzeptiert die Generalisierung als Invarianz und gewinnt damit Prognosen hinsichtlich zukünftiger Ereignisse. Im Rahmen des kritischen Rationalismus drückte beispielsweise dann die Generalisierung eine allgemeine Gesetzmäßigkeit aus, die bislang nicht falsifiziert werden konnte und deshalb zumindest vorläufig als Gesetzmäßigkeit akzeptiert werden kann.

(2) Man glaubt nicht an die Existenz allgemeiner Gesetzmäßigkeiten im sozialen Bereich, möchte jedoch auf der Basis der gefundenen Generalisierung eine Prognose ableiten. In diesem Falle erhebt man die Generalisierung durch Entscheidung zu einer Invarianz, sucht aber gleichzeitig zweckmäßigerweise nach zusätzlichen „flankierenden Maßnahmen", die diese Invarianz gleichsam für die relevante Zukunft „stabilisieren".

(3) Man möchte, daß die gefundene Generalisierung in der Zukunft gerade nicht gilt. In diesem Falle versucht man, die potentielle Invarianz durch entsprechende Maßnahmen aufzuheben bzw. zu brechen.

In dem Maße, wie man in den Fällen (2) und (3) nicht an allgemeine Gesetzmäßigkeiten glaubt und deshalb Invarianzen stabilisieren, aber auch brechen möchte, kommen Wertungen des Forschers ins Spiel. Galtung drückt den Zusammenhang zwischen wissenschaftlichen Voraussagen, Wertungen und Problemdefinitionen wie folgt aus:

> „... jede Invarianz wird hier als eine ideologische Aussage betrachtet, so sehr sie auch unter den Auspizien einer wertfreien, ‚objektiven' Wissenschaft entstanden sein mag ...
> Ein Satz, beruhe er nun auf Daten oder theoretischen Sätzen oder beiden, *schließt* etwas *aus*. Ein Wertsatz, beruhe er nun auf einem Ziel oder einem Interesse, *schließt* etwas *ein*, etwas Vorgezogenes. Solange das Vorgezogene auch das in Form der Daten Beobachtete und/oder das von der Theorie Vorausgesagte ist, besteht kein Problem. Doch sobald das von Daten und/oder Theorie Ausgeschlossene vorgezogen wird, besteht ein Problem. Einen bestätigten theoretischen Satz (eine Proposition) dieser Art zu einer Invarianz erheben *bedeutet nichts anderes als die Behauptung, etwas*

Vorgezogenes sei unerreichbar. Das ist etwas völlig anderes als die Feststellung, es sei in der Vergangenheit nie erreicht worden. Dies ist nur eine Aussage über die *empirische* Wirklichkeit, das, was ist oder war; jenes ist eine Aussage über *mögliche* Wirklichkeit, über das, was sein könnte – und sie besagt, es entspreche dem Gewesenen. Mit anderen Worten, sie besagt, daß die mögliche Wirklichkeit mit der empirischen Möglichkeit zusammenfalle – daß nur das bereits *Existierende* jetzt und in Zukunft möglich sei.

Das wird nun dramatisch, sobald verschiedene Gruppen von verschiedenen Werten überzeugt sind und die ‚Wissenschaft' das von einer, aber nicht das von einer anderen Gruppe Vorgezogene ausschließt. In diesem Falle steht die ‚Wissenschaft' offensichtlich auf der Seite der einen Gruppe und erklärt zur Tatsache, was diese wünscht, und zur Nicht-Tatsache, zum Nicht-Empirischen und – wenn man aus der Proposition eine Invarianz macht – zum Nicht-Wirklichen (Unmöglichen), was die andere Gruppe hoch schätzt." (GALTUNG 1978, S. 98–99)

Im folgenden sollen vor dem Hintergrund dieser Überlegungen einige Schlußfolgerungen gezogen werden, die die Rolle der empirischen Forschung bei der Definition und Lösung ,,praktischer" Probleme beleuchten.

3.3. Problemlösen: Stabilisieren und Brechen von Invarianzen

Eine empirisch bewährte Invarianz kann prinzipiell gebrochen werden, wenn es gelingt, geeignete ,,dritte" Variablen zu finden, deren Variation die festgestellte Generalisierung ,,aufhebt". Beruht umgekehrt eine Problemlösung auf einer Prognose, die sich durch Anwendung einer empirisch bewährten Invarianz ergibt, so kann die Variation ,,dritter" Variablen die Problemlösung in Frage stellen. In diesem Falle besitzen empirische Beobachtungen der durch solche ,,dritte" Variablen erfaßten Tatbestände den Charakter eines Frühwarnsystems, das die Notwendigkeit einer Modifikation der gefundenen Lösung signalisiert. Im folgenden wollen wir das Problem der Suche nach ,,dritten" Variablen, die bewährte Invarianzen brechen können, vertiefen, wobei wir u.a. auf unsere Unterscheidung von Bezugsrahmen und Modell zurückkommen.

Ein relativ trivialer Fall liegt vor, wenn die Formulierung der Invarianz (als Wenn-Dann-Aussage) explizit die Kontextvariablen einschließt, unter denen die festgestellte Regelmäßigkeit gilt. Eine Veränderung des ,,Kontextes" hebt dann u.U. die Invarianz auf. Interessanter sind freilich jene Fälle, bei denen die ,,dritten" Variablen, bislang nicht unter den Kontextvariablen der Generalisierung zu finden sind.

Eine solche Sichtweise steht im Einklang mit unserer Unterscheidung von theoretischem Bezugsrahmen und Modell: Die Hypothesen des Modells berücksichtigen zwar eine Menge von Kontextvariablen, der zugrunde liegende Bezugsrahmen impliziert darüberhinaus eine prinzipiell unendliche Menge weiterer ,,dritter" Variablen, die bei der Entwicklung des Modells (als notwendigerweise vereinfachende Abbildung des Bezugsrahmens) unberücksichtigt bleiben (bzw. bleiben müssen).

Normalerweise sucht man nach solchen ,,dritten" Variablen, um über deren Einbeziehung in das Modell die bislang nicht ,,erklärte" Restvarianz in den interessierenden abhängigen Variablen des Modells zu erklären. Dies ist vor allem der Fall, wenn diese Restvarianz in den Augen des Forschers noch beträchtlich ist. Solange eine Restvarianz besteht, sind auf der Ebene der Modellanalyse lediglich ,,empirisch imperfekte Invarianzen" (Galtung) gefunden. In den Veröffentlichungen besteht häufig eine Tendenz, diese herunterzuspielen, zumal nirgendwo Beispiele ,,erfolgreicher" empirischer Sozialforschung ohne zum Teil beträchtliche Restvarianzen in den präsentierten Befunden zu finden sind. Galtung drückt dies wie folgt aus:

> ,,Gewöhnlich gibt es in der Sozialwissenschaft einen empirischen Restbestand ...: die ,Ergebnisse' sind nicht völlig ,sauber', es gibt ,Abweichungen'. Die Suche nach Invarianzen führt zu deren Vernachlässigung. Man definiert sie als ,atypisch', ja als ,Rauschen' oder ,Fehler', mit denen man in dieser widerspenstigen Welt eben rechnen müsse. Die Bemühung um Überwindung der Invarianz dagegen nimmt sie als Hinweise auf weitergehende Erkenntnisse, indem sie systematisch fragt: was haben diese ,Ausnahmen' sonst noch gemeinsam ..., was sie von den ,normalen' Fällen unterscheidet? Die Isolierung solcher Faktoren würde Material für *T* (dritte Variable; Anm. d. Verf.) liefern ..."
> (GALTUNG 1978, S. 121)

Das Versäumnis, die jeweils erhobene Datenbasis in dieser Weise auszuwerten und gegebenenfalls durch zusätzliche ,Tiefenanalysen' der a-typischen Fälle zu ergänzen, weist letztlich wieder auf das bereits erwähnte Greshamsche Gesetz hin (das freilich gar kein Gesetz im Sinne des Szientismus ist): Die Präsentation von signifikanten Hypothesen bzw. Modellen verdrängt Aktivitäten der systematischen Weiterentwicklung des Bezugsrahmens. Diese Gefahr ist um so größer, je mehr bei der Präsentation des empirisch bewährten Modells der Eindruck erweckt wird, als sei gemäß dem Paradigma einer ausgereiften Sozialforschung vorgegangen worden. Dies stellt gleichzeitig eine Leugnung des explorativen Charakters der Forschungsepisode dar, und genau das erschwert spekulative Überlegungen über ,,dritte" Variablen, deren Variation die präsentierten Befunde unter Umständen ins Gegenteil verkehren würde: Jeder Leser würde sofort fragen, weshalb diese ,,dritten" Variablen nicht von vornherein als Kontextvariablen im Modell berücksichtigt worden sind.

Die Rückkopplung vom Bezugsrahmen zum Zwecke der Suche nach ,,dritten" Variablen wird um so unwahrscheinlicher, je geringer die Restvarianz der Befunde ist. Immerhin ist freilich nicht auszuschließen, daß die Existenz von Restvarianzen Spekulationen über ,,dritte" Variablen auslösen kann und häufig zumindest in den Köpfen der Forscher auch tatsächlich auslöst. Die Suche nach ,,dritten" Variablen sollte jedoch nicht auf die Analyse der

Restvarianzen beschränkt bleiben. Galtung erläutert dies an dem (Grenz-)Fall einer „empirisch perfekten" Invarianz:

„In diesem Falle liefert die empirische Wirklichkeit keine Anhaltspunkte; die mögliche Wirklichkeit ist empirisch nicht ‚schwach realisiert' wie im vorherigen Fall. Die einzige Anleitung ... ist eine Theorie, die zum richtigen Handeln führt. Diese Aufgabe ist also schwierig, da es keine unmittelbare empirische Grundlage für induktive Vermutungen gibt. Man kann Analogien und andere heuristische Hilfen heranziehen, doch im wesentlichen ist es ein Fall für die reine Theorie mit der Grundfrage: welches ist das T, dessen Konstanz bisher die mögliche Wirklichkeit auf die empirische Wirklichkeit beschränkt hat?"
(GALTUNG 1978, S. 121)

Diese Thesen Galtungs, die unter Bezugnahme auf die von HABERMAS (1973) und APEL (1979) diskutierten erkenntnisleitenden Interessen vertieft werden können, lassen viele Fragen offen. Vertreter des kritischen Rationalismus werden z.B. einwenden, daß ein Hochhalten der Kritik in der Wissenschaft den gleichen Effekt besitzt, ohne daß man davon sprechen müsse, Invarianzen zu brechen. Jede empirisch bewährte Invarianz (auch ohne erhebliche Restvarianz in den empirischen Befunden) bleibt gemäß dem kritischen Rationalismus ja hypothetisch und vorläufiger Natur: Das Bemühen, diese Hypothese in der bisher bewährten Form zu falsifizieren, wird auch so die Suche nach „dritten" Variablen auslösen, deren Variation im Rahmen eines entsprechend konzipierten späteren empirischen Designs die zunächst als bewährt geltenden Hypothesen doch noch zu Fall bringt. Welche persönlichen Motive den Forscher dabei leiten (ob er die Welt verändern möchte oder am Status quo orientiert ist), ist solange irrelevant, als der Prozeß von Vermutung und Widerlegung bzw. der Konstruktion von Hypothesen und deren (empirischen) Kritik gewahrt bleibt. Auch würde ein Vertreter des kritischen Rationalismus sich dagegen wehren, daß sich sozialwissenschaftliche Theorien nicht auch auf mögliche Welten beziehen. Eine Theorie, die bereits eine große Menge „dritter" Variablen explizit enthält, schließt nicht aus, daß zu ihrer empirischen Überprüfung experimentell zuerst eine völlig neue Situation (sei es im Feld, sei es vor allem im Labor) herzustellen ist. Die Theorie hat dann eine mögliche Welt „beschrieben", die im Experiment erst realisiert wird.

Wenn diese Sichtweise aber zutrifft, so ist nicht einzusehen, weshalb der Forschungsprozeß nicht dadurch transparenter gemacht werden sollte, daß man die Werte explizit formuliert, die die einzelnen Schritte des Forschungsprozesses mit steuern und – was auch die kritischen Rationalisten für sinnvoll halten – im Forschungsprozeß selbst (mit Hilfe von Brückenprinzipien) kritisiert und modifiziert werden. Gerade angesichts des unreifen Status der Sozialwissenschaften scheint uns diese Transparenz wünschenswert. Dann gewinnt aber auch eine methodologische Konzeption an Attraktivität, die Galtung in Form der von ihm so genannten „trilateralen" Wissenschaft darstellt. Vor dem Hintergrund der heute in der Nachfolge des Positivismusstreits erneut entflammten wissenschaftstheoretischen Auseinandersetzungen um der methodologischen Status der Sozialwissenschaften stellt Galtungs Konzeption der trilateralen Wissenschaft sicherlich ein sehr vereinfachtes Modell dar, das jedoch den Zugang zur neueren Diskussion erleichtern kann.

Wir sehen in der kritischen Diskussion dieser Konzeption die Möglichkeit, die Nutzung der empirischen Forschung in den größeren Rahmen der Nutzung wissenschaftlicher Paradigmen zu stellen. Dies relativiert zum einen die empirische Forschung, zum anderen macht sie aber auch ihr Potential für das Problemlösen sichtbar.

3.4. Empirische Forschung im Spektrum der „trilateralen" Nutzung wissenschaftlicher Paradigmen

Die Konzeption einer trilateralen Wissenschaft ist mit der Konsequenz verbunden, auch Werturteile als Kategorien wissenschaftlicher Aussagen zu betrachten und im Rahmen eines Paradigmas nicht nur Daten über die beobachtete Welt zu erheben und Theorien über die unter bestimmten Bedingungen zu erwartende Welt zu entwickeln, sondern auch Werturteile über die gewünschte Welt zu artikulieren. Galtung fordert eine „trilaterale" Wissenschaft, die die Produktion und den Vergleich von Aussagen dreier Kategorien (Daten, Theorien, Werte) zum Gegenstand hat. Daten beschreiben die beobachtete Welt, Theorien die vorausgesagte Welt, Werte die vorgezogene Welt. Angestrebt wird eine Konsonanz zwischen den Aussagen über die beobachtete, vorausgesagte und vorgezogene Welt:

> „Wenn nun die Wissenschaft auf Übereinstimmung abzielt, dann lautet offenbar unter diesem Programm die Aufgabe, nicht aufzuhören, ehe beobachtete, vorausgesagte und vorgezogene Welt übereinstimmen." (GALTUNG 1978, S. 81)

Eine trilaterale Wissenschaft schließt das Erfinden neuer Ziele und Werte und vor allem auch die Veränderung der Realität selber ein. Wir verkennen keineswegs die Vielfalt ungelöster methodologischer Probleme, die in Konzeptionen wie jener Galtungs stecken. Ihre Diskussion würde ein Aufrollen nahezu aller wissenschaftstheoretischer Streitpunkte erforderlich machen. Für die Betriebswirtschaftslehre sind Aktivitäten einer trilateralen Forschung freilich keineswegs völlig außergewöhnlich, auch wenn dies zunächst überraschend klingen mag. Man bedenke, daß Betriebswirte (z.B. im Bereich der Bilanz- und der Steuerlehre) traditionell rechtsdogmatische Forschung betreiben, was nach unbestrittener Ansicht juristischer Methodologen ohne Werturteile als legitime Aussagenkategorie unmöglich erscheint. In dem Maße, wie auch de lege ferenda argumentiert wird, nähert sich die wissenschaftliche Aktivität einer trilateralen Wissenschaft.

Noch deutlicher wird der Trend zur trilateralen Wissenschaft bei jenen betriebswirtschaftlichen Autoren, die für eine Aktionsforschung im Rahmen der angewandten Betriebswirtschaftslehre plädieren und darin nicht nur eine explorative Vorstufe empirischer Forschung erblicken, der möglichst bald großzahlige Felderhebungen zu folgen haben. Aktionsforschung ist der Versuch, im Rahmen einer empirischen Forschungsepisode das ganze Spektrum einer trilateralen Wissenschaft zu durchlaufen.

3.5. Plädoyer für eine betriebswirtschaftliche Aktionsforschung

In der Aktionsforschung sind (ganz im Sinne einer trilateralen Wissenschaft) Theorien, Werte und die Realität selbst ,,variabel". In unserer Sicht ist Aktionsforschung eine extreme Form der angewandten Forschung, bei der der Forscher in die Steuerung von Aktionen involviert ist. Aktionen sind Projekte jeglicher Art in sozialen Systemen, z.B. die Entwicklung von Informationssystemen, die Revision eines Curriculums, die Entwicklung eines strategischen Plans. Meist sind derartige Aktionen bzw. Projekte mit einem tiefgreifenden Wandel des jeweiligen sozialen Systems verbunden. Die Involvierung des Aktionsforschers in die Steuerung der Aktion ist durch große Reichweite und hohe Intensität der Involvierung gekennzeichnet. Die große Reichweite der Involvierung kann unter Bezugnahme auf die Feststellung erläutert werden, daß die Steuerung sozialer Prozesse mit Entscheidungs-, Erkenntnis-, Macht- und Konsensbildungsprozessen verbunden ist (KIRSCH 1975). Der Aktionsforscher beschränkt sich nicht nur auf Erkenntnisprozesse im Rahmen der Steuerung. Er ist auch in die eigentliche Entscheidung, in die Konsensbildung sowie in die Durchsetzung involviert. Mit der Postulierung einer hohen Intensität der Involvierung wird zum Ausdruck gebracht, daß der Aktionsforscher kein kühler Beobachter des Ganzen ist. Er identifiziert sich normalerweise mit der Aktion. Es existiert ein Egoinvolvement.

Reichweite und Intensität der Involvierung sind also bei der Aktionsforschung sehr hoch. Da es sich normalerweise bei den Aktionen bzw. Projekten um Prozesse des geplanten Wandels handelt, kann man ferner sagen, der Aktionsforscher fungiere unter anderem auch als Change Agent, als Manager, als Politiker in diesem Prozeß. Freilich bleibt seine Mitwirkung nicht auf diese Funktionen beschränkt. Aktionsforscher sind nicht nur als Change Agent in Aktionen involviert. Sie verstehen sich natürlich auch als Forscher und Wissenschaftler. Damit füllt der Aktionsforscher praktisch zwei Rollen aus: die Rolle des Forschers und die Rolle des Managers. Als Forscher betreibt der Wissenschaftler Aufklärung. Er sucht nach Erkenntnissen, wobei er sich an die üblichen Regeln und Normen hält, deren Anwendung wissenschaftliche Aufklärung von nicht-wissenschaftlicher oder vor-wissenschaftlicher Aufklärung unterscheidet.

KAPPLER (1980) stellt fest, daß Aktionsforschung sowohl als formale Forschungsstrategie als auch als substantieller Veränderungsprozeß diskutiert wird, wobei er im ersten Fall u.a. auf KIRSCH und GABELE (1976), im zweiten

Fall u.a. auf MOSER (1975) verweist. Bedeutsam für die Unterscheidung verschiedener Varianten der Aktionsforschung ist für uns insbesondere auch die Frage, inwieweit die Forscher in den Aktionsprozeß eingebrachte Werthaltungen als unveränderlich ansehen und ob die Beteiligten im Falle einer prinzipiellen Variabilität der Werte eine eher konservative Grundeinstellung an den Tag legen oder nicht. Knüpft man an Galtungs Konzeption der trilateralen Wissenschaft an, so äußert sich eine konservative Grundeinstellung z.B. in folgenden Gesichtspunkten (vgl. TRUX/KIRSCH 1979):

(1) Zum einen kann man die jeweils gegebenen Werte als relativ stabile Basis ansehen. Im Bereich des Konstruktivismus, wo Galtung eine systematische, wechselseitige Angleichung von Werten und Theorien anzunehmen scheint, bedeutet dies, daß die gegebenen Werte prinzipiell stärker als Theorien sind. Dies führt dazu, daß man sich zunächst mit einer durch *relativ* stabile Werte geprägten Hartnäckigkeit auf die kreative Suche von Theorien (bzw. Lösungsmethoden) konzentriert und Werte erst dann ändert, wenn auch hartnäckige Bemühungen erfolglos bleiben.

(2) Zum anderen kann man beim Versuch einer Realitätsveränderung im Sinne des piecemeal engineering Poppers (1962) vorgehen. Diese Veränderungsstrategie zeichnet – was ihr oft vorgeworfen wird – den Status quo aus und legt eine größere Behutsamkeit bei der „experimentellen" Veränderung der Realität nahe.

Das piecemeal engineering macht die Realitätsveränderung zu einem evolutionären Prozeß. Nimmt man das piecemeal engineering ernst und erweitert es (durchaus im Einklang mit Popper) zu einer „geplanten" Evolution (vgl. unten), dann ist es wünschenswert, die Aktionsforschung zu einer die Evolution eines realen Systems (z.B. einer Unternehmung) begleitenden Forschung fortzuentwickeln. In einem Kooperationsprojekt zwischen der Fichtel & Sachs AG und dem Lehrstuhl für Betriebswirtschaftliche Planung an der Universität München, das bewußt unter die Idee einer trilateralen Wissenschaft gestellt ist (TRUX/KIRSCH 1979), finden sich Tendenzen in diese Richtung. Die Grundkonzeption dieses Kooperationsprojekts geht darüber hinaus davon aus, die praktischen Probleme als komplexe Probleme zu betrachten, deren („wissenschaftliche") Bewältigung eine Multi-Paradigma-Forschung erforderlich macht.

3.6. Komplexe Probleme und Multi-Paradigma-Forschung

Viele Probleme der Praxis sind äußerst schlecht-strukturierte, „bösartige" oder komplexe Probleme. Solche Probleme sind Multi-Kontext-Probleme oder Multi-Paradigma-Probleme, für deren Erfassung und Definition mehrere Kontexte bzw. Paradigmen relevant sind (KIRSCH 1978). Jeder Kontext läßt nur eine partielle Problemdefinition zu. Komplexe Probleme sind deshalb durch eine Menge solcher partieller Problemdefinitionen gekennzeichnet, die sich nicht zu einer umfassenden, in sich konsistenten Problemdefinition zusammenfügen lassen. Dies ist eine Folge der Inkommensurabilität wissenschaftlicher Paradigmen (KUHN 1974, FEYERABEND 1978). Die wissenschaftliche Unterstützung der Bewältigung solcher komplexen Probleme setzt eine Multi-Paradigma-Forschung voraus.

Seit Kuhns Theorie wissenschaftlicher Revolutionen gewinnt die These zunehmend an Gewicht, derzufolge grundsätzlich zwei Arten wissenschaftlicher Betätigung existieren, die Kuhn als ,,normale Wissenschaft" bzw. als ,,außerordentliche Wissenschaft" bezeichnet. Normale Wissenschaft vollzieht sich innerhalb eines Paradigmas, außerordentliche Wissenschaft führt über die Kritik bestehender Paradigmen zu einer Konstruktion eines neuen Paradigmas, das dann seinerseits den Rahmen für normale Wissenschaft bildet. Vor dem Hintergrund dieser Unterscheidung bahnt sich im Kreis der Wissenschaftler ein gewisser Einstellungswandel an: ein Pluralismus von Paradigmen wird nicht mehr so sehr als Ausdruck der Unreife einer Wissenschaft, sondern geradezu als Vorteil gewertet. Um diesen Vorteil zu nutzen, ist freilich ein neuer Typ von Forschung erforderlich, der die normale und außerordentliche Forschung im Sinne Kuhns ergänzt. Pondy und Boje charakterisieren diese Multi-Paradigma-Forschung wie folgt:

,,Each paradigm ist put forth by its advocates as being the one best explanation. Competition and survival of the politically-fittest in Kuhn's view often determine which perspective is best. Yet if we follow a different track, that of allowing multiple views of a phenomenon to be compiled so that more total information is obtained, then two things become possible. First, we can gain insights into the phenomenon that could not be obtained from one perspective alone. Second, we can focus upon compatibility rather than integration. Tolerance of numerous ways of viewing the phenomenon, which means tolerance of the subject's lay view and tolerance of other paradigms, can lead to accepting differences with the aim of understanding the phenomenon better rather than survival of the fittest paradigm.
What is needed is individuals who can accomplish Maruyama's (1974) transpection process ... in order to become communicative in more than one paradigm. Those who attempt this strategy will need to determine a method of conduction inquiry under multiple paradigms and how to communicate results to paradigm specialists. What is needed is the ability and patience to seek insights out of one perspective while holding other perspectives constant (,bracketed' is the phenomenological term), and then to translate those insights into other perspectives to develop even greater understanding."
(PONDY/BOJE 1976, S. 15f.; das Erscheinungsjahr der zitierten Veröffentlichung von Maruyama wurde von uns in den Text des Zitats eingefügt.)

In ähnlicher Weise fordert DRIGGERS (1977) Forscherpersönlichkeiten, die in der Lage sind, von einem Paradigma in ein anderes überzuwechseln, einen ,,intertheoretischen Dialog" zu pflegen und alternative Paradigmen als Basis für eine wissenschaftliche Aktivität zu nutzen, die Driggers als ,,blockage" bezeichnet. Alternative Theorien (Paradigmen) sollen zur bewußten Obstruktion gegenüber (auch empirisch bewährten) Aussagen innerhalb eines Paradigmas herangezogen werden. Driggers postuliert folgende methodologische Regel:

> „The tenets of a theory in a domain of inquiry should serve as obstructions, wherever possible, to the tenets of every other domain related theory. The intertheory relationships should serve to map the underlying contradictions, anomalies, and inconsistencies of the theories in use. ...
> Thus in the attempt to resolve the identified blockages an intertheory ‚dialogue' is established.
> The outcome of this intertheory ‚dialogue' should result in a richer approach to theory development. Specific outcomes may include: (1) the establishment of a more encompassing theory employing the specification of conditions as a means for handling the identified contradictions; (2) the conceptual annihilation of one subtheory; or (3) a reformulation of the tenets of the subtheories." (DRIGGERS 1977, S. 152–153)

Wir sollten also die im Rahmen eines Paradigmas erhobenen Daten bzw. ermittelten Befunde bewußt im Lichte alternativer Paradigmen (im Sinne eines theoretical blockage) uminterpretieren. Dies ist angesichts der erheblichen Begründungsdefizite in der sozialwissenschaftlichen Theorie normalerweise ohne allzu große Schwierigkeiten möglich. So kann z. B. die von WITTE (1973; 1981, S. 19) bei der empirischen Analyse seines Promotoren-Modells gewählte Operationalisierung der Variablen „Innovationsgrad" auch als Operationalisierung einer Variablen „Marketingerfolg des Herstellers eines Investitionsgutes" betrachtet werden und die Befunde Wittes im Lichte des alternativen Kontextes eines Interaktionsansatzes des Investitionsgütermarketing (KIRSCH/KUTSCHKER, 1978) uminterpretiert werden, ohne daß die Daten und die Auswertungsprozeduren in Frage gestellt werden. Man gelangt dann zur „Bestätigung" der kontextspezifischen Hypothese, daß die Existenz eines Promotorengespanns beim Verwender u. a. einem erhöhten Außeneinfluß der Hersteller förderlich ist, was seinerseits dem Marketingerfolg des Herstellers dienlich ist. Geht man davon aus, daß ein größerer Marketingerfolg des Herstellers nicht automatisch uneingeschränkt positiv im Lichte der Werte des Verwenders zu sein braucht, so ergibt sich aus diesen Überlegungen eine erheblich skeptischere Beurteilung des Promotorengespanns, als dies im Kontext Wittes der Fall ist. (Diese Thesen hat der Verfasser 1973 im Forschungsseminar Wittes vorgetragen, ohne sich bewußt gewesen zu sein, daß hier möglicherweise ein Versuch eines intertheoretischen Dialogs zur Realisierung eines „theoretic blockage" im Sinne Driggers vorlag.)

Wir müssen erst noch lernen, mit mehreren inkommensurablen Paradigmen umzugehen. Eine Schlußfolgerung Driggers ist jedoch für unsere gegenwärtige Überlegung besonders relevant:

> „The above rule is proposed as an alternative to ... contemporary prescriptions that theory and research should be guided by the substantive problem – a position which assumes that the problem can be identified without a theory ..."
> (DRIGGERS 1977, S. 153)

Wann immer wir Probleme der Praxis aufgreifen (möglicherweise über empirische Forschung ermittelt), stets haben wir mit (partiellen) kontextspezifischen Problemdefinitionen zu tun, die auch in anderen Kontexten (partiell) expliziert werden können, wobei diese alternativen Kontexte selten a priori als überlegen angesehen werden können. Die Probleme sind deshalb als komplexe Multi-Kontext-Probleme zu handhaben. Dies hat nach unserer Ansicht erhebliche Konsequenzen für die angewandte Betriebswirtschaftslehre im allgemeinen und für die theoretische und empirische Entscheidungsforschung im besonderen.

3.7. Konsequenzen für die betriebswirtschaftliche Entscheidungsforschung

Für eine adäquate Handhabung komplexer Multi-Paradigma-Probleme gibt es vorläufig nur den freilich noch recht wenig verwertbaren Hinweis, eine ,,Arena" zu schaffen, in der eine Vielzahl von ,,betroffenen" Experten einen Dialog zu führen haben, der den Regeln der ,,theoretical blockage" (Driggers) entspricht.

Die Sicherung einer solchen Arena ist die Führungsaufgabe im Prozeß der Handhabung komplexer Probleme. Eine Betriebswirtschaftslehre, die sich als Führungslehre versteht, erhält damit im Konzept der wissenschaftlichen Disziplinen einen besonders engen Bezug zu Fragen der Multi-Paradigma-Forschung (KIRSCH 1977). Abbildung 3 gibt in stark vereinfachter Form eine Konzeption der angewandten Führungslehre wieder. In dieser Abbildung werden die verschiedenen, auf eigenständigen Paradigmen beruhenden Forschungstraditionen der Nachbardisziplinen A, B, C und D durch Rechtecke symbolisiert. Die Führungslehre selbst beruht auf einer Analyse der Führung von Organisationen als relevanter Praxis. Diese Analyse liefert die Erkenntnisperspektive, die in Abbildung 3 als ,,Scheinwerfer" angedeutet ist, der auf die Forschungstraditionen der theoretischen und technologischen Nachbardisziplinen gerichtet ist. Die ,,angestrahlten", durch Schraffur gekennzeichneten Flächen symbolisieren die für eine angewandte Lehre für die Führung relevanten Aussagensysteme. Jeder Erkenntnisfortschritt bei der Analyse der relevanten Praxis verändert die Einstellung dieses ,,Scheinwerfers". Die Führungslehre ,,besteht" aus der Analyse der relevanten Praxis und den aufgrund dieser Erkenntnisperspektive als relevant erachteten multidisziplinären Forschungsbemühungen. Diese werden freilich im Lichte dieser Erkenntnisperspektive kritisch reflektiert, aber auch im Sinne einer normalwissenschaftlichen Forschung fortgeführt, ohne daß die diesen Forschungstraditionen zugrunde liegenden Paradigmen durch spezifisch ,,betriebswirtschaftliche" ersetzt würden. Der Pluralismus bleibt erhalten.

Die skizzierte Sichtweise legt es nahe, zwischen einer Lehre *für* die Führung und einer Lehre *von* der Führung zu unterscheiden. Als Lehre *für* die Führung ist die Führungslehre Multi-Paradigma-Forschung, wobei sie im Sinne von PONDY und BOJE (1976) durchaus ein und dasselbe Problem im Lichte konkurrierender Paradigmen (Kontexten) betrachtet. Als Lehre *von* der Führung hat die Führungslehre die Frage zu untersuchen, wie derartige Multi-Paradigma-Untersuchungen in der Praxis zu bewerkstelligen und wie komplexe Entscheidungsprobleme zu handhaben sind.

Hier sehen wir eine wesentliche Zukunftsaufgabe der betriebswirtschaftlichen Entscheidungsforschung. Eine empirische Theorie der Entscheidungsprozesse sollte aufzeigen, welche Varianten der Handhabung komplexer Probleme existieren, welche Faktoren diese Varianz erklären und welche Rolle dabei eine Führung spielt. Sollten sich dabei empirische Invarianzen zeigen, die im Widerspruch zu einer (wünschenswerten) wissenschaftlichen Methodologie der Multi-Paradigma-Forschung stehen, so wäre nach „dritten" Variablen zu suchen, die diese Invarianz brechen und näher an die Norm heranführen. Sollte dies nicht gelingen, so wäre eine Modifikation der wünschenswerten Vorgehensweise die Folge. Der Leser hat natürlich gemerkt, daß hier im Sinne einer trilateralen Wissenschaft argumentiert wird. Wir wissen vorläufig nicht, wie dieses schwierige, wissenschaftliche, die empirische Forschung einbeziehende Unterfangen verwirklicht werden kann. *Ein* naheliegender erster Schritt bestünde in dem Versuch, im Rahmen von Aktionsforschungsprogrammen auch Erfahrungen mit solchen Prozessen der Multi-Paradigma-Forschung und der Bewältigung komplexer Probleme zu sammeln. Dem bereits erwähnten Kooperationsprojekt zwischen der Fichtel & Sachs AG und dem Lehrstuhl für Betriebswirtschaftliche Planung liegt diese Vorstellung als Leitidee zugrunde (TRUX/KIRSCH 1979).

4. Wissenschaftliche Unternehmensführung und empirische Forschung

Eine Möglichkeit, die Frage nach der Aufgabenstellung einer angewandten Betriebswirtschaftslehre im Spektrum der Wissenschaften aufzurollen, geht von der These aus, die Betriebswirtschaftslehre habe zu einer *wissenschaftlichen* (Unternehmens-)Führung beizutragen. Wissenschaftlich – so könnte man weiter sagen – ist eine Führung, wenn sie sich der Ergebnisse und der Methoden der Wissenschaften bedient. Freilich wird man sich der Grenzen der Wissenschaften bewußt bleiben müssen, auch wenn diese Grenzen nicht eindeutig und ein für allemal bestimmbar sind. Insofern kann Unternehmensführung immer nur „wissenschaftlich unterstützt" sein.

Auch wenn sie diese Ausgangsthese generell akzeptieren, so neigen doch empirisch forschende, „wertfreie" Betriebswirte häufig zu einem Dezisionismus: Werte werden als prinzipiell wissenschaftlich irrelevante Aussagenkategorien angesehen, die nur begrenzt (über sogenannte Brückenprinzipien) einer wissenschaftlichen Kritik unterzogen werden können. Die Folge ist, daß man sich allzu leicht auf Fragestellungen zurückzieht, die nicht gerade der Unter-

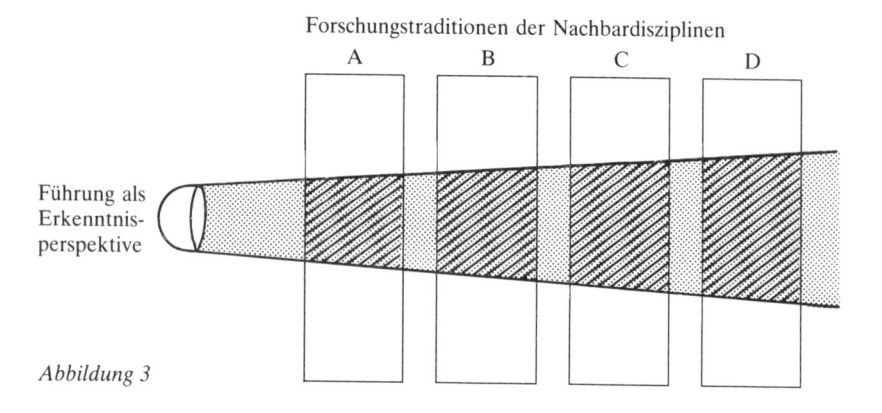

Forschungstraditionen der Nachbardisziplinen
A   B   C   D

Führung als
Erkenntnis-
perspektive

Abbildung 3

nehmenspolitik und der strategischen Entscheidungssphäre zuzurechnen sind. Wir wollen jedoch gerade das Strategische Management zum Prüfstein einer wissenschaftlichen Unternehmensführung wählen und vor diesem Hintergrund das Potential der empirischen Forschung betrachten.

4.1. Das Strategische Management als Prüfstein einer wissenschaftlichen Unternehmensführung

Die Forderung nach einem Strategischen Management gewinnt in der neueren Diskussion zunehmend an Gewicht. Wir wollen hier auf eine dogmengeschichtliche Betrachtung der Entwicklung dieses Konzepts verzichten, die u. a. auf die Forschungstradition der Diskussion der Grenzen einer umfassenden Gesellschaftsplanung und auf planungswissenschaftliche Ansätze im Bereich der Managementlehre und der Betriebswirtschaftslehre Bezug nehmen müßte (KIRSCH/ESSER/GABELE 1979). Im Einklang mit diesen Entwicklungen verbinden wir das Strategische Management sehr eng mit der Idee der geplanten Evolution und präferieren eine Definition, die folgende Merkmale hervorhebt:

Strategisches Management ist
(1) die Steuerung und Koordination der langfristigen Evolution des Unternehmens und seiner Aufgabenumwelten
(2) durch eine konzeptionelle Gesamtsicht der Unternehmenspolitik
(3) mit der Leitidee, einen Fortschritt in der Befriedigung der Bedürfnisse und Interessen der von den Unternehmensaktivitäten direkt oder indirekt Betroffenen zu erreichen.

Die Entwicklung eines Strategischen Managements wirft eine Fülle von Problemen auf, deren wissenschaftliche und praktische Bewältigung gegenwärtig nur sehr begrenzt möglich erscheint (TRUX/KIRSCH 1979). Die Schwierigkeiten liegen nicht zuletzt darin, daß die Idee des Strategischen Managements viele klassische Instrumente der Unternehmensführung in Frage stellt und "neue" Konzepte fordert. Auf einige dieser Probleme werden wir in den nachfolgenden Abschnitten zurückkommen.

Ganz allgemein steht im Rahmen des Strategischen Managements die kritische Überprüfung der Prämissen und Kontexte im Vordergrund, auf denen das operative Handeln des Unternehmens beruht. Eine kritische Überprüfung setzt freilich voraus, daß diese Prämissen als kritikfähige Erkenntnis formuliert, d. h. sprachlich artikuliert werden. In dieser Sicht erlangt die wissenschaftliche Grundhaltung für ein Strategisches Management besondere Bedeutung. Die Wissenschaft formuliert Erkenntnis in kritisierbarer Form und unterwirft sie einer systematischen Kritik. Als Ergebnis dieser Bemühungen werden methodologische Urteile über diese Aussagen ausgesprochen, die freilich ihrerseits kritisierbar bleiben. Daten sind so z.B. auf ihre Reliabilität und Validität zu beurteilen, theoretische Hypothesen auf ihre logische Konsistenz und empirische Bewährung. Die Kenntnis solcher nach den Regeln der methodologischen Kunst gewonnenen Urteile liefert dem Praktiker des Unternehmens Hinweise darauf, wie riskant es ist, diese Aussagen zu Prämissen seiner Entscheidung zu machen.

Betrachtet man das Strategische Management als Prüfstein für die Bemühungen der Betriebswirtschaftslehre um eine wissenschaftliche Unternehmensführung, so legt diese Sicht nicht zuletzt auch die Frage nahe, inwieweit das Strategische Management durch Ergebnisse und durch Methoden der empirischen Sozialforschung unterstützt werden kann.

4.2. Die heuristische Funktion empirischer Forschungsergebnisse

Die Bedeutung empirischer Forschungsergebnisse für das Strategische Management läßt sich anhand von zwei Analyseinstrumenten erläutern, die in der neueren wissenschaftlichen Diskussion eine große Rolle spielen: die Portfolio-Analyse und die Misfit-Analyse. Beide Instrumente sollen die Formulierung einer konzeptionellen Gesamtsicht der Unternehmenspolitik unterstützen. Zu einer konzeptionellen Gesamtsicht gehört es u.a., daß die Unternehmensführung der Frage nachgeht, ob der Bestand (das "Portfolio") der Produktlinien (besser: der strategischen Geschäftseinheiten) "stimmt", ob nicht einzelne Produktlinien abgebaut, andere dagegen gefördert werden sollen usw. Das Instrument der Portfolio-Analyse (ROVENTA 1979) stellt einen ersten Schritt in Richtung einer solchen Gesamtsicht dar, die die Bestimmung der generellen strategischen Stoßrichtung der einzelnen strategischen Geschäftseinheiten im Bereich der Produkt-Markt-Strategie erleichtert. Die Misfit-Analyse, die in jüngster Zeit insbesondere von ANSOFF (1979) dargestellt wird, bezieht die Frage in die Betrachtung ein, inwieweit Produkt-Markt-Strategien, Umweltdynamik, interne Organisationsstruktur, Führungssysteme und die Kultur des Unternehmens "zueinander passen".

Betrachten wir zunächst diese Misfit-Analyse. Ihr Bezug zu den Situations-

und Kontingenzansätzen der empirischen und theoretischen Organisationsforschung ist unverkennbar. Diese Ansätze der Organisationsforschung haben – vorsichtig ausgedrückt – gewisse empirische Invarianzen zwischen Umwelt, Struktur, Strategie usw. aufgezeigt, die die Forderung nach einer prinzipiellen Entsprechung der durch diese Variablenkomplexe abgebildeten Tatbestände nahelegen (KIESER/KUBICEK 1978). Solche Invarianzen sind freilich keine allgemeinen Gesetzmäßigkeiten. Sie stellen keine unabdingbaren Beschränkungen (constraints) dar und können durch ein entsprechendes langfristig orientiertes strategisches Verhalten zumindest prinzipiell verändert werden. Für jede Konstellation von Struktur, Strategie und Umwelt gibt es Alternativen, die für die Unternehmung prinzipiell wählbar und letztlich auch realisierbar sind.

Damit wird die Konzeption Galtungs der invarianz-brechenden Aktivität auch für das Strategische Management (als Ausdruck einer ,,wissenschaftlichen" Unternehmensführung) relevant. Grundsätzlich bilden die in kontingenztheoretischen Organisationsansätzen möglicherweise empirisch bewährten Invarianzen für das strategische Verhalten eines Unternehmens heuristische Prinzipien für die Suche nach geeigneten Strategien. Wenn sich – um ein didaktisches Beispiel zu geben – in einer Vielzahl von Skatspielen die Hypothese bewährt hat, derzufolge der Gewinn des Spiels signifikant davon abhängig ist, ob bei einem ,,langen Weg" eine ,,kurze Farbe" (oder umgekehrt) ausgespielt wurde, so bietet sich in einem konkreten Spiel die Heuristik ,,langer Weg – kurze Farbe" für die Suche nach einer nächstens auszuspielenden Karte an. Dies engt freilich zunächst lediglich den Problemraum ein, in dem der Spieler nach ,,Lösungen" sucht. Es ist keineswegs ausgeschlossen, daß in einer konkreten Situation auch bewußt von dieser heuristischen Regel abgewichen wird, um sich gerade dadurch wesentliche strategische Vorteile zu verschaffen.

Die heuristische Funktion empirischer Forschungsergebnisse für die strategische Führung eines individuellen Unternehmens soll noch an einem weiteren Beispiel vertieft werden. In der heute in der Praxis sehr stark in den Vordergrund getretenen Portfolio-Analyse der Strategischen Planung spielt – vor allem in der Konzeption der Boston Consulting Group – die empirisch zum Teil bewährte Erfahrungskurve eine besondere Rolle (HENDERSON 1974). Diese besagt (sehr vereinfacht), daß mit jeder Verdoppelung der kumulierten Produktionsmenge (als Ausdruck der Erfahrung) die Produktionskosten um einen konstanten Prozentsatz sinken, wenn entsprechende Anstrengungen zu einer Realisierung dieses Potentials unternommen werden. Diese ,,Wenn-Komponente" bleibt jedoch unspezifiziert. Die Erfahrungskurve taugt deshalb nicht so ohne weiteres für Prognosen. Sie stellt in erster Linie ein heuristisches Prinzip für das Finden ,,realistischer" Rationalisierungsziele dar. Verwendet man es zur Prognose der zukünftigen Produktionskosten, so ist diese Invarianz durch geeignete flankierende Maßnahmen zu stabilisieren, die sich auf ,,dritte" Variable erstrecken, welche in der Formulierung der Erfahrungskurve nicht a priori spezifiziert sind. Niemand hindert aber eine Unternehmensführung daran, von der empirisch bewährten Erfahrungskurve bei der Setzung anspruchsvollerer Rationalisierungsziele abzuweichen, um jenen psychologischen Innovationsdruck zu schaffen, der u. U. zu einem Brechen der Invarianz der Erfahrungskurve führt.

Stellt man durch geeignete Maßnahmen sicher, daß die Erfahrungskurve (als freilich unbestrittene empirische Invarianz) „gilt", so können für die einzelnen strategischen Geschäftseinheiten sogenannte „Normstrategien" postuliert werden, die als Ergebnis einer Art „technologischer Umformulierung" angesehen werden können. Wir werden hierauf im nächsten Abschnitt zurückkommen. Im vorliegenden Zusammenhang genügt es zunächst festzustellen, daß auch diese Normstrategien lediglich heuristischer Natur sind, die nicht gleichsam automatisch akzeptiert werden.

Generell heißt „wissenschaftliches" Strategisches Management auch hier, Ergebnisse empirischer Forschung als heuristische Prinzipien ernst zu nehmen, sie jedoch nicht als „Sachzwänge" zu interpretieren, die auch durch größte Kreativität unüberwindbar erscheinen. Daß ein Strategisches Management als Management der *Evolution* nicht alles auf einmal ändern kann, wird damit nicht außer Kraft gesetzt. Eine strategische Unternehmensführung benötigt auch heuristische Prinzipien für die Entscheidung (in einer konkreten Situation notwendigerweise), welche *einzelnen* Merkmale eines Systems strategisch geändert werden sollen und welche Merkmale man geradezu als „Trittbrett" für diese Änderungen konstant halten sollte. Einer in einer großzahligen komparativen Analyse ermittelten empirischen Invarianz mit relativ wenig nicht erklärter Restvarianz in den Befunden (der Traum eines empirischen Forschers) mag durchaus signalisieren, daß frühere Versuche von Unternehmensleitungen der Praxis möglicherweise gescheitert sind, von dieser empirischen „Norm" abzuweichen. Es erscheint deshalb für die Unternehmenspolitik eines individuellen Unternehmens ratsam, sich nicht gerade an dieser Invarianz die Zähne ausbeißen zu wollen. Stets besteht aber als Alternative im Hintergrund, sich gerade dort, wo *alle* mit dem Strom schwimmen, durch abweichendes strategisches Verhalten Vorteile zu erarbeiten. Methodologisch heißt es aber dann nichts anderes, als nach „dritten" Variablen zu suchen, deren strategische Variation die empirisch festgestellten Invarianzen aufheben bzw. mildern. Es leuchtet ein, daß dies für die Praxis erheblich erleichtert wird, wenn die Präsentation der empirischen Befunde in der geforderten Weise mit einer spekulativen Weiterentwicklung der jeweils zugrunde liegenden Bezugsrahmen verbunden wird.

4.3. Das Problem der Antezedenzbedingungen

Denkt man an die Anwendung bewährter empirischer Invarianzen zur Prognose unternehmensspezifischer Entwicklungen oder als Basis für deren

Umformulierung in heuristische Normstrategien, so setzt dies die Ermittlung der spezifischen Antezedenzbedingungen im konkreten Einzelfall voraus. Die Nutzung von Befunden der empirischen Forschung wirft hier Probleme auf, die bisher kaum untersucht wurden. Implizit geht man wohl davon aus, daß auf der Grundlage der gleichen Operationalisierungen, die auch den anzuwendenden empirischen Invarianzen zugrunde liegen, Erhebungen bzw. Messungen des individuellen Sachverhalts vorzunehmen sind, wobei sich keine zusätzlichen prinzipiellen Probleme ergeben. Daß die Anwendung empirischer Forschungsergebnisse arteigene Probleme der empirischen Forschung aufwerfen, soll im folgenden anhand der Portfolio-Analyse beispielhaft erläutert werden.

Wir haben bereits auf die der Portfolio-Analyse der Boston Consulting Group zugrunde liegenden Erfahrungskurve hingewiesen. Akzeptiert man deren (freilich umstrittene) empirische Bewährung, so richtet dies die Aufmerksamkeit auf zwei Variable, auf den relativen Marktanteil des betrachteten Geschäftsfeldes und auf das gesamte Marktwachstum. Denn wo man einen hohen relativen Marktanteil besitzt, besteht eine große Chance, mehr Erfahrung (und damit auch Wettbewerbsvorteile) als die Konkurrenz zu haben, und wenn es sich dabei um einen insgesamt sehr stark wachsenden Markt handelt, so besteht darüber hinaus die Chance, auch in Zukunft schneller als die Konkurrenz zu lernen und Wettbewerbsvorteile auszubauen. Geschäftsfelder, für die diese Antezedenzbedingungen gelten, sind als sogenannte ,,Stars" unbedingt zu fördern. Besitzt demgegenüber ein Geschäftsfeld zwar einen hohen relativen Marktanteil, ist aber das Wachstum des Gesamtmarktes relativ gering, so liegt eine typische ,,Cash Cow" vor, deren Position zwar zu halten, die ansonsten aber zu ,,melken" ist: die hier erwirtschafteten finanziellen Mittel sind in andere Geschäftsfelder zu investieren. Niedriger relativer Marktanteil und niedriges Marktwachstum kennzeichnen dagegen ,,arme Hunde", bei denen als Normstrategie die Liquidation naheliegt. Keine eindeutige Normstrategie ist bei Geschäftsfeldern anzugeben, die zwar ein starkes Wachstum des Gesamtmarktes aufweisen, bei denen aber der eigene relative Marktanteil gering ist. Hier kann in wenigen Fällen eine offensive Strategie naheliegen, mit der man den Hauptkonkurrenten Marktanteile abjagen will. In den meisten Fällen empfiehlt sich jedoch ein Rückzug.

Soweit die (heuristischen) Normstrategien, die letztlich Ergebnis technologischer Transformationen der ,,Gesetzmäßigkeit" der Erfahrungskurve darstellen. Welche Normstrategien ,,anzuwenden" sind, hängt ab von den für die jeweilige strategische Geschäftseinheit geltenden Antezedenzbedingungen, die in der Praxis üblicherweise in der Weise präsentiert werden, daß man die zur Diskussion stehenden Geschäftsfelder in einer Matrix mit den beiden Achsen ,,relativer Marktanteil" und ,,Martkwachstum" positioniert.

Die Messung der Antezedenzbedingungen wirft erhebliche Probleme auf. Vielfach sind die jeweils geltenden Antezedenzbedingungen nur über eine Befragung ,,relevanter" Mitarbeiter bzw. Experten zu ermitteln. Es bietet sich dann an, solche Befragungen nach den Standards der empirischen Sozialforschung zu gestalten. Normalerweise ist davon auszugehen, daß die Antworten der einzelnen Befragten mehr oder weniger streuen. In diesem Falle gibt es zwei Möglichkeiten der Handhabung. Man kann zum einen die Befragung wiederholen und sie dabei mit einer Delphi-ähnlichen Prozedur verbinden, um schließlich zu einer Konvergenz der Datensätze zu gelangen. Im günstigsten Falle gelangt man über eine derartige Konsensbildung zu einer eindeutigen Positionierung der strategischen Geschäftseinheiten. Man kann aber die Streuung der Datensätze explizit machen und für die einzelnen strategischen Geschäftseinheiten Bereiche innerhalb der Portfolio-Matrix bestimmen, in denen aufgrund der Daten unter Zugrundelegung eines gewünschten Signifikanzniveaus die jeweilige strategische Geschäftseinheit liegt (zum folgenden ANSOFF/KIRSCH/ROVENTA 1980). Eine solche Bereichspositionierung läßt im Gegensatz zur Punktpositionierung die Chancen und Risiken sichtbar werden, die in der jeweiligen strategischen Geschäftseinheit stecken. Bei einer Bereichspositionierung (d.h. Streuung der Antezedenzbedingungen) können auch bei Akzeptanz einer zugrunde liegenden empirisch bewährten „Gesetzmäßigkeit" keine eindeutigen Normstrategien bestimmt werden. Die Wahl einer Strategie ist dann mit dem (teilweise quantifizierbaren) Risiko verbunden, daß eine andere Strategie „besser" gewesen wäre. In diesem Falle verzichtet man also bewußt auf eine Konsensbildung zwischen den befragten „Experten".

Die zu einer Bereichspositionierung führende Auswertung der empirischen Daten kann mit einer Sensitivitäts-Analyse verbunden werden. So kann man beispielsweise der Frage nachgehen, wie sich der Positionierungsbereich verändert, wenn die Antworten einer Teilmenge der Befragten aus der Auswertung ausgeschlossen werden. Derartige Sensitivitäts-Analysen werden erleichtert, wenn man demographische Daten über die Beantworter mit erhebt, die über entsprechende Stützhypothesen bezüglich des vermuteten Expertentums Teilmengen der Befragten zu definieren erlauben. Wir sehen diese Möglichkeiten der Erhebung und Analyse empirischer Daten bezüglich der Antezedenzbedingungen in einem engen Zusammenhang mit Bemühungen um eine strategische Frühaufklärung.

4.4. Die empirische Echtzeitforschung

Unsere Bemerkungen zum Problem der Antezedenzbedingungen deuten bereits auf die Konzeption der sogenannten Echtzeitforschung hin. Dieser Begriff wurde von SACKMANN (1967) in Anlehnung an den in der Datenverarbeitung üblichen Terminus „Echtzeitverarbeitung" (Real Time Processing) geprägt. Echtzeitverarbeitung im Bereich der Datenverarbeitung liegt vor, wenn die Response Time der Datenverarbeitung klein genug ist, um noch in einen laufenden Prozeß steuernd eingreifen zu können. Die Echtzeit kann

Bruchteile einer Sekunde, aber auch Tage und Wochen sein, je nachdem, um welchen zu steuernden Prozeß es sich handelt.

Analog kann der Terminus Echtzeitwissenschaft gesehen werden. Echtzeitwissenschaftliche Forschung ist in unserer Sicht Forschung, deren Ergebnisse so rechtzeitig („in der Echtzeit") anfallen, daß auf ihrer Grundlage steuernd in einen konkreten Prozeß der Realität, in eine Aktion oder in ein Projekt eingegriffen werden kann. Die (universitäre) Forschung ist weitgehend Nicht-Echtzeitwissenschaft. Auf der Grundlage historischer Daten versucht man zu Erkenntnissen zu gelangen, die dem allgemeinen Erkenntnisfortschritt dienen und allenfalls zukünftige Prozesse beeinflussen können.

Aktionsforscher sind in unserer Sicht Forscher, die in der konkreten Aktion echtzeitwissenschaftliche Forschung betreiben und damit der jeweiligen Aktion dienen, die aber gleichzeitig auch während der Aktion Forschungsaktivitäten an den Tag legen, die Bestandteil nicht-echtzeitwissenschaftlicher Forschungsprogramme darstellen.

Echtzeitwissenschaftliche Forschung ist jedoch nicht nur eine Forderung an die professionellen Wissenschaftler der Universitäten und wissenschaftlichen Institute. In dem Maße, wie die Führungspraxis selbst ihre Entscheidungen auf Informationen zu gründen trachtet, die Ergebnisse echtzeitwissenschaftlicher Forschung der Praxis selbst sind, kann man diese Führungspraxis als wissenschaftliche Unternehmensführung bezeichnen.

Die Idee der Echtzeitwissenschaft steht u.E. schon seit langem bei den programmatischen Aussagen der Vertreter des Operations Research (z.B. ACKOFF/SASIENI 1968) und auch der Policy Sciences (LAZARSFELD 1975) im Vordergrund, wenngleich der Begriff selbst nicht Verwendung findet. Mit unserer Kennzeichnung der echtzeitwissenschaftlichen Forschung ist jedoch noch nichts über die Art der dabei zum Einsatz gelangenden Methoden gesagt. Nach unserer Ansicht sind damit nicht zuletzt auch die vielfältigen Methoden der empirischen Sozialforschung angesprochen. Deren Methoden (einschließlich Erhebungsdesigns, Operationalisierungen theoretischer Variablen usw.), die sich in nicht-echtzeitwissenschaftlicher Forschung bewährt haben, können auch für echtzeitwissenschaftliche Erhebungen und Auswertungen von Daten verwendet werden, die für die Streuung konkreter Aktionen erforderlich sind. Möglicherweise sind (zumindest mittelfristig) die Ergebnisse der empirischen Betriebswirtschaftslehre für die Bewältigung praktischer Probleme von erheblich geringerem Nutzen als das zur-Verfügung-Stellen empirischer Forschungsmethoden für die Echtzeitforschung in der Praxis, die sich in nicht-echtzeitwissenschaftlichen Forschungsprogrammen bereits bewährt haben (vgl. AX/BÖRSIG 1979, die im Zusammenhang mit dem Aufbau einer Strategischen Informationsbasis über den Einsatz empirischer Forschungsmethoden berichten). Für die angewandte Betriebswirtschaftslehre ergeben sich daraus zwei Aufgaben. Zum einen sollte die Betriebswirtschaftslehre Schrittmacherdienste bei der Implementierung der empirischen Echtzeitforschung in der Praxis übernehmen

Levels of mutual engagement task content and outcomes

	For social science	Task content	For the practice
1. Simple consultation	Deepened intuitive understanding and communicable knowledge of qualitative outlines of processes	Analysis and advice without systematic data collection for testing either	Extending the range of relevant variables
2. Level of study of operating systems in action	A field experiment or systematic body of data for theory construction	A one shot study involving some systematic design for analysis	A weighted set of solutions to particular problems and administrative experience with a method of approach
3. Level of building new operating systems	Systematic data on the building of social systems	Designing and testing new social systems in the enterprise	More appropriate social systems and culture
4. Level of building social scientific procedures into administration	Creation of a stable growing point for social science or social scientific data	Building into the enterprise procedures for continued scientific analysis	A capability of solving a class of recurrent problems

Abbildung 4

und Aktionsforschungsprogramme anstreben, die gemäß EMERY (1977) der Ebene 4 eines wechselseitigen Engagements von Wissenschaft und Praxis („building social scientific procedures into administration") entsprechen (vgl. Abbildung 4). Zum anderen sollte sich die Betriebswirtschaftslehre angewöhnen, die Frage der Anwendung empirischer Forschungsergebnisse und Forschungsmethoden jeweils im größeren Zusammenhang jener Systeme zu untersuchen, die (etwa als Planungs- oder Informationssysteme) das Umfeld für die empirische Echtzeitforschung in der Praxis bilden. Das folgende Beispiel mag diese These erläutern.

4.5. Die Nutzung der empirischen Forschung im Systemzusammenhang

Die empirische betriebswirtschaftliche Forschung befindet sich in keiner anderen Situation als die Unternehmensforschung. Hier existiert ein Trend, die Nutzung von OR-Modellen zur Unterstützung konkreter Entscheidungsprozesse im größeren Rahmen von Systemkonzeptionen zu diskutieren, die freilich ganz unterschiedlich abgegrenzt und mit ganz unterschiedlichen Bezeichnungen belegt werden. Eine solche Betrachtungsweise eröffnet die

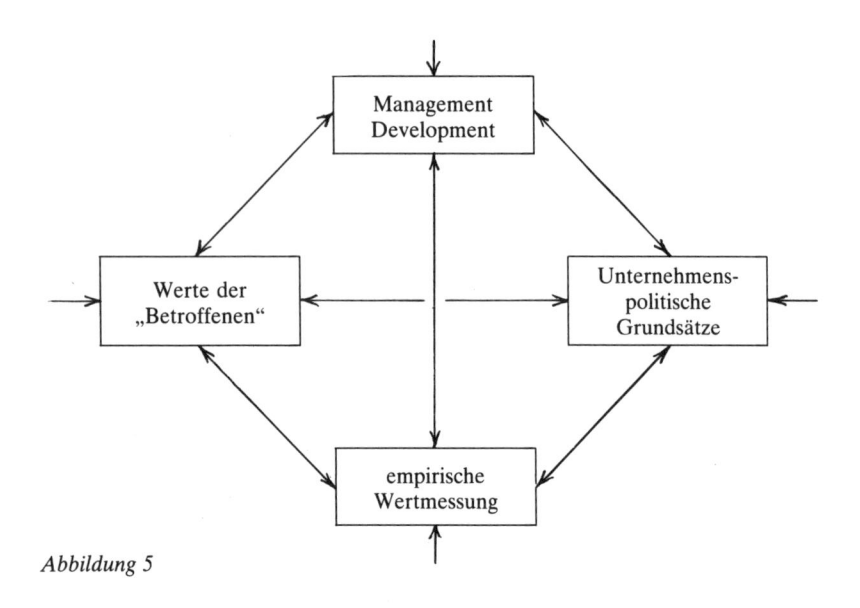

```
          ↓
    ┌──────────────┐
──→ │ Management   │ ←──
    │ Development  │
    └──────────────┘
     ↙ ↑        ↓ ↖
┌──────────┐  ┌──────────────┐
│ Werte der│←→│Unternehmens- │
│„Betroffenen"│ │politische   │←──
└──────────┘  │Grundsätze    │
     ↖ ↓        ↑ ↙
    ┌──────────────┐
    │ empirische   │
    │ Wertmessung  │
    └──────────────┘
          ↑
```

Abbildung 5

Möglichkeit, Aspekte der Computerisierung, der Pflege der Datenbasis, Fragen der Benutzerfreundlichkeit usw. in die Diskussion einzubeziehen. Die Betrachtung des größeren Systemzusammenhangs der Modelle hat zum Teil sehr fruchtbare Ideen für eine sinnvolle Gestaltung der Modelle selbst erbracht.

Auch für die Gestaltung der echtzeitwissenschaftlichen Forschungsdesigns, insbesondere der Gestaltung der Erhebungssituation, eröffnet eine Systembetrachtung zusätzliche Möglichkeiten. Ein Beispiel mag dies verdeutlichen. Im Rahmen eines Strategischen Managements steht u. a. die explizite Formulierung unternehmenspolitischer Grundsätze zur Diskussion, die die grundlegenden Werthaltungen des Unternehmens zum Ausdruck bringen sollen. Es erscheint wünschenswert, wenn sie auf einem Konsens der hiervon Betroffenen beruhen. Angesichts der Vielzahl der Betroffenen ist jeder Versuch einer partizipativen Konsensbildung im Rahmen des strategischen Entscheidungsprozesses illusorisch. Ein gewisser Ausweg könnte der Versuch sein, die Formulierung der unternehmenspolitischen Grundsätze auf einer empirischen Messung der Werthaltungen der Mitarbeiter zu gründen und hierauf die in nicht-echtzeitwissenschaftlichen Forschungsprojekten erprobten Meßinstrumente zu übertragen (vgl. GABELE/KIRSCH/TREFFERT 1977). Abbildung 5 skizziert ein derartiges System, das Instrumente der empirischen Wertforschung mit institutionalisierten Dialogen im Rahmen eines Management Development und einer partizipativen Strategischen Planung verbindet (TRUX/KIRSCH 1979). Im folgenden müssen wir uns auf einige Hinweise beschränken.

Jede Wertmessung ist theoriebeladen. Dies bedeutet im vorliegenden Fall, daß der für die Formulierung der unternehmenspolitischen Grundsätze intendierte Kontext das Design der Erhebung beeinflußt. Die Mitarbeiter werden über die Erhebung mit diesem Kontext vertraut gemacht, was dazu führt, daß nicht bereits vorhandene Werte gemessen, sondern die Mitarbeiter unter Umständen ,,animiert" werden, kontextspezifische Werte zu generieren. Durch die Einbeziehung eines Management Development bestehen Möglichkeiten, die Erhebungssituation sinnvoller zu gestalten, als dies in der nichtechtzeitwissenschaftlichen Wertforschung aufgrund des meist nur begrenzten Zugangs zum Feld normalerweise möglich ist. Das Management Development dient in dem skizzierten Gesamtsystem auch der späteren Information über die formulierten Grundsätze, die zusätzlich zur Wertmessung im Rahmen eines (begrenzt) partizipativen Konsensbildungsprozesses formuliert werden können. Das Gesamtsystem ist kein völlig ,,geschlossenes" System, d.h. alle Teilsysteme unterliegen (möglicherweise auch bewußt herbeigeführten) exogenen Einflüssen. In das Management Development können und sollen z.B. auch Impulse einfließen, die nicht dem zunächst intendierten Kontext der unternehmenspolitischen Grundsätze entsprechen. (Selbstverständlich kann das gesamte System einseitig im Sinne eines indoktrinierenden Konsensmobilisierungsprozesses eingesetzt werden: autonom formulierte Grundsätze werden über das Management Development ,,unters Volk" gebracht und die empirische Wertmessung hat primär den Zweck der Erfolgskontrolle.)

Dem unbefangenen Leser mögen solche Überlegungen zum Teil trivial erscheinen: Es ist nichts Neues, daß im Rahmen von Entscheidungsprozessen Daten erhoben und ausgewertet werden. Es bedarf keines besonderen Spürsinns, daß dies mit Methoden der empirischen Forschung gesehehen kann. Wer freilich sieht, wie dilletantisch (trotz großen Aufwands) dies in der Praxis häufig geschieht und welche weitreichenden strategischen Schlußfolgerungen mit ,,pragmatisch" erhobenen Daten begründet werden, sieht hier ein weiteres, bislang viel zu wenig beackertes Feld der empirischen betriebswirtschaftlichen Forschung. Solche Bemühungen werden erleichtert, wenn man die Nutzung von Ergebnissen empirischer Nicht-Echtzeitforschung und von empirischen Forschungsmethoden im Rahmen einer Echtzeitforschung jeweils im Systemzusammenhang betrachtet, wie wir es hier am Beispiel des Strategischen Managements andeutungsweise getan haben. Das Plädoyer für die Beachtung des Systemzusammenhangs der Nutzung hat nach unserer Ansicht u.a. folgende Implikation:

(1) Wir müssen damit beginnen, die Nutzung der empirischen Forschung im Systemzusammenhang selbst zum Gegenstand theoretischer und empirischer Forschung zu machen. Ein erster Schritt hierzu sind Aktionsforschungsprogramme, die diese Komponente einbeziehen.

(2) Wir sollten für die angewandte Betriebswirtschaftslehre eine konzeptionelle Gesamtsicht (ein ,,Paradigma" im weitesten Sinne) entwickeln und diskutieren, die systematisch berücksichtigt, daß die Nutzung empirischer

Forschungsergebnisse und Forschungsmethoden im jeweiligen Systemzusammenhang erfolgt und auch einen theoretischen Hintergrund für die Erforschung dieser Nutzungsbedingungen liefert. Im folgenden Abschnitt wollen wir abschließend in der gebotenen Kürze die Idee der fortschrittsfähigen Organisation umreißen, die nach unserer Ansicht zentraler Bestandteil eines solchen Paradigmas sein sollte.

5. Empirische Forschung und fortschrittsfähige Organisation

Wer sich gegenwärtig mit möglichen Forschungsstrategien der Betriebswirtschaftslehre befaßt, muß sich mit einer ganzen Reihe höchst kontroverser Fragen auseinandersetzen, die häufig von außen in die Fachdiskussion hineingetragen und dabei von einzelnen Fachkollegen aufgegriffen werden, die gegenüber bestimmten Segmenten innerhalb der Wissenschaften, vor allem aber auch der Gesellschaft, besonders ,,responsive" sind. Dabei spielt immer auch die Frage nach einem geeigneten ,,Grundmodell" der Betriebswirtschaft eine Rolle. Man denke etwa an die Vorwürfe, die heute üblichen Betrachtungsweisen der Betriebswirtschaft seien eigentümer- bzw. kapitalorientiert und dienten letztlich der Stabilisierung ,,überkommener" Herrschaft. Ein anderes Grundmodell der Organisation sei deshalb vonnöten. Man denke aber auch an die neuere Grundlagendiskussion im Bereich der System- und Organisationstheorie, die ebenfalls auf eine Änderung abzielt. Man fordert zum Teil eine Überwindung des Paradigmas der Situations- und Kontingenztheorie, das gegenwärtig die Überlegungen der meisten verhaltens- bzw. sozialwissenschaftlich orientierten und auch empirisch forschenden Autoren in der Betriebswirtschaftslehre zu dominieren scheint.

Wir glauben, daß die Konzeption einer fortschrittsfähigen Organisation (KIRSCH 1979) vorzuziehen ist. Diese Konzeption ist durch ETZIONIS (1968) Theorie der aktiven Gesellschaft angeregt und weist starke Parallelen zur Konzeption ,,zielbewußter Systeme" (purposeful systems) von ACKOFF und EMERY (1972) auf. Wir vertreten die Auffassung, daß eine solche Konzeption mit den im vorliegenden Beitrag postulierten Thesen zur Rolle der empirischen Forschung bei der Bewältigung praktischer Probleme bzw. bei der Verwirklichung einer wissenschaftlichen Unternehmensführung kompatibel ist.

Das Modell der fortschrittsfähigen Organisation geht über die heute meist dominierende Grundfragestellung nach den Bedingungen des Überlebens eines Systems hinaus und stellt die Frage nach den Bedingungen eines Fortschritts in der Befriedigung von Bedürfnissen bzw. der Realisierung von Werten der direkt oder indirekt von den Aktivitäten der Organisation betroffenen Interessenten.

Die Bedingungen eines solchen Fortschritts sehen wir in einem engen Zusammenhang mit drei Fähigkeiten des Systems, die wir als Handlungsfähigkeit, als Empfänglichkeit (,,Responsiveness", Fähigkeit zur Bedürfnisberücksichtigung) und als Fähigkeit zum Erkenntnisfortschritt charakterisieren (KIRSCH 1976). Diese drei Fähigkeiten prägen auch die Ergebnisvariablen eines empirischen Forschungsprojektes, das sich mit dem Einfluß von Partizipation und Mitbestimmung auf unternehmenspolitische Entscheidungsprozesse befaßt (KIRSCH/SCHOLL 1977). Den Ausgangspunkt bildet dabei die Grundthese, daß die genannten Fähigkeiten eines Führungssystems nicht gleichzeitig beliebig gesteigert werden können. Mehr Partizipation mag zwar die Sensitivität der Führung gegenüber betroffenen Bedürfnissen und Interessen steigern, sie mag aber auch die Handlungsfähigkeit gefährden. In diesem vermuteten Gegensatz erblicken wir jedoch keine allgemeine Gesetzmäßigkeit, die eine von Raum und Zeit unabhängige Invarianz zum Ausdruck bringt. Eine voll entfaltete, fortschrittsfähige Organisation, deren Führung gleichzeitig in höchstem Maße handlungsfähig, erkenntnisfähig und ,,responsive" ist, ist zunächst nur ein Ideal – ein Ideal aber, dem man sich unbegrenzt nähern kann.

Diese Sichtweise ist sicherlich mit vielen unbewältigten, konzeptionellen und methodologischen Problemen behaftet. Im vorliegenden Zusammenhang ist hervorzuheben, daß die ausdrückliche Einbeziehung der Variablen ,,Erkenntnisfortschritt" die Möglichkeit eröffnet, den Nutzen der angewandten Betriebswirtschaftslehre, insbesondere die Anwendung empirischer Forschungsergebnisse und Forschungsmethoden zu problematisieren und mit der Evolution der Organisation in Verbindung zu bringen.

Die Frage nach der Fähigkeit zum Erkenntnisfortschritt schließt die Frage mit ein, inwieweit die Führung in der Lage ist, über die Organisation und sich selbst sowie über ihre Umwelt zu validen Erkenntnissen zu gelangen. Damit berücksichtigt dieser theoretische Bezugsrahmen von vornherein die Möglichkeit, daß die einzelne Organisation in der Lage ist, eigene strukturelle Gegebenheiten und Invarianzen zu ,,brechen", sich selbst zu transformieren und das Potential einer fortschrittsfähigen innovativen Organisation schrittweise zu entfalten. Ein solcher organisatorischer Erkenntnisfortschritt mag auch in einer erweiterten Fähigkeit der Führung bestehen, die eigene Geschichte besser zu rekonstruieren, um so das Entstehen gegenwärtig feststellbarer Invarianzen zu ,,verstehen". Die Rekonstruktion der Entstehungsgeschichte, die den Einfluß früher vertretener Doktrinen und Situationsdefinitionen der verantwortlichen Entscheidungsträger einschließt, liefert eine Vorstellung über die Existenz von Alternativen, die den bestehenden Strukturen den Charakter von ,,Naturgesetzlichkeiten" nehmen. Wir schließen also nicht aus, daß auch in einer Organisation emanzipatorische Erkenntnisinteressen im Sinne einer Rekonstruktion und Kritik von Ideologien (HABERMAS 1973) verfolgt werden. Die im Rahmen der situations- bzw. kontingenztheoretischen Ansätze der Organisationsforschung empirisch ermittelten invarianten Entsprechungen von Struktur und Kontext (Umwelt, Technologie usw.) stellen insofern für eine fortschrittsfähige Organisation keine Beschränkung dar, die nicht durch ein entsprechendes langfristig orientiertes strategisches Verhalten verändert werden könnten. Für jede Konstellation von Struktur, Funktion und Umwelt gibt es Alternativen, die prinzipiell realisierbar sind.

Damit wird jedoch nicht behauptet, daß jede dieser Konstellationen vom jeweiligen Status quo aus kurzfristig erreichbar ist. Der Wandel eines zielbewußten, fortschrittsfähigen Systems ist ein schrittweiser, evolutionärer Wandel. Jeder einzelne Schritt benützt einen großen Teil der Merkmale des Status quo gleichsam als „festen Untergrund", von dem aus jeweils nur Weniges verändert werden kann. Die fortschrittsfähige Organisation ist zu Änderungen in beliebiger Richtung fähig, aber eben immer nur evolutionär. Wir sehen die Idee einer fortschrittsfähigen Organisation daher in einem engen Zusammenhang mit der Idee der geplanten Evolution, und von da ist es nur ein kleiner Schritt, die Vorstellung der fortschrittsfähigen Organisation auch als Leitidee für die Entwicklung eines Strategischen Managements zu sehen (KIRSCH 1979).

Die explizite Einbeziehung der Fähigkeit zum Erkenntnisfortschritt verknüpft die Konzeption der fortschrittsfähigen Organisation mit der postulierten Aufgabenstellung einer angewandten Betriebswirtschaftslehre, die wir in der Förderung einer wissenschaftlichen (Unternehmens-)Führung sehen. Legt man das Modell der fortschrittsfähigen Organisation einer angewandten Betriebswirtschaftslehre zugrunde, so fördert die theoretische Ausarbeitung dieser Konzeption u. a. auch die Problematisierung der Frage nach der Nutzung von (empirischen) Forschungsergebnissen und Forschungsmethoden im Rahmen der Führung der Organisation. Mit dem postulierten Spannungsfeld zwischen der Fähigkeit zum Erkenntnisfortschritt, der „Responsiveness" und der Handlungsfähigkeit wird gleichzeitig die Frage nach den Grenzen einer wissenschaftlichen Unternehmensführung aufgeworfen. In dem Maße, wie die für dieses Spannungsfeld verantwortlichen Invarianzen „gebrochen" bzw. gemildert werden können, steigen auch die Erfolgschancen der Forschungsbemühungen einer angewandten Betriebswirtschaftslehre.

Es lohnt sich, den Bezugsrahmen der fortschrittsfähigen Organisation weiterzuentwickeln, und dies schließt selbstverständlich empirische Explorationen mit ein. Mancher Empiriker mag freilich unseren theoretischen Spekulationen höchst skeptisch gegenüberstehen. Man wird die Standardfrage des Empirikers nach der Operationalisierung der komplexen theoretischen Variablen dieses Ansatzes, insbesondere der Variablen „Erkenntnisfortschritt" stellen und uns – zugegebenermaßen – damit sehr schnell in die Enge treiben. In der Tat enthält das unserem empirischen Projekt „Der Einfluß von Partizipation und Mitbestimmung auf unternehmenspolitische Entscheidungsprozesse" zugrunde liegende Modell u. a. auch diese Variable, und wir müssen zugeben, daß unsere Operationalisierungsversuche ein extrem hohes Begründungsdefizit unserer empirischen Befunde erwarten lassen. Im wesentlichen haben wir diese Variable in der Weise „operationalisiert", daß wir z. B. nach der Art und dem Umfang der Berücksichtigung arbeitswissenschaftlicher Erkenntnisse fragen. Ist diese Berücksichtigung bei bestimmten Formen der Mitbestimmung signifikant höher, so schließen wir hieraus, daß diese Formen der Mitbestimmung einen Einfluß auf die Fähigkeit zum Erkenntnisfortschritt aufweisen. Als Wissenschaftler ist uns selbstverständlich bewußt, daß diese eine höchst unvollkommene Operationalisierung ist. Wir sehen aber auch keine Möglichkeit, das in dieser Operationalisierung sich manifestierende Begründungsdefizit in Zukunft zum Verschwinden zu bringen.

Natürlich macht es unser Geständnis dem empirischen Sozialforscher leicht, den Zeigefinger zu erheben und uns auf den Unsinn nebulöser Sprachspiele mit nicht-operationalisierbaren theoretischen Begriffen hinzuweisen. Denn schließlich vollziehe sich wissenschaftlicher Erkenntnisfortschritt dadurch, daß man Vermutungen aufstellt, diese durch Konfrontation mit empirischen Beobachtungen zu widerlegen versucht und nur solche Vermutungen vorläufig akzeptiert, die bislang allen Widerlegungsversuchen standgehalten haben. Dies setze voraus, daß man die Möglichkeit zur empirischen Überprüfung zur zentralen Anforderung an wissenschaftliche Aussagensysteme erhebe und auf nebulöse, gegenüber empirischen Falsifikationsversuchen immunisierte Sprachgebilde verzichte, die sich im Rahmen empirischer Forschung nicht operationalisieren lassen und deshalb eher dem Bereich der Mythen ...

Da capo al fine,

oder: Wenn der Topf aber nu' ein Loch hat, lieber Heinrich ...

Verzeichnis der verwendeten Literatur

ACKOFF, R. L.; EMERY, F. E. (1972): *On Purposeful Systems.* Chicago 1972
–, SASIENI, M. W. (1968): *Fundamentals of Operation Research.* New York etc. 1968
ALBERT, H. (1975): *Traktat über kritische Vernunft.* 3. Aufl., Tübingen 1975
ANSOFF, H. I. (1979): *Strategic Management.* London usw. 1979
–, KIRSCH, W.; ROVENTA, P. (1980): Dispersed Positioning in Strategic Portfolio-Analysis. *Working Paper No. 80, European Institute for Advanced Studies in Management,* Brüssel, März 1980
APEL, K.-O. (1979): *Die Erklären:Verstehen-Kontroverse in transzendentalpragmatischer Sicht.* Frankfurt/M. 1979
AX, A.; BÖRSIG, C. (1979): Praxis der integrierten Unternehmensplanung. Planungsphilosophie und Planungssystem des Unternehmens Mannesmann. In: *Zeitschrift für betriebswirtschaftliche Forschung* Heft 12, 1979, S. 894–925
CARNAP, R. (1959): *Induktive Logik und Wahrscheinlichkeit.* Wien 1959
DRIGGERS, P. F. (1977): Theoretical Blockage: A Strategy for the Development of Organizational Theory. In: Benson, J. K. (Hrsg.): *Organizational Analysis – Critic and Innovation.* Beverly Hills and London 1977, S. 147ff.
EMERY, F. E. (1977): *Futures We Are In.* Leiden 1977
ETZIONI, A. (1968): *The Active Society.* New York usw. 1968
FEYERABEND, P. K. (1978): *Der wissenschaftstheoretische Realismus und die Autorität der Wissenschaften.* Braunschweig 1978
GABELE, E. (1980): *Die Einführung von Geschäftsbereichsorganisationen.* Tübingen 1980
–, KIRSCH, W.; TREFFERT, J. (1977): *Werte von Führungskräften der deutschen Wirtschaft – eine empirische Analyse.* München 1977

GALTUNG, H. (1978): *Methodologie und Ideologie.* Frankfurt 1978
HABERMAS, J. (1973): *Erkenntnis und Interesse.* 2. Aufl., Frankfurt/M. 1973
HELMER, O.; RESCHER, N. (1959): On the Epistemology of the Inexact Sciences. In: *Management Science* 1959, S. 25 ff.
HENDERSON, B. D. (1974): *Die Erfahrungskurve in der Unternehmensstrategie.* Frankfurt/ New York 1974
KAPPLER, E. (1980): In: Grochla, E. (Hrsg.) (1980): *Handwörterbuch der Organisation.* 2. Aufl., Stuttgart 1980, Sp. 52 ff.
KIESER, A.; KUBICEK, H. (1978): *Organisationstheorien.* 2 Bde., Stuttgart 1978
KIRSCH, W. (1975): Aktionsforschung – Eine Lösung für die Probleme der Planungswissenschaften? In: *Sonderforschungsbereich 63 – Hochschulbau, Universität Stuttgart,* München 1975, S. 53 ff.
–, (1976): *Organisatorische Führungssysteme.* Bausteine zu einem verhaltenswissenschaftlichen Bezugsrahmen. München 1976
–, (1977): *Die Betriebswirtschaftslehre als Führungslehre. Erkenntnisperspektiven, Aussagensysteme, wissenschaftlicher Standort.* München 1977
–, (1978): *Die Handhabung von Entscheidungsproblemen.* München 1978
–, (1979): Die Idee der fortschrittsfähigen Organisation – Über einige Grundlagenprobleme der Betriebswirtschaftslehre. In: Wunderer R. (Hrsg.): *Humane Personal- und Organisationsentwicklung,* Festschrift für Guido Fischer zu seinem 80. Geburtstag. Berlin 1979, S. 3 ff.
–, ESSER, W.-M.; GABELE, E. (1979): *Das Management des geplanten Wandels von Organisationen.* Stuttgart 1979
–, GABELE, E. (1976): Aktionsforschung und Echtzeitwissenschaft. In: Bierfelder, W. (Hrsg.): *Handwörterbuch des öffentlichen Dienstes:* Das Personalwesen. Berlin 1976, S. 9 ff.
–, KUTSCHKER, M. (1978): *Das Marketing von Investitionsgütern.* Wiesbaden 1978
–, SCHOLL, W. (1977): Demokratisierung – Gefährdung der Handlungsfähigkeit organisatorischer Führungssysteme? In: *Die Betriebswirtschaft* 1977, S. 235 ff.
–, TRUX, W. (1979): Strategische Frühaufklärung und Portfolio-Analyse. In: *Zeitschrift für Betriebswirtschaft,* Ergänzungsheft 2/79, S. 47–69
KUHN, T. S. (1974): Bemerkungen zu meinen Kritikern. In: Lakatos, I. und Musgrave, A. (Hrsg.): *Kritik und Erkenntnisfortschritt.* Braunschweig 1974, S. 233 ff.
LAZARSFELD, T. F. (1975): The Policy Science Movement (An Outsider's View). In: *Policy Sciences* 1975, S. 211 ff.
MARUYAMA, M. (1974): Paradigms and Communication. In: *Technological Forecasting and Social Change.* 6/1974, S. 3 ff.
MOSER, H. (1975): *Aktionsforschung als kritische Theorie der Sozialwissenschaften.* München 1975
PONDY, L. R.; BOJE, D. M. (1976): Bringing Mind Back. In: *Paradigm Development as a Frontier Problem in Organization Theory.* Unveröff. Manuskritp des Department of Business Administration, University of Illinois, Urbana 1976
POPPER, K. (1962): *The Open Society and Its Enemies.* 2 Bde., 4. Aufl., London 1962
ROVENTA, P. (1979): *Portfolio-Analyse und Strategisches Management.* München 1979
–, KIRSCH, W.; ANSOFF, H. I. (1980): Dispersed Positioning in Strategic Portfolio Analysis. Erscheint in: *Strategic Management Journal* 1980
SACKMANN, H. (1967): *Computers, Systems Science, Evolving Society.* New York etc. 1967
SNEED, J. D. (1971): *The Logical Structure of Mathematical Physics.* Dordrecht 1971
STEGMÜLLER, W. (1973): Probleme und Resultate der Wissenschaftstheorie und Analytischen Philosophie, Bd. II, *Theorie und Erfahrung,* 2. Halbband: Theorienstrukturen und Theoriendynamik. Berlin etc. 1973

–, (1975): *Hauptströmungen der Gegenwartsphilosophie.* 2. Aufl., Stuttgart 1975
TRUX, W.; KIRSCH, W. (1979): Strategisches Management oder die Möglichkeit einer wissenschaftlichen Unternehmensführung. Anmerkungen aus Anlaß eines Kooperationsprojektes zwischen Wissenschaft und Praxis. In: *Die Betriebswirtschaft* 1979, S. 215ff.
WALTER-BUSCH, E. (1977): *Labyrinth der Humanwissenschaften.* Bern 1977
–, (1978): Programm einer Topik sozialwissenschaftlicher Argumentationsformen. *Arbeitspapier der Hochschule St. Gallen,* 1978
WITTE, E. (1973): *Organisation für Innovationsentscheidungen.* Göttingen 1973
–, (1981): Nutzungsanspruch und Nutzungsvielfalt. In diesem Band, S. 13

Teil C
MODELL UND EMPIRIE

Operations Research und verhaltenswissenschaftliche Erkenntnisse

REINHART SCHMIDT

1. Problemstellung
2. Die Struktur von Operations-Research-Aufgaben
3. Die Gestaltung des Modellierungsprozesses auf Basis von Operations Research
4. Die Implementierung von Operations Research in der betrieblichen Praxis
5. Schluß

1. Problemstellung

Aufgabe der technologischen Forschung innerhalb einer entscheidungsorientierten Betriebswirtschaftslehre ist es, eine Technologie wirtschaftlicher Entscheidungen zu entwickeln. Eine solche Technologie besteht aus einer Beschreibung von Entscheidungstechniken und aus wissenschaftlich fundierten Aussagen über Anwendungsvoraussetzungen und Effizienz dieser Techniken.

Im Rahmen der Entscheidungstechnologie wird man auch solchen Entscheidungstechniken, deren Anwendungsschwäche oder Ineffizienz wissenschaftlich nachgewiesen ist, einen Platz geben. Allerdings ist es für eine angewandte Wissenschaft wie die Betriebswirtschaftslehre zu restriktiv, wenn die Technologie nur solche, im Popperschen Sinne falsifizierten Techniken umfaßt. Vielmehr wird man auch Techniken aufnehmen bzw. entwickeln, deren Nichtanwendbarkeit oder Ineffizienz (noch) nicht nachgewiesen werden kann, deren Effizienz gegenüber bisherigen Techniken aber nachweisbar ist oder zumindest plausibel erscheint. Es ist nämlich zu beachten, daß eine Technik nie wahr oder falsch sein kann, sondern nur dem Effizienzkriterium unterliegt (vgl. auch ZIEGLER 1980, S. 14).

Die Anwendung von Operations Research erscheint auf den ersten Blick besonders empfehlenswert, um die Effizienz von Entscheidungen zu erhöhen: Eine Entscheidungsaufgabe wird in Form eines mathematischen Modells abgebildet, und es wird versucht, eine Optimallösung des Problems zu ermitteln. Dieses *Streben nach Optimalität* ist typisch für Operations Research (z.B. CHURCHMAN/ACKOFF/ARNOFF 1957, S. 8 und MÜLLER-MERBACH 1971, S. 1), das somit zugleich eine Erhöhung der Effizienz zum Ziel hat.

Beim näheren Hinsehen kommen jedoch Zweifel auf, ob mathematische

Modellbildung und Optimalitätsstreben ausreichen, um die Entscheidungsqualität zu steigern. Dies ergibt sich aus verhaltenswissenschaftlichen Hypothesen, wonach sich Individuen nur beschränkt rational verhalten und eine Zeitpunktbetrachtung bei Entscheidungen nicht adäquat ist (MARCH/SIMON 1958; KIRSCH 1970). Die beschränkte Rationalität von Individuen und der Prozeßcharakter von Entscheidungen führen dazu, daß eine Entscheidungstechnik sich nicht auf die mathematische Modellierung und die anschließende Optimierung beschränken kann, vielmehr zu einer Technik der Problemlösung für wirtschaftliche Fragen auszubauen ist.

Die technologische Forschung der entscheidungsorientierten Betriebswirtschaftslehre wendet sich daher verstärkt *Systemen zur Entscheidungsunterstützung* zu (ALTER 1977; McCOSH/SCOTT MORTON 1978; VASZONYI 1978; CARLSON 1979). Solche Systeme nehmen auf die Eigenarten des menschlichen Problemlösungsprozesses Rücksicht.

Inwieweit allerdings die Technik eines Systems zur Entscheidungsunterstützung effizient ist, das kann bisher kaum beurteilt werden. Es besteht die Gefahr, daß Realisierbarkeit und Akzeptanz eines solchen Systems einseitig in den Vordergrund gerückt werden. Deshalb bedarf es theoretischer Ansätze zur Beurteilung dieser Systeme (vgl. dazu z. B. ZENTES 1976), aber vor allem einer empirischen Forschung über Entscheidungen in Wirtschaftseinheiten. In diesem Zusammenhang ist der Hinweis von ZIEGLER (1980, S. 82) zu beachten, daß in den Verhaltenswissenschaften nur die empirische Analyse die Quelle der Erkenntnis bildet. Entscheidungsforschung ist aber weitgehend Entscheidungs*verhaltens*forschung, somit empirische Forschung.

Ergebnisse der empirischen Entscheidungsforschung nützen also der technologischen Forschung einer entscheidungsorientierten Betriebswirtschaftslehre. Wir sehen in der Anwendung von Operations Research gerade in Verbindung mit solchen verhaltenswissenschaftlichen Erkenntnissen die Möglichkeit, die Entscheidungstechnologie erfolgversprechend weiterzuentwickeln.

Im folgenden wollen wir zeigen,
- daß – entgegen weit verbreiteten Vorstellungen – Methoden bzw. Modelle des Operations-Research durchaus im Einklang mit verhaltenswissenschaftlichen Erkenntnissen stehen können bzw.
- wo Operations Research-Anwendungen sich an verhaltenswissenschaftlichen Erkenntnissen orienteren oder stärker orientieren sollten.

Unter verhaltenswissenschaftlichen Erkenntnissen verstehen wir hier nicht nur empirisch abgesicherte Erkenntnisse, sondern auch verhaltenswissenschaftliche Hypothesen und Konstrukte von hoher Plausibilität. Möglichkeiten der Verbindung von Operations Research mit verhaltenswissenschaftlichen Erkenntnissen bieten nach unserer Auffassung:
1. die Struktur von Operations-Research-Aufgaben;
2. die Gestaltung des Modellierungsprozesses auf Basis von Operations Research;

3. die Implementierung von Operations Research in der betrieblichen Praxis.

Mit diesen drei Punkten liegt zugleich die Gliederung der folgenden Ausführungen fest.

2. Die Struktur von Operations-Research-Aufgaben

Bei der Erörterung der Struktur einer Operations-Research-Aufgabe ist zunächst auf Begriff und Inhalt eines Operations-Research-Modells einzugehen. Die formelmäßige Verknüpfung von Größen im Rahmen einer Operations-Research-Aufgabe führt zu einer Struktur, aus der entweder durch abstraktes mathematisches Umformen oder durch konkretes numerisches Berechnen ein Ergebnis hergeleitet wird. Die Struktur wird als Modell, die Anweisung zur Erzeugung des Ergebnisses als Methode bezeichnet. Eine Methode setzt eine bestimmte formale Struktur voraus, die jedoch nicht mit der materiellen Problemstruktur – der Entscheidungsaufgabe – übereinzustimmen braucht.

Die Unterscheidung von formaler und materieller Problemstruktur ist von Bedeutung, um die *Zielproblematik* im Rahmen modellgestützter Entscheidungen erörtern zu können. Es geht insbesondere um die Frage, ob bestimmte Operations-Research-Modelle Zielsetzungen unterstellen müssen, die bei Entscheidungsträgern nicht oder selten anzutreffen sind (vgl. etwa die empirischen Zielforschungsergebnisse von HAUSCHILDT 1977, S. 64 ff.).

Betrachtet man etwa die Formalstruktur eines Modells der linearen Programmierung, so können im Rahmen einer solchen Struktur durchaus unterschiedliche Zielsetzungen – auch nebeneinander – verfolgt werden. Dies beruht auf der Tatsache, daß die formale Zielsetzung (Extremierung) formal von Nebenbedingungen begleitet wird, die materiell auch Zielcharakter haben können (EILON 1972). Im Rahmen von mathematischen Programmierungsmodellen können so u. a. folgende, auf verhaltenswissenschaftlichen Erkenntnissen basierende Zielvorstellungen berücksichtigt werden:
– Fixierung von Zielen durch Bildung von Nebenbedingungen in Gleichungsform.
– Negativ-Kataloge bei Entscheidungszielen (vgl. dazu HAUSCHILDT 1978) durch Einführung von Nebenbedingungen, die bestimmte Alternativen ausschließen.
– Befriedigende Lösungen (MARCH/SIMON 1958) durch Abbruch der Rechnung, sobald eine zulässige Lösung des Problems erreicht ist.
– Anpassungen des Anspruchsniveaus (SAUERMANN/SELTEN 1962) durch Bildung entsprechender Nebenbedingungen, die mindestens erfüllt sein müssen.

Verhaltenswissenschaftlich orientierte Organisations- und Entscheidungstheorien betonen aber nicht nur die mangelnde Repräsentativität eines Extremwertstrebens, sondern auch den *Zielpluralismus*. Dieser äußert sich in intrapersonalen sowie interpersonalen Zielkonflikten, insbesondere in der Vorstellung von einer Organisation als Koalition (MARCH/SIMON 1958). Solchen Erkenntnissen wird in der jüngeren Forschung zur Struktur von Operations-Research-Aufgaben Rechnung getragen, indem man von dem Entscheidungsträger oder dem Entscheidungsgremium eine Abstimmung über die Ziele verlangt. Im Rahmen von Gruppenentscheidungen kann man sich darunter durchaus formalisierte Abstimmungsprozesse mit Abstimmungsregeln vorstellen:

- Die Bewertung mehrerer Ziele kann a priori, d. h. vor Beginn der Rechnung der Entscheidungsaufgabe, in Form der Festlegung von Zielprioritäten vorgenommen werden. Diese Aufgabenstruktur entspricht dem Modell der Zielprogrammierung (vgl. dazu etwa LEE 1972).
- Ziele können aber auch erst im Rechenprozeß gegeneinander abgewogen werden. Dies geschieht in Verfahren des Multiple Criteria Decision Making (MDCM) (vgl. etwa HWANG/MASUD 1979). Dabei kann es zu einer Interaktion zwischen Mensch bzw. Menschen und Maschine kommen (vgl. die Flußdiagramme solcher Verfahren bei ISERMANN 1979).

In hierarchisch gegliederten Organisationen zeigt sich verstärkt die Problematik einer Team-Annahme für die Organisation. Deshalb wird nach Koordinationsverfahren gesucht, welche der jeweiligen Entscheidungsrealität angemessen sind (vgl. die Gegenüberstellungen bei ALBACH 1967). Der Erhaltung von Entscheidungsfreiheit für dezentrale Organisationseinheiten kommt aus Gründen der Leistungsmotivation (vgl. Anreiz-Beitrags-Theorie) sowie der Anpassungsfähigkeit an Veränderungen besondere Bedeutung zu. Daher gehen neuere Ansätze der modellgestützten *Entscheidung in hierarchischen Organisationen* bewußt von einer möglichen *Verletzung der Teambedingung* aus (SCHMIDT 1978).

Die menschliche *Informationsverarbeitung* stellt einen weiteren Problemkreis dar, dessen sich vor allem die empirische Entscheidungsforschung immer stärker annimmt. Operations-Research-Aufgaben können dieser Problematik in mehrfacher Hinsicht entsprechen:

- Der Bewältigung der Unsicherheit dienen verschiedene Ansätze des Operations Research, wobei die Risikoneigung explizit im Modell oder über What-if-Rechnungen bzw. Sensitivitätsanalysen zum Tragen kommen kann (vgl. dazu SCHMIDT 1976).
- Es wird versucht, unscharfe Probleme auf Basis des Fuzzy-Set-Konzepts zu lösen (ZADEH et al. 1975; RÖDDER/ZIMMERMANN 1977).
- Reaktionsfunktionen werden in Simulationsmodelle, auch in Unternehmensspiele, eingebaut. Dabei ist besonders auf die Abkehr von sofortigen (gleichzeitigen) Reaktionen hinzuweisen; in Modellen des Systems Dynamics (FORRESTER 1961) wird von einer verzögerten Anpassung ausgegangen.
- Schließlich wird die Problemkomplexität zu reduzieren versucht, indem statt optimierender Verfahren heuristische Verfahren eingesetzt werden, die

nach Erreichen einer guten Lösung abbrechen (vgl. dazu STREIM 1975, MÜLLER-MERBACH 1976, TH. WITTE 1979).

Der hier gegebene Nachweis, daß Operations-Research-Aufgaben schon von der Anlage her verhaltenswissenschaftliche Erkenntnisse berücksichtigen können, darf nicht über folgendes hinwegtäuschen: Die verhaltenswissenschaftlichen Aspekte können bisher nicht umfassend aufgenommen werden, es lassen sich jeweils nur wenige Aspekte kombinieren. Um so wichtiger ist eine empirische Entscheidungsforschung, die nachweist, welche solcher Aspekte von Relevanz für welche Operations-Research-Aufgaben sind.

3. Die Gestaltung des Modellierungsprozesses auf Basis von Operations Research

Modellstruktur und Lösungsverfahren einer Operations-Research-Aufgabe sind notwendige Elemente eines modellgestützten Entscheidungsprozesses; für die praktische Anwendung muß jedoch eine leistungsfähige Software hinzutreten, weil Entscheidungsaufgaben auf Basis von Operations Research in der Regel einen Computereinsatz verlangen. Die Verbindung von Operations Research und Computereinsatz ist typisch für die Verwendung quantitativer Ansätze in der Betriebswirtschaftslehre (vgl. dazu MÜLLER-MERBACH 1978).

Gerade bei dieser Verbindung sind verhaltenswissenschaftliche Erkenntnisse besonders zu berücksichtigen, wobei die Nutzung von Forschungsergebnissen über den Entscheidungsablauf im Vordergrund steht. Im Gegensatz zu ZIEGLER (1980, S. 131 ff.) sind wir der Meinung, daß eine Integration verhaltenswissenschaftlicher Erkenntnisse in die betriebswirtschaftliche Entscheidungsforschung unter dem Effizienzgesichtspunkt unumgänglich ist. Zu den Nebenbedingungen einer Systemgestaltung zur Entscheidungsunterstützung gehören nun einmal die schwer beeinflußbaren Verhaltensweisen der Entscheidungsträger und ihrer Umwelt. Je mehr und je genauere Informationen über diese Nebenbedingungen vorliegen, um so effizienter kann das Metaproblem „Gestaltung des Entscheidungssystems" gelöst werden.

Für einen konkreten Modellierungsprozeß auf Basis von Operations Resarch ist zunächst bei Erkenntnissen über die *Problemstrukturierung* (vgl. dazu vor allem KIRSCH 1976) anzuknüpfen. Man stellt Zielunklarheit (vgl. den Beitrag von Hauschildt in diesem Band), Zielvariation (HAMEL 1974) und generell eine Abkehr von einfachen Phasenfolgen (E. WITTE 1968) fest. Erforderlich und von der Forschung in Angriff genommen (z.B. SCHMIDT/ JANOWSKI 1977 und 1979) ist daher die Entwicklung einer Modellierungssoftware, die
– eine interaktive Veränderung von Zielen, Alternativen und Restriktionen bei gegebenem Operations-Research-Verfahren zuläßt und
– Zieländerungen gestattet, die zugleich einen Wechsel des Operations-Research-Verfahrens implizieren (SCHMIDT 1980).

Zu erwarten sind Systeme, die aufgrund verbaler, oral artikulierter Sprache (MINTZBERG 1979) ein Operations-Research-Modell konstruieren können. Hierfür bedarf es allerdings nicht nur entsprechender Software, sondern auch einer automatischen Spracheingabe. Daneben sind auch graphische Anwendungen zu sehen (vgl. dazu SCRIABIN und VERGIN 1975; JACOB 1979).

Im Anschluß an die Problemstrukturierung sind verhaltenswissenschaftliche Erkenntnisse für die *Lösung von Operations-Research-Aufgaben* von Nutzen:
– Eine Mischung von Mensch- und Maschinelösungen führt nicht nur zur Erhaltung des Rollenverständnisses der Entscheidungsträger (vgl. etwa BÖRSIG/FREY 1978); sondern sie berücksichtigt auch die menschliche Eigenschaft, annehmbare (Ausgangs-)Lösungen für neue Probleme relativ schnell erarbeiten zu können (vgl. die Experimente von MOORE 1978).
– Eine Komplexitätsreduktion (vgl. dazu ZENTES 1976) kann zwecks Lösbarkeit erforderlich sein und wird zweckmäßig interaktiv durchgeführt.

Verhaltenswissenschaftliche Erkenntnisse sind schließlich verstärkt bei der Konstruktion von *anpassungsfähigen, lernenden Systemen zur Entscheidungsunterstützung* zu berücksichtigen; zum Teil werden Erkenntnisse dieser Art aber erst einmal gewonnen werden müssen (vgl. etwa Ansätze bei GIERL 1973; SCHMIDT/JANOWSKI 1977; EMSHOFF 1978). Solche Systeme verlangen allerdings zusätzlich eine Verbindung von Operations Research mit Systemtheorie und Kybernetik.

4. Die Implementierung von Operations Research in der betrieblichen Praxis

Selbst wenn sich eine Entscheidungsaufgabe als Operations-Research-Modell formulieren, mit einer Operations-Research-Methode theoretisch und mit Hilfe verfügbarer Software praktisch lösen läßt, ist nicht gewährleistet, daß Operations Research im konkreten Fall in einem Unternehmen eingesetzt wird: Die Implementierung kann mißlingen.

Implementierung wird als „Flaschenhals des Operations Research" (HILDEBRANDT 1981) bezeichnet. Inzwischen existiert eine umfangreiche Literatur über Operations-Research-Implementierungen (vgl. die Zusammenstellungen bei WYSOCKI 1979 und HILDEBRANDT 1979). Dennoch wird die Implementierungsforschung als weiter entwicklungsbedürftig angesehen (ANDERSON 1979 und BONDER 1979), und es werden verhaltenswissenschaftliche Konzepte zur Verbesserung der Implementierung herangezogen (POWELL 1976; GINZBERG 1978 und MEYER ZU SELHAUSEN 1979).

Von Interesse ist dabei vor allem, inwieweit eine Einführung von Operations Research durch die damit bewirkte höhere Rationalität des Entscheidungsprozesses einen – ungeplanten? – organisatorischen Wandel (BENNIS 1965) impliziert.

Verallgemeinert stellt sich somit die Frage nach Verhaltensänderungen aufgrund der Einführung neuer Entscheidungstechniken – eine Problematik für die empirische Entscheidungsforschung.

Näher liegt allerdings die Frage nach dem Erfolg des Implementierungsvorganges selbst (vgl. dazu BÖRSIG/FREY 1976). Weil es sich bei Einführung von Operations Research in der Regel um einen Innovationsentscheidungsprozeß bezüglich betrieblicher Entscheidungen handelt, sind etwa Gültigkeit und Ausprägung des Promotorenmodells von WITTE (1973) zu untersuchen.

Implementierungsforschung im Rahmen technologischer Forschung hat dabei letztlich das Ziel, für den Implementierungsvorgang selbst Einführungstechniken bereitzustellen und Effizienzaussagen über diese Techniken zu machen. Es verwundert daher nicht, wenn auf verhaltenstheoretischen Erkenntnissen beruhende mathematische Modelle (vgl. das Modell von MAROCK 1974) entwickelt werden, um den Implementierungsprozeß zu unterstützen.

An dieser Stelle muß ein deutlicher Trennungsstrich gegenüber der sog. Aktionsforschung gezogen werden, mit der sich in jüngster Zeit ZIEGLER (1980) ausführlich und u. E. zutreffend auseinandergesetzt hat. Implementierungsforschung als Teil empirischer Entscheidungsforschung kann nicht darin bestehen, sich über singuläre Implementierungsprozesse zu äußern. So sehr es zu begrüßen ist, daß der einzelne Forscher sein Anschauungsmaterial aus der betrieblichen Praxis bezieht, so sehr ist eine Verallgemeinerung aus Einzelfällen abzulehnen.

Um die statistische Methodik im Rahmen der empirischen Entscheidungsforschung anwenden zu können, kommt man um eine gewisse Großzahligkeit nicht herum. Dies bedeutet zwangsläufig eine Beschränkung im zu erwartenden Aussagenumfang. Die Ergebnisse von (Quasi-)Experimenten der empirischen Entscheidungsforschung machen deutlich, welchen Beschränkungen sich der empirische Forscher zu unterwerfen hat.

5. Schluß

Der Einsatz von Operations Research dient der Verbesserung betrieblicher Entscheidungen. Aus der Entscheidungsorientierung folgt, daß verhaltenswissenschaftliche Erkenntnisse über den Entscheidungsprozeß von der Unternehmensforschung nicht unbeachtet bleiben dürfen. So kann sich Operations Research zu einer Disziplin vom modellgestützten Problemlösen (MÜLLER-MERBACH 1979) ausweiten. In dem Maße, wie die Bedeutung des Metaproblems „Gestaltung des Entscheidungssystems" zunimmt, gewinnen dabei auch die verhaltenswissenschaftlichen Erkenntnisse an Bedeutung.

Wie die obigen Ausführungen gezeigt haben, enthalten allerdings schon die traditionell formulierten Operations-Research-Aufgaben eine Menge an verhaltenswissenschaftlichem Gedankengut. Damit ist eine pauschale Ablehnung quantitativer Ansätze auch aus verhaltenswissenschaftlicher Sicht unzulässig.

Die Integration von verhaltenswissenschaftlichen Erkenntnissen, insbesondere von Ergebnissen empirischer Entscheidungsforschung, nimmt zu, wenn es um die konzeptionelle Gestaltung des Modellierungsprozesses auf Basis des Operations Research geht.

Schließlich entsteht mit der Implementierung von Operations Research in der betrieblichen Praxis ein neues Gebiet für die empirische Entscheidungsforschung. Damit ist nicht etwa eine sog. Aktionsforschung („How I did it") gemeint, sondern eine Forschung, die ihre Aussagen unter Beachtung statistischer Methodik macht.

Verzeichnis der verwendeten Literatur

ALBACH, H. (1967): Die Koordination der Planung im Großunternehmen. In: Schneider, E. (Hrsg.): *Rationale Wirtschaftspolitik und Planung in der Wirtschaft von heute.* Berlin 1967, S. 332–438

ALTER, S. (1977): Why is Man-Computer Interaction Important for Decision Support Systems? In: *Interfaces* 7 (1977), No. 2, S. 109–115

ANDERSON, J. C.; CHERVANY, N. L.; NARASIMHAN, R. (1979): Is Implementation Research Relevant for the OR/MS Practitioner? In: *Interfaces* 9 (1979), No. 3, S. 52–56

BENNIS, W. G. (1965): Theory and Method in Applying Behavioral Science to Planned Organizational Change. In: *Journal of Applied Behavioral Science* 1 (1965), S. 337–359

BÖRSIG, C.; FREY, D. (1976): *Widerstand und Unterstützung bei Operations Research,* München 1976

BONDER, S. (1979): Changing the Future of Operational Research. In: Haley, K. B. (Hrsg.): *Operational Research '78.* Amsterdam/New York/Oxford 1979, S. 62–79

CARLSON, E. D. (1979): An Approach for Designing Decision Support Systems. In: *Data Base,* Winter 1979, S. 3–15

CHURCHMAN, C. W.; ACKOFF, R. L.; ARNOFF, E. L. (1957): *Introduction to Operations Research.* New York 1957

EILON, S. (1972): Goals and Constraints in Decision-making. In: *Operational Research Quarterly* 23 (1972), S. 3–15

EMSHOFF, J. R. (1978): Experience-Generalized Decision Making: The Next Generation of Managerial Models. In: *Interfaces* 8 (1978), No. 4, S. 40–48

FORRESTER, J. W. (1961): *Industrial Dynamics.* Cambridge, Mass. 1961

GIERL, L. (1973): Modell eines lernenden Informationssystems. In: *Proceedings in Operations Research* 2, Würzburg/Wien 1973, S. 381–394

GINZBERG, M. J. (1978): Steps Towards More Effective Implementation of MS and MIS. In: *Interfaces* 8 (1978), No. 3, S. 57–63

HAMEL, W. (1974): *Zieländerungen in Entscheidungsprozessen.* Tübingen 1974

HAUSCHILDT, J. (1977): *Entscheidungsziele.* Tübingen 1977

–, (1978): Negativ-Kataloge in Entscheidungszielen. In: *Zeitschrift für die gesamte Staatswissenschaft* 134 (1978), S. 595–627

HILDEBRANDT, S. (1981): *Implementation:* The Bottleneck of Operations Research – The State of the Art. In: *European Journal of Operational Research* 6 (1981), S. 4–12.

HWANG, C.-L. MASUD, A. S. M. (1979): *Multiple Objective Decision Making* Berlin/Heidelberg/New York 1979

ISERMANN, H. (1979): Strukturierung von Entscheidungsprozessen bei mehrfacher Zielsetzung. In: *OR Spektrum* 1 (1979), S. 3–26

JACOB, J.-P. (1979): Potential of Graphics to Enhance Decision Analysis. *Research Report, IBM Research Division*, San Jose, Calif. 1979
KIRSCH, W. (1970/71): *Entscheidungsprozesse.* 3 Bde., Wiesbaden 1970/71
–, (1976): *Die Handhabung von Entscheidungsproblemen.* München 1976
LEE, S. M. (1972): *Goal Programming for Decision Analysis.* Philadelphia 1972
MCCOSH, A. M.; SCOTT MORTON, M. S. (1978): *Management Decision Support Systems.* London/Basingstoke 1978
MARCH, J. G.; SIMON, H. A. (1958): *Organizations.* New York/London/Sydney 1958
MAROCK, J. (1974): *Ein verhaltenstheoretisches Modell als Hilfsmittel bei der organisatorischen Implementierung computergestützter Planungssysteme.* Köln 1974 (Diss.)
MEYER ZU SELHAUSEN, H. (1979): A Framework for a Behavior-Oriented Methodology of Construction and Implementation of Applied Operations Research Models. *Paper presented at EURO III – Third European Congress on Operations Research on April 9–11, 1979, in Amsterdam*
MINTZBERG, H. (1979): Beyond Implementation: An Analysis of Resistance to Policy Analysis. In: Haley, K. B. (Hrsg.): *Operational Research '78.* Amsterdam/New York/Oxford 1979, S. 106–162
MOORE, J. H. (1978): Effects of Alternate Information Structures in a Decomposed Organization – A Laboratory Experiment. Research Paper No. 456, Graduate School of Business, Stanford University, April 1978
MÜLLER-MERBACH, H. (1971): *Operations Research.* 2. Aufl., München 1971
–, (1976): Morphologie heuristischer Verfahren. In: *Zeitschrift für Operations Research* 20 (1976), S. 69–87
–, (1978): Tendenzen der Verwendung quantitativer Ansätze in der betriebswirtschaftlichen Forschung und Praxis. In: Müller-Merbach H. (Hrsg.): *Quantitative Ansätze in der Betriebswirtschaftslehre.* München 1978, S. 11–27
–, (1979): Operations Research – mit oder ohne Zukunftschancen? In: *Industrial Engineering und Organisations-Entwicklung.* Festschrift für Günter Rühl. München 1979, S. 291–311
POWELL, G. N. (1976): Implementation of OR/MS in Government and Industry: A Behavioral Science Perspective. In: *Interfaces* 6 (1976), No. 4, S. 83–89
RÖDDER, W.; ZIMMERMANN, H. J. (1977): Analyse, Beschreibung und Optimierung von unscharf formulierten Problemen. In: *Zeitschrift für Operations Research* 21 (1977), S. 1–18
SAUERMANN, H.; SELTEN, R. (1962): Anspruchsanpassungstheorie der Unternehmung. In: *Zeitschrift für die gesamte Staatswissenschaft* 118 (1962), S. 577–597
SCHMIDT, R. (1976): Zur Planungsflexibilität bei der Planung von Bankbilanzen. In: *Proceedings in Operations Research* 6, Würzburg/Wien 1976, S. 484–495
–, (1978): Zur Dekomposition von Unternehmensmodellen. In: *Zeitschrift für Betriebswirtschaft* 48 (1978), S. 949–966
–, (1980): Flexibility of Corporate Planning Models in the Case of Changing Objectives. In: Crum, R. L.; Derkinderen, F. G. (Hrsg.): *Capital Budgeting under Conditions of Uncertainty.* Boston 1980, S. 174–187.
–, JANOWSKI, W. (1977): Zur Gestaltung computergestützter Planungssysteme. In: *Zeitschrift für Betriebswirtschaft* 47 (1977), S. 417–436
–, –, (1979): *PLASMA II – An Interactive Modeling System for Mathematical Programming.* Paper presented at the 8th Nordic Congress on Operations Research on September 24–25, 1979, in Oslo
SCRIABIN, M.; VERGIN, R. C. (1975): Comparison of Computer Algorithms and Visual Based Methods for Plant Layout. In: *Management Science* 22 (1975), S. 172–181
STREIM, H. (1975): Heuristische Lösungsverfahren – Versuch einer Begriffserklärung. In: *Zeitschrift für Operations Research* 19 (1975), S. 143–162

VASZONYI, A. (1978): Decision Support Systems: The New Technology of Decision Making? In: *Interfaces* 9 (1978), No. 1, S. 72–77

WITTE, E. (1968): Phasen-Theorem und Organisation komplexer Entscheidungsverläufe. In: *Zeitschrift für betriebswirtschaftliche Forschung* 20 (1968), S. 625–647

–, (1973): *Organisation für Innovationsentscheidungen* – Das Promotorenmodell. Göttingen 1973

WITTE, TH., *Heuristisches Planen*. Wiesbaden 1979

WYSOCKI, R. K. (1979): OR/MS Implementation Research: A Bibliography. In: *Interfaces* 9 (1979), No. 2, Part 1, S. 37–41

ZADEH, L. A. et al. (Hrsg.; 1975): Fuzzy Sets and Their Applications to Cognitive and Decision Processes. New York/San Francisco/London 1975

ZENTES, J. (1976): *Die Optimalkomplexion von Entscheidungsmodellen.* Köln/Berlin/Bonn/München 1976

ZIEGLER, L. J. (1980): *Betriebswirtschaftslehre und wissenschaftliche Revolution.* Stuttgart 1980

Der Bedarf des Operations Research an empirischer Forschung

HEINER MÜLLER-MERBACH
HANS-JOACHIM GOLLING

1. Defizite an empirischer Forschung?
2. Die Disziplin des Operations Research
3. Empirische Erhebung über die Objekte der Anwendung von Operations Research
   3.1. Skizze von bisher durchgeführten empirischen Untersuchungen
   3.2. Die generelle Fragestellung bezüglich der Anwendungsgebiete von Operations Research
4. Empirische Erhebung über organisatorische Fragen des Einsatzes von Operations Research
   4.1. Skizze von bisher durchgeführten empirischen Untersuchungen
   4.2. Systematik der empirischen Erhebungen über organisatorische Fragen des Einsatzes von Operations Research
5. Einfluß der OR-Ausbildung und der kognitiven Kultur auf die Gestaltung des Problemlösungsprozesses
   5.1. Skizze von bisher durchgeführten empirischen Erhebungen
   5.2. Systematik der empirischen Erhebung über Zusammenhänge zwischen Ausbildung und Problemlösungsverhalten
6. Ausblick

1. Defizite an empirischer Forschung?

Bei der Durchsicht der Literatur zum Operations Research fällt deutlich eine Abstinenz gegenüber *empirischer* Forschung auf. Vielmehr kennzeichnen die Attribute *,,axiomatisch", ,,deduktiv", ,,formal", ,,mathematisch", ,,algorithmisch", ,,numerisch"* und in ähnliche Richtungen gehende Begriffe die vorherrschenden Forschungsmethoden innerhalb des Operations Research.

Entsprechendes gilt für die sich mit Operations Research weitflächig überschneidenden Disziplinen wie *Systemtheorie, Systemforschung, Kybernetik, Entscheidungstheorie* etc.

Es drängt sich die Frage auf, ob die Disziplin des Operations Research aufgrund ihrer speziellen Eigenarten *ohne* empirische Forschung *auskomme* oder ob die empirische Forschung bisher nur *vernachlässigt* wurde und das so entstandene Defizit einen *Nachholbedarf* an empirischer Forschung anzeige.

Die Autoren vertreten die *zweite* Meinung. Nach ihrer Auffassung besteht ein Defizit an empirischer Forschung hinsichtlich vieler Aspekte des Operations Research. Sie werden versuchen, in diesem Aufsatz einen Überblick über die Bereiche zu geben, in denen empirisch fundierte Aussagen von großem wissenschaftlichen und praktischen Wert wären. Dabei geht ihre Argumentation von den *Bedürfnissen* der Disziplin des Operations Research an empirischer Forschung aus. *Methodische* Fragen der empirischen Forschung bleiben hier dagegen im Hintergrund.

Eine wesentliche Unterstützung erfuhr die empirische Forschung im Zusammenhang mit der Disziplin des Operations Research durch das Schwerpunktprogramm *„Empirische Entscheidungstheorie"* der *Deutschen Forschungsgemeinschaft* (DFG). Dieses Programm hat eine starke Initiativwirkung gehabt und Vertreter der *empirischen Forschung* und des *Operations Research* (zusammen mit Vertretern der Systemtheorie, der Entscheidungstheorie etc.) zusammengeführt. Erste Ergebnisse aus diesem Schwerpunktprogramm liegen vor. Gleichwohl bleiben viele wichtige Problembereiche noch unerforscht, was sich im weiteren zeigen wird.

In diesem Beitrag sei zunächst auf den *Begriff des Operations Research* eingegangen, wobei bereits einige Bedürfnisse dieser Disziplin an empirischer Forschung skizziert werden. In den anschließenden drei Abschnitten seien dann die wichtigsten Bereiche detaillierter diskutiert, in denen Operations Research durch empirische Forschung bereichert werden könnte. Es handelt sich erstens um die *Objekte der Anwendung* von Operations Research (Abschnitt 3), zweitens um *organisatorische Fragen* (Abschnitt 4) und drittens um den *Einfluß der Ausbildung und der kognitiven Kultur* auf die *individuellen Problemlösungsprozesse* (Abschnitt 5).

2. Die Disziplin des Operations Research

Über den für die Disziplin des Operations Research (OR) bestehenden Bedarf an empirischer Forschung läßt sich erst dann diskutieren, wenn eine *Verständigung über den Begriff* dieser Disziplin herbeigeführt ist. Daher sei zunächst der Begriff des Operations Research diskutiert.

Es besteht innerhalb und außerhalb der Gruppe der OR-Fachvertreter ein Grunddissens über das Wesen des OR. Viele betrachten OR als eine *Untermenge der Mathematik*. Andere verstehen OR eher im Sinne einer *„modellgestützten Vorbereitung von Entscheidungen zur Gestaltung und Lenkung von sozialen Systemen"*. Einer *formal*wissenschaftlichen (mathematischen) Auffassung steht also eine *sozial*wissenschaftliche Auffassung gegenüber. Beide Auffassungen sind im Detail bei MÜLLER-MERBACH (1979a) verglichen worden, so daß hier eine verkürzte Wiedergabe des Gegensatzes genügen mag.

Zunächst sei die *formalwissenschaftliche* Auffassung betrachtet, nach der OR als eine Untermenge der Mathematik zu verstehen sei. Diese Meinung wird etwa von KORTE (1979) vertreten, der OR „etwas vereinfacht für den Laien" definiert als *„eine spezielle Art von Angewandter Mathematik, die sich insbesondere mit Verfahren und Algorithmen für optimale Entscheidungen beschäftigt"*. Ähnlich ist nach DINKELBACH (1978, S. 124) die Unternehmensforschung (als Synonym für OR) *„die Lehre von Verfahren zur numerischen Lösung von Entscheidungsmodellen"*. Auch nach GAEDE (1974) läßt sich OR *„als Teilgebiet der angewandten Mathematik betrachten"*. Es ist charakteristisch für diese OR-Auffassung, daß Fachveröffentlichungen wörtlich oder sinngemäß mit der Formulierung *„Gegeben sei das Problem: . . ."* beginnen, jeweils gefolgt von einem mathematischen Ausdruck. Das intellektuelle Interesse setzt also an *„gegebenen"* Problemen an.

Diesem *formal*wissenschaftlichen OR-Verständnis steht die *sozialwissenschaftliche* Auffassung gegenüber. Hier steht die Mathematik nicht im Mittelpunkt, sondern bildet nur ein wesentliches Hilfsmittel des OR. Anstatt ein Problem als in mathematischer Notation „gegeben" anzunehmen, wird hier gerade der Prozeß der *Problemerkennung*, der *Problemidentifikation*, der *Problemformulierung* etc. als wesentlicher Bestandteil des OR aufgefaßt. Das intellektuelle Interesse richtet sich vor allem auf das zu gestaltende und zu lenkende *soziale System*. Wer es ernst meint mit OR im Sinne einer „modellgestützten Vorbereitung von Entscheidungen zur Gestaltung und Steuerung von sozialen Systemen", der wird die *formal*wissenschaftliche OR-Auffassung niemals als befriedigend und hilfreich akzeptieren können. Vielmehr wird er Begriffsbestimmungen zuneigen, wie sie in offiziösen Definitionen der *Operations Research Society of America (ORSA)* und der britischen *Operational Research Society (ORS)* veröffentlicht werden, beispielsweise:

„Operations Research is concerned with scientifically deciding how to best design and operate man-machine systems, usually under conditions requiring the allocation of scarce resources." (Erschienen in ORSA o.J., vermutlich 1976, S.1)

„Operational Research is the application of the methods of science to complex problems arising in the direction and management of large systems of men, machines, materials and money in industry, business, government, and defence. The distinctive approach is to develop a scientific model of the system, incorporating measurements of factors such as chance and risk, with which to predict and compare the outcomes of alternative decisions, strategies or controls. The purpose is to help management determine its policy and actions scientifically." (Erscheint in jedem Heft des Journal of The Operational Research Society, vormals: Operational Research Quarterly)

Die Spanne, die zwischen der *formal*wissenschaftlichen (mathematischen) OR-Auffassung und der *sozial*wissenschaftlichen OR-Auffassung liegt, ist enorm. Daher ist es nicht verwunderlich, daß sowohl theoretische als auch praktische OR-Tätigkeiten ganz unterschiedlich verstanden werden, und zwar sowohl aus dem Lager der OR-Fachvertreter als auch von außerhalb dieses Lagers. Gelegentlich hat man den Eindruck, als werde angewandtes OR abgegrenzt durch den *Einsatz bestimmter mathematischer Verfahren,* etwa die der linearen Planungsrechnung. Würde also ein Physiker oder ein Chemiker bestimmte formale Aufgaben, die in seiner Disziplin angefallen sind, mit linearer Planungsrechnung bearbeiten, müßte er konsequenterweise als Operations Researcher oder zumindest als OR-Anwender angesehen werden – wie unakzeptierbar! Es verblüfft daher, daß sogar in empirischen Erhebungen über die praktische Anwendung von OR die eingesetzten mathematischen Verfahren zum *Anwendungskriterium* (vgl. Abschnitt 3.1.) und die Anzahl der Verfahren zur *Meßlatte der Anwendungsintensität* gemacht wurden.

Von einem gewissen wissenschaftlichen Reiz könnte eine empirische Erhebung darüber sein, in welchem Sinne Operations Research überwiegend verstanden wird, und zwar in Hochschulen und in Unternehmen, jeweils von OR-Vertretern einerseits und solchen Personen andererseits, die von OR zumindest etwas gehört haben, ohne aber als OR-Vertreter klassifiziert werden zu können. Eine solche Erhebung könnte über den *wissenschaftlichen Reiz* hinaus den *wissenschaftspolitischen Nutzen* haben, Ansätze für eine Pflege des Images von OR zu liefern.

Ein weiterer begrifflicher Aspekt erscheint erwähnenswert. Von den Vertretern der sozialwissenschaftlichen OR-Auffassung wird gewöhnlich mit Nachdruck betont, daß OR durch seine *inter*disziplinäre Vorgehensweise gekennzeichnet sei. Daraus folgt, daß OR *keine eigene wissenschaftliche Disziplin* sein könne, denn *Inter*disziplinarität schließe *Mono*disziplinarität aus. Dem läßt sich entgegenhalten, daß gerade die interdisziplinäre Vorgehensweise des OR so charakteristisch sei, daß OR aufgrund dieser *Methodik* als eigene wissenschaftliche Disziplin angesehen werden müsse, selbst wenn oder gerade weil *inhaltlich* die Erkenntnisse vieler wissenschaftlicher Disziplinen herangezogen werden.

Innerhalb der sozialwissenschaftlichen OR-Auffassung gibt es einige Vertreter, für die OR mehr eine *Geisteshaltung* oder eine *Weltanschauung* zu sein scheint. Der Begriff des OR wird damit schwammig und – auch für empirische Studien – schwer eingrenzbar und faßbar. Man käme dann in eine ähnliche Position wie CLEMSON (1979, S. 438), der über die *Kybernetik* aussagt, daß sich diese – eben wegen ihrer Eigenschaft als eine Art Geisteshaltung – jedweder direkten Anwendungsfeststellung und Nutzenmessung entziehe.

Im weiteren Verlauf dieser Arbeit wird die *sozial*wissenschaftliche Auffassung von OR in den Vordergrund gerückt, Operations Research also im Sinne der *modellgestützten Vorbereitung von Entscheidungen zur Gestaltung und Lenkung von sozialen Systemen* verstanden. Dieses Begriffsverständnis hat eine auf die Anfänge des OR um 1938 zurückgehende historische Basis und ist noch heute gegenüber der *formal*wissenschaftlichen (mathematischen) OR-Auffassung vorherrschend, selbst wenn einige OR-Bücher und die Mehrzahl der Aufsätze *einiger* OR-Fachzeitschriften den Eindruck erwecken mögen, als sei OR tatsächlich eine Untermenge der Mathematik. – Ferner wird in dieser Arbeit die *inter*disziplinäre Vorgehensweise als Charakteristikum des OR angesehen, gleichwohl jedoch OR als eine *eigene,* durch seine *Methodik* charakterisierte wissenschaftliche Disziplin verstanden.

In den folgenden drei Abschnitten seien nun die Bereiche *empirischer Erhebungen* betrachtet, die von besonderem Interesse bezüglich der Anwendung von Operations Research zu sein scheinen, und zwar:
- Zunächst seien die *Objekte der Anwendung* von OR und ihre empirische Erhebung diskutiert. Es geht hier um die Frage, welche Probleme wie gelöst werden oder gelöst werden können (Abschnitt 3).
- Sodann werden *organisatorische Fragen* des Einsatzes von Operations Research und ihrer empirischen Erhebung diskutiert (Abschnitt 4). Es geht hier darum, in welcher organisatorischen Einbettung Entscheidungsvorbereitung im Sinne des OR betrieben wird bzw. werden könnte.
- Schließlich werden Zusammenhänge zwischen einer *Ausbildung in Operations Research* und der *kognitiven Kultur* von Individuen und ihre empirische Erforschung zur Diskussion gestellt (Abschnitt 5). Hier geht es darum, welchen Einfluß die Ausbildung auf das Erkennen und Strukturieren von Problemzusammenhängen hat.

3. Empirische Erhebung über die Objekte der Anwendung von Operations Research

Unter den drei genannten, für Operations Research besonders bedeutsam erscheinenden Bereichen der empirischen Forschung seien zunächst die *Objekte der Anwendung* betrachtet. Es ist offensichtlich naheliegend, durch empirische Forschungen zu erheben, wo Operations Research (OR) zur Anwendung gekommen ist, wie erfolgreich welche Probleme mit welchen Mitteln dieser Disziplin gelöst wurden, bezüglich welcher Probleme man Lösungsverbesserungen erwartet und in welchen Fällen die Einsatzergebnisse enttäuschend waren. Man könnte ferner die Neigung zur Akzeptanz entwickelter oder in Entwicklung befindlicher Mittel dieser Disziplin zu erforschen versuchen.

Es gibt bereits eine Reihe von empirischen Untersuchungen, mit denen für einige der angeschnittenen Fragen Antworten gesucht und gefunden wurden. Darüber wird im Abschnitt 3.1. kurz referiert. Die bisher durchgeführten empirischen Erhebungen decken aber nur einen begrenzten Teil der interessanten Fragen ab. Ein Überblick über die offenen Fragen, die durch empirische Forschungen beantwortet werden sollten, wird im Abschnitt 3.2. gegeben. Dieser mag unvollständig sein; jedoch haben sich die Autoren um eine möglichst vollständige Überdeckung der wichtigsten offenen Probleme bemüht.

Eine besondere Schwierigkeit für empirische Erhebungen zur Anwendung von Operations Research ergibt sich aus dem unterschiedlichen *Begriffsver-*

ständnis (vgl. Abschnitt 2). Die Frage, ob Operations Research eingesetzt werde, wurde daher regelmäßig umgangen durch Ersatzfragen, die sich auf spezielle *Mittel* des OR beziehen.

3.1. Skizze von bisher durchgeführten empirischen Untersuchungen

Es gibt eine recht große Anzahl von Berichten über empirische Erhebungen zur Praxis des Operations Research (vgl. auch die Zusammenstellung von GOLLING 1977). Bei einer Hauptgruppe, über die in diesem Abschnitt 3.1. berichtet werden soll, steht der *praktische Einsatz des OR* im Mittelpunkt. In einer anderen Gruppe von Arbeiten, die erst im Abschnitt 4.1. skizziert werden, geht es schwerpunktmäßig um *Organisationsfragen der Implementierung*.

Die gegenwärtig umfangreichsten Darstellungen zur Verbreitung des Operations Research in Deutschland sind von GÖSSLER (1974), von BÖRSIG (1975), von KIRSCH et al. (1975), von TÖPFER (1975) und von HEINOLD et al. (1978) gegeben worden.

GÖSSLER (1974) hat für seine per Fragebogen durchgeführten Untersuchung 750 Firmen mit Hilfe von Zufallszahlen aus denjenigen Firmen der Bundesrepublik Deutschland ausgewählt, die zum Erhebungszeitpunkt mindestens 200 Beschäftigte oder mindestens 500 000,- DM Kapitel oder mindestens 3 Mio DM Umsatz aufwiesen. Davon haben 209 Firmen (= 28%) den Fragebogen ausgefüllt und zurückgesandt. Kernpunkte, die eine zentrale Rolle für die Auswertung spielten, wurden durch die Fragen berührt, ob in dem Unternehmen überhaupt OR betrieben werde, ob es eine OR-Abteilung gebe oder ob mindestens ein Spezialist für OR angestellt sei sowie ob oder wieviele OR-Projekte zum Abschluß gebracht worden seien.

Auffallend ist bei dieser Untersuchung die Schlüsselstellung, die die *organisatorische* Institutionalisierung von OR einnimmt. Dabei ist der *Begriff* des Operations Research von zentraler Bedeutung. Vermutlich nicht erfaßt wurde OR in solchen Unternehmen, in denen eine zentrale Planungsabteilung die Unternehmensplanung betreibt und dabei wie selbstverständlich Graphen und Netzwerke verwendet, Simulationen durchführt, Verfahren der linearen Optimierung einsetzt, heuristische Verfahren zur Maschinenbelegungsplanung simulativ testet, alles jedoch *nicht* unter dem Etikett „OR". So interessant die Arbeit im Ergebnis ist, die grundlegende Schwierigkeit der Erfassung der relevanten OR-Aktivitäten bleibt bestehen.

Bezüglich des *Einsatzes* von OR beziehen sich die Auswertungen von Gößler auf die OR-Anwendungsgebiete, auf die OR-Verfahren, auf die Dauer der OR-Projekte, auf die Anzahl der abgeschlossenen bzw. gescheiterten Projekte sowie auf deren Kosten. Insgesamt hatten 74 der 209 Unternehmen angegeben, daß bei ihnen OR betrieben würde.

Bei BÖRSIG (1975) und ebenso bei KIRSCH et al. (1975) standen neben organisatorischen Gesichtspunkten Fragen nach einzelnen angewendeten *mathematischen Verfahren* des OR im Vordergrund. Börsig hat aus den rechtlich und wirtschaftlich selbständigen Unternehmen der Bundesrepublik Deutschland mit mindestens 1000 Beschäftigten eine Stichprobe von 289 Unternehmen ausgewählt. Von diesen haben 154 Unternehmen (=53%) den an sie gesandten Fragebogen ausgefüllt zurückgesandt. In dem Fragebogen wurden u. a. zehn mathematische Verfahrensgebiete des OR aufgezählt. Diejenigen Unternehmen, die mindestens die Anwendung eines dieser Verfahrensgebiete bejahten, wurden als OR-Anwender charakterisiert. Auf diese Weise konnten 91 der 154 Unternehmen, also 59% als OR-Anwender klassifiziert werden.

Auch hier spiegelt sich wieder das *mathematische* OR-Verständnis wider, auf das im Abschnitt 2 eingegangen wurde. OR wird als Einsatz seiner mathematischen *Hilfsmittel* interpretiert.

In einer jüngeren Erhebung von HEINHOLD et al. (1978) richtete sich das Interesse auf die „Zuordnung von betriebswirtschaftlichen Problemtypen zu OR-Modellen und -Verfahren" (S. B-186). Heinhold et al. haben ihren Erhebungsfragebogen an 525 zufällig ausgewählte Unternehmen mit mehr als 750 Beschäftigten versandt, von denen 125 (=24%) auswertbare Antworten zurückgesandt haben. Unter diesen waren 52 „OR-Anwender".

Insgesamt sind die Aussagen von Heinhold et al. interessant, orientieren sich aber weitgehend an einem OR-Verständnis im Sinne eines *Bündels mathematischer Verfahren*. Hinzu kommen Abgrenzungsschwierigkeiten. So wird z.B. nach der Anwendung des Gozinto-Graphen gefragt, nicht aber nach sonstigen (in ihrer mathematischen Technik weitgehend verwandten) Verfahren der Stücklistenbearbeitung.

Deutlich wird immerhin bei diesen und vielen weiteren empirischen Erhebungen, daß sich die *Netzplantechnik* einer besonders intensiven Anwendung unter den mathematischen Verfahren erfreut.

In anderen Ländern sind vergleichbare Untersuchungen durchgeführt worden. TURBAN (1969, 1972) berichtete über die Integration von OR in 107 Großunternehmungen der USA. Bei ihm stehen die mathematischen Verfahren des OR, die Einsatzgebiete, die Kosten und Einsparungen durch den OR-Einsatz sowie Charakteristika von OR-Spezialisten und OR-Teams im Vordergrund der Betrachtung. Vergleichbar ist eine Untersuchung von LÖNNSTEDT (1973) über 12 schwedische Unternehmungen und von MARINOFF (1975) über 20 australische Unternehmungen.

Auf *spezielle* mathematische Modelle und Verfahren sind weitere empirische Arbeiten ausgerichtet. So wurde von STEINECKE, SEIFERT und OHSE (1973) über 83 Anwendungen der *linearen Optimierung* in Deutschland referiert. Eine Untersuchung von ELLIS et al. (1974) bezog sich auf die Anwendung der *dynamischen Optimierung* in 18 englischen Firmen.

Branchenbezogen ist die Berichterstattung von ETSCHMAIER und ROTHSTEIN

(1974), in der vier Anwendungen von OR in *Luftverkehrsgesellschaften* vorgestellt werden. In dieser Arbeit wird ferner auf eine Fülle von OR-Anwendungen im Luftverkehrsbereich hingewiesen.

Speziell auf *Gesamtunternehmensmodelle* (Corporate Models) beziehen sich empirische Untersuchungen von GERSHEFSKI (1970), GRINYER und WOOLLER (1975) sowie von NAYLOR und SCHAULAND (1976).

Diese spezialisierten Erhebungen hatten entweder einen bestimmten *Verfahrenstyp*, eine bestimmte *Branche* oder einen bestimmten *Modelltyp* als Aufhänger der Informationsbeschaffung verwenden können. So wurde die Arbeit von Steinecke, Seifert und Ohse durch die Arbeitsgruppe *"Praxis der linearen Optimierung" (PRALINE)* der *Deutschen Gesellschaft für Operations Research* gestützt, in der die meisten Anwender der linearen Optimierung in Deutschland vertreten sind. Etschmaier und Rothstein gehören Luftverkehrsgesellschaften an. Und die Autoren der Untersuchungen über Corporate Models sind alle in der Entwicklung von Corporate Models für die Unternehmenspraxis – zumeist als Berater – tätig und haben daher Zugang zu den Informationskanälen über die entsprechenden Anwendungen.

Diese Vorteile konnten bei den *allgemeinen* Erhebungen weniger oder gar nicht genutzt werden. Hinzu kommen die genannten Schwierigkeiten durch das unterschiedliche Verständnis von OR. Generell problematisch ist das (zumindest implizite) Festmachen des Einsatzes von OR an der *organisatorischen Institutionalisierung* von OR. Genauso wie man einem Unternehmen ohne eine *volkswirtschaftliche Abteilung* nicht unterstellen würde, es würde dort nicht auch volkswirtschaftlich gedacht werden, kann man aus der Nichtexistenz von expliziten OR-Gruppen bzw. OR-Mitarbeitern nicht auf das Nichtbetreiben von OR in einem Unternehmen schließen. Wenn Tausende von Studenten der Betriebswirtschaftslehre in den letzten 15 bis 20 Jahren an OR-Lehrveranstaltungen (wenn auch als Nebenfach) in ähnlicher Weise wie an volkswirtschaftlichen Lehrveranstaltungen teilgenommen haben, dann ist doch zu erwarten, daß die vermittelten OR-Kenntnisse ähnlich wie die vermittelten volkswirtschaftlichen Kenntnisse doch deren spätere Problemwahrnehmungsweise und deren Problemlösungsfähigkeit beeinflußt haben.

Aus diesen Anmerkungen ist nicht zu schließen, daß die Arbeiten von GÖSSLER, BÖRSIG, KIRSCH et al., TÖPFER, HEINHOLD et al. etc. von geringem Wert seien. Im Gegenteil, sie enthalten interessante Informationen über die Institutionalisierung von OR. Sie zeigen jedoch nicht auf – nicht einmal ansatzweise –, wie intensiv OR *tatsächlich* betrieben wird, sei es auch nur als Hilfsmittel zur Konzeptualisierung.

Die genannten Erhebungen bezogen sich überwiegend auf Unternehmungen als solche; es sollte herausgefunden werden, inwieweit OR in den Unternehmungen zum Einsatz gekommen sei. Eine etwas andere Zielrichtung verfolgte GOLLING (1981); bei ihm ging es mehr darum, inwieweit der Einsatz von Techniken des OR im *Bewußtsein der Unternehmensleitungen* registriert wurde. Dieses war allerdings nur ein Nebenergebnis der von Golling durchgeführten Studie.

3.2. Die generelle Fragestellung bezüglich der Anwendungsgebiete von Operations Research

Wenn die Objekte der Anwendung von Operations Research erforscht werden sollen, dann liegt eigentlich die folgende allgemeine Fragestellung vor:
a) In welchen *Funktionsbereichen* (Abteilungen, Ressorts etc.)
b) welcher *Unternehmen* (oder Unternehmensgruppen nach Branche, Größe, Region, Land etc.) mit welcher Konzernzugehörigkeit
c) sind welche (sporadisch auftretenden oder laufend anfallenden) *Probleme* (Problemkomplexe, Fragestellungen etc.) unter welchen Umweltbedingungen (Gesetzesentwicklungen, Nachfrageentwicklungen, Marktform, Kundenzahl)
d) von welchen *Personen* (Abteilungen, Teams, Gruppen etc.) mit welchen Kenntnissen, Fähigkeiten, Einstellungen, Motiven, mit welcher Ausbildung und Erfahrung
e) mit welcher *Methodik* (im Sinne einer generellen Vorgehensweise)
f) und unter Verwendung welcher *Modelltypen*
g) und mit welchen *mathematischen Verfahren* (Standardverfahren oder speziell entwickelten Verfahren)
h) und mit welchen *EDV-Programmen* (Standardprogrammen oder speziell entwickelten Programmen)
i) auf welchen *EDV-Anlagen* (wenn nicht manuell)
j) mit welchem *Erfolg* (bzw. mit welchen Erwartungen)
k) gelöst *worden* bzw. im Stadium der Lösung *befindlich* bzw. zur Lösung *vorgesehen* bzw. während des Lösungsverfahrens *abgebrochen* worden?

Diese elf Attribute der allgemeinen Fragestellung können in einer empirischen Erhebung unterschiedlich verwendet werden. Sie können – soweit sie überhaupt als relevant erachtet werden – erstens als *Auswahlkriterium* dienen, zweitens als *Befragungsgegenstand* verwendet werden. Im zweiten Fall könnten sie darüber hinaus als *Gliederungskriterium* der Auswertung in Frage kommen.

Beispielsweise könnte das erste Attribut, der Funktionsbereich, als Auswahlkriterium verwendet werden. Man könnte sich etwa auf eine empirische Untersuchung des *Personalbereichs* beschränken, wie es beispielsweise von DRUMM et al. (1980) vorgenommen wurde, oder etwa auf eine Untersuchung des *Absatzbereichs,* wie es beispielsweise von KÖHLER und UEBELE (1977) geschehen ist. Soweit keine Einschränkung auf einen Funktionsbereich vorgenommen wird, wird man bezüglich der einzelnen Anwendungen nach den Funktionsbereichen fragen und dann auch bei der Auswertung die Ergebnisse nach Funktionsbereichen gliedern können. Man könnte beispielsweise auch nach den *Umweltbedingungen* der OR-Anwendungen fragen und die Ausprägungen der anderen Attribute nach ihnen unterteilen, was u.a. KÖHLER und UEBELE (1977) sowie GOLLING (1981) unternommen haben. Entsprechendes gilt für die anderen Attribute.

Wenn man nur die hinsichtlich des Einsatzes von OR *positiven* Antworten sammeln will, dann wird man bei den Attributen d) bis i) nur Nennungen zulassen, die in einen *Katalog akzeptierter OR-Mittel* fallen. Will man dagegen auch die *potentiellen* OR-Anwendungen erfassen, dann müßte man auch zulassen, daß (d) *kein* OR-Team besteht, (e) mit *keiner* OR-Methodik vorgegangen wird, (f) *kein* formales Modell eingesetzt wird, (g) *keine* mathematischen Verfahren zur Anwendung kommen, (h) *kein* EDV-Programm zur Verfügung steht und auch (i) die EDV-Anlage bezüglich des anstehenden Problems der Schonung unterliegt. Diesbezüglich sind die im Abschnitt 3.1. erwähnten allgemeinen Erhebungen von GÖSSLER (1974), BÖRSIG (1975), KIRSCH et al. (1975) und HEINHOLD et al. (1978) deutlich einzuordnen. Bei Gößler spielte die Existenz einer *OR-Abteilung* (d) eine entscheidende Rolle, darüber hinaus bei ihm und bei Heinhold et al. auch der *OR-Begriff*. Wenn auch die OR-Methodik bei diesen Erhebungen vernachlässigt wurde, so wurde bezüglich der Modelle (f) und der mathematischen Verfahren (g) weitgehend an der aktiven Verwendung von *Standardtermini des OR* festgemacht. Entsprechendes gilt – auch wenn mit geringerem Gewicht – bezüglich der EDV-Programme (h) und der EDV-Anlagen (i). Das *Potential* für den Einsatz von OR wurde also *nicht* wahrgenommen.

Demgegenüber könnte sich beispielsweise eine empirische Studie auf bestimmte Problemtypen (in bestimmten Funktionsbereichen in bestimmten Branchen) beziehen mit der Zielsetzung herauszufinden, welche Strukturen diese Probleme haben, wie sie gegenwärtig gelöst werden und wie sie durch Unterstützung mit OR gelöst werden könnten. Beispielsweise könnte das Problem der *Dienstplanerstellung und Personaleinsatzplanung in Verkehrsunternehmen* ausgewählt werden. Man würde damit Luftverkehrsunternehmen, Eisenbahngesellschaften und regionale Verkehrsbetriebe umfassen, evtl. auch noch die Binnenschiffahrt und Seeschiffahrt, Speditionsbetriebe und Transportabteilungen von geeigneten Produktions- und Handelsunternehmen. Man würde aus einer solchen Untersuchung sehr viel über Personaleinsatzprobleme und ihre Strukturen erfahren, wobei die Gemeinsamkeiten und die Verschiedenartigkeiten (etwa durch unterschiedliche Tarifverträge) besonders hervorträten. Gleichzeitig würde man einen Überblick bekommen über die Organisation und Durchführung der Personaleinsatzplanung und die Darstellung der Personaleinsatzpläne. Man könnte sodann die Frage stellen, welche Modelltypen die erkannten Problemstrukturen am günstigsten abbilden lassen, wie die mathematischen Verfahren und die EDV-Programme aussehen müßten und wie die EDV-Anlagen ausgestattet sein sollten, um eine Planungsunterstützung gewährleisten zu können.

Mit einer derartigen Erhebung würden also *nicht* in erster Linie die vorhandenen und beobachtbaren *OR-Anwendungen* erfaßt, sondern eher die *Nichtanwendungen*, und zwar als Basis für spätere, gezielt vorbereitete Anwendungen. Die empirische Forschung diente damit also weniger dem ,,Auf-die-Schulter-Klopfen" der Operations Researcher in dem Sinne von ,,Aha, so intensiv werden also unsere Instrumente eingesetzt!", sondern eher dem ,,Ansporn-zum-Ärmel-Hochkrempeln" der Operations Researcher in dem Sinne des ,,Für diese Probleme müssen wir etwas tun: Da könnten wir mit unserem Sachverstand sicher helfen!".

Mit dem eben behandelten Fall wurde nur ein Beispiel unter vielen erörtert. Dabei wurde ein Problembereich (c) als Auswahlkriterium verwendet.

Insgesamt läßt die eingangs zu diesem Abschnitt 3.2. formulierte Fragestellung sehr viele Möglichkeiten der gezielten empirischen Forschung zu, wobei jedes einzelne der elf Attribute – evtl. auch mehrere in Kombination – als Auswahlkriterium dienen könnte. So wäre es möglich,
– nur bestimmte Funktionsbereiche (a) zu betrachten,
– sich auf bestimmte Unternehmenstypen (b), Branchen und Regionen zu beschränken,
– bestimmte Problemtypen (c) auszuwählen,
– an bestimmte Personengruppen und Abteilungen (d), etwa an Planungsabteilungen, anzuknüpfen,
– bestimmte Methodiken (e) auszuwählen,
– sich auf die Anwendung bestimmter Modelltypen (f) zu beschränken,
– nur den Einsatzbereich bestimmter mathematischer Verfahren (g)
– und entsprechender EDV-Programme (h) zu erkunden,
– den Einsatz ausgewählter EDV-Anlagen (i) und Geräteausstattungen (etwa mit Datensichtgeräten) in den Mittelpunkt zu stellen,
– sich auf bestimmte Erfahrungskategorien (j) zu beschränken, etwa auf Mißerfolge,
– oder sich auf gelöste Probleme oder nur auf in der Lösung befindliche Probleme oder nur auf zur Lösung vorgesehene Probleme (k) zu beschränken.

Bezüglich der Teilfragen e) bis h) könnte man sich auch auf *neuartige* Hilfsmittel konzentrieren, deren Eignung getestet werden soll, bevor sie zum praktischen Einsatz vorgeschlagen werden. Eine solche Vorgehensweise wäre sehr nützlich, denn sie würde die Fachwelt vor Ideen verschonen helfen, die nie praktische Relevanz erhalten werden.

Wichtig erschiene es in derartigen Untersuchungen, wenn man frei käme
– von der Bindung an die *Institutionalisierung* des OR, also die Existenz von OR-Gruppen etc. (vgl. etwa GÖSSLER 1974),
– von der Bindung an den *Begriff* des OR, der von den befragten Personen vermutlich in stark unterschiedlicher Weise verstanden wird (vgl. GÖSSLER 1974 und HEINHOLD et al. 1978),

– und von der Bindung an *mathematische Verfahren,* durch die der Einsatz von OR definiert wird (vgl. etwa BÖRSIG 1975 und HEINHOLD et al. 1978).

Insgesamt scheint es bezüglich der (bereits realisierten und potentiellen) Anwendungen von Operations Research weit mehr offene und unerforschte als durch die bisherigen empirischen Untersuchungen geklärte Fragenkomplexe zu geben. Eine Vielzahl wichtiger Aspekte wartet in diesem Zusammenhang noch auf eine empirische Untersuchung, und zwar sowohl in der Bundesrepublik Deutschland als auch in anderen Ländern mit einer entwickelten OR-Kultur.

4. Empirische Erhebung über organisatorische Fragen des Einsatzes von Operations Research

Nachdem im Abschnitt 3 mit den *Objekten der Anwendung* der erste der drei eingangs genannten, für Operations Research wichtigsten Bereiche der empirischen Forschung diskutiert wurde, sei nun im Abschnitt 4 der zweite Bereich betrachtet. Hier geht es um *organisatorische Fragen des Einsatzes von Operations Research,* und zwar einerseits um Fragen der *Aufbau*organisation, andererseits um Fragen der *Ablauf*organisation.

Zu einzelnen Aspekten dieses Fragenkomplexes liegen bereits verschiedene empirische Arbeiten vor. Über die am wichtigsten erscheinenden unter ihnen wird im Abschnitt 4.1. berichtet. Im Abschnitt 4.2. wird sodann versucht, das gesamte Feld und den Umfang der organisatorischen Fragestellung darzulegen und damit den Bedarf für weitere grundlegende empirische Forschung deutlich zu machen.

4.1. Skizze von bisher durchgeführten empirischen Untersuchungen

Verschiedene organisatorische Fragen des Einsatzes von Operations Research waren bereits in der Vergangenheit Gegenstand empirischer Untersuchungen. Über einige von ihnen ist auch in dem Sammelband von SCHULTZ und SLEVIN (1975) ausführlich berichtet worden. Ferner wurde von GOLLING (1977) eine Übersichtsskizze über derartige Arbeiten gegeben.

Sehr intensiv hat Radnor zusammen mit Neal und anderen über Fragen der erfolgreichen Implementierung von OR im Zusammenhang mit den organisatorischen Rahmenbedingungen gearbeitet. So standen bei RADNOR et al. (1968) und RADNOR und NEAL (1973) Aspekte der organisatorischen Einbettung und der Kommunikationsschwierigkeiten zwischen OR-Gruppen und Entscheidungsträgern im Vordergrund. Bei NEAL und RADNOR (1973) wurden dann insbesondere die Vorgehensweise der OR-Tätigkeit (Ablauforganisation, OR-Prozeß) und der Unternehmenskontext betrachtet. Speziell auf Projektimplementierungen im Bereich Forschung und Entwicklung bezieht sich die Arbeit von RADNOR et al. (1970). Ferner berichten BEAN, NEAL, RADNOR und TANSIK

(1975) über die äußeren Bedingungen und die Verhaltensweisen der beteiligten Unternehmensmitglieder bei der Implementierung von OR. Diese Arbeit baut auf Fragebogenerhebungen, Fallstudien und Experimenten auf. Als Ergebnis der empirischen Untersuchung werden Gestaltungsempfehlungen in Form von Implementierungsstrategien gegeben.

In eine ähnliche Richtung zielt die Untersuchung von HUYSMANS (1970, 1975). In einem Experiment in Form eines Unternehmensplanspiels mißt Huysmans die Akzeptanz und Verwendung von OR-Verfahren an der relativen Abweichung getroffener Entscheidungen von den optimalen Entscheidungen. Er erkennt dabei, daß ,,heuristisch" und ,,analytisch" orientierte Versuchspersonen sich diesbezüglich ganz unterschiedlich verhalten. Aus den einzelnen Ergebnissen leitet Huysmans sodann Implementierungsstrategien ab. Auch die Arbeit von BÖRSIG (1975), über die schon im Abschnitt 3.1. berichtet wurde, geht teilweise in eine ähnliche Richtung. Er baut u. a. auf der Versuchsanordnung und den Ergebnissen von Huysmans auf, legt jedoch umfassendere sozialpsychologische Theorien zugrunde als jener.

Andere Arbeiten orientieren sich stärker an solchen Modellen, die als typisch für OR erachtet werden. MEYER (1976, 1979) hat sich insbesondere auf die Erforschung des empirischen Gehaltes solcher Modelle und auf den Anwendungskontext konzentriert.

Nicht auf *privatwirtschaftlich genutzte* Modelle, sondern auf *staatlich geförderte* Modelle bezieht sich eine Studie von FROMM, HAMILTON und HAMILTON (1974). Es wurde im wesentlichen dabei untersucht, welche Auswirkungen die mit öffentlichen Geldern entwickelten Modelle auf spätere politische Entscheidungsprozesse hatten. Insgesamt wurde mit einer Grundgesamtheit von über 65o Modellen begonnen. Fragebogen wurden an die Projektleiter und an die staatlichen Stellen versandt, die die Projekte finanziell unterstützt bzw. in Auftrag gegeben hatten. Zu 274 Modellen wurden Fragebogen zurückgesandt. Für 222 dieser Modelle wurden Kostenangaben gemacht. Sie summierten sich auf 31 Mio US-Dollar, so daß eine Hochrechnung auf die Gesamtheit aller Modelle einen Betrag von rund 100 Mio US-Dollar ergibt. Bezüglich der Anwendungen der Modelle und Modellergebnisse heißt es (S. 4):

,,Use is difficult to measure precisely, and different indicators yield different apparent levels of use. Nonetheless, it would appear that at least one-third and perhaps as many as two-thirds of the models failed to achieve their avowed purposes in the form of direct application to policy problems."

Dieses Ergebnis ist insofern nicht übermäßig erstaunlich, als die *organisatorische Distanz* zwischen Auftraggeber und Auftragnehmer so groß war, daß zwischen beiden so gut wie kein Arbeitskontakt entstehen konnte.

In eine andere Richtung geht CONWAY (1979). Er hat insbesondere den *Ablauf* von OR-Prozessen untersucht, indem er über drei Jahre die Tätigkeit einer großen OR-Abteilung beobachtet hat. Er stellte fest, daß ein *Phasen*ablauf, in den OR-Prozesse in der Literatur oftmals eingebettet werden, in der Realität kaum anzutreffen war. Dieses Ergebnis unterstützt in gewisser Weise die Erkenntnisse von WITTE (1968), der für den Entscheidungsprozeß der Erstanschaffung von EDV-Anlagen die Existenz von Phasen ebenfalls nicht feststellen konnte.

Wiederum in eine andere Richtung gehen Arbeiten von MILLER (1976) sowie von MILLER und FRIESEN (1978). Sie haben Prozesse der Formulierung von Unternehmensstrategien untersucht und kommen zu einer Klassifizierung von zehn verschiedenen Archetypen von Unternehmen. Dieses Ergebnis hat zwar noch nicht unmittelbar mit dem Einsatz von Operations Research zu tun. Es bietet aber eine Basis für weitere empirische Erhebungen, da anzunehmen ist, daß in den verschiedenen Archetypen unterschiedliche Anwendungsbedingungen für Operations Research vorherrschen.

4.2. Systematik der empirischen Erhebungen über organisatorische Fragen des Einsatzes von Operations Research

Die im Abschnitt 4.1. aufgelisteten empirischen Erhebungen gehen in ganz verschiedene Richtungen. Es erscheint daher nützlich, zunächst – analog zum Abschnitt 3.2. – die Einzelfragen in eine Systematik einzugliedern. Dazu bietet sich wieder eine allgemeine Fragestellung hinsichtlich der organisatorischen Bedingungen an. Sie könnte etwa lauten:

a) In welcher *aufbauorganisatorischen Einbettung* (Stab/Linie, interne Unternehmensberatung, Projekt-Management etc.)

b) in welchen *Unternehmen* (oder Unternehmensgruppen nach Branche, Größe, Rechtsform, Region, Land etc.) werden

c) *Probleme welcher Art* (sporadisch auftretende oder laufend anfallende Probleme; kurzfristig-operative, mittelfristig-taktische oder langfristig-strategische Probleme etc.)

d) von welchen *Personen oder Teams* (Zusammensetzung und Repräsentanz)

e) unter Einbeziehung welcher *anderer Personen und Personengruppen* (z.B. Benutzer, Personalvertretung, Entscheidungsträger, interne/externe Interessengruppen)

f) in welcher *Ablauforganisation* (Struktur des OR-Prozesses)

g) mit welchem *Erfolg* und welchen *Erwartungen*

h) *gelöst* bzw. zur Lösung *angemeldet* bzw. zur Lösung *vorgesehen?*

Formal gilt bei dieser allgemeinen Fragestellung wieder Entsprechendes wie im Abschnitt 3.2. Jedes Attribut (von a bis h) kann als *Auswahlkriterium* dienen, ferner als *Erhebungsgegenstand* und darüber hinaus als *Gliederungskriterium*. Inhaltlich könnten diese Attribute etwa wie folgt spezifiziert werden.

Zur *aufbauorganisatorischen Einbettung* (a) interessiert insbesondere das formale und informelle Beziehungssystem zwischen den Entscheidungsträgern und der Gruppe, die die Entscheidungen unter Verwendung (oder Nichtverwendung) von OR vorbereiten soll. Dieses Team sei im folgenden als *OR-Team* bezeichnet. Das OR-Team kann organisatorisch vom Entscheidungsträger *völlig getrennt* sein, wie es bei Auftragnehmern der öffentlichen Hand häufig der Fall ist (vgl. FROMM, HAMILTON, und HAMILTON 1974). Das OR-Team kann aber auch als *Stabsabteilung* fest in der (privatwirtschaftlichen oder öffentlichen) Institution angesiedelt sein. Es kann, wie es in verschiedenen Unternehmen der Fall ist, organisatorisch als *„interne Unternehmensberatung"* auftreten. Weiterhin ist es möglich, daß eigene Teams *für spezielle Aufgaben* gebildet werden. Den Teams kann eine Leitung im Sinne des *Projekt-Managements* gegeben werden, wobei zwischen dem *reinen* Projekt-Management, dem *Matrix*-Projekt-Management und dem *Einfluß*-Projekt-Management zu unterscheiden wäre.

Bei der *Auswahl von Unternehmen* (b) gelten ähnliche Kriterien, wie sie im Abschnitt 3.2. schon geäußert wurden. Man könnte darüber hinaus eine Unterteilung nach Archetypen im Sinne von MILLER (1976) und MILLER, FRIESEN (1978) vornehmen. Naheliegend wäre auch eine Orientierung an den Firmen, über deren OR-Aktivitäten in der Literatur bereits berichtet wurde. Dazu bietet beispielsweise die Serie „OR-Gruppen in der Praxis" in den vergangenen 12 Heften des DGOR-Bulletins (DGOR = Deutsche Gesellschaft für Operations Research e.V.) eine Orientierung. Bisher sind dort die folgenden 18 Beiträge erschienen:

- Die OR-Gruppe der Lufthansa (Heft 7/1976)
- Operations Research bei Philips in Deutschland (Heft 8/1976)
- OR bei der Ruhrkohle AG (Heft 9/1977)
- OR bei der Saarbergwerke AG (Heft 9/1977)
- Die OR-Gruppe der Preussag AG (Heft 10/1977)
- Operational Research in the Ford Organisation in Europe (Heft 11/1977)
- OR in der Agrar- und Hydrotechnik GmbH (Heft 11/1977)
- Operations Research bei der Siemens AG (Heft 12/1978)
- Operations Research bei der Henkel KGaA (Heft 12/1978)
- Operations Research im Studienbereich der IABG (Heft 12/1978)
- Operations Research bei BBC (Heft 13/1978)
- Operations Research bei der ARAL AG (Heft 13/1978)
- Die OR-Gruppe bei der BASF AG (Heft 15/1979)
- OR im Rechnungswesen der Hoechst AG (Heft 15/1979)
- OR bei der GFS mbH München/Köln (Heft 16/1979)
- OR bei Kalle, Niederlassung der Hoechst AG (Heft 16/1979)
- Die Abteilung Angewandte Mathematik bei Hoesch (Heft 17/1980)
- Die OR-Gruppe bei Quelle (Heft 18/1980)

Bezüglich der *Probleme* (c) käme es sodann weniger auf Einzelbeschreibungen (die bei den im Abschnitt 3.2. gestellten Fragen im Vordergrund stünden) an als auf generelle *Kategorisierungen der Probleme*. Es ist durchaus anzunehmen, daß *Einmal*probleme und *Dauer*probleme sowohl aufbauorganisatorisch als auch ablauforganisatorisch anders behandelt werden. Entsprechendes gilt für Probleme der kurzfristig wirkenden Operationen, der mittelfristig wirkenden Taktik und der langfristig wirkenden Strategie.

Eine große Bedeutung ist der *Zusammensetzung des OR-Teams* (d) zuzumessen, zumal hier zahlreiche Gestaltungsmöglichkeiten bestehen. Es geht im wesentlichen um die Frage der *internen* Aufbauorganisation (im Gegensatz zu a) und um die *personelle Besetzung* des Teams. Man könnte sich etwa vorstellen, daß sich das OR-Team ausschließlich aus Mitarbeitern einer OR-Abteilung rekrutiert. Auf der anderen Seite wäre ein Projektteam denkbar, welches darüber hinaus Mitarbeiter der Entscheidungsträger enthält. Ferner könnten verschiedene Interessengruppen in dem Team vertreten sein. Bei der personellen Besetzung spielt auch die angemessene Vertretung der verschiedenen relevanten Disziplinen (Interdisziplinarität des OR, vgl. Abschnitt 2) sowie eine angemessene Repräsentanz unterschiedlicher psychologischer Typen (vgl. MITROFF 1979, MÜLLER-MERBACH und NELGEN 1980) eine Rolle. Von Bedeutung sind ferner spezielle Implementationsstrategien, beispielsweise das Machtpromotor-Fachpromotor-Konzept nach WITTE (1976) oder eine Integration von Fachexperten in zentrale Entscheidungsgremien.

Die Zusammensetzung des OR-Teams steht in enger Nachbarschaft zu der Frage, welche *anderen Personen und Personengruppen* (e) in die Beratung des Problems und der Problemlösungen einbezogen werden. Solche Einbeziehung kann entweder bedarfsweise stattfinden oder auch institutionalisiert werden, etwa im Rahmen eines Projektbeirates. Man denke z. B. an die Entwicklung eines EDV-gestützten Systems zur Planung des Personaleinsatzes in einem Verkehrsunternehmen (vgl. Abschnitt 3.2.). Hier wird man sicher in irgendeiner Form die Betroffenen einbeziehen; dazu gehören einerseits das im Verkehrsbetrieb (Flugbetrieb, Bahnbetrieb etc.) eingesetzte Personal bzw. die Personalvertretung, andererseits das bisher mit der Einsatzplanung beschäftigte Personal.

Eine von Gestaltungsempfehlungen der Literatur weitgehend beeinflußte Frage ist die nach der *Ablauforganisation* (f), also nach der Gestaltung des *OR-Prozesses* selbst. Auf diese gingen beispielsweise schon NEAL und RADNOR (1973) ein, die in ihre empirische Erhebung zehn verschiedene Gestaltungsempfehlungen einbezogen. Charakteristisch für sie ist, daß der gesamte Ablauf in ein Reihenfolgeschema abgegrenzter Aktivitäten gebracht wird. Die Arbeiten von CONWAY (1979) lassen vermuten, daß solche Phasenschemata für die praktische Gestaltung von Planungsprozessen (OR-Prozessen, Entscheidungsprozessen etc.) wenig nützlich seien. Darauf hat auch schon HILDEBRANDT (1977) hingewiesen. Ferner hat WITTE (1968) durch seine Untersuchungen an einem speziellen Typ von Entscheidungsprozessen Zweifel an der Praktikabilität des Arbeitens mit inhaltlich abgegrenzten Projektphasen aufkommen lassen. Von MÜLLER-MERBACH (1979b) wurde vorgeschlagen, die (*auf*einanderfolgenden) *Phasen* durch (*neben*einander durchzuführende) *Komponenten* zu ersetzen. Insgesamt sollte sich die Behandlung der Ablauforganisation (OR-Prozeß) auf zwei Fragen konzentrieren, und zwar erstens auf die Frage des *Umfangs* (Inhaltes) des OR-Prozesses und zweitens auf die Frage der *Anordnung* der Inhaltselemente des Prozesses.

Die beiden letzten Attribute der am Beginn dieses Abschnittes formulierten allgemeinen Fragestellung lassen sich ähnlich behandeln wie im Abschnitt 3.2. Dabei ist zu wiederholen, daß sich Erfolge (g) nur sehr schwer objektiv feststellen lassen.

Eine besondere Aufmerksamkeit verdient bei empirischen Erhebungen zu der am Beginn dieses Abschnittes stehenden Fragestellung die Problematik der *Einbeziehung der Entscheidungsträger* in den OR-Prozeß, wie sie in den Attributen a), d) und e) explizit anzusprechen sind. Die Hervorhebung dieses Aspekts ist insbesondere dadurch begründet, daß in der OR-Literatur eine Reihe von Empfehlungen hinsichtlich der Gestaltung von OR-Prozessen gegeben ist, und zwar über die bereits im Abschnitt 4.1. genannten Arbeiten hinaus. Einige grundlegende Arbeiten seien hier genannt.

– In einem vielbeachteten Beitrag stellten CHURCHMAN und SCHAINBLATT (1965) die Forderung des *„mutual understanding"* (des gegenseitigen Verständnisses) zwischen Entscheidungsträger und OR-Analytiker auf. Dieser Aufsatz wurde im Oktober-Heft 1965 von Management Science in zwölf Beiträgen anderer Autoren kommentiert. Churchman und Schainblatt betonen, daß eine OR-Studie dann mit hoher Wahrscheinlichkeit erfolglos bleiben werde, wenn nicht der Entscheidungsträger ein grundlegendes Verständnis für die Arbeit des OR-Analytikers und dieser nicht auch ein solches für dessen Arbeit habe (vgl. auch MITCHELL 1980).

– SCHULTZ und SLEVIN (1975) stellen den Prozeß des Modellbaus in den Mittelpunkt und unterscheiden zwischen „Traditional", „Evolutionary" und „Behavioral Model Building", wobei der Entscheidungsträger zunehmend in dem OR-Prozeß berücksichtigt wird.

– HILDEBRANDT (1977, 1979) betont, daß alle drei Modellbauprozesse bei Schultz und Slevin noch weitgehend *Analytiker-orientiert* seien, also den OR-Analytiker in den Vordergrund der Aktivitäten stellen. Er schlägt einen *partizipativen* Modellbauprozeß vor, in den der Entscheidungsträger voll eingegliedert ist (vgl. auch MÜLLER-MERBACH 1980).

– In eine ähnliche Richtung gehen EDEN und SIMS (1979), EDEN, JONES und SIMS (1979), EDEN und JONES (1980). Für sie steht die partizipative Problemerkennung im Vordergrund des Problemlösungsprozesses. Sie haben dazu speziell die Methodik des *„Cognitive Mapping"* weiterentwickelt und durch EDV-Unterstützung zu einem einfach verwendbaren Instrument gemacht.

Obwohl es bereits eine stattliche Anzahl von empirischen Untersuchungen gibt (vgl. Abschnitt 4.1.), erkennt man an der eingangs zum Abschnitt 4.2.

formulierten Fragestellung die Weite des noch unerforschten Feldes bezüglich der organisatorischen Gestaltung des OR-Einsatzes. Viele Fragenkomplexe, deren Beantwortung nicht nur von wissenschaftlichem Interesse, sondern vor allem auch von hohem *praktischem Nutzen* wäre, sind bisher nicht oder nicht hinreichend durch empirische Untersuchungen erhellt worden.

Einzelne dieser Fragenkomplexe befinden sich gegenwärtig in Untersuchung, und zwar im Rahmen von Projekten innerhalb des DFG-Schwerpunktprogramms *„Empirische Entscheidungstheorie"*. So untersucht SZYPERSKI die *Organisation von Planungsprozessen* (vgl. SZYPERSKI/MÜLLER-BÖLING, Beitrag in diesem Band). KÖHLER und UEBELE (Beitrag in diesem Band) betrachten *Bedingungen des Einsatzes für Planungs- und Entscheidungstechniken*. KREIKEBAUM hat sich mit dem *Entwicklungs- und Implementierungsprozeß der strategischen Planung* beschäftigt. WITTE (1978, 1980) hat über das *Einflußpotential der Arbeitnehmer* geforscht, welches im Zusammenhang mit der Mitbestimmungsgesetzgebung von Bedeutung ist. Es sind dabei zwar keine Implementierungsfragen des OR angesprochen worden; dennoch könnten die Einsatzbedingungen für OR von der unternehmensindividuellen Ausgestaltung der Mitbestimmung betroffen sein. Dagegen steht bei einem neuen Projekt von MÜLLER-MERBACH die empirische Untersuchung der Gestaltung von *OR-Prozessen* und *Abläufen der EDV-Systemanalyse* im Vordergrund.

5. Einfluß der OR-Ausbildung und der kognitiven Kultur auf die Gestaltung des Problemlösungsprozesses

Nachdem im Abschnitt 3 die *Objekte der Anwendung* von Operations Research und im Abschnitt 4 *organisatorische Fragen* des OR-Einsatzes behandelt wurden, seien nun als drittes Fragen der *OR-Ausbildung* und der *kognitiven Kultur* im Zusammenhang mit der *Gestaltung des Problemlösungsprozesses* von Individuen in den Mittelpunkt gerückt. Es treten dabei also psychologische Aspekte hervor, während in den bisherigen Abschnitten eher betriebswirtschaftliche und organisationstheoretische Aspekte vorherrschend waren.

Empirische Untersuchungen zur OR-Ausbildung und zur kognitiven Kultur von Individuen können unterschiedlich weit gefaßt werden und hängen u. a. wieder mit dem *OR-Verständnis* zusammen, das im Abschnitt 2 diskutiert wurde. Bei einer *formal*wissenschaftlichen (mathematischen) OR-Auffassung würden somit im wesentlichen die mathematische Ausbildung und ihre Auswirkungen untersucht werden. Bei der *sozial*wissenschaftlichen OR-Auffassung und bei einer Betonung der *Inter*disziplinarität von OR müßte sich eine empirische Erhebung über die OR-Ausbildung potentiell auf die *Ausbildung als Ganzes* beziehen.

Auch zu diesen Themenkomplexen liegt bereits eine Vielzahl von Einzeluntersuchungen vor. Über eine Auswahl davon wird im Abschnitt 5.1. berichtet. Eine Systematik der Fragestellung folgt dann im Abschnitt 5.2.

5.1. Skizze von bisher durchgeführten empirischen Erhebungen

Empirische Untersuchungen über die Auswirkungen von Ausbildung und kognitiver Kultur gehören zu den zentralen Forschungsprogrammen der *Denk- und Lernpsychologie*. Über die vielen Ansätze auf diesem Gebiet ließe sich hier gar nicht hinreichend detailliert berichten. Vielmehr geht es in dem DFG-Schwerpunktprogramm *„Empirische Entscheidungstheorie"* auch gar nicht um eine so allgemeine Fragestellung, sondern um die spezielle Problematik im Zusammenhang mit (überwiegend betrieblichen) *Entscheidungsprozessen* und der *Ausbildung in der Entscheidungsvorbereitung*. Aber selbst bei dieser Einschränkung ist die Anzahl der erwähnenswerten Projekte und Veröffentlichungen so groß, daß hier nur über einen Ausschnitt berichtet werden kann.

Eine der frühen Arbeiten zu diesem Thema ist die von HUYSMANS (1970, 1975), über die bereits im Abschnitt 4.1. berichtet wurde. Bei ihm spielte die Unterscheidung zwischen „heuristisch" und „analytisch" orientierten Versuchspersonen eine besondere Rolle, da sie sich in Entscheidungssituationen deutlich unterschiedlich verhielten, insbesondere in ihrer Einstellung zu und Verwendung von OR-Verfahren. BÖRSIG (1975) ist einen ähnlichen Weg gegangen (vgl. auch Abschnitt 4.1.). In beiden Arbeiten ist allerdings weniger die *OR-Ausbildung*, sondern überwiegend die *psychische Veranlagung* der Versuchspersonen von Interesse.

Eine Reihe von Projekten, die innerhalb des DFG-Schwerpunktprogramms „Empirische Entscheidungstheorie" durchgeführt wurden, hatte ebenfalls einzelne Aspekte des Problemlösungsverhaltens von Personen zum Gegenstand. So untersuchte HAUSCHILDT (1977, 1978) *Zielbildungsprozesse*. Bei einem Projekt von BROCKHOFF (1977) wurde an Prognoseexperimenten für unterschiedliche Gruppen von Versuchspersonen die Verschiedenartigkeit der *Nachfrage nach Informationen* analysiert, wobei die Ausbildung eine entscheidende Rolle spielte.

In anderen Arbeiten standen Fragen der *Bewältigung von Unsicherheit* im Blickpunkt des Interesses oder bildeten zumindest die Basis für Nebenbetrachtungen. So suchten ZIMMERMANN et al. (1977) nach einer Entsprechung zwischen Informationsverarbeitungsverhalten und den Axiomen der *Fuzzy-Set-Theorie*. Es ging ihnen ferner darum, die Akzeptanz der Fuzzy-Sets bei unscharfen Problemstellungen zu erkunden. Ein großer Teil der Arbeit von KÖHLER und UEBELE (1977) betrifft ebenfalls das Informationsverarbeitungsverhalten und die Modellakzeptanz (Prognosemodelle, Optimierungsmodelle, Simulationsmodelle etc.) bei unsicheren Zukunftserwartungen, und zwar speziell auf Probleme des *Absatzbereichs* bezogen. Ein großer Teil der Arbeit von Golling (1981; vgl. auch MÜLLER-MERBACH und GOLLING 1978) betrifft die Planung bei unsicheren Zukunftserwartungen. Insbesondere wurden hier Vertreter der obersten Führungsebene von Unternehmen nach den von ihnen akzeptierten Techniken der Entscheidungsvorbereitung bei unsicheren Erwartungen befragt. In diesem Zusammenhang wurde auch nach Kenntnissen der *Wahrscheinlichkeitstheorie*, die zur Beurteilung unsicherer Situationen von Bedeutung sein kann, und nach der *Ausbildung* (Studium/kein Studium) befragt, zwei Variablen, zwischen denen eine erstaunlich hohe Korrelation herauskam.

Weitere Projekte zum Entscheidungsverhalten, zur Methodenauswahl und zur Modellakzeptanz laufen gegenwärtig an. So untersucht BROCKHOFF Fragen der Modellauswahl bei Entscheidungssituationen mit *mehrfachen Zielsetzungen*. BRONNER analysiert die Bedingungen für das Entstehen *„komplexer"* Entscheidungsprobleme und für die Wahrnehmung von Komplexität. SCHMIDT untersucht mit Hilfe von Laborexperimenten die Verwendbarkeit und Akzeptanz von formalen Instrumenten zur *Koordination von Teilplänen*.

Die genannten Arbeiten geben interessante Einsichten in Einzelaspekte. Verhältnismäßig geringes Interesse hat in der Gesamtheit der genannten Arbeiten die *Ausbildungscharakteristik* der Probanden gefunden. Das ist insofern von grundsätzlicher Bedeutung, als gerade die Erforschung der Zusammenhänge zwischen Ausbildung und Problemlösungsverhalten wertvolle Hinweise für die Gestaltung von adäquaten Ausbildungsprogrammen geben kann.

5.2. Systematik der empirischen Erhebung über Zusammenhänge zwischen Ausbildung und Problemlösungsverhalten

Um die grundsätzliche Fragestellung des Zusammenhanges zwischen Ausbildung und Problemlösungsverhalten zu beleuchten, sei – analog zu den Abschnitten 3.2. und 4.2. – wieder eine Systematisierung vorgenommen. Dabei wird der Tatsache Rechnung getragen, daß die *Ausbildung* als *ein* Bündel der Persönlichkeitsfaktoren nicht isoliert gesehen werden kann, sondern nur in Verbindung mit *anderen* Bündeln von Persönlichkeitsfaktoren, die hier zu den Bündeln *Lebenserfahrung, Psyche* und *Wertesystem* (MÜLLER-MERBACH 1980, 1981) zusammengefaßt sind. Die generelle Fragestellung laute sodann:

a) In welcher *Art und Weise*
b) werden welche *Problemtypen* (oder Problemaspekte, Problemteile etc.)
c) von einzelnen Personen mit welcher *Ausbildung*,
d) mit welcher *Lebenserfahrung*,
e) mit welcher *Psyche*,
f) und mit welchem *Wertesystem*
g) *aufgefaßt, verstanden, internalisiert, gelöst* und die Lösung in *Entscheidungen* und *Handlungen* umgesetzt?

Wie in den Abschnitten 3.2. und 4.2. kann hier jedes Attribut von a bis g als

Auswahlkriterium verwendet werden, ferner den *Erhebungsgegenstand* bilden und darüber hinaus als *Gliederungskriterium* dienen.

Im Mittelpunkt dieser Frage stehen einerseits die *Problemtypen,* andererseits die Bündel von *Persönlichkeitsfaktoren.* Zunächst seien diese Bündel kurz skizziert:

Das *Wertesystem* (f) veranlaßt einen Menschen, einige Dinge für wichtig, andere für unwichtig, einige Dinge für gut, andere für schlecht, einige Dinge für interessant, andere für langweilig zu halten. Das hängt von seinen Wünschen, Zielen, religiösen und weltanschaulichen Bindungen ab, ferner auch von seiner Psyche. Das Wertesystem ist gewöhnlich auch durch die Ausbildung und die Berufstätigkeit geprägt. So ist ein Ingenieur gewöhnlich an Wirtschaftsfragen wenig interessiert, während sich ein Ökonom weniger von technischer Brillanz begeistern läßt.

Die *Psyche* eines Menschen (e) hat, wie schon HUYSMANS (1970, 1975) hervorhob, einen ebenfalls starken Einfluß auf das Problemlösungsverhalten. HUYSMANS unterschied zwischen Personen mit *heuristischer* und mit *analytischer* Denkorientierung. Neben dieser Typologie könnte man verschiedene andere relevante psychologische Typologien heranziehen, von denen einige von MÜLLER-MERBACH und NELGEN (1980) zusammengestellt wurden. Man könnte zwischen dem *konvergierendem* und dem *divergierendem* Denker unterscheiden; man könnte nach JUNG (1971) zwischen den *Wahrnehmungs*funktionen des ,,*Empfindens*" und des ,,*Intuierens*" unterscheiden sowie zwischen den *Urteils*funktionen des ,,*Denkens*" und des ,,*Fühlens*"; ferner könnte man mit ACKOFF (1978, S. 174ff.) Jungs eindimensionales Begriffspaar ,,introvertiert – extrovertiert" erweitern zur zweidimensionalen *Environmental Interaction Theory,* bei der zwischen dem ,,*Objectivert*" und dem ,,*Subjectivert*" einerseits, ferner zwischen dem ,,*Internalizer*" und dem ,,*Externalizer*" unterschieden wird. Jede dieser Typologien oder auch Kombinationen von ihnen lassen interessante Aussagen bezüglich unterschiedlichen Problemlösungsverhaltens erwarten.

Ein weiteres Bündel von relevanten Persönlichkeitsfaktoren sei unter dem Begriff der *Lebenserfahrung* (d) zusammengefaßt, wobei u. a. die Berufserfahrung bezüglich des Problemlösungsverhaltens eine zentrale Rolle spielen wird. Dazu gehören einerseits leicht erfaßbare Größen wie Dauer der Berufstätigkeit (evtl. gegliedert in Stabserfahrung, Linienerfahrung), Mitwirkung in Entscheidungsgremien und an Verhandlungsprozessen etc. Schwerer meßbar sind dagegen die Prägungen, die durch die einzelnen Tätigkeiten eingetreten sind. Zu erwarten ist, daß beispielsweise ein langjähriger Mitarbeiter im Vertrieb ganz andere Verhaltensweisen gegenüber Problemen hat als etwa ein Mitarbeiter im Rechnungswesen.

Zur Weltanschauung, Psyche und Lebenserfahrung kommt schließlich die *Ausbildung* (c) als Faktorenbündel hinzu. Je nach Untersuchungsziel läßt sich diese global erfassen (z. B. Studium/kein Studium) oder auf einzelne Ausbildungseinheiten herunterbrechen (z. B. Vertrautheit/keine Vertrautheit mit dem Simplex-Verfahren).

Interessant ist die Inbeziehungsetzung der genannten Bündel von Persönlichkeitsmerkmalen mit den verschiedenen *Problemtypen* (b) bzw. Problemaspekten oder Problemteilen. Auch dieses kann wieder global untersucht werden, beispielsweise die Verarbeitung von unsicheren Zukunftszahlen. Man könnte ferner Problemaspekte wie die Entstehung von Zielsetzungen untersuchen. Weiterhin ließen sich formale Probleme unterschiedlicher struktureller Komplexität und unterschiedlicher Größe betrachten. Auch wäre die unterschiedliche Reaktion auf ,,wohlstrukturierte" und ,,schlechtstrukturierte" Probleme untersuchbar.

Den *Problemverarbeitungsprozeß* (g) kann man in verschiedene Ebenen bzw. Phasen zu gliedern versuchen, die möglicherweise von unterschiedlichen Versuchspersonen verschieden gut (auch in Relation zueinander) gemeistert werden. Es erscheint denkbar, daß eine Versuchsperson bestimmte Probleme sehr schnell auffassen und verstehen kann, aber zur Lösung wenig geeignet ist. Bei anderen Versuchspersonen mag die intellektuelle Lösung rasch gelingen, die Umsetzung in eine Entscheidung oder Handlung jedoch Schwierigkeiten bereiten. Einige Versuchspersonen mögen dazu neigen, bestimmte Probleme sich zu eigen zu machen (zu internalisieren), und dann mit einem starken inneren Drang auf Entscheidung und Handlung losgehen. Andere mögen sich damit zufrieden geben, das Lösungsprinzip für eine Aufgabe verstanden zu haben.

Die *Art und Weise* (a), wie eine Versuchsperson ein Problem insgesamt behandelt, umfaßt schließlich die sichtbaren Aktionen (Skizzen, Rechnungen etc.) und die mentalen Bilder, die in der Versuchsperson entstehen. Die Methodik des *Cognitive Mapping* nach SIMS (1978, EDEN, JONES und SIMS (1971) und anderen wäre geeignet, diese mentalen Bilder zumindest grob zu erforschen.

Nach dieser Systematik seien einige Beispiele für wissenschaftlich interessante und praktisch nützliche Forschungsprojekte skizziert:

– Man könnte Gruppen von Entscheidungsträgern nach ihren bisher verwendeten Bewältigungstechniken für unsichere Zukunftserwartungen befragen. Sodann könnte man ihnen in einem Seminar die wichtigsten in der Literatur beschriebenen Konzepte vortragen, etwa die Risiko-Analyse, die Delphi-Befragung, Entscheidungsbäume mit Wahrscheinlichkeiten, experimentelle Planung und ,,What-If"-Analysen, das Konzept der robusten Schritte etc. Sodann könnte man in einer neuen Befragungsrunde die Akzeptanzchancen dieser Konzepte erforschen. – Entsprechende Untersuchungen ließen sich mit ausgewählten Gruppen von Versuchspersonen durchführen, beispielsweise Mitarbeitern aus der Fertigungsplanung, aus dem Rechnungswesen, aus der Finanzplanung, ferner mit Studenten.

– Man könnte Studenten mit und ohne Ausbildung in entsprechenden mathe-

matischen Strukturen Formalprobleme unterschiedlicher Komplexität und Größe zur Lösung vorlegen. Am Vergleich der Ergebnisse würde sich zeigen, um wieviel besser die Lösungen der entsprechend ausgebildeten Studenten sind, und zwar in Abhängigkeit von der Komplexität und Größe der Probleme.
– Man könnte verschiedene Gruppen von Studenten mit jeweils *einer* Problemlösungstechnik intensiv vertraut machen. Legt man ihnen dann verschiedenartige Probleme vor, werden sie durch die ihnen vertraute Technik unterschiedlich stark geprägt sein und die gelernte Technik zur Anwendung bringen wollen. Interessant wäre die Erforschung, inwieweit die Ausbildung in ausgewählten Techniken zu einer Verengung der Problemwahrnehmung führt bzw. eine Stütze bildet, ohne die eine Konzeptualisierung gar nicht stattfinden kann. Es wäre ferner interessant zu erforschen, wieviele verschiedene Techniken von einzelnen Personen aktiv beherrscht werden können bzw. auf wieviele Techniken die einzelnen Versuchspersonen ihren „Werkzeugkasten" dosieren.

Interessant wären auch alle Versuche, bei denen *Kombinationen* von Persönlichkeitsfaktorbündeln betrachtet werden. So ist vorstellbar, daß bestimmte Orientierungen der Ausbildung die in der Psyche angelegte Neigung zu einem bestimmten Problemlösungsverhalten in einengender Weise verstärken bzw. durch Ausweitung in andere Richtungen reduzieren.

Ferner wäre es interessant, wie *Teams* mit Personen unterschiedlicher Ausbildung, unterschiedlicher Erfahrung, unterschiedlicher Psyche und unterschiedlichem Wertesystem besetzt werden bzw. besetzt werden sollten, um bestimmte Aufgaben in möglichst guter Form lösen zu können. Denkansätze in dieser Richtung sind bereits von MITROFF (1979) sowie SAGASTI und MITROFF (1973) gegeben worden.

Eine Vielfalt von Fragen, die mit empirischer Forschung einer Klärung näher gebracht werden können, bietet sich auf diesen Gebieten an.

6. Ausblick

Abschließend seien die in dieser Arbeit vorgetragenen Gedanken noch einmal zusammengestellt.

Den Ausgang (Abschnitt 1) bildete die Behauptung, daß innerhalb des Operations Research und der damit verwandten Disziplinen (Systemtheorie, Systemforschung, Kybernetik, Entscheidungstheorie etc.) ein hohes *Defizit an empirischer Forschung* bestehe.

Das Defizit wurde in den Abschnitten 3 bis 5 spezifiziert.

Vorher wurde, um eine begriffliche Basis zu schaffen, die Disziplin des Operations Research diskutiert, wobei vor allem zwischen der *formal*wissenschaftlichen OR-Auffassung (OR als *Untermenge der Mathematik*) und der *sozial*wissenschaftlichen OR-Auffassung unterschieden wurde, nach der OR als *„modellgestützte Vorbereitung von Entscheidungen zur Gestaltung und Lenkung von sozialen Systemen"* verstanden wird. Diesem zweiten OR-Verständnis, welches auch das traditionsreichere und historisch ältere ist, haben sich die Autoren angeschlossen. Dabei wurde der interdisziplinären Vorgehensweise als Charakteristikum des OR besondere Bedeutung zugemessen.

Nach dieser begrifflichen Diskussion wurden drei Bereiche festgelegt, bezüglich derer das Defizit des Operations Research an empirischer Forschung besonders deutlich zu sein scheint. Diese wurden dann in den Abschnitten 3 bis 5 im Detail erörtert:

– Zunächst wurden die *Objekte der Anwendung* des Operations Research als Gegenstand empirischer Forschung diskutiert (Abschnitt 3). Dabei wurde eingangs ein kurzer Überblick über bisherige Ergebnisse empirischer Forschung gegeben (3.1.). Anschließend wurde eine allgemeine Fragestellung, bestehend aus elf Attributen, vorgetragen, die einerseits zur Einordnung bisheriger Projekte, andererseits zur Entdeckung wichtiger ungeklärter Teilfragen dienen kann (3.2.). In diesem Zusammenhang wurde hervorgehoben, daß es nicht nur von Interesse ist, über die erfolgten Anwendungen von Operations Research zu forschen, sondern daß gerade auch *ausgewählte Problemstellungen* (z. B. in der Personaleinsatzplanung) zum Forschungsgegenstand gemacht werden können, um damit eine Basis für die *gezielte Entwicklung von Planungsinstrumenten* im Sinne des Operations Research aufzubauen.

– Neben den Objekten der Anwendung sind *aufbauorganisatorische* und *ablauforganisatorische* Fragen des OR-Einsatzes von Interesse und bedürfen einer empirischen Erforschung (Abschnitt 4). Auch hierzu gibt es eine Reihe von Ergebnissen abgeschlossener empirischer Arbeiten (4.1.). Daneben zeigt aber wiederum eine Systematik in Form einer generellen Fragestellung (4.2.), daß noch weite Gebiete unerforscht geblieben sind und einer Klärung durch empirische Arbeiten bedürfen. Es geht hier um Fragen, wie die OR-Tätigkeit aufbauorganisatorisch in Unternehmungen eingebettet ist und welche ablauforganisatorische Struktur die Planungsprozesse aufweisen.

– Schließlich ist das *Problemlösungsverhalten* (oder allgemeiner: die kognitive Kultur; bzw. spezieller: die Akzeptanz bestimmter Planungsinstrumente) ein interessantes und wichtiges Gebiet der empirischen Forschung, und zwar mit bzw. ohne Berücksichtigung einer Ausbildung in OR (Abschnitt 5). Auch hier werden zunächst die Ergebnisse von abgeschlossenen Forschungsarbeiten und die Ziele neuer Forschungsprojekte an Beispielen vorgestellt (5.1.). Anschließend wird wieder eine Systematisierung durch eine generelle Fragestellung versucht (5.2.), mit der neben der Einordnung schon definierter Projekte auch neue Teilfragen aufgedeckt werden können. Eine weite Wissenslücke scheint noch bezüglich der Frage zu bestehen, wie stark das individuelle Problemlösungsverhalten von der kognitiven Kultur (also der Ausbildung, den Erfahrungen, der Psyche und dem Wertesystem) abhängt und welche Rolle die Ausbildung dabei spielt. Neue Erkenntnisse in dieser Richtung könnten großen Nutzen bei der *Gestaltung von Ausbildungsprogrammen* stiften.

Durch das DFG-Schwerpunktprogramm *„Empirische Entscheidungstheo-*

rie" wurde das Defizit des Operations Research an empirischer Forschung erstmals einer großen Zahl von Fachvertretern bewußt gemacht. Trotz einiger sehr ermutigender zwischenzeitlicher Forschungsergebnisse zeigt die Generalisierung der Fragestellungen deutlich, daß der Bedarf des Operations Research an empirischer Forschung äußerst umfangreich ist. Die vielen offenen Fragen scheinen eine Intensivierung der empirischen Forschungsarbeit auf diesem Gebiet zu rechtfertigen.

Verzeichnis der verwendeten Literatur

ACKOFF, R. L. (1978): *The Art of Problem Solving.* New York 1978
BEAN, A. S.; NEAL, R. D.; RANDOR, M.; TANSIK, D. A. (1975): Structural and Behavioral Correlates of Implementation in U.S. Business Organizations. In: Schultz, R. L.; Slevin, D. P. (Hrsg.): *Implementing Operations Research/Management Science.* New York 1975, S. 77–132
BÖRSIG, C. A. H. (1975): *Die Implementierung von Operations Research in Organisationen.* Mannheim 1975 (Diss.)
BROCKHOFF, K. (1977): Erste Beobachtungen über die Informationsnachfrage von Prognosegruppen. In: Reber, G. (Hrsg.): *Personal- und Sozialorientierung der Betriebswirtschaftslehre.* Bd. 4. Stuttgart 1977, S. 22–41
CHURCHMAN, C. W.; SCHAINBLATT, A. H. (1965): The Researcher and the Manager: A Dialectic of Implementation. In: *Management Science* 11 (1965), S. B 69–B 87
CLEMSON, B. (1979): Management Cybernetics: A Look at the Debate. In: *European Journal of Operational Research* 3 (1979), S. 433–440
CONWAY, D. A. (1979): Three Years in the Life of an O. R. Section. *Vortrag auf EURO III* (Third European Congress on Operations Research. Amsterdam, 9.–11. April 1979)
DINKELBACH, W. (1978): Unternehmensforschung. In: *Handwörterbuch der Wirtschaftswissenschaft.* 14. Lieferung. Stuttgart 1978, S. 123–136
DRUMM, H. J.; SCHOLZ, CH.; POLZER, H. (1980): Zur Akzeptanz formaler Personalplanungsmethoden. In: *Zeitschrift für betriebswirtschaftliche Forschung* 32 (1980), S. 721–740
EDEN, C.; JONES, S. (1980): Publish or Perish? – A Case Study. In: *The Journal of the Operational Research Society* 31 (1980), S. 131–139
–, SIMS, D. (1979): *Thinking in Organizations.* London 1979
–, SIMS, D. (1979): On The Nature of Problems in Consulting Practice. In: *OMEGA* 7 (1979), S. 119–127
ELLIS, CH. et al. (1974): The Application of Dynamic Programming in United Kingdom Companies. In: *OMEGA* 2 (1974), S. 533–541
ETSCHMAIER, M. M.; ROTHSTEIN, M. (1974): Operations Research in the Management of the Airlines. In: *OMEGA* 2 (1974), S. 157–179
FROMM, G.; HAMILTON, W. L.; HAMILTON, D. E. (1974): *Federally Supported Mathematical Models:* Survey and Analysis. Washington, D. C. 1974
GAEDE, K.-W. (1974): Beitrag 4/i. In: *Erster Forschungsbericht der Technischen Hochschule Darmstadt.* Darmstadt 1974, S. 36
GERSHEFSKI, G. W. (1970): Corporate Models – The State of the Art. In: *Management Science* 16 (1970), S. B 303–B 312
GOLLING, H.-J. (1977): Empirische Erhebungen über OR-Anwendungen. In: *DGOR-Bulletin* 1977, Nr. 9, S. 5
–, (1981): *Planung unter Unsicherheit.* Darmstadt 1981 (Diss.)

GÖSSLER, R. (1974): *Operations-Research-Praxis* – Einsatzformen und Ergebnisse. Wiesbaden 1974
GRINYER, P. H.; WOOLLER, J. (1975): *Corporate Models Today* – A New Tool for Financial Management. London 1975
HAUSCHILDT, J. (1977): *Entscheidungsziele.* Tübingen 1977
–, (1978): Negativ-Kataloge in Entscheidungszielen. In: *Zeitschrift für die gesamte Staatswissenschaft* 134 (1978), S. 595–627
HEINHOLD, M.; NITSCHE, C.; PAPADOPOULOS, G. (1978): Empirische Untersuchung von Schwerpunkten der OR-Praxis in 525 Industriebetrieben der BRD. In: *Zeitschrift für Operations Research* 22 (1978), S B185–B218
HILDEBRANDT, S. (1977): Implementation of the Operations Research/Management Science Process. In: *European Journal of Operational Research* 1 (1977), S. 289–294
–, (1979): From Manipulation to Participation in the Operations Research Process. In: Haley, K. B. (Hrsg.): *Operational Research '78.* Amsterdam/New York/Oxford 1979, S. 163–180
HUYSMANS, J. H. B. M. (1970): *The Implementation of Operations Research.* An Approach to the Joint Consideration of Social and Technological Aspects. New York 1970
–, (1975): Operations Research Implementation and the Practice of Management. In: Schultz, R. L.; Slevin, D. P. (Hrsg.): *Implementing Operations Research/Management Science.* New York 1975, S. 291–309
JUNG, C. G. (1971): *Psychologische Typen.* 11. Aufl., Zürich 1971
KIRSCH, W. et al. (1975): *Planung und Organisation in Unternehmen* – Bericht aus einem empirischen Forschungsprojekt. Institut für Organisation, Ludwig-Maximilians-Universität München. München 1975
KÖHLER, R.; UEBELE, H. (1977): Planung und Entscheidung im Absatzbereich industrieller Großunternehmen – Ergebnisse einer empirischen Untersuchung. *Arbeitsbericht* Nr. 77/9 des Instituts für Wirtschaftswissenschaften der RWTH Aachen. Aachen 1977
KORTE, B. (1979): Neuere Entwicklungen in den Anwendungen von Mathematik und Operations Research. In: *Operations Research Verfahren* 31. Meisenheim 1979
LÖNNSTEDT, L. (1973): The Use of Operational Research in Twelve Companies Quoted on the Stockholm Stock Exchange. In: *Operational Research Quarterly* 24 (1973), S. 535–545
MARINOFF, G. M. (1975): Operational Research in Twenty Companies in Australian Private Industry. In: *Operational Research Quarterly* 26 (1975), S. 369–374
MEYER, H. (1976): Empirische Prüfung von OR-Modellen – ein methodisches Konzept. In: Dathe, H. N. et al. (Hrsg.): *Proceedings in Operations Research* 6. Würzburg/Wien 1976, S. 677–687
–, (1979): *Entscheidungsmodelle und Entscheidungsrealität* – Ein empirisches Prüfkonzept und seine Anwendung im Fall industrieller Materialdispositionen. Tübingen 1979
MILLER, D. (1976): *Strategy Making in Context:* Ten Empirical Archetypes. Diss. Montreal 1976
–, FRIESEN, P. H (1978): Archetypes of Strategy Formulation. In: *Management Science* 24 (1978), S. 921–933
MITCHELL, G. H. (1980): Images of Operational Research. In: *The Journal of the Operational Research Society* 31 (1980), S. 459–466
MITROFF, I. I. (1979): On the Nature of Psyche in Systems Thinking: Prospects and Paradoxes in Learning to Think Systematically. In: Bayraktar, B. et al. (Hrsg.): *Education in Systems Science.* London 1979, S. 206–210
MÜLLER-MERBACH, H. (1979a): Operations Research – mit oder ohne Zukunftschancen? In: Krüger, K.; Rühl, G.; Zink, K. J. (Hrsg.): *Industrial Engineering und Organisations-Entwicklung im kommenden Dezennium.* München 1979, S. 291–311
–, (1979b): The Modeling Process: Steps Versus Components. In: Szyperski, N.;

Grochla, E. (Hrsg.): *Design and Implementation of Computer-Based Information Systems*. Alphen aan den Rijn 1979, S. 47–59

–, (1980): Modelldenken und der Entwurf von Unternehmensplanungsmodellen für die Unternehmensführung. In: Hahn, D. (Hrsg.): *Führungsprobleme industrieller Unternehmungen*. Berlin/New York 1980, S. 471–491

–, (1981): Das Individuum und das Modell. In: *Tagungsband der 9. DGOR-Tagung* (Essen 1980). Berlin/Heidelberg/New York 1981 (erscheint demnächst)

–, GOLLING, H.-J. (1978): Die Rolle von Wahrscheinlichkeitsverteilungen in Entscheidungsprozessen. In: Helmstädter, H. (Hrsg.): *Neuere Entwicklungen in den Wirtschaftswissenschaften*. Berlin 1978, S. 413–430

–, NELGEN, D. W. (1980): Der Nutzen psychologischer Typologien für die modellgestützte Entscheidungsvorbereitung. In: Schwarze, J. et al. (Hrsg.): *Proceedings in Operations Research* 9. Würzburg/Wien 1980, S. 622–629

NAYLOR, T. H.; SCHAULAND, H. (1976): A Survey of Users of Corporate Planning Models. In: *Management Science* 22 (1976), S. 927–937

NEAL, R. D.; RADNOR, M. (1973): The Relation between Formal Procedures for Pursuing OR/MS Activities and OR/MS Group Success. In: *Operations Research* 21 (1973), S. 451–474

ORSA (Operations Research Society of America): *Careers in Operations Research*. Baltimore o.J. (vermutlich 1976)

RADNOR, M.; RUBENSTEIN, A. H.; BEAN, A. S. (1968): Integration and Utilization of Management Science Activities in Organizations. In: *Operational Research Quarterly* 19 (1968), S. 117–141

–, –, TANSIK, D. A. (1970): Implementation in Operations-Research the and R&D in Government and Business Organization. In: *Operations Research* 18 (1970), S. 967–991

–, NEAL, R. D. (1973): The Progress of Management-Science Activities in Large US Industrial Corporations. In: *Operations Research* 21 (1973), S. 427–450

SAGASTI, F. R.; MITROFF, I. I. (1973): Operations Research from the Viewpoint of General Systems Theory. In: *OMEGA* 1 (1973), S. 695–709

SCHULTZ, R. L.; SLEVIN, D. P. (1975): A Program of Research on Implementation. In: Schultz, R. L.; Slevin, D. P. (Hrsg.): *Implementing Operations Research/Management Science*. New York 1975, S. 31–51

STEINECKE, V.; SEIFERT, O.; OHSE, D. (1973): Lineare Planungsmodelle im praktischen Einsatz – Auswertung einer Erhebung. *DGOR-Schrift* Nr. 6. Berlin 1973

TÖPFER, A. (1975): Zum Entwicklungsstand von Planungs- und Kontrollsystemen in der deutschen Industrie – Ergebnisse einer empirischen Untersuchung. In: Wild, J. (Hrsg.): *Unternehmensplanung*. Reinbek bei Hamburg 1975, S. 169–194

TURBAN, E. (1969): How they're Planning OR at the Top. In: *Industrial Engineering* 1 (1969), H. 12, S. 16–20

–, (1972): A Sample Survey of Operations-Research Activities at the Corporate Level. In: *Operations Research* 20 (1972), S. 708–721

WITTE, E. (1968): Phasen-Theorem und Organisation komplexer Entscheidungsverläufe. In: *Zeitschrift für betriebswirtschaftliche Forschung* 20 (1968), S. 625–747

–, (1976): Kraft und Gegenkraft im Entscheidungsprozeß. In: *Zeitschrift für Betriebswirtschaft* 46 (1976), S. 319–326

–, (1978): Die Verfassung des Unternehmens als Gegenstand betriebswirtschaftlicher Forschung. In: *Die Betriebswirtschaft* 38 (1978), S. 331–340

–, (1980): Das Einflußpotential der Arbeitnehmer als Grundlage der Mitbestimmung – Eine empirische Untersuchung. In: *Die Betriebswirtschaft* 40 (1980), S. 3–26

ZIMMERMANN, H.-J. (1977): Results of Empirical Studies in Fuzzy Set Theory. In: Klir, G. J. (Hrsg.): *Applied General Systems Research*. Vol. 1. New York 1977, S. 303–311

Zum Nutzen empirischer Untersuchungen für normative Modelle der Entscheidungsfällung

HANS-JÜRGEN ZIMMERMANN

1. Der normative Anspruch von Theorien und Modellen der „Management Sciences"
   1.1. Expliziter und impliziter normativer Anspruch
   1.2. Entscheidungswissenschaften, Entscheidungstheorien, Entscheidungsmodelle
2. Die Notwendigkeit normativer Modelle in der Entscheidungspraxis
   2.1. Das Modell als Entscheidungshilfe
   2.2. Delegation und Kommunikation im Unternehmen
   2.3. Modelle als Grundlage der Planung und Kontrolle
3. Axiomatische Begründung und empirische Überprüfung
   3.1. Axiomatische Rechtfertigung von Wertsystemen und Handlungsräumen
   3.2. Festlegung der Modellsprache
   3.3. Modellqualität: Logische Richtigkeit, Aussagefähigkeit, Realitätsentsprechung, Effizienz
4. Revision von Theorien und Modellen aufgrund empirischer Untersuchungen
   4.1. Möglichkeit und Notwendigkeit der Revision von Theorien und Modellen
   4.2. Aufwand und Nutzen empirischer Überprüfung
5. Anwendung der Theorie unscharfer Mengen auf Entscheidungsprobleme und dazu notwendige empirische Vorarbeiten
   5.1. Problemstellung
   5.2. Deduktive Ableitung der Bedeutung von „Konnektiven"
   5.3. Die empirische Überprüfung von „Konnektiv"-Hypothesen

1. Der normative Anspruch von Theorien und Modellen der „Management Sciences"

Die Entwicklung der „Management Sciences" verlief in den Ländern des angelsächsischen Sprachbereiches sehr verschieden von der Entwicklung in Deutschland. Der Ursprung der Management Sciences in den USA wird im Scientific Management von F. W. Taylor gesehen, dessen Prinzipien er 1911 in seinem „The Principles of Scientific Management" veröffentlichte (STARR 1965, S. 16/17). Dieses Scientific Management war sehr ähnlich einer Ingenieurwissenschaft. So lauten z. B. die vier „Principles of Scientific Management" Taylor's

„The new duties of the managers are grouped under four heads:

1. They develop a science for each element of man's work, which replaces the old rule of thumb-method.
2. They scientifically select and then train, teach, and develop the workman, whereas in the past he chose his own work and trained himself the best he could.
3. They heartily cooperate with the men so as to insure all the work being done in accordance with the principles of the science which have been developed.
4. There is an almost equal division of the work between the management and the workmen. The management takes over all work for which it is better fitted than the workmen, while in the past almost all of the work and the greater part of the responsibility were thrown upon the men."

Erst 1953 wurde das Institut of Management Sciences, und damit auch der Ausdruck Management Sciences, gegründet mit der Überzeugung ,,That the management of enterprise must ultimately derive wisdom for decision from scientific activities and vitality for action from a deep and abiding belief in the practise of science" (STARR 1965, S. 1). Das Ziel dieses Institutes und der wohl größten Zeitschrift auf diesem Gebiet, der Zeitschrift ,,Management Science" lautet noch heute: ,,To identify, extend and unify scientific knowledge that contributes to the understanding and practise of management" (STARR 1965, S. 1).

Bei einer Betrachtung sowohl früherer Schriften als auch der heutigen Literatur auf dem Gebiet der Management Sciences scheint es, als ob die Mehrzahl der Autoren dieses Gebiet primär als eine Kunstlehre (art of management) versteht. Man kann jedoch auch einige Hinweise darauf finden, daß Management Science als eine Wissenschaft zu verstehen sei: So reflektieren bereits 1959 HELMER und RESCHER (1959, S. 50) über exakte und nicht exakte Wissenschaften und schreiben: ,,It should be obvious that there is at present no clear-cut dichotomy between exact and inexact sciences and, in particular, that inexactness ist not a prerogative of the social sciences."

Ihre Beeinflussung durch Vertreter des kritischen Rationalismus ist auch nicht zu verkennen, wenn sie im gleichen Artikel schreiben: ,,The uncertainty of conclusions based on quasi-laws is not due to the same reason as that of conclusions based on statistical laws. For a statistical law asserts the presence of some characteristics in a certain (presumably high) percentage of cases, whereas a quasi-law asserts it in all cases for which an exceptional status (in some ill-defined but clearly understood sense) can not be claimed".

Gifford H. Symonds, der damalige Präsident des Institutes, definierte 1956 auf seiner Eröffnungsansprache der Jahrestagung dieser Vereinigung Wissenschaft in seinem Sinne als ,,that part of the accumulated and accepted knowledge, which has been systemised and formulated with reference to the discovery of general truths or the operation of general laws. Science is knowledge, classified and made available in work, life or the search of truth. It is comprehensive, profound and philosophic knowledge. Miscellaneous uncorrelated facts may be of interest in promoting the *art* of management but they have no significance in the science of management. Management science therefore is primarily a science. It is different from the scientific management. Management science is generally the work of scientists and scientifically oriented people in the field of management. Scientific management, on the other hand, is the practice of management conducted in an orderly fashion" (SYMONDS in STARR 1965, S. 379).

Symonds sieht zu dieser Zeit das Verhältnis zwischen Operations Research und Management Science wie folgt: ,,Operations Research represents the problemsolving objective; Management Science the development of general scientific knowledge" (SYMONDS in STARR 1965, S. 385).

Management Science ist für Symonds ein Teil der Soziologie mit allen Ansprüchen einer Realwissenschaft. Merril Flood warnt sogar vor einer zu großen Praxisnähe, wenn er sagt: ,,We should pause before insisting that the management scientist is always more apt to produce significant results, if he keeps in close touch with the common problems plaguing managers and executives. Scientific contributions of first importance in understanding management are not very apt to result from any direct interest in specific management problems" (SYMONDS in STARR 1965, S. 384).

Es wäre interessant, darüber zu spekulieren, aus welchem Grunde sich das heutige Bild der Management Science, wie es sich in den Veröffentlichungen seiner großen Zeitschriften zeigt, wie z.B. ,,Management Science" auf der einen Seite und ,,Interfaces" auf der anderen Seite, so sehr von dem Verständnis von Management Science unterscheidet, wie es aus den oben zitierten Stellungnahmen seiner Vertreter vor gut 25 Jahren manifestiert wird. Ich vermute, daß von den Forschern auf diesem Gebiet die Ansprüche an eine Realwissenschaft nicht ernst genug genommen wurden und daß sich dadurch der Trend zu formalwissenschaftlichem Arbeiten so stark entwickelt hat, daß man als Reaktion darauf in der jüngsten Vergangenheit wieder nach einer Kunstlehre statt nach einer wissenschaftlichen Disziplin strebt.

In Deutschland hat sich in der Zwischenzeit das Selbstverständnis der Betriebswirtschaftslehre als einer Realwissenschaft mit all ihren Konsequenzen weitgehend durchgesetzt. Die Auffassung der Betriebswirtschaftslehre als einer normativen, wertenden, die Realitäten verändern wollenden Disziplin, wie sie noch bei Nicklisch und Kalveram zu finden waren, gehört wohl weitgehend der Vergangenheit an. So definiert Kosiol explizit die Betriebswirtschaftslehre als eine wertfreie, sogenannte positive, empirisch realistische Wissenschaft (KOSIOL 1961, S. 135); WITTE (1968a) leitet aus dieser von ihm vertretenen Auffassung explizit die Anforderung ab, daß Aussagen auf diesem Gebiet einen Informationsgehalt über die Realität haben müssen und STÄHLIN (1973, S. 162) wendet sich sogar gegen eine seiner Meinung nach noch zu starke wissenschafts-strategische Überbetonung des angewandten Teiles der betriebswirtschaftlichen Forschung, durch die das Forschungsinteresse zu stark durch Tagesprobleme gesteuert werde. Er sieht die Gefahr, daß zu schnell adhoc-Theorien aufgestellt werden und dadurch notwendige Grundlagenforschung unterbleiben könnte.

Einige Wissenschaftler unseres Gebietes (KÖHLER 1966, S. 39; KATTERLE 1964, S. 110) betonen sogar ausdrücklich, daß es bisher noch nicht bewiesen sei, ob ein grundsätzlicher Unterschied zwischen den Natur- und Sozialwissenschaften bestehe. So hält Köhler z.B. das Bestehen von Invarianzen im Sinne von Popper auch auf dem Sektor der Betriebswirtschaftslehre durchaus für möglich und weist auf die auch von anderen angeführte kongitive Dissonanz als Beispiel einer solchen Invarianz hin. Katterle wendet sich gegen die auch von Wöhe vertretene Auffassung, daß in den Wirtschaftswissenschaften Experimenten im naturwissenschaftlichen Sinne sehr geringe Bedeutung zukomme. KOSIOL (1973, S.4) vertritt sogar die Auffassung, daß der Verzicht auf das theoretische Wissenschaftsziel, nomologische Hypothesen und explanatorische Theorien aufzustellen, das Ende jeder exakten empirischen Organisationsforschung sein müsse.

Weniger „wissenschaftlich" im Sinne einer Realwissenschaft sind die Vertreter der sogenannten entscheidungs-orientierten Betriebswirtschaftslehre, die wie Heinen die Auffassung vertreten, die Betriebswirtschaftslehre von heute sei eine praktisch-normative Wissenschaft, wobei sie praktisch-normativ verstanden wissen wollen als das Ziel dieser Disziplin, Aussagen darüber abzuleiten, wie das Entscheidungsverhalten der Menschen in der Betriebswirtschaft sein soll, wenn diese bestimmte Ziele bestmöglich erreichen wollen (HEINEN 1969, S. 209). Diese Richtung der Betriebswirtschaftslehre ist also nicht im Sinne einer normativen Wissenschaft (Nicklisch) zu verstehen, sondern als eine Richtung, die ein pragmatisches Wissenschaftsziel verfolgt, wobei Theorien in instrumentale Ziel-Mittel-Systeme eingefügt werden, indem theoretisch-erkannte Wirkungen als Ziel gesetzt und die die Wirkungen hervorrufenden Ursachen zum Mittel der Zielerreichung erklärt werden (KOCH 1975, S. 25/26). Das instrumentale Aussagensystem sollte dabei nach Möglichkeit auf vorhandenen realtheoretisch begründeten Aussagensystemen aufbauen. Das Vorgehen entspricht also in etwa dem Vorgehen der Wirtschaftspolitik auf dem Gebiet der Volkswirtschaftslehre.

Man kann nach dem oben Gesagten wohl davon ausgehen, daß sich die Management Sciences insgesamt überwiegend als Realwissenschaften verstehen, wobei man sich den Ansprüchen einer solchen Realwissenschaft, wie sie z.B. von Popper im Rahmen der Wissenschaftstheorie formuliert wurden, zu verschiedenem Maße bewußt ist und sie dementsprechend auch zu verschiedenem Maße zu erfüllen sucht. Man könnte daraus schließen, daß ein normativer Anspruch im Sinne einer Wertaussage grundsätzlich nicht gemacht wird. Ob dies tatsächlich der Fall ist, soll im folgenden Punkt untersucht werden.

1.1. Expliziter und impliziter normativer Anspruch

Im folgenden ist zu berücksichtigen, daß die Einstellung von Wissenschaftlern nur zum Teil in wissenschaftlichen Veröffentlichungen, in programmatischen Erklärungen im Rahmen von Vorträgen oder in ihren Lehrveranstaltungen zum Ausdruck kommt. Für eine adäquate Feststellung der tatsächlichen Auffassung der heutigen Betriebswirtschaftslehre wäre es notwendig, eine sehr detaillierte Analyse der gesamten wissenschaftlichen Aktivitäten auf diesem Bereich durchzuführen.

Explizit wird wohl der normative Anspruch der Betriebswirtschaftslehre im Sinne einer Wertsetzung nur im Rahmen der ,,normativ-wertenden" Betriebswirtschaftslehre, vertreten z. B. durch Nicklisch, zum Ausdruck gebracht. Um so stärker scheinen mir jedoch normative Ansprüche auf verschiedene Weise auch heute noch impliziert zu werden. Diese Normensetzung war meines Erachtens bereits ein Ziel der als Kunstlehre vor dem ersten Weltkrieg verstandenen Betriebswirtschaftslehre, die Verfahren der Handelsbetriebe verallgemeinerte, um sie dann auf Industriebetriebe zu übertragen. Ein ähnlich normativer Anspruch ist in der sogenannten ,,praktisch-normativen" Betriebswirtschaftslehre Schmalenbachs zu finden, wenn das Ziel der Gewinnmaximierung unterstellt wird, ohne es im wissenschaftlichen Sinne empirisch belegt zu haben. Dies gilt selbst dann, wenn hier das Wort ,,normativ" zunächst nicht als wert-setzend verstanden wird.

Das Gleiche gilt für die neuere ,,entscheidungsorientierte" Betriebswirtschaftslehre, die sich als eine praktisch-normative Wissenschaft versteht und dies so interpretiert, daß ,,sie Aussagen darüber abzuleiten hat, wie das Entscheidungsverhalten der Menschen in der Betriebswirtschaft sein *soll*" (HEINEN 1969, S. 209).

Auch die sogenannte ,,normative Entscheidungstheorie", deren erklärtes Anliegen es ist, ,,Vorschriften und Empfehlungen für alle jene Entscheidungen zu entwickeln, durch welche der Unternehmensablauf festgelegt wird" (KOCH 1975, S. 25) erhebt einen ähnlichen normativen Anspruch.

Gerade bei der normativen Entscheidungstheorie, die sich zwar zunächst als reine Entscheidungslogik versteht, die dann jedoch sehr oft als Bezugsrahmen für andere entscheidungsorientierte Gebiete der Betriebswirtschaftslehre benutzt wird, erscheint mir ein normativer Anspruch bereits dadurch gegeben zu sein, daß insgesamt ,,rationales Verhalten" als das geltende Prinzip für eine akzeptable Form der Entscheidungsfällung unterstellt wird. Hierbei wird zwar zum Teil rational formal-axiomatisch definiert und zunächst auch nur als eine Definition im Sinne einer Formalwissenschaft verstanden; es wird jedoch dann an anderer Stelle in ganz anderer Weise interpretiert. So bezeichnet z. B. das Wort ,,rational" bei Lisowsky nicht nur die Wahl geeigneter Mittel, sondern es fordert eine Entscheidung für ein ,,ökonomisches Ziel" des Wirtschaftens. Der rationale Wirtschafter muß hier auf ein ,,Mehr an Ertrag über einen Aufwand", auf „Leistungssteigerung", auf Erhöhung des „Geschäftserfolges" zielen (LISOWSKY 1929, zit. in KATTERLE 1964, S. 42). Es ist hier Gibson vollkommen zuzustimmen, wenn er schreibt: „When economists define rational behavior as that in which the best available means are selected for maximizing profits, there is a considerable danger of confusion, for it is suggested here that for a man to act rationally two things are required: Firstly he must take an estimate, justified by the evidence of his disposal, of the best means for achieving his end, and secondly, his end must be the maximizing of profits. In our use of rational we would be acting rationally if he satisfies the first condition alone, and this would be the case even if he preferred to maximize his losses. Anyone who adds that it is rational to maximize profits is clearly giving a wider use to the word „rational" and one which has the defect of obscuring a vital distinction" (GIBSON 1960, zit. in KATTERLE 1964, S. 42).

Der Normanspruch liegt hier offensichtlich in der Begriffsbildung verborgen, und es scheint von größter Bedeutung zu sein sicherzustellen, daß ein formaltheoretisches Satzsystem auch als ein solches erkannt und verwandt wird und nicht durch die Annahme empirischen Gehaltes seiner Grundaxiome als eine realwissenschaftliche Theorie mißinterpretiert wird.

Es sind in der betriebswirtschaftlichen Literatur bisher nur sehr wenige ausdrückliche Hinweise darauf zu finden, daß die Axiome wissenschaftlicher Satzsysteme empirisch-nomologischen Inhalt haben müssen, um aus solchen Systemen auch wissenschaftliche Aussagen im Sinne einer Realwissenschaft ableiten zu können (KOSIOL 1973, S. 3ff.).

Selbst wenn wir zur Zeit noch nicht in der Lage sein sollten, auf dem Gebiet der Betriebswirtschaftslehre nomologische Aussagen im strengen Sinne machen zu können, so wäre es doch höchst wünschenswert, „betriebswirtschaftliche Theorien" wenigstens auf Axiomen beruhen zu lassen, die die Qualität von Quasi-Gesetzen haben.

Ein weiteres, oft übersehenes, Gebiet impliziter aber effektiver Normensetzung ist das der Ausbildung und Lehre. Selbst wenn an unseren Hochschulen sehr oft bei der Vermittlung von „Wissen" auf dem Gebiet der Betriebswirtschaftslehre und der Entscheidungstheorie nicht explizit der Anspruch erhoben wird, Normen setzen zu wollen, so geschieht dies meines Erachtens doch sehr oft implizit dadurch, daß der Anspruch auf „Richtigkeit" oder „Wahrheit" der vermittelten Lehransprüche gestellt wird. Dieser Wahrheitsanspruch des vermittelten Wissens wird sicher sehr oft, jedenfalls vom unkritischen Studenten, interpretiert als die Aufforderung an ihn, sich z. B. im späteren Berufsleben bei Entscheidungen so zu verhalten, wie es ihm während der Lehrveranstaltungen vorgetragen und als „richtiges" (weil rationales) Verhalten „bewiesen" wurde. Betrachtet man die Einstellung, die Werthaltung und das Entscheidungsverhalten der Hochschulabgänger heute und vergleicht es mit dem der Hochschulabgänger von vor 20 oder 30 Jahren, so wird man darin vermutlich einen wesentlichen Unterschied feststellen. Dies ist sicherlich auch dann sehr zu begrüßen, wenn der Unterschied durch ein Mehr an Erkenntnissen hervorgerufen wird. Hierzu ist jedoch notwendig, daß der Erkenntniszuwachs auch tatsächlich auf einem Zuwachs des Erkenntnisgehaltes der vermittelten Lehrstoffe beruht und nicht nur auf einem Fortschritt der Kalkülisierung von Lehrinhalten, die dann leicht als empirisch fundierte Erkenntnisfortschritte interpretiert oder ausgegeben werden können. Es ist offensichtlich, daß eine derartige Erhöhung des Erkenntisgehaltes von Lehrinhalten im Verlaufe der Zeit nur unter zwei Voraussetzungen stattfinden kann: Zum einen ist in der Forschung ein tatsächlicher Erkenntnisfortschritt zu erreichen, und zum anderen muß ein enger Zusammenhang zwischen Forschung und Lehre bestehen. Ich habe den Verdacht, daß mit der Ausbreitung der ,,praktisch-normativen'' oder entscheidungsorientierten Auffassung der Betriebswirtschaftslehre sehr oft, vor allem in der Lehre, die Vermittlung von kritisch wissenschaftlichem Analysevermögen im wissenschaftstheoretischen Sinne in zunehmendem Maße hinter der Vermittlung kalkülisierter und oft inhaltsleerer ,,Entscheidungshilfen'' zurücksteht.

Die Möglichkeit, das menschliche Entscheidungsverhalten durch Lehre und Ausbildung beeinflussen zu können, könnte auch Anlaß sein, gewisse Unterschiede im Wissenschaftscharakter zwischen den Naturwissenschaften und den Sozialwissenschaften zu vermuten. Eine endgültige Aussage darüber ist jedoch sicherlich erst nach sehr viel weitergehender sowohl wissenschaftstheoretischer als auch empirischer Forschung möglich.

1.2. Entscheidungswissenschaften, Entscheidungstheorien, Entscheidungsmodelle

So wenig man sich über den Inhalt des Begriffes ,,Wissenschaft'' einig ist, so wenig findet man in der Literatur auch klare Definitionen des Begriffs der ,,Entscheidungswissenschaften''. Man ist sich zwar im allgemeinen darüber einig, daß zu den Entscheidungswissenschaften sowohl Formal- als auch Realwissenschaften zählen, daß die meisten der Sozialwissenschaften in irgendeiner Weise entscheidungsorientiert sind, und daß speziell auf dem Gebiet der Betriebswirtschaftslehre die Entscheidung, wie immer man sie definieren mag, eine ganz wesentliche Rolle spielt. Im angelsächsischen Sprachbereich werden Begriffe wie ,,Management Science'' nicht einmal in Standardwerken erklärt oder definiert, die diesen Titel tragen (z. B. TEICHROEW 1964; BOOT 1967). Dies ist wohl zum großen Teil darauf zurückzuführen, daß hier der Schwerpunkt ,,forschender'' Arbeit mehr auf dem technologischen als auf dem wissenschaftlichen Sektor zu finden ist.

Auch im deutschen Sprachbereich findet man den Entscheidungsbezug in vielen verschiedenen Disziplinen der Sozialwissenschaften. Der formale Anspruch, eine ,,Entscheidungswissenschaft'' zu sein, wird jedoch selten erhoben.

Ganz anders ist die Lage bei der *Entscheidungstheorie* oder den Entscheidungstheorien. Wird der Begriff „Entscheidungstheorie" benutzt, so geschieht dies in zweierlei Weise: Zum einen geschieht es im Sinne einer geschlossenen Theorie, die lediglich verschiedene Ausprägungen hat (GÄFGEN 1963, S. 1), zum anderen geschieht es von den Vertretern der jeweiligen Ausprägungen mit dem impliziten Anspruch, ihr Verständnis von Entscheidungstheorie sei *die* Auffassung, die man von einer Entscheidungstheorie haben könne. Beide Wege des Gebrauchs des Begriffes Entscheidungstheorie schließen m. E. Gefahren in sich: Der erste Gebrauch vermengt m. E. formalwissenschaftliche und realwissenschaftliche Satzsysteme, ohne am Ende klar unterscheiden zu können, welchen Erklärungswert und welchen Prognosewert man von den einzelnen Teilen einer solchen Theorie mit Recht erwarten kann. Die zweite Art ist m. E. besonders dann gefährlich, wenn man unter Entscheidungstheorie die Entscheidungslogik versteht und sie dann aber als eine, wenigstens teilweise, realwissenschaftliche Theorie interpretiert.

Ich möchte nicht verschweigen, daß ich mir durchaus eine Zeit vorstellen kann, in der *eine* Entscheidungstheorie im realwissenschaftlichen Sinne bestehen könnte. Dies würde allerdings voraussetzen, daß die bisherige Entscheidungslogik zum einen noch erheblich weiter entwickelt (gute Hinweise auf mögliche Weiterentwicklungen findet man z. B. bei SCHNEIDER 1979, S. 117), und daß zum anderen die in ihr gesetzte Axiomatik empirisch auf Realitätsgehalt überprüft und entsprechend modifiziert worden wäre. Hierbei könnte sicherlich die deskriptive Entscheidungstheorie, sozusagen im Entstehungszusammenhang, hilfreiche Dienste leisten. Allerdings würde dies wieder voraussetzen, daß auch die deskriptive Entscheidungstheorie viele ihrer modellhaften Vorstellungen zunächst empirisch überprüft und modifiziert. Ich bin durchaus nicht der Meinung Gäfgens, daß hierbei das Prinzip der kritischen Prüfung des kritischen Rationalismus eine Art Selbstaufgabe der Entscheidungstheorie bedeuten würde, und daß daraus zwingend als Empfehlung für richtiges Handeln im wesentlichen nur ständiges Probieren und Revidieren folgen würde (GÄFGEN 1963, S. 484). Die Einstellung Gäfgens folgt aber wohl aus seinem Verständnis der Entscheidungstheorie: „Im Grunde ist nämlich die Entscheidungstheorie nichts anderes als ein Aufzeigen alles dessen, was Rationalität im Handeln impliziert (GÄFGEN 1963, S. 8).

An *Modelle* sind offensichtlich wesentlich geringere wissenschaftliche Anforderungen zu stellen als an Theorien. Die Forderung nomologischer Gültigkeit, die an Theorien zu stellen ist, gilt nicht für Modelle. Modelle werden zwar durchaus nutzbringend im Rahmen wissenschaftlicher Arbeit, und zwar sowohl im Entstehungs- als auch im Begründungszusammenhang wissenschaftlicher Theorien, benutzt; eine weitaus größere Rolle spielen sie m. E. jedoch für das pragmatische Wissenschaftsziel, d. h. im Rahmen der Technologien.

Die Formen von *Entscheidungsmodellen* sind genauso vielfältig wie die Definitionen des Begriffes Entscheidung. Neben Modellen, die die Entscheidung als einen Informationsverarbeitungsprozeß darstellen, sind Modelle zu finden, die sich weitgehend aus der Entscheidungslogik ableiten, und die als ein Tripel definiert sind, das Angaben über den Lösungsraum (Alternativenmenge), die Zielfunktion und die Extremierungsvorschrift enthält (DINKELBACH 1974, Sp. 1292).

Modelle können im wesentlichen, ähnlich Theorien, zur Beschreibung, Erklärung, Prognose und auch zur Kommunikationserleichterung verwendet werden. Zwei Unterschiede zwischen Theorie und Modell scheinen mir aber hier besonders erwähnenswert:
1. Obwohl auch ein Modell auf gesetzesartigen Prämissen beruhen kann, bekommt das Alltagswissen des Modellbauers besondere Wichtigkeit und einen legitimen Platz im Modell.
2. Gewöhnlich hat ein Modell zunächst den Charakter eines Idealmodelles, das auf formalisierten Aussagesätzen beruht, die den Charakter unverbindlicher Annahmen tragen und daher keinen realen Geltungsanspruch haben. Reale Gültigkeit und damit den Charakter eines Realmodelles erlangen sie erst im Zeitpunkt ihrer Anwendung. Hier entscheidet sich ihre praktische Brauchbarkeit in der jeweiligen Situation. Das dem Realmodell zugrundeliegende Idealmodell, als syntaktisches Deduktionssystem, wird und kann aber durch die Anwendung nicht verifiziert werden. Es wird lediglich die Anwendbarkeit des Modelles im vorliegenden Falle bestätigt oder widerlegt (KOSIOL 1964, S. 757).

Durch ihre raum-zeitlich beschränkte Gültigkeit bekommt jedoch auch ihr normativer Anspruch einen anderen Charakter als ein solcher Anspruch von Theorien. Eine wert- oder verhaltensmäßige Norm kann sich bei einem Modell grundsätzlich in jeder der drei Komponenten Handlungsraum, Ziel oder Extremierungsvorschrift, finden. Da einige Modelle, und insbesondere natürlich auch Entscheidungsmodelle, keine nomologische Gültigkeit beanspruchen, ist auch ein normativer Anspruch eines solchen Modelles, selbst im Sinne der Wertsetzung, wissenschaftstheoretisch unbedenklich. Die Norm wird hier von dem gesetzt, der das Modell aufstellt. Die Norm kann von denen akzeptiert werden, die unter bestimmten Umständen dieses Modell für bestimmte Zwecke benutzen wollen, und die Norm kann unter Umständen sogar in dem Sinne empirisch überprüft werden, daß man feststellt, ob die im Modell enthaltene Norm mit der übereinstimmt, die ohne eine Benutzung des Modelles anerkannt worden wäre.

2. Die Notwendigkeit normativer Modelle in der Entscheidungspraxis

Ich wende mich nun dem Objektbereich selbst zu, d.h. ich betrachte nicht mehr die Wissenschaft oder die Theorie der Entscheidungsfällung, sondern die Entscheidungsfällung selbst. Dies hat eine ganz wesentliche Konsequenz: Während von einer wissenschaftlichen Theorie normalerweise gefordert wird, daß sie „wertfrei", also in diesem Sinne nicht normativ oder präskriptiv, sein sollte, ist der wirkliche Entscheidungsfäller in den meisten Fällen geradezu gezwungen, Normen und Werthaltungen zu setzen. Die Entscheidungsbefugnis eines Menschen, gleichgültig, ob er Unternehmer, Vorsitzender des Betriebsrates oder Leiter einer Behörde ist, ist gewöhnlich rechtlich und moralisch verbunden mit einer gewissen Verantwortung. Nun ist zwar Verantwortung durchaus nicht ein eindeutig definierter Begriff. Bei einer kürzlich erfolgten Analyse von ca. 90 Stellenbewertungsverfahren wurden z.B. fast 100 Merkmale festgestellt, aufgrund deren der Begriff Verantwortung operationalisiert werden sollte. Hierbei zeigte sich, daß Verantwortung in ganz verschiedenen Richtungen interpretiert wurde: Als Motivation, als Eignung, als juristischer Tatbestand, als Fähigkeit und schließlich als ein moralischer Begriff. Ich will hier zunächst einmal nur den entweder juristischen oder moralischen Haftungstatbestand als Inhalt des Begriffes Verantwortung zugrundelegen. Ein Entscheidungsbefugter haftet dann also für die Folgen seiner Entscheidungen. Er kann sich daher nicht darauf beschränken, wie der Wissenschaftler, für seinen Entscheidungsbereich die Wahrheit zu ergründen, sondern er ist geradezu dazu gezwungen, Normen der verschiedensten Art zu setzen. Diese Normen werden selbstverständlich abhängig sein von den in seinem Entscheidungsbereich geltenden Zielen, wobei die Ziele zum einen persönliche Ziele des Entscheidungsbefugten sein können – und in dieser Beziehung ist er dem Wissenschaftler sehr vergleichbar – und zum anderen institutionelle Ziele, d.h. also Ziele, die rechtlich oder kausal mit seiner Entscheidungsbefugnis verbunden sind. Die zweite Art der Ziele entspricht den Zielsetzungen, die in der Wissenschaftstheorie für die verschiedenen Einzelwissenschaften gesetzt werden. (Diese Ziele könnten nun wissenschaftlich wieder untersucht werden, was hier aber nicht getan werden soll.)

Im folgenden soll für einige Gebiete exemplarisch untersucht werden, welche Rolle Modelle bei dieser „Entscheidungsfällungsaktivität" spielen und spielen können. Auf eine Vollständigkeit der Analyse muß aus offensichtlichen Gründen hier verzichtet werden.

2.1. Das Modell als Entscheidungshilfe

Sieht man von extrem einfach strukturierten und im Umfang extrem beschränkten Entscheidungen ab, so kann eine Entscheidung sicherlich nicht durch das in der Entscheidungslogik benutzte Modell einer Entscheidung charakterisiert werden. Eine Entscheidung ist dann vielmehr ein recht komplexer Informationsverarbeitungsprozeß, der unter Beteiligung mehrerer Personen und Institutionen über eine gewisse Zeitspanne läuft, und dessen Phasen im allgemeinen nicht sequentiell durchlaufen werden, sondern simultan und rückkoppelnd (z.B. WITTE 1968b). Im Rahmen dieser Informationsverarbeitungsprozesse werden sowohl Lösungsräume (Alternativen Mengen), als auch

Ziele und Extremierungsvorschrift sukzessive strukturiert (HAUSCHILDT 1977 und 1978). Es handelt sich hierbei offensichtlich um Informationsverarbeitungsprozesse, die sehr komplex sind; auf jeden Fall komplexer, als daß sie ohne Hilfsmittel von der menschlichen Informationsverarbeitungskapazität durchgeführt werden könnten (KIRSCH 1970, S. 84). Es besteht wohl kein Zweifel daran, daß hier ohne Modellbildung nicht auszukommen ist. Modelle werden sowohl notwendig sein, um tatsächliche Systeme vom Menschen erfaßbar zu machen als auch, um vorhandene Informationsverarbeitungsanlagen benutzen zu können, was wiederum nur auf dem Wege einer Modellbildung möglich ist.

Sieht man sich den Charakter der hier verwendeten Modelle an, so wird man im wesentlichen drei verschiedene Modellarten feststellen können:

1. Beschreibungs- und Erklärungsmodelle

Diese Modelle dienen primär der Entscheidungsvorbereitung und der Erkenntnis des Ist-Zustandes durch den Entscheidungsfäller im weitesten Sinne. Das Spektrum dieser Modelle reicht von Modellen der Clusteranalyse über riesige Prozeßmodelle (z.B. WARTMANN 1963) bis hin zu kostenrechnerischen Modellen. Obwohl diese Modelle normalerweise als deskriptive Modelle angesehen werden, enthalten sie ohne Zweifel an den verschiedensten Stellen Normen, entweder in Form von Definitionen oder in Form von Vorschriften. So wird in sehr vielen Fällen z.B. nicht empirisch festgestellt werden, ob gewisse Zusammenhänge linear sind oder nicht, sondern es wird einfach angenommen und im Modell so festgelegt. Das Gleiche gilt für Annahmen über vorhandene Kapazitäten, über benötigte Zeiten usw. In Modellen der Kostenrechnung ist eine sehr übliche Festlegung die Aufspaltung der Kosten in fixe und variable Bestandteile. Diese Aufteilung sollte zwar aufgrund des tatsächlichen Charakters der Kosten geschehen; da die Feststellung des tatsächlichen Charakters einer bestimmten Kostenart in einem bestimmten Unternehmen zu einer bestimmten Zeit jedoch oft als zu aufwendig angesehen wird, wird über den Charakter dieser Kosten ,,entschieden". Weitere Normen sind impliziert im Feinheitsgrad eines Modelles, in den vernachlässigten Interdependenzen etc.

2. Prognosemodelle

Auch dies sind – wenn auch konditionale – Beschreibungsmodelle. Man erwartet von ihnen gewöhnlich Wenn-Dann-Aussagen, die allerdings im Gegensatz zu den wissenschaftlichen Wenn-Dann-Aussagen keinen nomologischen Charakter haben. Da sich die von diesen Modellen erwarteten Aussagen auf die Zukunft beziehen, sind notwendigerweise Festlegungen darüber erforderlich, welche Annahmen über zukünftige Situationen zu machen sind (d.h. also Entscheidungen über das ,,wenn"). Es sind darüberhinaus Festlegungen oder Entscheidungen darüber erforderlich, in welcher Form, d.h. also unter

Zugrundelegung welcher statistischer Prämissen, die Ungewißheit der Zukunft berücksichtigt werden soll.

Die Festlegungen, die in den Modellen dieses und des vorherigen Punktes zu machen sind, beeinflussen ganz wesentlich die Aussage dieser Modelle und den Aufwand, der für die Informationsverarbeitung zu treiben ist.

3. Entscheidungsmodelle (i.e.S.)

Diese Art der Modelle baut entweder auf den unter 1. und 2. genannten Modellen auf, oder aber sie umfaßt neben den Elementen dieser Modelle noch die Komponente „Bewertung", d.h. die Vorgabe von Zielen und Extremierungsvorschriften. Die Vielzahl der in diesem Sinne in der Praxis benutzten Modelle reicht von dem einfachen Scoring-Modell über die verschiedensten Modelle der mathematischen Programmierung bis hin zu Modellen die in sich verschiedene algorithmische Ansätze vereinigen (z.B. CHARNES/COOPER/DEVOE/LEARNER 1966). Bei diesen Modellen ist die Wertsetzung, d.h. der normative Charakter, am offensichtlichsten; die Notwendigkeit ihrer Verwendung wird von all denen bestätigt werden können, die in der Praxis in großem Umfange komplexe aber programmierbare Entscheidungen zu fällen haben.

2.2. Delegation und Kommunikation im Unternehmen

Wenn man von Delegation im Unternehmen spricht, so handelt es sich gewöhnlich um die Delegation von Entscheidungsbefugnis und im allgemeinen auch der damit verbundenen Verantwortung. Delegation, als eine der Formen dezentralisierter Entscheidungsfällung, erfordert eine Koordination der Teilentscheidungen auf das oder die Unternehmensziele hin (z.B. HAX 1965). Diese Koordination kann sowohl durch die Aufstellung eines (normativen) Gesamtmodelles versucht werden (der wohl seltenere Weg), als auch durch die Koordination verschiedener Entscheidungsmodelle, deren Gesamtheit die Gesamtheit des Unternehmens abbildet. Wie umfassend die einzelnen Entscheidungsmodelle sind und in welcher Weise sie miteinander verbunden werden, ist wiederum eine Setzung, die von dem dazu befugten Entscheidungsfäller zu erfolgen hat. Mit Recht weist Hax darauf hin, daß die Entscheidungsfällung nicht an der Spitze z.B. eines Unternehmens konzentriert ist, wenn er sagt: „Entscheidungsträger sind, genau genommen, alle in einer Organisation tätigen Personen" (HAX 1965, S. 10). Damit gilt für das Gebiet Delegation im Prinzip alles, was im vorherigen Abschnitt bereits über den normativen Charakter und die Notwendigkeit von Entscheidungsmodellen gesagt worden ist.

Einer der Wege der Koordination von Teilentscheidungen ist die Kommunikation zwischen verschiedenen Entscheidungsträgern. Normatives Modellieren tritt hier in zwei Formen auf. Zum einen werden Modelle benötigt, um Informationsflüsse in Richtung und Umfang festzulegen. Diese gestalterische Aufgabe ist eine der Hauptaufgaben des Managements. Insofern sind sehr oft sowohl Organisationsdiagramme wie auch Datenflußdiagramme nicht im Sinne des „so-seins" sondern im Sinne eines „so-sein-sollens" zu verstehen. Zum anderen werden normative Modelle – hier zwar meist nicht ein einer formal-mathematischen Form – zur einheitlichen Begriffsbildung benötigt. Worte unserer Sprache werden also definitorisch für eine bestimmte Organisation mit einem bestimmten Inhalt erfüllt. Dies dient sowohl der effizienten Kommunikation (man denke nur an die Vielzahl der betriebs-individuell benutzten Abkürzungen) als auch der eindeutigen Operationalisierung festzulegender Verhaltensvorschriften. Derartige Modelle können sowohl die Form von umfangreichen Sachnummern-Schlüsselsystemen annehmen, als auch die Form einfacherer „Sprachregelungen", wobei beide den gleichen normativen Charakter haben.

2.3. Modelle als Grundlage der Planung und Kontrolle

Auf dem Gebiet der Planung und der Kontrolle ist wahrscheinlich der normative Charakter der hier verwendeten Modelle am offensichtlichsten. Ein Plan soll ja gerade die Norm für zukünftiges Tun sein. Hier liegt auch ein ganz wesentlicher Unterschied zwischen einer Planung (oder Projektion) auf der einen Seite und einer Prognose auf der anderen Seite. Während man von einer Theorie eine Prognosefähigkeit im wissenschaftlichen Sinne verlangen kann, wäre ein Plan, der *lediglich* als eine Prognose zu verstehen ist, sicher ungenügend. Ein Plan impliziert immer eine Entscheidung über zukünftiges Tun. Er umfaßt sowohl prognostische Elemente als auch den Ausdruck eines intensionalen Gestaltens. Planung ohne normativen Charakter ist, mit anderen Worten, kaum vorstellbar. Selbst wenn es gelingen sollte, für das wirtschaftliche Geschehen Theorien mit Invarianzcharakter aufzustellen, die sich bis zu einem gewissen Zeitpunkt als nicht falsifizierbar herausgestellt haben, so wird es gerade im Charakter der unternehmerischen Planung liegen zu versuchen, diese Invarianzen zum Nutzen des eigenen Unternehmens zu brechen. Dies gilt natürlich besonders für den Bereich der strategischen Planung. Kontrolle selbst hat zwar zunächst keinen normativen Charakter. Voraussetzung für eine Kontrolle sind jedoch Maßstäbe, an denen das wirklich Geschehene gemessen werden kann. Insofern ist eine Kontrolle im betriebswirtschaftlichen Sinne ohne ein vorher aufgestelltes (normatives) Planungsmodell schwer vorstellbar.

Nachdem bisher Gesagten muß man wohl zu dem Schluß kommen, daß die heutige Entscheidungspraxis kaum ohne die Verwendung normativer Modelle auskommt. Die Ansprüche, die an solche Modelle zu stellen sind, können sich jedoch sehr wohl von denen unterscheiden, die an Modelle zu stellen sind, die im Rahmen und für wissenschaftliche Arbeiten benutzt werden. Hierauf soll in den nächsten Abschnitten eingegangen werden.

3. Axiomatische Begründung und empirische Überprüfung

3.1. Axiomatische Rechtfertigung von Wertsystemen und Handlungsräumen

Zwei Arten von Systemen sind an dieser Stelle von besonderem Interesse: Theorien und Modelle.

Theorien werden von Albert als der zentrale Bestandteil der Erkenntnis der Realwissenschaften angesehen. Er versteht darunter „mehr oder weniger komplexe Systeme allgemeiner Aussagen kognitiven Charakters, die dazu verwendet werden können, Erscheinungen unserer realen Welt zu erklären" (ALBERT 1972, S. 19).

Der Begriff des Modells ist durchaus nicht eindeutig. Beschränkt man sich nur auf den Modelltyp, der ein sprachliches System (Satzsystem) darstellt, so kann man jedoch feststellen, daß sich im Rahmen der Wissenschaftstheorie die Auffassungen über den Unterschied von Theorie und Modell sehr ähneln. So sieht Wild (WILD 1975, S. 3904), in Übereinstimmung mit Kosiol, ein Modell als eine Idealtheorie an, die zwar in ihrer Struktur und in ihren Bestandteilen einer idealwissenschaftlichen Theorie ähnelt, sich davon jedoch im Geltungsbereich und im Informationsgehalt unterscheidet. Modelle stellen danach lediglich gedachte Sachverhalte dar, stellen keinen empirischen Wahrheitsanspruch und haben keinen empirischen Informationsgehalt. Den gleichen Modellbegriff legt offensichtlich Papandreou (1958, zit. in KATTERLE 1964, S. 125) zugrunde, wenn er sagt: „Models differ from theories in an important respect. In models the class of phenomena whose explanation we seek – the relevant social space – is not adequately characterized. In a theory it is. An interesting consequence of this fact is that hypotheses which occur in models can only be confirmed – they can never be refuted by reference to empirical evidence."

KÖHLER (1974, Sp. 2708) gesteht den Modellen eine gewisse Überprüfbarkeit zu, wenn er sein Modell vom Typ L als ein Aussagengebilde definiert, das auf die Beschreibung, Erklärung, Vorhersage oder Gestaltung eines raum-zeitlich spezifizierten Problemgegenstandes zugeschnitten ist (also im Unterschied zur Theorie keinen nomologischen Anspruch hat).

Ein weiterer Begriff, der uns im folgenden immer wieder beschäftigen wird, ist der Begriff des *Axioms* bzw. des axiomatischen Systems. Einstimmigkeit herrscht über den Begriff des axiomatischen Systems und seines Zieles; so sagt CARNAP (1960, S. 172): „Unter der Axiomatisierung einer Theorie versteht man ihre Darstellung in der Weise, daß gewisse Sätze dieser Theorie, die Axiome, an den Anfang gestellt werden und weitere Sätze durch logische Deduktionen aus ihnen abgeleitet werden. Die Axiome müssen so ausgewählt werden, daß alle übrigen Sätze der Theorie, die Theoreme, aus ihnen ableitbar sind." Einziges Ziel axiomatischen Arbeitens ist die Sicherung der logischen Konsistenz, wozu die Logik im weitesten Sinne als Instrument der rationalen

Kritik verwendet wird (WEINBERG 1974, Sp. 367). Axiome selbst können nach Carnap beliebige Sätze sein, wobei POPPER (1971, S. 42) eine für uns wesentliche Unterscheidung macht: er unterscheidet zwischen Axiomen als Festsetzungen und Axiomen als empirisch wissenschaftlichen Hypothesen. Der Charakter der Axiome wird zwar keinen Einfluß auf die Überprüfung der logischen Konsistenz des Systems haben, aber sicherlich auf die Interpretierbarkeit und die Aussagefähigkeit eines axiomatischen Systems.

Bei den uns hier interessierenden Systemen bestehen die Axiome zum einen aus logischen Axiomen und zum anderen aus ökonomischen Axiomen. Als (einziges) Ziel axiomatischen Arbeitens hatte ich bereits die Sicherung der logischen Konsistenz genannt, wozu die Logik im weitesten Sinne als Instrument der rationalen Kritik verwendet werden kann. Sogenannte ,,vollständige" Axiomatisierungen (WEINBERG 1974, Sp. 367), die sich besonders gut zur Konsistenzprüfung eignen, setzen allerdings bereits eine weitgehend formale Sprache (Mathematik oder formale Logik) voraus. Verzichtet man auf eine solche Symbolik, so kann man der axiomatischen Methode in der natürlichen Sprache nur prinzipiell folgen; man nennt solche Systeme dann gewöhnlich ,,quasi-axiomatisch". Es sei noch einmal ins Gedächtnis zurückgerufen, daß die logische Konsistenzprüfung nichts über den semantischen Inhalt des axiomatischen Systems aussagen kann.

Wenden wir uns zunächst der Axiomatisierung von Wertsystemen zu. Im Bereich der Theorie bedient man sich der Axiomatisierung überwiegend in der Entscheidungslogik. Man versucht hier auf verschiedene Weisen, den Anspruch auf Rationalität zu axiomatisieren. Die Axiomsysteme bauen dabei auf mindestens drei Axiomen (Vollständigkeit der Ordnung, Transitivität und Reflexivität) auf; man findet jedoch auch Systeme mit zehn oder mehr zugrundegelegten ,,Rationalitätsaxiomen". Im Sinne der Entscheidungslogik sind diese Axiome natürlich willkürliche Setzungen (Typ 1 der Popper'schen Axiome). Sie verleiten allerdings in ihrer Formulierung sehr oft dazu, sie als plausible und einleuchtende Prinzipien der Entscheidungsfällung zu interpretieren, womit sie zu Axiomen der zweiten von Popper genannten Art werden würden. Hierin liegt sicher eine Gefahr und hierin liegt auch des öfteren ein Ansatzpunkt für die Kritik an der Entscheidungslogik (z.B. DRUKARCZYK 1975, S. 118ff.). Diese Kritik richtet sich allerdings nicht gegen die Entscheidungslogik, sondern lediglich gegen die Inhaltsleere ihrer Axiome oder ihre fehlende empirische Überprüfung und damit dagegen, daß ein Modell der Entscheidungslogik einen realen Erkenntniswert beansprucht.

Es wäre sicherlich ungefährlicher, wenn die Vertreter der Entscheidungslogik ihre jeweils benutzte Axiomatik nicht damit begründeten, daß sie damit Rationalität axiomatisch definieren wollten. Dieser Anspruch kann wohl auch deshalb kaum aufrecht erhalten werden, weil es einen allgemein anerkannten eindeutigen Begriffsinhalt von Rationalität gar nicht gibt. Gäfgen (GÄFGEN 1963, S. 87) führt z.B. sechs verschiedene Arten von Rationalität auf. Hierin sind die in der jüngeren verhaltenswissenschaftlichen Literatur üblichen Begriffe noch gar nicht enthalten. Man könnte also ohne weiteres zehn oder mehr verschiedene Rationalitäten unterscheiden, wobei jede davon in ihrer Definition wiederum äußerst vage ist.

Auch in der Praxis bedient man sich im Zusammenhang mit Wertsetzungen oder Wertsystemen hin und wieder einfacherer axiomatischer oder quasi-axiomatischer Systeme (z.B. SCHEIBLER 1974, S. 107; BERTHEL 1973). Sie spielen jedoch in der Praxis keine so große Rolle, daß sich an dieser Stelle eine detailliertere Diskussion rechtfertigen ließe.

Etwas anders sieht dies bei der Betrachtung der Handlungsräume aus. In der Betriebswirtschaftslehre findet man kaum diesbezüglich axiomatisierte Theorien. Eine Ausnahme davon macht vielleicht die Produktionstheorie von WITTMANN (1968), die auf axiomatischen Ansätzen von Debreu und Koopmans aufbaut. Auch in der Praxis scheinen mir explizite Axiomatisierungen kaum vorzuliegen. Dies bedeutet jedoch sicherlich nicht, daß sehr oft nicht eine ganze Anzahl impliziter Prämissen gemacht wird, wenn man die Handlungs- oder Entscheidungsräume bei praktischen Problemstellungen definiert.

Die am weitestgehende Axiomatisierung bezüglich der Handlungsräume findet man sicherlich bei den Modellen, die der Entscheidungstechnologie zuzuordnen sind. Hiermit meine ich Modelle der Netzplantechnik, der mathematischen Programmierung und andere Optimierungsmodelle. Leider sind die hier zugrundegelegten Axiome meist mathematischer und algorithmischer Art, haben also formalen Charakter, und können daher, auf ein Modell bezogen, weder falsifiziert noch begründet werden.

3.2. Festlegung der Modellsprache

Hier soll nicht über das Problem des Verhältnisses der Sprache der Theorie zur Fachsprache und zur Umgangssprache gesprochen werden. Dies ist sicherlich ein sehr wichtiges Problem, das aber in einen anderen Zusammenhang gehört (z.B. HAX 1965; STÄHLIN 1973, S. 148). Was hier interessiert, ist die Angemessenheit der benutzten Sprache für die jeweilige Theorie oder das aufzustellende Modell. Die Sprache ist sozusagen das Bindeglied zwischen dem ordnenden Denken des Menschen, dem abzubildenden System und dem Modell. So sagt STÄHLIN (1973, S. 33) sehr richtig: ,,Aussagen werden mit Hilfe sprachlicher Ausdrücke formuliert. Das bedeutet, daß das zu einem theoretischen Aussagensystem gehörende Begriffssystem dafür geeignet sein muß, den Aspekt der Wirklichkeit zu erfassen, den die Theorie als besondere Sprachspiele erklären sollen. Somit ist die Perspektive einer wissenschaftlichen Theorie bereits in ihren sprachlichen Ausdrücken enthalten."

Das gleiche gilt sicherlich für die jeweilige Modellsprache, unabhängig davon, ob das Modell in der Wissenschaft oder in der Praxis benutzt werden soll.

Von einer wissenschaftlichen Sprache – und möglichst auch von einer Fach- und Modellsprache – verlangt man, daß sie auf der einen Seite eindeutig ist, auf der anderen Seite in ihren Worten semantisch das einfängt, was vom Begrifflichen für die jeweilige Theorie oder das jeweilige Modell relevant und wichtig ist. Hierdurch stehen wir meines Erachtens vor folgender Schwierigkeit:

Das menschliche Denken, in dem sich auch Wertsetzungen, Abbildungen und Ideen zunächst bilden können, ist sicherlich reicher an Begriffsinhalten als unsere Umgangssprache an Worten. Berücksichtigt man darüberhinaus, daß für eine ganze Anzahl von Denkinhalten mehrere Worte benutzt werden (Synonyme), so erscheint die Mächtigkeit (im mathematischen Sinne) unseres Denkvermögens noch verschiedener von der Mächtigkeit unserer lebendigen Sprache. Vergleicht man nun diese wiederum mit der Sprache der Logik, d. h. mit der Gesamtheit ihrer Zeichen, so wird man feststellen, daß die Logik, verglichen mit einer entwickelten lebendigen Sprache, wiederum eine äußerst arme Sprache ist. Es scheint daher unmöglich, von einer eindeutigen Zuordnung von logischem Zeichen zu sprachlichem Ausdruck, zu Denkinhalten ausgehen zu können. Man wird nun vielleicht einwenden, daß die in der logischen Sprache vorhandenen Zeichen beliebig mit semantischen Inhalten gefüllt werden können und daß dadurch die Armut der logischen Sprache ausgeglichen werde. Daß dies in manchen Fällen große Schwierigkeiten mit sich bringt, wird in Abschnitt 5 dieser Arbeit gezeigt werden.

Was soeben für „normale" Sprachsysteme gesagt wurde, gilt natürlich auch für die Sprachen, die für Modelle in der betrieblichen Praxis benutzt werden. Werden dazu z. B. gewisse Kennzahlensysteme benutzt, so wird die Vielfältigkeit der benutzten Kennzahlen sicherlich die Aussagekraft eines Modelles weitgehend bestimmen. Viele Vorteile hat in dieser Hinsicht die mathematische Sprache. In ihr sind Zusammenhänge, deren verbale Darstellung schwierig oder mißverständlich wäre, eindeutig und ohne Redundanz darstellbar. Allerdings muß zugegeben werden, daß öfter einmal, besonders im betriebswirtschaftlichen Schrifttum, auch das Gegenteil gilt.

3.3. Modellqualität: Logische Richtigkeit, Aussagefähigkeit, Realitätsentsprechung, Effizienz

Die Anforderungen, die an ein Modell zu stellen sind, und deren Erfüllung die Modellqualität bestimmt, hängen ab von den Zwecken, zu denen man Modelle verwenden will. Ich betrachte hier die Verwendung der Modelle zum einen als Hilfsmittel der Aufstellung und Überprüfung von Theorien und zum anderen als Hilfsmittel der praktischen Entscheidungsfällung.

Für beide Zwecke muß zunächst die *logische Richtigkeit* oder logische Wahrheit der Modelle gefordert werden. Diese Forderung gilt unabhängig davon, ob das Modell ein Ideal- oder Formalmodell darstellt oder ob es als

Realmodell angesehen wird. Die Forderung nach logischer Richtigkeit ist allerdings am offensichtlichsten und am unbestrittensten und steht deswegen sehr oft im Vordergrund der Betrachtung. Man sollte nicht übersehen, daß diese Forderung oft auch am einfachsten zu erfüllen und zu überprüfen ist.

Die Forderung der *Aussagefähigkeit* ist abzuleiten von der Zweckbestimmung von Modellen, und ihre Operationalisierung wird sehr stark davon abhängen, zu welchem speziellen Zweck das Modell verwendet werden soll. Die Operationalisierung der Aussagefähigkeit ist sicher leichter, wenn man ein Modell im theoretischen Bereich im Begründungszusammenhang einer Theorie verwenden will, als wenn dies im Entstehungszusammenhang geschieht. Bei der Verwendung von Modellen für praktische Entscheidungsfällung gehört zur Aussagefähigkeit nicht nur, daß die gewünschte Information *auch* aus dem Modell abgeleitet werden kann, sondern daß die Aussagen des Modelles möglichst genau die Informationen liefern, die man braucht: nicht mehr und nicht weniger.

Während bei einem Formalmodell die Aussagefähigkeit lediglich von der Struktur und den zugrundeliegenden Axiomen des Modelles abhängt, wird sie bei Realmodellen wesentlich von der Realitätsentsprechung des Modelles beeinflußt. Hier stellen jedoch meines Erachtens Wissenschaft und Praxis verschiedene Anforderungen an das Modell und seine Axiome: Während man bei der Theorieentwicklung bzw. bei ihrer Begründung nach nomologischen Aussagen strebt, und damit auch ein Modell, das diesem Ziel dienen soll, möglichst auf raum-zeitlich unbeschränkt gültigen Axiomen aufbauen sollte, ist dies bei Modellen für die Entscheidungspraxis anders. Hier ist es zwar angenehm, wenn ein Modell eine sehr umfassende raum-zeitliche Gültigkeit hat, es genügt jedoch für einen speziellen Zweck schon, wenn die reale Gültigkeit eines Modelles in einem sehr beschränkten situativen Rahmen empirisch nachgewiesen wurde. Nachdem einige Wissenschaftler die Betriebswirtschaftslehre z.Z. als in einem vorwissenschaftlichen Stadium betrachten (KOSIOL 1973, S. 6), ist es sicherlich auch zulässig und vielleicht sogar ratsam, für Axiome von Modellen die zur wissenschaftlichen Arbeit benutzt werden, nur zu fordern, daß ihre Axiome realwissenschaftlich den Charakter von Quasi-Hypothesen oder Quasi-Gesetzen haben. Bei einer praktischen Verwendung von Modellen ist die Konsequenz ihrer nur beschränkten realen Gültigkeit die Notwendigkeit, die Veränderung der Situation, die für die Gültigkeit des Modelles empirisch nachgewiesen wurde, zu beobachten und entsprechende Modelländerungen vorzunehmen, sobald eine Situationsänderung eintritt. Die Forderung der Realitätsentsprechung, die nur durch empirische Überprüfung erfüllt werden kann, gilt also für wissenschaftliche wie für technologische Modelle. Trotzdem besteht ein gradueller Unterschied: Während man bei wissenschaftlichen Aussagen lediglich von einer Bewährung eines bestimmten Modelles oder einer Theorie sprechen kann, die dadurch gegeben ist, daß es noch nicht gelungen ist, die Modellaussagen zu falsifizieren, kann man bei

Modellen in der praktischen Entscheidungsfällung durchaus von einer Verifizierung des Realmodells für bestimmte Situationsstrukturen sprechen.

Ähnliches gilt für die Forderung nach Effizienz des Modells. Hierunter soll im wesentlichen der numerische Aufwand verstanden werden, der notwendig ist, um bestimmte Modellaussagen zu erhalten. Während bei einer wissenschaftlichen Verwendung von Modellen das Ziel der Wahrheitsfindung überragendes Gewicht haben wird und hierfür auch ein größerer Aufwand akzeptierbar erscheint, ist bei der praktischen Verwendung von technologischen Modellen der Aufwand für Modellrechnungen immer im Zusammenhang mit dem Nutzen des Modelles für die Entscheidungsfällung zu sehen. Ist der Aufwand größer als der durch das Modell hervorgerufene Nutzen, dann wird das Modell auch dann nicht akzeptabel sein, wenn es den Entscheidungsfäller der Wahrheit erheblich näher bringen könnte.

Außer den hier besprochenen Qualitätsmerkmalen von Modellen gibt es sicherlich noch andere, die jedoch aus der hier behandelten Problematik heraus weniger wichtig erscheinen. Zu nennen wären z.B. die didaktische Funktion eines Modells, die sicherlich bei der Verwendung im Rahmen von Planspielen in den Vordergrund treten mag, wie auch die Forderung nach Verständlichkeit eines Modelles, die besonders dann eine große Rolle spielt, wenn man die Akzeptanz von Modellen bei der praktischen Entscheidungsfällung erhöhen will.

4. Revision von Theorien und Modellen aufgrund empirischer Untersuchungen

4.1. Möglichkeit und Notwendigkeit der Revision von Theorien und Modellen

Im folgenden soll die Benutzung des Begriffes Theorie jeweils den wissenschaftlichen Zusammenhang und die Benutzung des Begriffes Modell den Bereich praktischer Entscheidungsfällung andeuten. Eine Theorie kann nur so lange Gültigkeit besitzen, wie sie nicht falsifiziert ist, und ein Modell ist nur für den Kontext gültig, für den es als Realmodell empirisch überprüft und verifiziert wurde. Dies könnte zu dem Schluß führen, daß eine Theorie nach ihrer Falsifizierung wertlos geworden ist und daß ein Modell, wenn sich der Kontext seiner Anwendung ändert, nicht mehr brauchbar ist. Dies ist sicherlich nicht so: In der Wissenschaft spricht man mit Recht vom Entstehungs- und Begründungszusammenhang einer Theorie und beim Modell konnte man in Analogie dazu von der Aufstellung, von der Überprüfung, von der Implementierung und von der Benutzung des Modelles sprechen. Für die zwei bzw. vier oben genannten Phasen sind jeweils verschiedene Methoden denkbar und brauchbar. Im wissenschaftlichen Begründungszusammenhang werden nur abgesicherte wissenschaftliche Methoden zur empirischen Überprüfung der Theorie Anwendung finden können. Demgegenüber können für die Entstehensphase einer Theorie durchaus heuristische und intuitive Ansätze sehr brauchbar sein. In den vier Phasen der Modellerstellung und Benutzung werden ebenfalls verschiedene Methoden zum Einsatz kommen können, wobei die Art der Methode mehr von der Art des Modelles abhängen wird als dies bei wissenschaftlichen Tätigkeiten der Fall ist.

Ich glaube es wäre aber falsch, die oben genannten Phasen als voneinander unabhängig und sequentiell aufeinander aufbauend anzusehen. In Aanlogie zu der Vorstellung des phasenmäßigen Ablaufes von Entscheidungen und der empirischen Falsifikation dieser Vorstellung (WITTE 1968b) sollte wohl eher davon ausgegangen werden, daß diese Phasen im Sinne eines kybernetischen Systemes miteinander verbunden sind. Durch die Falsifizierung einer Theorie wird diese zwar nicht mehr den Anspruch erheben können, als Theorie nomologischen Charakter zu haben, der Forscher wird sich damit jedoch wieder im Entstehungszusammenhang einer neuen modifizierten Theorie befinden, die dann wiederum so lange den Anspruch einer begründeten Theorie stellen kann, wie sie nicht empirisch widerlegt worden ist. Ähnliches gilt für Modelle: Sehr oft wird von einem formalen Idealmodell ausgegangen werden, das sich als ein nicht adäquates Idealmodell erweist. Die Erkenntnisse, die man durch die empirische Überprüfung dieses Modelles enthält, können ohne weiteres in die Modifikation dieses Modelles in Richtung auf eine größere reale Gültigkeit eingehen. Dieses Wechselspiel von Modellkonstruktion und empirischer Modellüberprüfung könnte zwar aufhören sobald die Gültigkeit eines Modelles für einen realen Kontext festgestellt worden ist. Dies wird aber gewöhnlich aus zwei Gründen nicht der Fall sein:

1. Es kann nicht davon ausgegangen werden, daß die Umweltsituation, für die das Modell Gültigkeit hat, sich nicht ändert. Da seine Gültigkeit nur für eine ganz spezielle Situation erwiesen wurde, wird die Überprüfung seiner Gültigkeit für jede neue Situation wiederum notwendig werden und eine eventuelle Anpassung erforderlich machen.

2. Ähnlich wie bei Theorien, deren Erkenntniswert je größer ist, desto allgemeiner der Gültigkeitsanspruch der Theorie ist, wird man auch bei einem Modell versuchen, es in dem Sinne allgemeiner zu gestalten, daß es für möglichst viele reale Situationen Gültigkeit besitzt. Ein gutes Beispiel hierfür ist die sogenannte „Standard-Software". Daß das Streben nach allgemeinerer Gültigkeit eines Modelles sehr verschiedene Aussichten auf Erfolg hat, kann gut an einem Vergleich bestehender Programmpakete für lineares Programmieren auf der einen und für die Tourenplanung auf der anderen Seite illustriert werden: Während Programmpakete für lineares Programmieren in einer Vielzahl von Fällen ihre reale Angemessenheit als Abbild der Wirklichkeit beweisen konnten, scheinen sich die angebotenen Tourenplanungsmodelle dadurch auszuzeichnen, daß sie kaum eine einzige reale Problemsituation genügend genau abbilden können.

Während man allerdings die Bewährungsfähigkeit einer Theorie dadurch erhöhen kann, daß man den Anspruch ihrer Allgemeingültigkeit verringert (und damit natürlich ihren Erkenntniswert verringert), kann man die Gültigkeit und damit auch die Nützlichkeit eines Modelles dadurch erhöhen, daß man es stark parametrisiert und so eine leichte Anpassungsfähigkeit des Modelles an die jeweilige reale Situation erreicht hat.

Im Gegensatz zu der Feststellung Gutenbergs ,,Alle Theorieaussagen haben immer nur Gültigkeit in Hinsicht auf die Annahme, auf denen sie beruhen; nur so sind derartige Aussagen nachprüfbar. Dieser höhere Grad an Exaktheit muß unter Umständen mit einem größeren Abstand von der Wirklichkeit erkauft werden. Ist ein Autor hierzu bereit und gelangt er auf diese Weise zu gewissen Modellkonstruktionen, dann ist es unwesentlich, ob es sich hierbei um ideal- oder realtypische Gebilde handelt. Wichtig ist allein, daß methodisch einwandfrei gearbeitet wird und die Prämissen angegeben werden, auf denen die Ergebnisse der Untersuchung beruhen" (GUTENBERG 1963, zit. in STÄHLIN 1973, S. 53), vertrete ich die von vielen geteilte Auffassung, daß eine Realtheorie ohne empirische Überprüfung ihrer Prämissen genauso wenig den Anspruch auf Gültigkeit erheben kann wie ein für die Entscheidungsfällung benutztes Modell.

4.2. Aufwand und Nutzen empirischer Überprüfung

Betrachten wir zunächst den wissenschaftlichen Bereich: Von einem ,,Nutzen" empirischer Überprüfung kann man hier m. E. nur dann sprechen, wenn es sich um die Überprüfung vorläufiger Prämissen und Hypothesen von Theorien im Entstehungszusammenhang handelt. In der Begründungsphase einer Theorie ist die empirische Überprüfung – soweit es sich um Realwissenschaften handelt – nicht nur wünschenswert, sondern absolut notwendig. Da sich die Betriebswirtschaftslehre aber nach Auffassung vieler Wissenschaftler noch im vorwissenschaftlichen Stadium befindet, ist diese Entstehungsphase neuer Theorien hier besonders relevant. Wichtig erscheint hier vor allem zu sein, daß die empirische Überprüfung möglicher Hypothesen möglichst planvoll und koordiniert geschieht und nicht, wie es in den USA den Anschein hat, unkoordiniert und sporadisch. Gerade aus diesem Grunde sind koordinierende Aktivitäten wie der DFG-Forschungsschwerpunkt ,,Empirische Entscheidungstheorie" m. E. gar nicht überzubewerten.

Zum Aufwand empirischer Forschung sind zwei Betrachtungsweisen möglich: Man kann den Aufwand empirischer Sozialforschung entweder vergleichen mit dem Aufwand, der in den letzten Jahrzehnten und Jahrhunderten für die entsprechende Forschung in den Naturwissenschaften betrieben worden ist, oder man kann den spezifischen Aufwand empirischer Forschung mit dem spezifischen Aufwand fiktionstheoretischer Forschung vergleichen. Führt man den ersten Vergleich durch, so wird man mit Sicherheit feststellen, daß der in den letzten 10 oder auch in den letzten 100 Jahren für die Durchführung empirischer Sozialforschung getriebene Aufwand ein kaum zahlenmäßig angebbarer Bruchteil des Aufwandes ist, den man in den Naturwissenschaften und der Technik betrieben hat. Die Gründe hierfür mögen vielfältig sein. Jedoch mag dies auch teilweise eine Erklärung für den von manchen beklagten Stand der Sozialwissenschaften sein.

Die zweite Art des Vergleiches wird ohne Zweifel zu dem Ergebnis führen, daß empirische Forschung um ein Vielfaches aufwendiger, schwieriger und oft frustrierender ist als fiktionstheoretische Forschung. Dies mag ein zweiter Grund dafür sein, daß der Umfang empirischer Forschung auf dem Gebiet der Wirtschaftswissenschaften noch recht begrenzt ist. Der hohe spezifische Forschungsaufwand von empirischer Forschung im Vergleich zu fiktionstheoretischer Forschung wird auch im nächsten Abschnitt exemplarisch illustriert werden.

Auf dem Gebiet praktischer Entscheidungsfällung sollte sich der Aufwand, den man für die empirische Überprüfung von Entscheidungsmodellen treibt, an dem voraussichtlichen Nutzen dieser Überprüfung orientieren. Der Nutzen einer solchen empirischen Überprüfung und die unter Umständen aufgrund der Überprüfung erfolgenden Modellmodifikationen können sehr erheblich sein. Sie werden nicht immer sehr einfach quantifizierbar sein, da ihre Auswirkungen sich oft auf Gebiete wie Transparenz des jeweiligen Bereiches, Sicherung (und nicht unbedingt Erhöhung) gewisser Leistungsstandards, Verbesserung zwischenmenschlicher Beziehungen etc. beziehen werden.

Im Vergleich zu wissenschaftlicher Forschung dürfte der Aufwand der empirischen Überprüfung kontext-abhängiger Modelle gering sein. Der Grund hierfür ist primär darin zu sehen, daß die in der Wissenschaft geforderte allgemeine Gültigkeit in der Praxis nicht interessiert. Darüberhinaus kann die Genauigkeit und Verläßlichkeit der Aussagen und damit auch der dafür zu treibende Aufwand durch den Entscheidungsfäller autonom festgesetzt werden. Da der Praktiker, im Gegensatz zum Wissenschaftler, auch nicht unbedingt nach neuer Erkenntnis in dem Sinne strebt, daß durch die empirische Überprüfung neue, noch nie dagewesene Einsichten zu schaffen sind, kann er sich auch eher auf bekannte und genügend abgesicherte Hypothesen stützen, als dies in der Wissenschaft der Fall ist.

Zusammenfassend kann man wohl feststellen, daß eine empirische Überprüfung von Theorien und Modellen sowohl in der Wissenschaft wie auch in der Praxis teils notwendig, teils wünschenswert ist, und daß sie für die Verbesserung der überprüften Theorien oder Modelle fruchtbare Anstöße geben kann. Formaltheoretische Arbeiten, wie z. B. die Entscheidungslogik, und empirisch praktische Arbeiten sind also auf keinen Fall als gegensätzlich, sondern als sich gegenseitig bedingend und befruchtend anzusehen.

Einige der bisher gemachten Aussagen und Hinweise sollen nun exemplarisch an einem im Rahmen des DFG-Schwerpunktes „Empirische Entscheidungstheorie" durchgeführten Forschungsprojektes illustriert werden. Hierbei ist aus offensichtlichen Gründen eine äußerste Beschränkung der Darstellung notwendig. Bezüglich interessierender Einzelheiten wird daher auf einige andere Publikationen bzw. die für die DFG angefertigten Berichte verwiesen.

5. Anwendung der Theorie unscharfer Mengen auf Entscheidungsprobleme und dazu notwendige empirische Vorarbeiten

5.1. Problemstellung

Auf das sprachliche Problem bei der Bildung von Modellen wurde bereits hingewiesen (vgl. Punkt 3.2.). Das hier in diesem Zusammenhang betrachtete Problem ist wahrscheinlich im wesentlichen auf zwei längst bekannte Tatbestände zurückzuführen:

1. ,,In den natürlichen Sprachen sind Bedeutungen nicht selten auch vag. Vagheit kann aber auch darin ihren Grund haben, daß die Bedeutung eines Wortes wohl hinreichend bestimmt ist, aber daß bei ihrer Anwendung auf Gegenstände Randzonen auftreten, in denen es ungewiß ist, ob hier die Bedeutung zutrifft oder nicht" (KRAFT 1960, S. 46).

2. ,,Aber die natürlichen Sprachen können, wenigstens für die empirische Erkenntnis, nicht durch formalisierte ersetzt werden. Denn bisher konnte man nur Sprachsysteme konstruieren, die noch zu einfach und zu arm sind. Es sind z.T. nur primitive Paradigmen, aber auch in ihren reichsten, bestentwickelten Formen kann das System der Arithmetik nicht so konstituiert werden, daß sich Messungsergebnisse darin aussprechen lassen" (KRAFT 1960, S. 47). ,,Das Zeichensystem der symbolischen Logik kann deshalb wohl als eine Sprache bezeichnet werden, aber es stellt nicht die Struktur einer Sprache überhaupt dar, sondern es ist eine spezielle Sprache ... Die Sprache der symbolischen Logik ist darum viel ärmer als die Sprache überhaupt" (KRAFT 1960, S. 149). In die gleiche Richtung weist Morgenstern, wenn er sagt: ,,Die Struktur der neuen Theorie (verlangt) eine Wendung in der Mathematik ... mittels derer sie formuliert werden muß. Es zeigt sich, daß es nicht adäquat ist, vornehmlich die Mathematik zur Behandlung wirtschaftlicher Probleme zu verwenden, die in den Naturwissenschaften so großartige Dienste geleistet hat" (MORGENSTERN, zit. in KATTERLE 1964, S. 141).

Die ,,Theorie unscharfer Mengen", wie sie von L. A. Zadeh 1965 zum erstenmal vorgeschlagen wurde (ZADEH 1965), scheint als ein formales System, als Sprache geeignet zu sein, die im obigen Punkt 1. erwähnte Vagheit der natürlichen Sprache besser zu modellieren als dies mit auf der klassischen, zweiwertigen Logik beruhenden Formalsprachen möglich ist. Zu diesem Zwecke kann ein vager Begriff einer natürlichen Sprache als eine subjektive Kategorie durch eine sogenannte unscharfe Menge abgebildet werden. So kann durch die aus dem Element und seinem Zugehörigkeitsgrad zu einer Menge bestehende Zweitupel die Dichotomie der klassischen Mengenlehre aufgelöst werden.

Dies sei an folgendem fiktiven Beispiel erläutert: Im Vorstand eines Unternehmens werde über die den Aktionären vozuschlagende Dividende diskutiert. Hierbei ist man sich darüber einig, daß das Ziel sei, eine ,,attraktive" Dividende anzubieten. Der Begriff der attraktiven Dividende gehört sicherlich zu den Begriffen, deren semantischer Inhalt zunächst nicht eindeutig bestimmt ist.

Im Rahmen der Theorie unscharfer Mengen könnte man nun die Menge ,,attraktiver Dividenden" darstellen als

$$A = \{ x, \mu_A (\times) \}$$

wobei $\times$ für die überhaupt in Betracht kommenden Prozentsätze stehe und $\mu_A (\times)$ (die sogenannte Zugehörigkeitsfunktion) den Grad angebe, zu dem der jeweilige Prozentsatz als ,,attraktiv" in Verbindung mit einer Dividende angesehen werden könne. Numerisch bzw. graphisch könnte dies z.B. wie folgt aussehen:

$$\mu_A(x) = \begin{cases} 0 & \text{für } x \leq l \\ \dfrac{1}{2100} -29x^2-366x^2-877x+540 & \text{für } l < x < 5.8 \\ 1 & \text{für } x \geq 5.8 \end{cases}$$

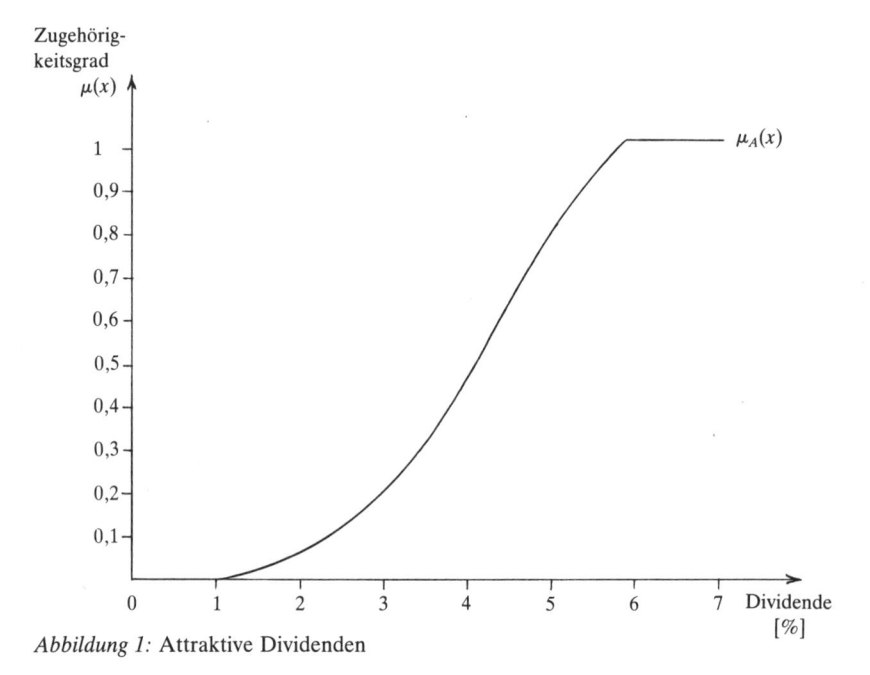

Abbildung 1: Attraktive Dividenden

Es mag nun durchaus sein, daß der Arbeitsdirektor wegen bevorstehender Lohnverhandlungen fordern muß, daß die Dividende eher „bescheiden" als attraktiv zu sein habe. Die unscharfe Menge „bescheidene Dividenden" könnte z. B. wie folgt definiert werden:

$$\mu_B(x) = \begin{cases} 1 & \text{für } x \leq 1,2 \\ \dfrac{1}{2100}\,[-29x^3-243x^2+16x+2388] & \text{sonst} \\ 0 & \text{für } x \geq 6 \end{cases}$$

oder graphisch:

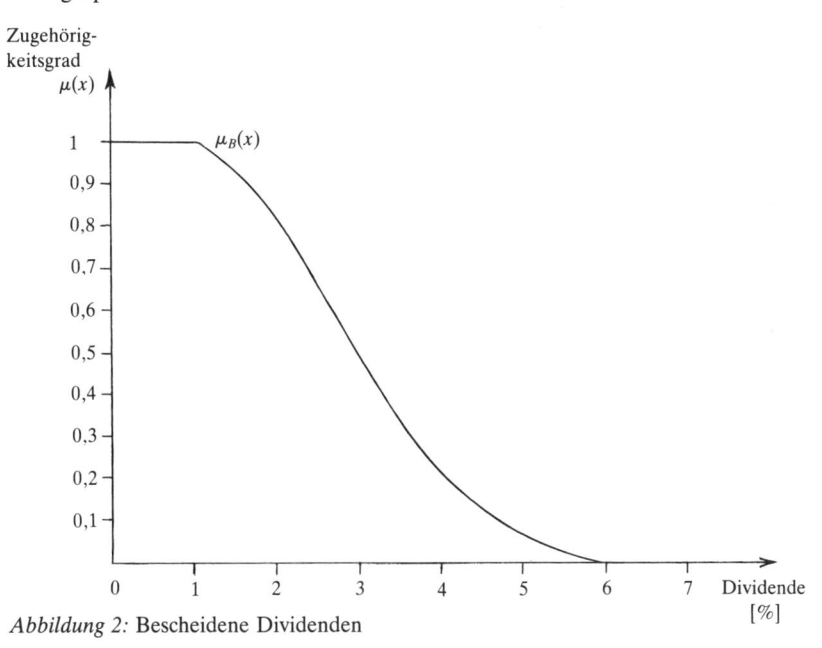

Abbildung 2: Bescheidene Dividenden

Im Jahre 1970 wurde nun das formale System der Theorie unscharfer Mengen dazu benutzt, den Begriff der „menschlichen" Entscheidung zu modellieren (BELLMAN und ZADEH 1970). Ein gewisser Anspruch als Realmodell interpretiert zu werden, kommt darin zum Ausdruck, daß sich die Autoren immer wieder auf reale Tatbestände beziehen, wie z. B.: „Much of the decision-making in the real world takes place in an environment in which the goals, the constraints, and the consequences of possible actions are not known precisely."

In Übereinstimmung mit dem allgemeinen Sprachgebrauch wurde eine Entscheidung definiert als eine Verknüpfung der Ziele mit den Einschränkungen des Handlungsraumes durch das Wort „und" (d. h. also die Entscheidung sollte das Ziel erfüllen *und* die erste Einschränkung *und* die zweite Einschränkung usw.). ,,Und" ist nun in der klassischen Logik wie folgt definiert: ,,,und' gibt die Zusammenfassung von Sätzen zu einem neuen Satz an, der nur dann wahr ist, wenn alle Teilsätze wahr sind" (KRAFT 1960, S. 82). Dieses ,,und" wird in der Logik gewöhnlich durch das Zeichen ∧ ausgedrückt, das wiederum das Zeichen für den Durchschnitt (Schnittmenge) zweier Mengen in der klassischen Mengenlehre ist.

Da nun in der Theorie der unscharfen Mengen die Schnittmenge zweier unscharfer Mengen, oder besser gesagt deren Zugehörigkeitsfunktion, durch die Anwendung des Minimum-Operators auf die Zugehörigkeitsfunktionen der beiden zu schneidenden Mengen definiert ist, wurde folgerichtig die ,,Entscheidung" bei Vorliegen unscharfer Ziele und unscharfer Handlungsbeschränkungen als der Durchschnitt aller dieser unscharfen Mengen interpretiert, was realwissenschaftlich bedeutet, daß Menschen beim Entscheiden die beteiligten subjektiven Kategorien so miteinander verbinden, daß sich der Zugehörigkeitsgrad eines Elementes zur unscharfen Menge ,,Entscheidung" als das Minimum seiner Zugehörigkeitsgrade zu allen involvierten unscharfen Mengen ergibt.

Auf das soeben erwähnte Dividendenbeispiel angewandt, ergäbe sich die ,,optimale" Dividende als die Schnittmenge der beiden unscharfen Mengen ,,attraktive" Dividende und ,,bescheidene" Dividende. Abbildung 3 zeigt diesen Zusammenhang graphisch:

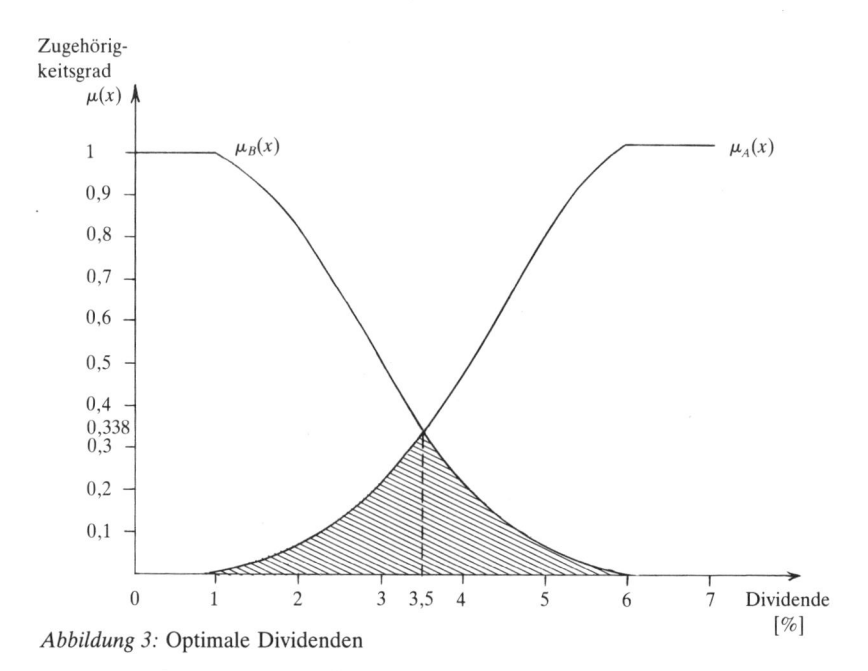

Abbildung 3: Optimale Dividenden

Die Entscheidung „optimale Dividende" ist wiederum eine unscharfe Menge. Will man daraus eine spezielle Dividende auswählen, so liegt es nahe, die Dividende zu wählen, die den höchsten Zugehörigkeitsgrad zur unscharfen Menge „Entscheidung" hat. In obigem Beispiel ist das $x_M = 3,5\%$.

Die Hypothese, daß Entscheidungsfäller den Minimum-Operator verwenden um Ziele und Nebenbedingungen im Sinne des „und" zu verbinden, steht offensichtlich im Widerspruch zu anderen Modellen der Entscheidungsfällung. Ich denke hierbei besonders an die zahlreichen Modelle der sogenannten Multi-Criteria-Analyse, bei denen meist das „und", mit dem die Ziele verbunden sind, als eine (eventuell gewichtete) Addition interpretiert wird. Weder für die eine noch für die andere Hypothese liegt entweder eine empirische Überprüfung oder aber eine Rückführung auf andere empirisch geprüfte Hypothesen vor. Zur Überprüfung der „Minimum-Hypothese" wurden nun zwei Wege beschritten:

1. Die Zurückführung der Hypothese auf entweder empirisch begründete oder weinigstens direkt einsichtige Hypothesen.
2. Die direkte empirische Überprüfung.

Der erste Weg und dessen Ergebnis soll hier nur kurz angedeutet werden, da er im Zusammenhang mit der darauffolgenden empirischen Überprüfung von gewissem Interesse ist und, so meine ich, das Verhältnis zwischen Entscheidungslogik und einer empirisch fundierten Entscheidungstheorie gut beleuchtet.

6.2. Deduktive Ableitung der Bedeutung von „Konnektiven"

Ausgehend von 10 sinnvoll erscheinenden „Bedeutungspostulaten" leitete HAMACHER (1978) durch Redundanzbetrachtungen für das „und" (Konjunktion), interpretiert als Schnittmengenoperator, folgende vier Grundaxiome ab, die auch im Sinne „rationaler Entscheidungsfällung" sinnvoll und einsichtig erscheinen:

Axiom 1: Das Konnektiv K sei assoziativ:

$$A \wedge (B \wedge C) = (A \wedge B) \wedge C$$

Axiom 2: K sei kontinuierlich

Axiom 3: K sei injektiv in jedem Argument:

$$(A \wedge B) \neq (A \wedge C) \text{ wenn } B \neq C$$

Axiom 4: Es gelte: $\bigwedge_{x \in (0,1]} K(x,x) = x <=> x = 1$

Hierbei deuten die Buchstaben A, B und C unscharfe Mengen an und x sei der Zugehörigkeitsgrad eines Elementes zu der entsprechenden unscharfen

Menge. Der Vollständigkeit halber sei erwähnt, daß sich diese Axiome auf sogenannte „normierte unscharfe Mengen" beziehen, d. h. auf unscharfe Mengen, deren Zugehörigkeitsgrade im Invervall [0,1] liegen.

Hamacher konnte nun zeigen, daß für den Fall, daß das Konnektiv 3 weitere mathematische Anforderungen erfüllen solle (polynomiale, rationale, algebraische Funktion) nur eine mögliche Form denkbar ist und zwar

$$K(x,y) = \frac{x \cdot y}{\gamma + (1-\gamma)(x+y-xy)}, \gamma \geq 0.$$

Hierbei ist γ eine willkürlich wählbare Konstante. Wählt man für $\gamma = 1$, so reduziert sich der oben angegebene Ausdruck auf

$$K(x,y) = x \cdot y.$$

Dies stellt offensichtlich zunächst ein Formalmodell dar, ähnlich dem in der Entscheidungslogik benutzten, das in seiner Aussage zunächst der Theorie unscharfer Mengen (Minimum-Operator) widerspricht.

Der Anspruch eines Realmodelles könnte erst gestellt werden, wenn entweder die vier zugrundegelegten Prämissen oder aber das Gesamtmodell empirisch überprüft worden wäre. Der Ablauf der dabei auftretenden Probleme und die Ergebnisse solcher empirischer Überprüfungen sollen im folgenden kurz skizziert werden.

6.3. Die empirische Überprüfung von „Konnektiv"-Hypothesen

a) Forschungsdesign und Pretest

Bei Vorversuchen war bereits festgestellt worden, daß die Vorbildung der Versuchspersonen (hier Studenten) einen recht starken Einfluß auf Versuchsergebnisse hatte. So konnte man z. B. bei Mathematikstudenten leicht feststellen, daß sie, wenn sie gebeten wurden, subjektive Kategorien im Sinne des „und" zu verbinden, sich an ihre Logik-Vorlesungen zu erinnern versuchten, in denen der Inhalt des logischen „und" diskutiert worden war. Solche und andere verfälschende Einflüsse sollten nach Möglichkeit ausgeschlossen werden. Da Hypothesen bezüglich der Konnektive überprüft werden sollten, war auch auszuschließen, daß eine verschiedene Gewichtung der zu verbindenden Begriffe sowie andere Abhängigkeiten zwischen ihnen eine Verfälschung der Versuchsergebnisse hervorrufen.

Darüberhinaus stand fest, daß die hier zu messenden Zugehörigkeitsgrade das Niveau einer Absolut-Skala haben und daß Menschen bezüglich derartiger Informationsabgabe keine reliablen und validen Meßwerkzeuge darstellen.

Nach einer Festlegung der Versuchsanordnung und der Festlegung der im einzelnen zu verwendenden Meßmethoden (Detaillierte Angaben in THOLE/

ZIMMERMANN/ZYSNO 1979; ZIMMERMANN 1977) mußte in einem Pretest daher sichergestellt werden, daß
1. durch eine angemessene Wahl der Testpersonen Verfälschungen der Versuchsergebnisse durch spezielle Vorbildung ausgeschlossen wurde
2. durch die Wahl adäquater Versuchsbeispiele die Schnittmenge tatsächlich als die subjektive Kategorie interpretiert werden konnte, die durch die Verknüpfung zweier anderer als unscharfer Mengen zu interpretierenden Begriffe gebildet wurde, daß die beiden zu verknüpfenden Begriffe gleichgewichtig und daß sie voneinander unabhängig waren (es wurde zunächst die Verknüpfung der Begriffe ‚Behälter' und ‚Metallgegenstände' zum Begriff ‚Metallbehälter' gewählt).
3. Durch Verwendung adäquater Meßmethoden die Meßergebnisse wenigstens angenähert die erforderliche Skalenqualität hatten (hierzu mußte eine spezielle Transformationsmethode entwickelt werden).

Insgesamt sollten also zwei zentrale Aspekte der quantitativen Abbildung (Modellierung) verbal beschriebener Problemsituationen untersucht werden.
1. Die formale Beschreibung der semantischen Inhalte unscharfer Termini durch Bestimmung der entsprechenden Zugehörigkeitsfunktionen
2. Die formale, mathematische Beschreibung der Funktion des Wortes ,,und", wenn es im Rahmen von Entscheidungen zur Kombination von Zielen und Beschränkungen verwendet wird.

Bereits die Vorarbeiten, die notwendig waren, um die eigentlichen Versuche ordnungsgemäß durchführen zu können, stellten sich als aufwendiger und zeitraubender heraus, als z.B. die Gesamtarbeiten zur Ableitung der im Abschnitt 5.2. beschriebenen Konnektive.

b) Die Hypothesen und ihre Überprüfung

Getestet wurden zunächst aus naheliegenden Gründen der Minimum-Operator und der Produkt-Operator als adäquate Bedeutungsdefinition des Wortes ,,und" in dem hier behandelten Zusammenhang. Hierbei stellte sich heraus, daß bei den von uns geforderten Signifikanzniveaus weder der Produkt-Operator noch der Minimum-Operator als eine angemessene Approximation angesehen werden konnte. Allerdings approximierte der Minimum-Operator das gezeigte menschliche Verhalten besser als der Produktoperator. Es stellte sich zusätzlich noch etwas anderes heraus: In Diskussionen mit Kollegen schälte sich bald die Meinung heraus, daß bei wirtschaftlichen Entscheidungen eine Verknüpfung von Zielkriterien in dem hier unterstellten Sinne des ,,und" kaum je gefunden werden konnte. Während nämlich das ,,logische und" keine Kompensation der Zielerreichungsgrade bei der Bestimmung des ,,Gesamtnutzens" (Zugehörigkeitsfunktion der Schnittmenge) zuläßt, war man allgemein der Meinung, daß eine solche Kompensation, jedoch zu verschiedenem Grade, bei wirtschaftlichen Entscheidungen unterstellt werden müsse. Ein ,,und" dieses Bedeutungsinhaltes gab es bisher jedoch nicht als quantitative Definition. Daher mußte zunächst dem „logischen und" ein „kompensatorisches und" gegenübergestellt werden.

c) Revision der Hypothesen

Aufgrund der in Abschnitt b) genannten Ergebnisse und Überlegungen wurden nun sowohl die Hypothesen als auch die Versuchsinhalte (zu verknüpfende Begriffe) wie folgt geändert:
1. Es wurden zu verknüpfende Begriffe gewählt, bei deren Zusammenfügung zu einem Oberbegriff eine gewisse Kompensation angenommen werden konnte.
2. Außer dem Minimum-Operator und dem Produkt-Operator wurden als weitere alternative Hypothesen der Maximum-Operator, die algebraische Summe, das arithmetische Mittel und das geometrische Mittel überprüft.
3. Es wurde als eine weitere Hypothese ein zu testender verallgemeinerter Operator aufgrund der folgenden Überlegungen definiert: Nachdem das logische „und" von seiner Definition her keine Kompensation vorsieht, das logische „inklusive oder" jedoch eine vollkommene Kompensation beinhaltet, wurde davon ausgegangen, daß der tatsächlich benutzte Verknüpfungsoperator je nach Grad der Kompensation zwischen diesen beiden Extremen liegen müsse. Hypothesenweise wurde das logische „und" durch den Produkt-Operator und das logische „oder" durch die verallgemeinerte algebraische Summe charakterisiert. Dadurch ergab sich als verallgemeinerter Operator:

$$\mu_\gamma = [(\prod_{i=1}^{m} \mu_i)^{(1-\gamma)} (1 - \prod_{i=1}^{m} (1-\mu_i))^\gamma], \quad \begin{array}{c} 0 \leq \gamma \leq 1 \\ 0 \leq u \leq 1 \end{array}$$

Hierin bedeuten μ_i die normalisierten Zugehörigkeitsfunktionen der betroffenen unscharfen Mengen und γ ist ein Parameter der den Grad der Kompensation angibt. Dieser Parameter, dessen Festlegung erst eine eindeutig definierte Verknüpfung ergibt, kann allerdings durch Auflösung der obigen Formel nach γ in Verbindung mit einigen Versuchsbeobachtungen, aus denen die entsprechenden μ zu ersehen sind, für gegebene Versuchsanordnungen oder Entscheidungssituationen unschwer bestimmt werden.

d) Ergebnisse, Interpretationen und Ausblick

Bei den nun folgenden Tests ergaben sich unter anderem folgende Ergebnisse: Wie bereits erwartet, mußte sowohl die Hypothese des Minimum-Operators wie auch die des Maximum-Operators auch für die neue Art der Verknüpfung abgelehnt werden. Überraschend war zunächst, daß der Maximum-Operator eine fast ebenso gute Approximation wie der Minimum-Operator darstellte. Erklärbarer wird dieses Ergebnis, wenn man sagt: Der Minimum-Operator approximiert das menschliche Verknüpfungsverhalten in den untersuchten Fällen genauso schlecht wie der Maximum-Operator.

Ein wesentlich besseres, wenn auch nicht zufriedenstellendes Ergebnis ergab sich bezüglich der Operatoren „arithmetisches Mittel" und „geometrisches Mittel". Dies ist in diesem Falle auch sehr einleuchtend, da eine gewisse Kompensation bei der Verknüpfung anzunehmen ist.

Die besten Ergebnisse ergaben sich für den verallgemeinerten Operator und zwar mit $\gamma = 0{,}615$.

Wie ist es nun zu erklären, daß das Wort „und", wenn es von Menschen im Sinne der Verknüpfung von Zielkriterien bei Entscheidungen benutzt wird, weder in der Bedeutung „plus", d.h. also im mathematisch üblichen Sinne, noch im Sinne des in der Logik definierten „und" gebraucht wird? Folgender Erklärungsversuch bietet sich an: Menschen verknüpfen Zielkriterien und ähnliches kontextabhängig in sehr verschiedenen Weisen, d.h. sie verwenden zahlreiche verschiedene Verknüpfungsoperatoren. In unserer Sprache, die diesbezüglich offensichtlich ärmer ist als die Begriffswelt unseres Denkens, finden sich jedoch nur zwei für eine solche Verknüpfung brauchbare Worte: „und" und „oder". Die Bedeutung dieser beiden Worte wurde nun inzwischen lediglich für und in der Logik genau definiert (für die zweiwertige Logik ließe sich das „und" durch den Produkt- oder den Minimum-Operator definieren). Will nun der Mensch die Verknüpfung zweier Kriterien in ihrem Charakter verbal artikulieren, so wird er wahrscheinlich den verbalen Ausdruck (Wert) suchen, der seinem wirklichen Verknüpfungsoperator am nächsten kommt. Ohne sich dabei unbedingt bewußt zu sein, daß er damit einen Ausdruck benutzt, der eigentlich in einem anderen Sinne definiert worden ist. Man könnte es auch anders sehen: Wennimmer ein Mensch das Wort „und" benutzt, um dadurch die Verknüpfung zweier subjektiver Kategorien auszudrücken, dann wird dieses „und" üblicherweise im Sinne der logischen Definition verstanden, obwohl dies durchaus nicht durch den Menschen gemeint sein muß.

Die soeben geschilderten empirischen Arbeiten hatten alle den Charakter von Laborexperimenten, zeigten aber wohl schon die Schwierigkeiten und auch die Möglichkeiten des wissenschaftlichen Arbeitens auf dem Gebiet der Entscheidungsfällung. Allein auf dem hier etwas näher betrachteten Gebiet der Wahl der adäquaten Modellsprache und ihrer Bedeutungsdefinition sind sicherlich noch sehr viele Probleme zu lösen. Man denke nur an die Frage der Zielgewichtung, an die Frage von Zielhierarchien usw. Selbstverständlich sind die geschilderten „Laborversuche" nur erste Schritte, die sozusagen noch in den Entstehungszusammenhang von Theorien und Hypothesen gehören. Schärfere Überprüfungen der dabei formulierten und noch nicht falsifizierten Hypothesen und Theorien sind notwendig und werden bezüglich der „Konnektive" auch bereits durchgeführt. Dabei ist nicht auszuschließen, sondern geradezu zu erwarten, daß weitere Modifikationen der zur Prüfung aufgestellten Hypothesen zu erfolgen haben.

Verzeichnis der verwendeten Literatur

ALBERT, H. (1972): Probleme der Theoriebildung. In: Albert, H. (Hrsg.): *Theorie und Realität*. 2. Aufl., Tübingen 1972
BELLMAN, R.; ZADEH, L. (1970): Decision Making in Fuzzy Environments. In: *Management Science I*, Vol. 17B (1970), S. 141–164
BERTHEL, J. (1973): *Zielorientierte Unternehmenssteuerung.* Stuttgart 1973
BOOT, J. C. G. (1967): *Mathematical Reasoning in Economics and Management Science.* Englewood Cliffs, N. J. 1967
CARNAP, R. (1960): *Symbolische Logik.* Wien 1960
CHARNES, A.; COOPER, W. W.; DEVOE, J.; LEARNER, D. B. (1966): DEMON: Decision Mapping via Optimum Go-No-Networks – A Model for Marketing New Products. In: *Management Science I*, Vol. 13 (1966). S. A-865ff.
DINKELBACH, W. (1974): Entscheidungstheorie. In: *Handwörterbuch der Betriebswirtschaft*. 4. Aufl., Stuttgart 1974, Sp. 1292ff.
DRUKARCZYK, J. (1975): *Probleme individueller Entscheidungsrechnung.* Wiesbaden 1975
GÄFGEN, G. 619637: *Theorie der wirtschaftlichen Entscheidung.* Tübingen 1963
GIBSON, Q. (1960): *The Logic of Social Enquiry.* London 1960. Zitiert bei Katterle 1964, S. 42
GUTENBERG, E. (1963): *Grundlagen der Betriebswirtschaftslehre.* 2. Bd., 6. Aufl., Berlin/Heidelberg/New York 1963. Zitiert bei Stählin 1973, S. 53
HAMACHER, H. (1978): *Über logische Aggregationen nicht-binär explizierter Entscheidungskriterien. Ein axiomatischer Beitrag zur normativen Entscheidungstheorie.* Frankfurt/Main 1978
HAUSCHILD, J. (1977): *Entscheidungsziele.* Tübingen 1977
–, (1978): Negativ-Kataloge in Entscheidungszielen. In: *Zeitschrift für die gesamte Staatswissenschaft*, 134. Jg. (1978), S. 595ff.
HAX, H. (1965): *Die Koordination von Entscheidungen.* Köln 1965
HEINEN, E. (1969): Zum Wissenschaftsprogramm der entscheidungsorientierten Betriebswirtschaftslehre. In: *Zeitschrift für Betriebswirtschaft*, 39. Jg. (1969), S. 209ff.
HELMER, O.; RESCHER, N. (1959): On the Epistemology of Inexact Sciences. In: *Management Science*, Vol. 6 (1959)
KIRSCH, W. (1970): *Entscheidungsprozesse.* Bd. 1, Wiesbaden 1970
KATTERLE, S. (1964): *Normative und explikative Betriebswirtschaftslehre.* Göttingen 1964
KOCH, H. (1975): *Die Betriebswirtschaftslehre als Wissenschaft vom Handeln.* Tübingen 1975
KÖHLER, R. (1966): *Theoretische Systeme der Betriebswirtschaftslehre.* Stuttgart 1966
–, (1974): Modelle. In: *Handwörterbuch der Betriebswirtschaft*. 4. Aufl., Stuttgart 1974
KOSIOL, E. (1961): Erkenntnisgegenstand und methodologischer Standort der Betriebswirtschaftslehre. In: *Zeitschrift für Betriebswirtschaft*, 31. Jg. (1961), S. 135ff.
–, (1964): Betriebswirtschaftslehre und Unternehmensforschung. In: *Zeitschrift für Betriebswirtschaft*, 34. Jg. (1964), S. 757ff.
–, (1973): Organisation – Der Weg in die Zukunft. In: *Zeitschrift für Organisation I*, 42. Jg. (1973), S. 3ff.
KRAFT, V. (1960): *Erkenntnislehre.* Wien 1960
LISOWSKY, A. (1929): Die Betriebswirtschaftslehre im System der Wissenschaften. In:

Zeitschrift für Betriebswirtschaft, 6. Jg. (1929), S. 561–580 und 667–690. Zitiert bei Katterle 1964, S. 42

PAPANDREOU, A. (1958): *Economics as a Science*, Chicago 1958. Zitiert bei Katterle 1964, S. 125

POPPER, K. (1971): *Logik der Forschung.* Tübingen 1971

SCHEIBLER, A. (1974): *Zielsysteme und Zielstrategien der Unternehmensführung.* Wiesbaden 1974

SCHNEIDER, D. (1979): Meßbarkeitsstufen subjektiver Wahrscheinlichkeiten als Erscheinungsformen der Ungewißheit. In: *Zeitschrift für betriebswirtschaftliche Forschung*, 31. Jg. (1979), S. 117 ff.

STÄHLIN, W. (1973): *Theoretische und technologische Forschung in der Betriebswirtschaftslehre.* Stuttgart 1973

STARR, M. K. (Hrsg.; 1965): *Executive Readings in Management Science.* New York/London 1965

TEICHROEW, D. (1964): *An Introduction to Management Science.* New York/London/Sydney 1964

THOLE, U.; ZIMMERMANN, H.-J.; ZYSNO, P. (1979): On the Suitability of Minimum and Product Operators for the Intersection of Fuzzy Sets. In: *Fuzzy Sets and Systems*, Vol. 2 (1979), S. 167–180

WARTMANN, R. (1963): Rechnerische Erfassung der Vorgänge im Hochofen zur Planung und Steuerung der Betriebsweise sowie der Erzauswahl. In: *Stahl und Eisen*, 83. Jg. (1963), S. 1414–1452

WEINBERG, P. (1974): Axiomatisierung in der Betriebswirtschaftslehre. In: *Handwörterbuch der Betriebswirtschaft.* 4. Aufl., Stuttgart 1974, Sp. 367ff.

WILD, J. (1975): Theoriebildung, betriebswirtschaftliche. In: *Handwörterbuch der Betriebswirtschaft.* 4. Aufl., Stuttgart 1975, Sp. 3904ff.

WITTE, E. (1968a): Die Organisation komplexer Entscheidungsverläufe. In: *Zeitschrift für betriebswirtschaftliche Forschung I*, 20. Jg. (1968), S. 581 ff.

–, (1968b): Phasen-Theorem und Organisation. In: *Zeitschrift für betriebswirtschaftliche Forschung I*, 20. Jg. (1968), S. 625 ff.

WITTMANN, W. (1968): *Produktionstheorie.* Berlin/Heidelberg/New York 1968

ZADEH, L. (1965): Fuzzy Set. In: *Information and Control I*, Vol. 8 (1965), S. 338–353

ZIMMERMANN, H.-J. (1977): Empirische Untersuchung unscharfer Entscheidungen. *Abschlußbericht des DFG-Forschungsprojektes für das Jahr 1976/77.* Aachen 31. August 1977. Unveröffentlichtes Manuskript.

„Ziel-Klarheit" oder „kontrollierte Ziel-Unklarheit" in Entscheidungen?

Anlaß zu einigen Bemerkungen über die Rolle der empirischen Forschung im Wechselspiel von Modelltheorie und Anwendung in der Praxis

JÜRGEN HAUSCHILDT

1. Funktionen der empirischen Forschung zwischen Modelltheorie und Anwendung in der Praxis
2. Die Norm der Zielklarheit
3. Das Erscheinungsbild unklarer Ziele
4. Erklärungen für Zielunklarheit
   4.1. Kognitive Erklärungen für Zielunklarheit
   4.2. Kontextbestimmte Erklärungen für Zielunklarheit
   4.3. Konfliktbestimmte Erklärungen
5. Annäherungen zwischen Modelltheorie und Praxis unter Einfluß empirischer Befunde
   5.1. Realitätsnähere Zielfunktionen in Entscheidungsmodellen
   5.2. „Kontrollierte Zielunklarheit" in Organisationsvorschlägen
      5.2.1. Die Gestaltungs-Aufgabe
      5.2.2. Einzelne Ansätze

1. Funktionen der empirischen Forschung zwischen Modelltheorie und Anwendung in der Praxis

Betrachtungen zum praktischen Nutzen der empirischen Forschung haben nicht nur aus einer „ungeduldigen Position" (WITTE 1974, Sp. 1275) nach dem *direkten* Nutzen zu fragen, der sich aus der unmittelbaren Verwendung der Ergebnisse in der Wirtschaftspraxis ergibt, sondern auch nach dem Nutzen, der *indirekt* „im Umweg" über andere Stationen wissenschaftlicher Arbeit wirksam werden könnte. Der folgende Beitrag will eine solche indirekte Beziehung beleuchten und an einem Beispiel aus der empirischen Zielforschung demonstrieren.

Die klassische Betriebswirtschaftslehre hat ihren unstrittigen Erfolg in der Praxis nicht über die empirische Forschung modernen Verständnisses erzielt.

Sie verstand sich als praktisch normative Disziplin mit einer unbestreitbaren Gestaltungsaufgabe und wurde als solche in der Praxis akzeptiert und gefragt. Sie nahm Initiativen aus der Realität auf und setzte sie in konkrete Anwendungsvorschläge um. Mit der Steigerung des wissenschaftlichen Anspruchsniveaus wuchs indessen allmählich auch eine Distanz zur Praxis. Namentlich eine strenge, mathematisch konzipierte Modelltheorie mußte den vielfältigen Vorwurf hören, sie beschäftige sich nicht mit ,,den" Problemen ,,der" Praxis. Dieser Vorwurf geht zu einem Teil sicherlich auf eine formale Problematik, auf ,,Sprachunterschiede", zurück. Er wird wahrscheinlich durch Ausbildungsanstrengungen und Ausbildungsleistungen ausgeräumt werden können. Zu einem anderen Teil ist dieser Vorwurf der Praxisferne ein inhaltlicher. *Er ist Prämissenkritik.*

Eine Reihe modelltheoretischer Prämissen sind Behauptungen über eine Realität: ,,Gegeben sei ... eine Zielfunktion ..., ein Satz bestimmter Nebenbedingungen ..., eine Menge von Alternativen ..., eine bestimmte Wahrscheinlichkeitsverteilung ..., ein Preis ..., ein bestimmter Kostenverlauf ...". Der handelnde Praktiker sieht seine konkreten Betriebsprobleme mit ihren höchst realen Schwierigkeiten der Datengewinnung und resigniert – die Prämissen der Modelle sind allzu selten ,,gegeben", weder vor-gegeben, noch eingegeben, noch natur-gegeben – kein Wunder, daß sich der Vorwurf, die Modelltheorie sei unrealistisch, allzu schnell erhebt.

In dieser Konfliktsituation kommt empirischer Forschung eine Schlüsselrolle zu. Indem sie zunächst elementare Beschreibungen der Realität liefert, versorgt sie den Modelltheoretiker durch den Beleg ,,*es gibt..*" mit einer besseren Basis für sein Postulat ,,*gegeben sei..*". Aber ihre Funktion geht weiter: Sie liefert Informationen darüber, daß bestimmte Prämissen *überhaupt nicht* realitätsnahe sind. Sie zeigt überdies, *wie häufig* bestimmte Prämissen zutreffen und erlaubt damit, den praktischen Erfolg eines Modells abzuschätzen. Man möge notieren, daß diese gewichtigen Leistungen der empirischen Forschung schon allein auf der Basis schlichter deskriptiver ,,Es-gibt-Sätze" möglich werden, denen in der wissenschaftstheoretischen Bewertung ein leider viel zu niedriges Prädikat zuerkannt wird.

Liefert die empirische Forschung schließlich auch *Erklärungen* der Realität, etwa von der Art, daß bestimmte Prämissen in bestimmten Situationen gelten – in anderen nicht, so wird der Dialog zwischen gestaltender Modelltheorie und Praxis noch weiter verbessert. *Die empirische Forschung liefert den Vertretern der Modelltheorie den Hinweis, welche Wege sie gehen können, wenn sie die Modelle der Realität annähern wollen. Sie übernimmt eine ,,Wegweiser-Funktion" für die Verbesserung der Anwendung formaler Problemlösungskalküle.*

Die Aufgaben der empirischen Forschung enden aber mit der Erfüllung dieser Wegweiser-Funktion nicht. Das Ergebnis modelltheoretischen Arbeitens sind ja vielfach nicht nur bestimmte Kalkül-Algorithmen, sondern auch – implizit oder explizit – Vorschriften über Daten-Gewinnung, -Prüfung, -Verarbeitung,

-Speicherung, über Ablaufsteuerung, Kommunikation, Konfliktregulierung, Verhandlung und andere zwischenmenschliche Verhaltensweisen. Jede dieser Vorschriften eines umfassenden Gestaltungsvorschlages steht dabei unter einer Effizienz-Behauptung. Hier nun wird eine weitere Funktion empirischer Forschung zwischen Modelltheorie und Praxis erkennbar. *Sie hat die instrumentellen Gestaltungsvorschläge unter bestimmten Effizienzkriterien zu überprüfen. Sie übernimmt eine ,,Prüf-Funktion".* Sie wendet sich damit – der in Deutschland üblichen Arbeitsteilung zufolge – weniger an die Vertreter einer mathematisch orientierten Modelltheorie, sondern vornehmlich an die Konstrukteure von Informationssystemen, die Erfinder von Entscheidungshilfen und die Produzenten von Management-Techniken. *Sie liefert diesen Vertretern der betriebswirtschaftlichen Organisationslehre den Hinweis, welche Wege sie zu gehen haben, wenn sie die Realität den Modellen annähern wollen.*

Wir wollen uns nicht darauf beschränken, diese Feststellungen nur in dieser abstrakten Form vorzutragen. Die folgende Betrachtung soll das Wechselspiel von modelltheoretischer und empirischer Arbeit bei der Erhöhung des Nutzwertes betriebswirtschaftlicher Forschung in der Praxis an einem konkreten Beispiel zeigen.

2. Die Norm der Zielklarheit

Daß ein Entscheidungsträger sich über die Ziele seines Handelns klar sei oder klar sein müsse, scheint eine der unbestrittenen Prämissen oder Normen der Betriebswirtschaftslehre zu sein. Aus der Fülle möglicher Zitate seien drei vorgetragen, die diese Norm kennzeichnen.

So verlangen Churchman, Ackoff, Arnoff:

,,Man sollte sich ... nicht entmutigen lassen, qualitative Ziele zu quantifizieren, das heißt in Zahlen auszudrücken" (CHURCHMAN/ACKOFF/ARNOFF 1957, S. 116).

War diese Anregung im Jahre 1957 noch werbend und abwägend formuliert, so findet sich heute in den Lehrbüchern zur Entscheidungstheorie dieses Postulat in bedingungsloser, ja gebieterischer Form, wie etwa im Lehrbuch von Sieben und Schildbach:

,,Erstrebte ... Sachverhalte dürfen ... nicht lediglich angedeutet, sondern müssen präzise und eindeutig und damit operational ... formuliert werden!" (SIEBEN/SCHILDBACH 1975, S. 19).

Oder im Lehrbuch von Bamberg und Coenenberg:

,,Die Ziele müssen operational sein, gemäß dieser ... selbstverständlichen Forderung müssen die Ziele so präzise formuliert sein, daß überprüft werden kann, bis zu welchem Grade sie erreicht werden" (BAMBERG/COENENBERG 1974, S. 28).

Bamberg und Coenenberg fassen auch die üblichen Begründungen zusammen:

"Die Notwendigkeit operationaler Zielformulierungen ergibt sich zunächst aus dem Bestreben nach rationaler Entscheidungsfindung.

„Die Delegation von Entscheidungsbefugnissen auf organisatorisch nachgeordnete Entscheidungsträger erfordert, um unerwünschte Zielverschiebungen zu vermeiden, die Vorgabe operationaler Zielkriterien.

Schließlich sind operationale Ziele eine notwendige Voraussetzung für die ziel- und problemorientierte Ausrichtung des Informationssystems. Mangelnde Präzision der Zielvorstellungen führt zu der bekannten Produktion von Zahlenfriedhöfen ..." (BAMBERG/COENENBERG 1974, S. 29).

Der Wucht dieser Argumente kann sich ein Betriebswirt wohl kaum verschließen. Das Postulat der Zielklarheit scheint eines der wenigen zu sein, zu denen in der Wissenschaft absoluter Konsens besteht. *Indessen ist aus verhaltensorientierter Perspektive an dieses Postulat ein Fragezeichen zu setzen.*

Wir wollen uns zunächst klarmachen, was das Postulat der Zielklarheit eigentlich verlangt (zur Systematik der Ziel-Elemente: HEINEN 1971; HAUSCHILDT 1977). Es fordert
- ein abgegrenztes Zielobjekt,
- bestimmte Zielvariablen,
- eindeutige Zielmaßstäbe,
- explizite und präzise Angaben zum angestrebten Ausmaß,
- eine Angabe zum zeitlichen Bezug des Ziels,
- Präferenzordnungen, sofern mehr als ein Ziel angestrebt wird.

Diese Aufzählung zeigt, welche Anforderungen an ein vollständig formuliertes, klares und operationales Entscheidungsziel zu stellen sind. Diese Ansprüche an die Zielklarheit sind hoch, aber unstrittig. Wissen die Theoretiker, was sie den handelnden Praktikern zumuten? Können sie davon ausgehen, daß sich die Praktiker auch tatsächlich diesen Postulaten entsprechend verhalten?

3. Das Erscheinungsbild unklarer Ziele

Es sollen einige Befunde aus der empirischen Zielforschung vorgetragen werden, die Zweifel an der Realitätsnähe der theoretischen Normen wecken. Dabei wird zunächst auf eine Untersuchung des Verfassers über Zielartikulationen anläßlich der Beschaffung von Datenverarbeitungsanlagen zurückgegriffen (HAUSCHILDT 1977). Weiterhin sollen
- Untersuchungen Grüns zu Entscheidungsprozessen über die Olympia-Bauten in München[1],
- eine Untersuchung von Hinken über Zielsetzungen mittelständischer Betriebe (HINKEN 1974),

---

[1] Die hier zitierten Befunde wurden von Oskar Grün gesondert ermittelt. Der Verfasser dankt Herrn Kollegen Grün für die Möglichkeit, diese bisher nicht veröffentlichten Befunde zitieren zu dürfen. Zur Erhebungsmethode siehe GRÜN (1975), insbes. S. 32.

- eine Untersuchung von Wiegele über Entscheidungsprozesse zur Beschaffung von innovativen Großanlagen in Krankenhäusern (WIEGELE 1977) herangezogen werden. Alle diese Untersuchungen sind mit dem gleichen Erhebungsinstrumentarium gewonnen worden und liefern insoweit vergleichbare Ergebnisse.

Indessen wurden nicht alle der genannten Zielelemente in diesen Untersuchungen auf ihre Klarheit hin untersucht. Immerhin lassen die wechselnden Befunde folgendes Bild erkennen:

1. Das *Zielobjekt* wird nicht eng abgegrenzt. Es wird ,,offen'' definiert, d.h., es wird mit anderen Entscheidungsproblemen und anderen Entscheidungsfeldern verknüpft. Die Entscheidungsträger betten ihre Problemlösungen in übergeordnete, gleichgeordnete und untergeordnete, in vorhergehende und in nachfolgende Problemzusammenhänge ein. Je umfassender so das Entscheidungsfeld definiert wird, desto mehr verschwimmen seine Grenzen, desto weniger entspricht ein solches Zielobjekt dem Gebot der Zielklarheit. Der Anteil präzise formulierter, eng abgegrenzter Zielobjekte liegt in den Untersuchungen nur zwischen 30 und 32% (GRÜN o.J.; HAUSCHILDT 1977, S. 43ff.; HINKEN 1974, S. 185).
   Etwa ⅔ der Zielobjekte aber sind unscharf bestimmt.

2. Hinsichtlich der *Zielvariablen* wollen wir uns auf eine Eigenschaft konzentrieren, die nach allen Erfahrungen am wenigsten präzise bestimmt ist. Wir haben die Beobachtung gemacht, daß unter den artikulierten Zielkriterien recht verwaschene, diffuse und vage Begriffe auftauchen, wie:
   rational, rationell, vorteilhaft, günstig, wertvoll, effizient, produktiv, lohnend, modern, neu, sinnvoll, zweckdienlich.
   Diese Zielvariable wurde zusammenfassend mit dem Begriff ,,nützlich'' belegt. Nähere Untersuchungen zeigen, daß es sich dabei keinesfalls um eine Nutzendefinition im Sinne der Modelltheorie handelt, sondern um politisch-pragmatische Formulierungen, die darauf gerichtet sind, Konsens zu erzeugen, Handeln zu ermöglichen und Konflikte zu vertuschen.
   Diese extrem unscharfe Zieleigenschaft tritt immerhin in 7% der Zielartikulationen auf (HAUSCHILDT 1977, S. 48; WIEGELE 1977, S. 129). Aus dieser Feststellung möge nicht geschlossen werden, daß in den übrigen Zielartikulationen die Zielvariablen auch tatsächlich präzise *bestimmt* sind. Sie sind allenfalls präzise *bestimmbar*.

3. Auch der *Zielmaßstab* bietet in der Realität einen Ansatzpunkt für unklare Zielbestimmung. Als typisches Element einer Unschärfe ist hier die Verwendung von Ordinal-Skalen anzusehen, durch die die Ausprägungen der Zielvariablen bei den einzelnen Alternativen nur in eine Reihenfolge eines ,,größer'' oder ,,kleiner'', eines ,,mehr'' oder ,,weniger'' gebracht werden. Diese Messung entspricht nicht den Operationalisierungsansprüchen der eingangs zitierten Autoren. Auch hier liegt ein weitgehend einheitlicher Befund vor:

Das Phänomen ordinal skalierter Zieleigeigenschaften findet sich in Anteilen zwischen 17 und 23% der Zielartikulationen (HAUSCHILDT 1977, S. 60; HINKEN 1974, S. 183; WIEGELE 1977, S. 135). Der Rest ist nicht etwa kardinal bestimmt, sondern weithin lediglich nominal.

4. Bei der Betrachtung des *angestrebten Ausmaßes* sind wir auf eine Variante gestoßen, die in der Literatur recht selten behandelt worden ist (eine Ausnahme bildet die Untersuchung von CHMIELEWICZ 1970, insbes. S. 242). Wir haben sie zusammen als ,,Verbesserung des Status Quo" bezeichnet, das heißt, es wird nur ein positiver Unterschied gegenüber dem Vergleichszustand gefordert. Man bedient sich der Vokabeln ,,besser", ,,größer", ,,schneller", ,,billiger", verwendet also den Komparativ. Wie groß der positive Unterschied zwischen den Vergleichzuständen sein soll, wird aber nicht bestimmt.

Diese Variante der Zielunklarheit taucht in den genannten Untersuchungen mit einem Anteil von 14 bis 39% auf (GRÜN O.J.; HAUSCHILDT 1977, S. 66; HINKEN 1974, S. 182; WIEGELE 1977, S. 139). Extremalziele mit ihrem Optimierungspostulat treten hingegen äußerst selten auf.

Über die Möglichkeiten, auch die übrigen Zielelemente unklar zu fassen, liegen keine in dieser Weise quantifizierbaren Befunde vor. Immerhin läßt die Untersuchung von Hinken erkennen, daß ein erheblicher Anteil der von ihm untersuchten Zielartikulationen, etwa zwei Drittel, *,,langfristig und zeitlos bestimmt"* (HINKEN 1974, S. 184) sei – eine Formulierung, die alles andere als Präzision zeigt.

Die Nachforschungen des Verfassers zur Frage einer *Präferenz-Relation* haben einen ebenfalls wenig befriedigenden Befund erbracht: Es fanden sich praktisch keine Formulierungen, durch die die Entscheidungsträger zu erkennen gaben, daß sie derartige Präferenz-Relationen verwenden.

Wir können also zusammenfassend konstatieren:

1. *Entscheidungsträger denken in einem nicht unerheblichen Ausmaß in unklar definierten Zielen und bringen diese Unklarheit in ihren Zielartikulationen für den außenstehenden Beobachter auch eindeutig erkennbar zum Ausdruck.*
2. *Sie finden eine Vielfalt von Ansatzpunkten, Zielunklarheit herzustellen und beizubehalten,*
   - durch weite Fassung des Zielobjektes,
   - durch Anwendung unklarer, diffuser und vager Zieleigenschaften,
   - durch Anwendung von Ordinal-Skalen bei der Zielmessung,
   - durch Anstreben lediglich einer Verbesserung des Status Quo ohne Nennung eines Grenzwertes.

Man mag die Gesetze der Kombinatorik bemühen, um sich klarzumachen, wie vielfältig und wie umfassend das Erscheinungsbild unklarer Ziele gelegentlich zu sein vermag. Perrow faßt den gleichen Eindruck in folgender Weise zusammen:

„... nonrational orientations exist at all levels, including the elite who are responsible for setting goals and assessing the degree to which they are achieved" (PERROW 1961, S. 854).

Unser erstes Fazit lautet: *Die Norm der Zielklarheit ist fragwürdig, sie ist des Fragens würdig.*
Eine weithin übliche Prämisse bzw. Norm der Modelltheorie wird somit durch unterschiedliche empirische Analysen nur eingeschränkt bestätigt, weithin jedoch als unrealistisch erkannt. Dieser Zustand der Realität provoziert wenigstens die folgenden Fragen:
– Gibt es Situationen, in denen Zielklarheit *unmöglich* ist?
– Gibt es Situationen, in denen die Artikulation und die Festlegung klarer Ziele *unvernünftig* wäre?

4. Erklärungen für Zielunklarheit

Für die weitere Betrachtung muß zunächst eine Ausgangsprämisse gesetzt werden. Es muß ausgeschlossen werden, daß eine der Lösungen darin besteht, daß überhaupt nicht gehandelt wird. Dann nämlich wäre eine Auseinandersetzung mit den Problemen der Zielklarheit bzw. Zielunklarheit entbehrlich. Es muß ein *Zwang zum Handeln* bestehen, oder, was die Realität im allgemeinen besser trifft, es muß verboten sein, die Entscheidung aufzuschieben. Falls mehrere Personen oder Gruppen beteiligt sind, mag
– kein Konsens über die Ziele bestehen,
– indessen muß Konsens bestehen, daß Nicht-Handeln verboten ist.

4.1. Kognitive Erklärungen für Zielunklarheit

Die erste zentrale Erklärung für Zielunklarheit ist eine kognitive. Oder schlichter formuliert: *Der Entscheidungsträger weiß nicht, was er eigentlich will.* Diese Situation ist nicht etwa absurd. Sie scheint uns gegeben,
– wenn unbestimmte Merkmale des Entscheidungsproblems und
– bestimmte Eigenschaften des Entscheidungsträgers
aufeinandertreffen (zum Ansatz insbes. MARCH/SIMON 1958, S. 136ff., insbes. S. 150ff.).
a) Es sind zunächst folgende *Merkmale des Entscheidungsproblems:*
Die Entscheidungssituation ist *komplex* (u. a. LUHMANN 1968, S. 121f. und S. 201ff.; BRONNER 1973, S. 27; KIRSCH 1978, S. 32ff. und S. 57ff.). Das heißt:
– Die Problemstruktur selbst ist unklar.
– Die Konturen der zukünftigen Situation sind nicht abgegrenzt.
– Es ist nicht klar, wie die einzelnen Problemkomponenten miteinander verflochten sind.
– Ja, selbst die Zahl der Problemkomponenten ist nicht absehbar.

Diese Situation verpflichtet den Entscheidungsträger, viele, inhaltlich unterschiedliche Aspekte – technische, rechtliche, soziale, finanzielle – zu berücksichtigen. Er hat unterschiedliche Zeitfelder zu integrieren: aktuelle, mittelfristige, langfristige. Er hat Interessen unterschiedlicher Gruppen, Abteilungen oder Instanzen zu berücksichtigen. Er sieht das Problem mit vorangegangenen und nachfolgenden Problemen verbunden. Er hat Folgewirkungen zu bedenken.

Jeder dieser Aspekte und jede dieser Unterscheidungen schafft Ansatzpunkte für eine weitere Komplizierung des Problemgehalts. Das gilt um so mehr, wenn es sich überdies um eine *innovative Entscheidung* handelt, die der Entscheidungsträger erstmalig zu vollziehen hat, zu der er keine Problemlösungsmuster kennt.

b) Diese Situationsmerkmale „Komplexität" und „Innovation" sind in Verbindung zu den *Eigenschaften des Entscheidungsträgers* zu sehen:
– Gestützt auf empirische Befunde müssen wir davon ausgehen, daß er nur eine *begrenzte kognitive Kapazität* (insbes. MILLER 1956; NEWELL/SIMON 1972; Simon 1974; Kroeber-Riel 1980, S. 338ff. m.w.Lit.) hat. Er ist nur in der Lage, eine kleine Zahl von Entscheidungsaspekten zu überschauen.
– Hinzu kommt eine Neigung zum sogenannten *„Inkrementalismus"* (LINDBLOM 1959). Diese auf den Politologen Lindblom zurückgehende Vorstellung besagt, daß Entscheidungsträger dazu neigen, Lösungen in der Nachbarschaft bekannter Lösungen und neue Vorstellungen in enger Verbindung zu bekannten und bereits praktizierten Erfahrungen zu suchen.

Zu den Begrenzungen der Erkenntniskapazität treten so auch noch Einschränkungen der Suchkapazität hinzu.

Mögen begrenzte kognitive Kapazität und Neigung zum Inkrementalismus wenigstens noch *unbewußte* Barrieren der Zielbestimmung sein, so ist überdies ein *bewußter* Mangel an *Zielbestimmungswillen* zu erwarten. Diese Vermutung stützt sich auf *konsistenztheoretische Überlegungen* (ABELSON et. al. 1968; *Kroeber-Riel* 1980, S. 216ff. m.w.Lit.), wonach Entscheidungsträger einen bemerkenswerten Unwillen zeigen, aus gewohnten, ein inneres Gleichgewicht garantierenden Vorstellungen auszubrechen. Wenn wir den Sozialpsychologen Janis und Mann (1977, S. 52ff., insbes. S. 67ff., S. 85ff.) folgen, verwenden die Entscheidungsträger ein ganzes Repertoire von Vermeidungsstrategien, um dem unerwünschten Entscheidungsproblem und dem Zwang zur Neubestimmung der Ziele zu entgehen.

Die Zielunklarheit ist somit eine Folge kognitiver Barrieren, willentlicher Barrieren und – das ist vom ökonomischen Aspekt hinzuzufügen – auch eine Folge einer möglichen *Wirtschaftlichkeitsüberlegung*. Den Entscheidungsträgern sind erfahrungsgemäß die Schwierigkeiten bekannt, die kognitiven Barrieren zu überwinden, über inkrementalistische Suchstrategien hinauszugehen und die Neubestimmung von Problemen willentlich auf sich zu nehmen. Sie sind somit leicht in der Lage, das Kostenargument eindrucksvoll zu begründen.

Da Betriebswirte bisher nicht gewohnt sind, den einzelnen Entscheidungsprozeß zum Gegenstand einer systematischen Kalkulation (Vorschläge zur Messung der Prozeßeffizienz bei GZUK 1975; GEMÜNDEN 1980) zu machen, werden auch alle diejenigen recht hilflos allein gelassen, die einer solchen vorgeschobenen Unwirtschaftlichkeitsbehauptung entgegentreten wollen.

4.2. Kontextbestimmte Erklärungen für Zielunklarheit

Die zweite zentrale Erklärung für Zielunklarheit ist eine kontextbestimmte. Ziele werden immer in einer bestimmten Situation mit Blick auf eine andere, erwartete Situation formuliert. Tritt diese erwartete Situation aber nicht ein, so kann gegebenenfalls eine flexible Abkehr von dem Ziel erwünscht oder gar notwendig sein. Ziele, die keine Freiheitsspielräume bieten, nehmen der betroffenen Instanz die Flexibilität zu einer vernünftigen Anpassung auf wechselnde Situationen.

Es kann nicht Sinn wirtschaftlichen Handelns sein, Menschen zu verpflichten, sich an vorhergegebene Ziele sklavisch gebunden zu fühlen und auftragsgemäß, aber nicht vernünftig zu handeln – dieses wäre letztlich die Rationalität Till Eulenspiegels. Das gilt zumal, wenn wir uns klarmachen, daß es eine Fülle von außenbestimmten, politischen, konkurrenzgeprägten, konjunkturellen Situationen gibt, in denen ein solcher Wechsel der Ziele angezeigt, ja schon im Augenblick einer ersten Zielbestimmung absehbar ist.

4.3. Konfliktbestimmte Erklärungen

Die dritte zentrale Erklärung für Zielunklarheiten ist eine konfliktbedingte (zur konfliktabhängigen Zielbildung: CYERT/MARCH 1963, S. 26ff.; BIDLINGMAIER 1968; HEINEN 1971, S. 140ff.; HAUSCHILDT 1977, S. 123ff., insbes. S. 139ff.; KAPPLER u.a. 1979). Sind die kognitiven Determinanten der Zielunklarheit im Zweifel eher intrapersonale Phänomene, so sind die nun darzustellenden Konfliktdeterminanten der Zielunklarheit eher interpersonale, also solche, die aus dem Zusammenwirken mehrerer Individuen erwachsen. Wir gehen dabei von folgender Situation aus:
– Es wird mehr als ein Ziel angestrebt.
– Diese Ziele sind zumindest partiell konfliktär.
– Die konfliktären Ziele werden von unterschiedlichen Interaktionspartnern vertreten.
– Zielbildung und Zielartikulation der beteiligten Interaktionspartner erfolgen in einem historischen Kontext. Damit soll gesagt werden: Die Entscheidungsträger kennen sich seit längerem, kooperieren häufig, haben sich bereits in vergangenen Entscheidungsprozessen auseinandergesetzt und rechnen damit, auch in Zukunft miteinander arbeiten zu müssen.

In einer solchen Situation gelten zunächst die gleichen kognitiven Determi-

nanten der Zielunklarheit, die jeder Entscheidungsträger mit sich ausmacht. Auch in der Gruppe kann die Tatsache gelten, daß es unmöglich ist, klare Ziele zu bestimmen. Möglich ist aber auch, daß alle Mitwirkenden, oder wenigstens einer, sehr wohl wissen, welche Ziele zu verfolgen sind. Es gibt indessen
- für die *Wissenden* gute Gründe, dies nicht offen zu deklarieren, und
- es gibt vielleicht für die *Nichtwissenden,* aber Ahnungsvollen, gute Gründe, eine nähere Zielpräzisierung nicht zu verlangen.

Wie kann eine solche, an sich absurde und der ökonomischen Rationalität offenkundig nicht entsprechende Situation entstehen? Das kann nur dann der Fall sein, wenn die Beteiligten die Austragung der Konflikte stärker scheuen als die Nachteile, die ihnen aus unklar definierten Zielen erwachsen. Um diese Nachteilsabwägung vornehmen zu können, müssen die Entscheidungsträger Wirkungen und Ursachen der Konflikte abschätzen. Sie haben daher zu fragen: Welche Ursachen sind maßgeblich dafür, daß Entscheidungsträger aufgrund der Fixierung und Präzisierung einer Zielsetzung harte, hart bleibende und sich zunehmend verhärtende Positionen einnehmen?

a) Unterschiedliche Entscheidungsziele können zunächst auf unterschiedliche *persönliche Motivationen* der beteiligten Interaktionspartner zurückgehen. Prägen sich bestimmte persönliche Motivationen in präzisen Zielartikulationen aus, dann übertragen sich mögliche Motivationskonflikte mit allen ihren emotionalen Ausbrüchen auf den Zielfindungsprozeß. *Unklare Ziele erlauben es, eine solche Emotionalisierung zu vermeiden.*

b) Konfliktäre Entscheidungsziele können sodann auf unterschiedliche *Rollen* der beteiligten Interaktionspartner begründet sein. Gerade die spezifischen Anspruchshaltungen der Bezugsgruppen gegenüber den Rollenträgern drängen diese zu energischem Festhalten an den Gruppenansprüchen. Es ist die hohe Identifikation des Rollenträgers mit seiner Bezugsgruppe, oder es ist seine Furcht vor Sanktionen, die ihn veranlaßt, die Gruppenforderungen besonders unnachgiebig zu vertreten. Dies gilt um so mehr, je präziser die Verhandlungsziele von ihm fixiert sind oder ihm über ein imperatives Mandat aufgetragen werden. *Unklar bestimmte Ziele erlauben eher, Kompromisse zu schließen und die Verhandlungen vor dem Scheitern zu bewahren.*

c) Eine weitere Erklärung liefert das empirisch gesicherte Phänomen der *kognitiven Dissonanz* (insbes. FESTINGER 1978, mit einem Resümée von Irle und Möntmann sowie einer Bibliographie zur inzwischen erschienenen Literatur zur Dissonanztheorie). Zielsetzungen sind Selbstverpflichtungen. Der Bindung an ein Ziel geht oft ein schwerer Konflikt des handelnden Individuums voraus. Wenn dieser Konflikt überwunden ist, und wenn sich der Handelnde zu einem bestimmten Ziel durchgerungen hat, dann strebt er danach, die so empfundene Dissonanz wieder abzubauen. Wie wir aus sozialpsychologischen Studien wissen, führt diese Bindung zu verzerrter Informationsaufnahme und Informationsbewertung.

Die Dissonanzreduktion bewirkt Starrheit. Man kann erwarten, daß diese

Starrheit in dem Maße wächst, in dem das so konfliktreich bestimmte Ziel in allen Einzelheiten festgelegt und offen deklariert ist. Wer hätte nicht schon erlebt, daß sich in konfliktreichen Situationen ein Interaktionspartner schon sehr früh auf ein höchst präzise bestimmtes Ziel festgelegt hat und im Laufe der Verhandlung auf nichts anderes bedacht ist, als sein Gesicht zu wahren und dieses Ziel durchzubringen.

Dieser Hinweis lenkt das Augenmerk auf Verhandlungen (zum Stand der Verhandlungsforschung: CROTT/KUTSCHKER/LAMM 1977). Wenn die Beteiligten in Verhandlungen konfliktäre Ziele vertreten, ist zu erwarten, daß sich die Entscheidungssituation noch mehr verhärtet, wenn die Verhandlungspartner keinen Spielraum in der Modifikation ihrer Ziele haben. Die Wahrscheinlichkeit der Überwindung von Zielkonflikten sinkt mit der Präzision der Ziele. „...nonoperational goals are consistent with virtually any set of objectives" (CYERT/MARCH 1963, S. 32). *Unpräzise Ziele bieten Konsensmöglichkeiten. Sie erlauben Zustimmung ohne Gesichtsverlust.*

Hier liegt auch die Begründung dafür, daß zu Eingang dieser Erwägung auf den historischen Kontext hingewiesen wurde. Entscheidungsträger, die häufig miteinander verhandeln, binden sich angesichts eines bestimmten Entscheidungsprozesses an eine bestimmte Zielfigur. Man erwartet von ihnen, und sie erwarten es von sich selbst, daß sie diese Zielfigur auch bei anderen Entscheidungen wieder vertreten. Handelt es sich dabei um eine Zielfigur, die häufig in Konflikt zu anderen, in solchen Verhandlungen vertretenen Zielsetzungen steht, und ist eine solche Zielfigur sehr präzise ausformuliert, dann ist die Einigungsmöglichkeit nicht nur in der aktuellen Entscheidung problematisch, sondern auch in folgenden, späteren Entscheidungen. *Unklar formulierte Ziele erlauben in einer solchen Situation somit nicht nur Konsens in dem aktuellen Entscheidungsprozeß, sie versprechen auch Konsensmöglichkeiten in späteren Entscheidungsprozessen, gegebenenfalls mit der Chance für einen späteren Nachteilsausgleich.*

d) Eine weitere Begründung für die Einnahme bestimmter Verhandlungspositionen könnte in einem *Reaktanz-Verhalten* (zur Reaktanztheorie: BREHM 1966; WICKLUND 1974; GNIECH/GRABITZ 1978) liegen. Danach scheint empirisch gesichert, daß ein Interaktionspartner aufgrund einer tatsächlichen oder auch nur vermeintlichen Einschränkung seines Handlungsspielraums Verhandlungspositionen bezieht, die er bei unvoreingenommener Betrachtung gar nicht einnehmen würde. Je präziser die Ziele in einem solchen Konflikt festgelegt werden, desto stärker wächst die Wahrscheinlichkeit, daß die Handelnden eine Einengung ihres Handlungsspielraums empfinden und dieses Reaktanz-Verhalten zeigen. *Unklare Ziele engen die Autonomie der Interaktionspartner weniger, zumindest weniger deutlich spürbar ein.*

e) Die Betrachtung hat sich schließlich auf *Machtkonflikte* (hierzu HAUSCHILDT 1977, S. 126 und die dort zitierte Literatur) zu richten und sollte wenigstens zwei Machtkonstellationen unterscheiden:

1. Besteht im Fall *gleich mächtiger* Interaktionspartner, wir nennen sie ,,Kollegen", volle Zielklarheit und sind die klar präzisierten Ziele der unterschiedlichen Interaktionsparteien unvereinbar, so ist zu erwarten, daß der Entscheidungsprozeß blockiert wird. *Unklare Ziele können das Entstehen eines solchen Patt verhindern.*
2. Im Verhältnis *ungleich mächtiger* Interaktionspartner, z. B. in der Konstellation von ,,Vorgesetzten" zu ,,Untergebenen", tritt ein Motivationsproblem auf. Bei divergenten Zielen des Vorgesetzten und des Untergebenen besteht Gefahr, daß der Untergebene aufgrund des Machteinflusses des Vorgesetzten seine Motivationen verliert. Dieses wiederum darf ein Vorgesetzter dann nicht riskieren, wenn er auf die Mitarbeit des Untergebenen bei der Realisierung des Gewollten zwingend angewiesen ist. Dann nämlich bestünde Gefahr, daß der Untergebene aufgrund mangelnder Motivation die Realisierung des Gewollten verhindert, verzögert oder sonstwie negativ beeinflußt. *Zielunklarheit könnte in dieser Situation geeignet sein, die Motivation – jedenfalls zeitweise – zu erhalten.*

Die Aufzählung von Erklärungen für die Zielunklarheit kann hier abgebrochen werden. Zielklarheit, so hatten wir eingangs festgestellt, gilt als unbestrittenes Postulat der Modelltheorie. Die Betrachtungen der Realität und die Erklärungen haben gezeigt, daß es in bestimmten Entscheidungen
– aufgrund kognitiver Determinanten unmöglich,
– aufgrund kontextbestimmter Zwänge und
– aufgrund konfliktbedingter Erwägungen unvernünftig
ist, dieses Postulat zu realisieren. *Wir stellen also eine Diskrepanz zwischen modelltheoretischer Annahme und verhaltenstheoretischer Einsicht fest.* Diese Feststellung enthält eine beachtliche Herausforderung für unser Fach. An ihr lassen sich paradigmatisch die Entwicklungstendenzen der wissenschaftlichen Arbeit zeigen, die geeignet sind, Modelltheorie und Realität unter Einfluß empirischer Ergebnisse einander anzunähern.

5. Annäherungen zwischen Modelltheorie und Praxis unter Einfluß empirischer Befunde

Diese Grundtendenzen der wechselseitigen Annäherung zwischen Modelltheorie und Praxis lassen sich schlagwortartig in folgender Weise zusammenfassen:
– Zum einen ist die *Modelltheorie* bestrebt, empirische Einsichten über tatsächliches Verhalten in ihre Modelle einzubeziehen und das ,,Realitätsbewußtsein der Wissenschaft" zu fördern (WITTE 1974, Sp. 1275). Diese Bewegung läßt sich unter das Schlagwort stellen: *,,Die Modelle wandern in Richtung Realität."*
– Die *Arbeiten der Organisationsgestaltung* laufen ergänzend darauf hin, nach Instrumenten zu suchen, die geeignet sind, das Verhalten der Entschei-

dungsträger zu beeinflussen und stärker in Richtung der Modellannahmen zu steuern. Ihr Schlagwort lautet: *„Die Realität wandert in Richtung Modell."*

5.1. Realitätsnähere Zielfunktionen in Entscheidungsmodellen

Diese erste Gruppe von Entwicklungen ist in dieser Schrift insbesondere von R. Schmidt (in diesem Band) ausführlich dargestellt worden. Wir können uns daher an dieser Stelle darauf beschränken, die wichtigsten Ansätze noch einmal kurz zusammenzufassen:

– Interaktive Veränderung von Zielen, Alternativen und Restriktionen bei einer gegebenen OR-Methode und Zieländerungen durch interaktiven Wechsel der OR-Methode sind zwei Konzepte, durch die verhaltenstheoretische Einsichten in den *Modellierungsprozeß* eingebracht werden.

– Folgende verhaltenswissenschaftlich begründete Konzepte betreffen die *OR-Methoden selbst:* Bestimmung von Negativ-Katalogen bei der Formulierung der Ziele in der Form von Restriktionen, Bestimmung von Anspruchsniveaus, ebenfalls in Form von Restriktionen, Bestimmung der zulässigen Ausgangslösung als befriedigende Lösung, Berücksichtigung von Macht- und Abstimmungsmodalitäten bei der Zielprogrammierung (goal programming), Bewertung alternativer Zieldimensionen erst im Entscheidungsprozeß (multicriteria decision making), Berücksichtigung der Unsicherheit durch postoptimale Rechnungen, z.B. Sensitivitätsanalysen, oder durch parametrische Programmierung sowie schließlich unscharfe Problemformulierung auf der Basis des fuzzy-set-Konzepts.

Diese Aufzählung zeigt, wie stark das modelltheoretische Arbeiten durch verhaltenstheoretische Ergebnisse befruchtet wird. *Der Vorwurf, die modelltheoretischen Arbeiten berücksichtigten Erkenntnisse über die Realität nicht, ist in dieser Form nicht mehr haltbar. Mit dieser Anreicherung der modelltheoretischen Konzepte steigt auch ihre praktische Verwendbarkeit.*

5.2. „Kontrollierte Zielunklarheit" in Organisationsvorschlägen

Welche Rolle hat die empirische Forschung zu übernehmen, wenn es um die Gestaltung der Realität geht, genauer: wenn es darum geht, die Praxis zu veranlassen, die Lösungsmuster rationalen Entscheidens zu übernehmen, wie sie von der Modelltheorie präsentiert werden?

5.2.1. Die Gestaltungs-Aufgabe

Wir verdanken DEGENKOLBE (1965) die Einsicht, daß *Leerformeln*
– durchaus eine beachtliche gesellschaftliche Funktion haben können,
– daß sie sich zur Menschenführung eignen,

- daß sie Kompromisse ermöglichen,
- daß sie integrative Wirkung und Symbolwert für bestimmte Gruppen haben, und
- daß sie schließlich erlauben, Disharmonien zu verdecken.

Zielunklarheit, zumal wenn sie sich auf Zielinhalte richtet, wie sie in den Begriffen ,,nützlich", ,,rational", ,,modern", ,,anspruchsvoll", ,,effizient" etc. vorkommen, wenn sie diese Größen nicht kardinal meßbar macht, wenn sie nur in komparativen Zielfunktionen eines ,,größer", ,,besser", ,,weiter" denkt, bietet eine Fülle von wirksamen Leerformeln im Sinne Degenkolbes.

Gleichwohl sind Warnungen angebracht. Auch Degenkolbe weist auf eine *Tendenz zur Konfliktverschärfung* hin, wenn die Kontrahenten durch Leerformeln die Überzeugung erlangen, nicht für persönliche Interessen, sondern als Repräsentant von kollektiven Gebilden für deren Ideale zu kämpfen. Wir müssen überdies damit rechnen, daß der Leerformel-Charakter während des Entscheidungsprozesses oder während des Durchsetzungsprozesses enthüllt wird und die Entscheidungsträger nachträglich gezwungen werden, die nötige Zielklarheit nachzuholen, und das womöglich unter Zeitdruck und unter erschwerten Bedingungen. Es ist auch nicht auszuschließen, daß der verbale Konsens möglicherweise von einem nicht legitimierten und einseitig handelnden Partner in seinem Sinne interpretiert wird und letztlich zu Lösungen führt, die die anderen Interaktionspartner unbedingt ausschließen wollten.

Insofern muß davor gewarnt werden, an die Stelle der Norm der Zielklarheit etwa eine Norm der Zielunklarheit zu setzen. Wenn Entscheidungsträger akzeptieren, daß es unklare Ziele gibt oder geben muß, dann sollte aber diese Unklarheit wenigstens kontrolliert werden. *Es sollte nach Instrumenten gesucht werden, den Beteiligten bewußt zu machen, daß man sich bei bestimmten Zielelementen bewußt unklar faßt.* Oder anders: Es geht um die Gestaltung des Zielbildungsprozesses, um Reihenfolgeregelungen, um Ordnungsbemühungen, um Artikulationsformen.

5.2.2. Einzelne Ansätze

Es sei darauf aufmerksam gemacht, daß die Betrachtung an dieser Stelle ihre empirische Fundierung aufgeben muß. Die folgenden Ausführungen sollen die Aufgabe haben, zu weiteren empirischen Bemühungen anzuregen. Sie sind daher bewußt vielfach als Fragen formuliert.

1. *Zunächst muß ausgeschlossen werden, daß Zielunklarheit ein zufälliges Produkt ist.* Das ist dann der Fall, wenn die Entscheidungsträger die Elemente eines Zielsystems nicht kennen und Ziele aus Ignoranz unklar lassen. Es gilt, die Konsequenzen aus der folgenden Feststellung von March und Simon zu ziehen:

,,... whether a goal is operational or nonoperational is not a yes-no question. There are all degrees of 'operationality'" (MARCH/SIMON 1958, S. 156).

Es muß allgemeine Übung werden, daß die Handelnden der Entscheidungssituation mit folgenden Fragen entgegentreten:
- Für welches Entscheidungsfeld definieren wir Ziele? Wollen wir dieses Zielobjekt eng begrenzen oder bewußt offen halten?
- Welches sind die Zieleigenschaften, die zur Beurteilung von Alternativen herangezogen werden sollen? Sollen diese, und nur diese Zielvariablen maßgeblich sein? Wie weit soll der Katalog ergänzt oder verkleinert werden?
- Wie werden diese Eigenschaften gemessen? Sollen alle oder nur einzelne präzise gemessen werden? Reicht es aus, wenn einzelne unpräzise bestimmt sind?
- Welches Ausmaß streben wir an? Wie präzise wollen wir Anspruchsniveaus oder Grenzwerte bestimmen?
- Für welchen Zeitraum haben die Ziele Geltung? Wollen wir ihn präzise durch Kalenderdaten abgrenzen, oder wollen wir ihn offen, ohne exakte Fristnennung bestimmen?
- Wie ist das Verhältnis der einzelnen Zielkriterien zueinander zu ordnen? Sollen bestimmte Präferenzrelationen festgelegt werden?
- Sind alle Zielelemente mit Blick auf die Zielunklarheit gleich zu behandeln? Oder anders: Gibt es einzelne Zielelemente, die besonders gut oder besonders schlecht geeignet sind, klar oder unklar formuliert zu werden?

2. Der zweite Komplex von Fragen richtet sich auf die *Situation*, in der Zielklarheit oder Zielunklarheit gefordert wird. Wir hatten gesehen, daß Zielunklarheit im Zweifel durch Innovation und Komplexität des jeweiligen Entscheidungsproblems begünstigt wird. Im Umkehrschluß wäre daraus abzuleiten, daß *Zielklarheit für wenig komplexe, wenig konfliktgeladene, wenig innovative, eher routinehafte Entscheidungen zu fordern ist*. Wenn es darauf ankommt, Entscheidungsträger über die Effizienz ihrer Verhaltensweisen im täglichen sich wiederholenden Geschäft zu kontrollieren, dann dürfte es zweckmäßig sein, höchst präzise, in allen Details bestimmte Ziele zu setzen. Wenn es aber darauf ankommt, einen eher kreativen Entscheidungsprozeß zu bewältigen, dessen Ungewißheit ohnehin so groß ist, daß eine Verantwortungszumessung aufgrund einer Kontrolle nur sinnlose Ergebnisse bringt, kann es dann eher vertreten werden, daß Ziele unklar sind?

3. Ein dritter Fragenkomplex richtet sich auf die *Ablaufsteuerung des Zielbildungsprozesses*. Man kann Entscheidungen als eine Abfolge von Teilentscheidungen begreifen. In jeder dieser Teilentscheidungen wird unter einem bestimmten Kriterium die Alternativenzahl verkleinert. Der Prozeß endet, wenn nur noch eine einzige Alternative übrig bleibt. Jede dieser Teilentscheidungen folgt einem bestimmten Zielkriterium. Hier setzt die Steuerung des Zielbildungsprozesses durch das Konzept der kontrollierten Zielunklarheit an. Das heißt, die prozeßsteuernde Instanz ist aufgefordert, sich bewußt und ständig die folgenden Fragen zu stellen:

- Soll man sich in einer *frühen Phase* des Entscheidungsprozesses sehr *präzise formulierte* Ziele setzen, um damit rasch zu einer überschaubaren Alternativenzahl zu gelangen?
- Oder soll man eine große Alternativenmenge zunächst einmal recht grob auf zahlreiche Aspekte hin „abklopfen", um überhaupt festzustellen, *was man alles wollen kann*, ohne bereits einzelne Alternativen endgültig auszulesen?
- In welcher *Reihenfolge* sollen die Zielkriterien angewandt werden?
- Sollen die Alternativen zunächst unter präzisen und klaren Zielen und erst in einem zweiten Schritt unter unklaren, noch offenen Aspekten ausgesondert werden oder umgekehrt?

Die Kette der Fragen, die sich der weiteren wissenschaftlichen Arbeit stellen, kann hier abgebrochen werden. Es kommt uns darauf an zu zeigen, in welche Tiefe die empirische Fundierung einzelner Gestaltungsvorschläge vordringen muß, wenn diese beanspruchen, das menschliche Problemlösungsverhalten in Richtung der Modelle rationalen Verhaltens verändern zu wollen. Diese Betrachtung soll nicht zuletzt klarmachen, *welch umfangreiche Arbeitsaufgaben sich der empirischen Forschung stellen, die ihre Schlüsselrolle zwischen theoretischer Entwicklung und praktischer Nutzung von Entscheidungsmodellen ernst nimmt.*

Der Nutzen empirischer Forschung für die wissenschaftliche Arbeit ist unstrittig. Sind unsere Erwägungen aber auch geeignet, Konsequenzen für die *Nutzung empirischer Ergebnisse in der Wirtschaftspraxis* zu ziehen? Wir sehen zumindest zwei Konsequenzen:

1. Die Befunde *warnen* davor, unkritisch solche Entscheidungsmodelle anzuwenden, die von der Forderung nach Zielklarheit ausgehen. Wie wir gesehen haben, ist diese Forderung zumindest in komplexen Entscheidungssituationen unrealisierbar. Wer sich dieser Einsicht verschließt, riskiert nur das Scheitern des Modellansatzes, wirft zumindest erhebliche Akzeptanz-Probleme auf oder hat unerwartete Implementationswiderstände und -kosten zu erwarten.
2. In diesen komplexen Situationen sollte vielmehr an die Stelle der unrealisierbaren Ziel-Klarheit eine kontrollierte Ziel-Unklarheit treten. Unsere Befunde geben eine Fülle von Hinweisen, wie eine solche Kontrolle der Unklarheit ausgeübt werden kann. Sie sollen *die Praxis durchaus zum Experiment, zur Sammlung von Erfahrungen anregen*. Die Erarbeitung von Einsichten über effizientes Entscheidungsverhalten ist ja schließlich kein Privileg der Entscheidungsforscher.

Verzeichnis der verwendeten Literatur

ABELSON, R. P.; ARONSON, E.; MCGUIRE, W. J.; NEWCOMB, T. M.; ROSENBERG, M. J.; TANNENBAUM, P. H. (Hrsg.): *Theories of Cognitive Consistency. A Sourcebook.* Chicago 1968

BAMBERG, G.; CONENBERG, A.-G. (1974): *Betriebswirtschaftliche Entscheidungslehre.* München 1974

BIDLINGMAIER, J. (1968): *Zielkonflikte und Zielkompromisse im unternehmerischen Entscheidungsprozeß.* Wiesbaden 1968

BREHM, J. W. (1966): *The Theory of Psychological Reactance.* New York/London 1966

BRONNER, R. (1973): *Entscheidung unter Zeitdruck* – Eine Experimentaluntersuchung zur empirischen Theorie der Unternehmung. Tübingen 1973

CHMIELEWICZ, K. (1970): Die Formalstruktur der Entscheidung. In: *Zeitschrift für Betriebswirtschaft,* 40. Jg. (1970), S. 239–268

CHURCHMAN, C. W.; ACKOFF, R. L.; ARNOFF, E. L. (1957): *Introduction to Operations Research.* New York 1957 (Dtsche. Übersetzung: Operations Research – Eine Einführung in die Unternehmensforschung. Wien/München 1961)

CROTT, H. W.; KUTSCHKER, M.; LAMM, H. (1977): *Verhandlungen I und II.* 2 Bde., Stuttgart/Berlin/Köln/Mainz 1977

CYERT, R. M.; MARCH, J. G. (1963): *A Behavioral Theory of the Firm.* Englewood Cliffs, N. J. 1963

DEGENKOLBE, G. (1965): Über logische Struktur und gesellschaftliche Struktur von Leerformeln. In: *Kölner Zeitschrift für Soziologie und Sozialpsychologie,* 17. Jg. (1965), S. 327–338

FESTINGER, L. (1977): *Theorie der kognitiven Dissonanz.* Bern 1978 (Dtsche. Übersetzung von: A Theory of Cognitive Dissonance. Stanford 1977)

GEMÜNDEN, H.-G. (1980): *Effiziente Interaktionsstrategien im Investitionsgütermarketing.* Marketing. Bd. 2, 1980

GNIECH, G.; GRABITZ, H.-J. (1978): Freiheitseinengung und psychologische Reaktanz. In: Frey, D. (Hrsg.): *Kognitive Theorien der Sozialpsychologie.* Bern/Stuttgart/Wien 1978

GRÜN, O. (1975): Methoden zur empirischen Analyse der Projektorganisation. Heft 2 der Beiträge zur Projektorganisation. *Arbeitspapiere des Instituts für Produktions- und Organisationsforschung der Hochschule für Welthandel.* Wien 1975

–, (o.J.) Unveröffentlichtes Arbeitsprotokoll

GZUK, R. (1975): *Messung der Effizienz von Entscheidungen* – Beitrag zu einer Methodologie der Erfolgsfeststellung betriebswirtschaftlicher Entscheidungen. Tübingen 1975

HAUSCHILDT, J. (1977): *Entscheidungsziele* – Zielbildung in innovativen Entscheidungsprozessen: theoretische Ansätze und empirische Prüfung. Tübingen 1977

HEINEN, E. (1971): *Grundlagen betriebswirtschaftlicher Entscheidungen* – Das Zielsystem der Unternehmung. 2. Aufl., Wiesbaden 1971

HINKEN, J. (1974): *Ziele und Zielbildung bei Unternehmen im Gartenbau.* Hannover/Weihenstephan 1974

JANIS, I. L.; MANN, L. (1977): *Decision Making* – A Psychological Analysis of Conflict, Choice, and Commitment. New York/London 1977

KAPPLER, E.; SODEUR, W.; WALGER, G. (1979): Versuche zur sprachanalytischen Erfassung von Zielkonflikten. In: Dlugos, G. (Hrsg.): *Unternehmensbezogene Konfliktforschung* – Methodologische und forschungsprogrammatische Grundlagen. Stuttgart 1979

KIRSCH, W.; KUTSCHKER, M. (1978): *Das Marketing von Investitionsgütern* – Theoretische und empirische Perspektiven eines Interaktionsansatzes. Wiesbaden 1978

KROEBER-RIEL, W. (1980): *Konsumentenverhalten.* 2. Aufl., München 1980
LINDBLOM, C. E. (1959): The Science of ,,Muddling Through". In: *Public Administration Review,* Vol. 19 (1959), No. 2, S. 78–88
LUHMANN, N. (1968): *Zweckbegriff und Systemrationalität* – Über die Funktion von Zwecken in sozialen Systemen. Tübingen 1968
MARCH, J. G.; SIMON, H. A. (1958): *Organizations.* New York/London/Sydney 1958
MILLER, G. A. (1956): The Magic Number Seven, Plus or Minus Two. In: *Psychological Review,* Vol. 63 (1956), S. 81–97
NEWELL, A.; SIMON, H. A. (1972): *Human Problem Solving.* Englewood Cliffs, N. J. 1972
PERROW, C. (1961): The Analysis of Goals in Complex Organizations. In: *American Sociological Review,* Vol. 26 (1961), S. 854–866
SCHMIDT, R. (1980): *Operations Research und verhaltenswissenschaftliche Erkenntnisse.* In diesem Band, S. 233
SIEBEN, G.; SCHILDBACH, T. (1975): *Betriebswirtschaftliche Entscheidungstheorie.* Tübingen/Düsseldorf 1975
SIMON, H. A. (1974): How Big is a Chunk? In: *Science,* Vol. 183 (1974), S. 482–488
WICKLUND, R. A. (1974): *Freedom and Reactance.* New York 1974
WIEGELE, O. J. (1977): *Innovative Investitionsentscheidungsprozesse in Krankenhausbetrieben* – Eine empirische Untersuchung. Wien 1977 (Diss.)
WITTE, E. (1974): Empirische Forschung in der Betriebswirtschaftslehre. In: Grochla, E.; Wittmann, W. (Hrsg.): *Handwörterbuch der Betriebswirtschaft.* 4. Aufl., Stuttgart 1974, Sp. 1264–1282

Autorenverzeichnis

Brockhoff, Klaus
Dipl.-Kfm., Dipl.-Volksw., Dr. rer. pol.
o. Professor
Direktor des Instituts für Betriebswirtschaftslehre
Universität Kiel

Golling, Hans-Joachim
Dipl.-Wirtsch.-Ing., Dr.
Geschäftsführer der Fa. Heinrich Mayer oHG, Langenlonsheim

Hauschildt, Jürgen
Dipl.-Kfm., Dr. rer. pol.
o. Professor
Direktor des Instituts für Betriebswirtschaftslehre
Universität Kiel

Kreikebaum, Hartmut
Dipl.-Kfm., Dipl.-Volksw., MBA, Dr. rer. pol.
o. Professor
Lehrstuhl für Industriebetriebslehre
Universität Frankfurt a. M.

Kieser, Alfred
Dipl.-Kfm., Dr. rer. pol.
o. Professor für Betriebswirtschaftslehre
Lehrstuhl für Allgemeine Betriebswirtschaftslehre und Organisation
Universität Mannheim

Kirsch, Werner
Dipl.-Kfm., Dr. rer. pol.
o. Professor für Betriebswirtschaftslehre und Betriebswirtschaftliche Planung
Vorstand des Instituts für Organisation
Universität München

Köhler, Richard
Dipl.-Kfm., Dr. rer. pol.
o. Professor
Marketing-Seminar sowie Institut für Markt- und Distributionsforschung
Universität zu Köln

Kubicek, Herbert
Dipl.-Kfm., Dr. rer. pol.
o. Professor für Betriebswirtschaftslehre
Fachbereich IV – BWL
Universität Trier

Müller-Böling, Detlef
Dipl.-Kfm., Dr.
bis 31. 1. 1981 wissenschaftlicher Mitarbeiter und Projektleiter am
Seminar für Allgemeine Betriebswirtschaftslehre und Betriebswirtschaftliche Planung
der Universität zu Köln;
derzeit Mitglied des Vorstandsstabs der Gesellschaft für Mathematik und Datenverarbeitung mbH, Bonn

Müller-Merbach, Heiner
Dipl.-Wirtsch.-Ing., Dr. rer. pol.
o. Professor
Institut für Betriebswirtschaftslehre
Technische Hochschule Darmstadt

Poensgen, Otto Herbert
Dipl.-Ing., Ph. D.
o. Professor
Lehrstuhl für Organisation und Informationswesen
Universität Saarbrücken

Schmidt, Reinhart
Dipl.-Kfm., Dr. rer. pol.
o. Professor
Direktor des Instituts für Betriebswirtschaftslehre
Universität Kiel

Szyperski, Norbert
Dipl.-Kfm., Dr. rer. pol.
o. Professor
Seminar für Allgemeine Betriebswirtschaftslehre und Betriebswirtschaftliche Planung
Universität zu Köln

Uebele, Herbert
Dipl.-Kfm., Dr. rer. pol.
wissenschaftlicher Angestellter
Institut für Markt- und Distributionsforschung
Universität zu Köln

Witte, Eberhard
Dipl.-Kfm., Dr. rer. pol.
o. Professor für Betriebswirtschaftslehre
Vorstand des Instituts für Organisation
Universität München

Wollnik, Michael
Dipl.-Kfm.
Dozent für Datenverarbeitung
Fakultät für Betriebswirtschaft
Universität Mannheim

Zimmermann, Hans Jürgen
Dipl.-Ing., Dr. rer. pol.
o. Professor
Lehrstuhl für Unternehmensforschung (Operations Research)
Technische Hochschule Aachen